NATALIE ANGIER
Naturwissenschaft

GOLDMANN
Lesen erleben

## Buch

Die Welt ist groß und unordentlich wie das Zimmer eines Teenagers. Gehören Sie auch zu jener satten Mehrheit, die überzeugt ist, dass sich im Chaos von halbwüchsigen Töchtern und Söhnen kein Prinzip erkennen lässt und dass Naturwissenschaften unausstehlich sind? Wenn dies alles auf Sie zutrifft, werden Sie auch glauben, dass Geburten mit dem Mond zusammenhängen, dass Sommer und Winter durch die eierige Erdbahn um die Sonne verursacht werden und dass jemand, der fünfmal einen Euro wirft und fünfmal Zahl hat, ein Betrüger ist. Sie befinden sich in guter Gesellschaft – und doch ist das alles falsch.

Natalie Angier wird Sie mit dem größten Vergnügen eines Besseren belehren. Denn die renommierte Wissenschaftsjournalistin ist überzeugt, dass es für den gelangweilten Schüler und den skeptischen Erwachsenen kaum etwas Spannenderes und Publikumswirksameres gibt als die Wahrscheinlichkeit, die Memoiren des Kosmos, die Verschlingungen der DNA oder die unruhige Knetkugel unter unseren Füßen. Und dabei ist die Wissenschaft keine abweisende Festung aus Fakten, sondern ein dynamischer Prozess, eine Geisteshaltung, gespeist aus Neugier und Phantasie. Sie werden sehen: Naturwissenschaften sind cool, lustvoll und sehr aufregend – und zwar für jeden.

## Autorin

Natalie Angier arbeitet als Wissenschaftsjournalistin für die »New York Times«. Für ihre publizistische Tätigkeit ist sie mehrfach ausgezeichnet worden, u.a. mit dem bedeutenden Pulitzerpreis. Mit ihrem Bestseller »Frau. Eine intime Geographie des weiblichen Körpers« ist sie im deutschsprachigen Raum bekannt geworden. Natalie Angier lebt mit ihrer Familie in Washington, D.C.

Von Natalie Angier ist im Goldmann Verlag außerdem erschienen:

Frau. Eine intime Geographie des weiblichen Körpers (15181)
Schön scheußlich. Neue Ansichten von der Natur (15094)

# Natalie Angier

# Natur-wissenschaft

## Ein Streifzug durch die wunderbare Welt des Wissens

Aus dem amerikanischen Englisch
von Hainer Kober

GOLDMANN

Verlagsgruppe Random House FSC-DEU-0100
Das FSC®-zertifizierte Papier *Super Snowbright* für dieses Buch
liefert Hellefoss AS, Hokksund, Norwegen.

1. Auflage
Taschenbuchausgabe September 2011
Wilhelm Goldmann Verlag, München,
in der Verlagsgruppe Random House GmbH
Copyright © der deutschen Erstausgabe 2010
by C. Bertelsmann Verlag München,
in der Verlagsgruppe Random House GmbH
Copyright © der amerikanischen Originalausgabe 2007
by Natalie Angier
Originaltitel: The Canon. A Whirligig Tour
of the Beautiful Basis of Science
Originalverlag: Houghton Mifflin, Boston
Umschlaggestaltung: UNO Werbeagentur, München
KF · Herstellung: Str.
Druck und Einband: GGP Media GmbH, Pößneck
Printed in Germany
ISBN: 978-3-442-15671-9

www.goldmann-verlag.de

Für Rick,
den einen unter $6,5 \times 10^9$

# Inhalt

# Einführung

## *Sisyphos und der Spaß*

Als ihr zweites Kind dreizehn wurde, fand meine Schwester, es sei endlich an der Zeit, ihre Mitgliedschaft für zwei Lieblingsorte der Familie erlöschen zu lassen: das Naturwissenschaftsmuseum und den Zoo. Das sei Kinderkram, sagte sie mir. Der Geschmack ihrer Kinder hätte sich weiterentwickelt. Sie fänden jetzt Gefallen an subtileren Formen der Unterhaltung – Kunstmuseen, Theater, Ballett. Ob das nicht toll sei? Die Kinder meiner Schwester schossen in die Höhe, und mit ihnen wuchs ihre Aufmerksamkeitsspanne. Sie konnten stundenlang in einer *Macbeth*-Aufführung sitzen, ohne die Unterseite des Sitzes nach versteinerten Kaugummiresten abzusuchen. Nicht mehr dieses hektische Gehopse von einem interaktiven naturwissenschaftlich-technischen Exponat zum nächsten – hier ein Knopf, der künstliche Erdbeben auslöst, dort eine Kurbel, die zur Demonstration von Newtons Bewegungsgesetzen ein Räderwerk in Gang setzt, oder irgendetwas anderes zum Drücken, Drehen oder Ziehen. Wen interessieren schon die Informationstafeln? Hoppla, Charly, das Ding scheint nicht mehr zu funktionieren! Kein Nachäffen der Gorillas mehr, kein Streit über die strukturellen Gründe für die weiße Farbe des Eisbärenfells, keine Verwunderung über den seltsamen Spitzbart aus Speichel, der sich am Kinn des Dromedars sammelt. Seufz. Wie rastlos sind die Flügelschuhe der Zeit, wie unbeirrt zeigen ihre zierlich-spitzen Stahlkappen nach vorn. Und wie alltäglich ist dieser gutbürgerliche Übergangsritus zum

Erwachsenendasein: von den Mangaben zu Modigliani, von T-Rex zu Ödipus Rex.

Die unterschiedliche Akustik liefert den entscheidenden Hinweis. In Zoos und wissenschaftlichen oder naturgeschichtlichen Museen geht es laut und lebhaft zu – der Schwerpunkt liegt in den oberen Registern des Hörbereichs. Theater und Kunstmuseen murmeln in höflichem Bariton, und wenn Ihr Handy während einer Aufführung einen Beethoven-Jingle hinausplärrt – und Sie gar so barbarisch sind zu antworten –, hat das Publikum die Anweisung, Sie mit einem aufgerollten Programmheft zu erdrosseln. Wissenschaftsbegeisterung ist etwas für die Jungen, die Ruhelosen, die Ritalinkonsumenten. Es ist der Spaß in der Warteschleife, während Ihre Keimdrüsen eifrig reifen; der Tag, an dem die Pariser Vergleichsausstellung von Matisse und Picasso Sie mehr interessiert als der Omnimax-Film über Spinnen ist der Debütantenball für Ihr Gehirn. Hier bin ich! Komm und hol mich! Aber vergiss deinen Proust nicht!

Selbstverständlich nutzte ich die Eröffnung meiner Schwester über die gecancelten Mitgliedschaften, um ihr kräftig den Kopf zu waschen. »Was erzählst du da für einen Mist, die Naturwissenschaften sausen zu lassen, nur weil deine Kinder pubertieren? Soll das heißen, dass sie nichts mehr über die Natur zu lernen brauchen? Dass sie alles Nötige wissen über das Universum, die Zelle, das Atom, den Elektromagnetismus, die Geoden, Triboliten, Chromosomen und das Foucault'sche Pendel, dessen Verständnis sogar Stephen Jay Gould, wie er mir einmal erzählt hat, Schwierigkeiten bereitet? Und wie steht es mit diesen klug-verspielten optischen Täuschungen, auf denen du entweder eine Vase oder zwei Gesichter im Profil siehst, aber niemals zwei Gesichter *und* eine Vase, egal, wie sehr du dich konzentrierst, entspannst, die Augen flitzen lässt, sie zusammenkneifst wie Humphrey Bogart oder deinen Wahrnehmungsmechanismen befiehlst, nicht mehr so archaisch seriell zu sein und endlich Multitasking zu lernen? Sind deine Kinder wirklich bereit, sich nicht mehr um diese gewaltigen

*Welch triste Epoche,
in der es leichter ist,
ein Atom zu zertrümmern
als ein Vorurteil.*

**Albert Einstein**

## November 2012 44. Woche

Skorpion 🦂 23.10. bis 20.11.

07:17 ☉ 16:53 | 19:11 ☾ 10:41

# 2

Allerseelen
Freitag

| Wo | Mo | Di | Mi | Do | Fr | Sa | So |
|----|----|----|----|----|----|----|----|
| 44 |    |    |    | 1  | 2  | 3  | 4  |
| 45 | 5  | 6  | 7  | 8  | 9  | 10 | 11 |
| 46 | 12 | 13 | 14 | 15 | 16 | 17 | 18 |
| 47 | 19 | 20 | **21** | 22 | 23 | 24 | 25 |
| 48 | 26 | 27 | 28 | 29 | 30 |    |    |

# Das Universum und die Dummheit

Albert Einstein (1879–1955), 1999 von den führenden Wissenschaftlern seines Fachs zum »größten Physiker aller Zeiten« gewählt, war
nicht nur ein genialer Naturwissenschaftler und Forscher, er nutzte
seinen weltweit guten Ruf und seine anerkannte Autorität auch, um
für Frieden und soziale Gerechtigkeit zu werben. Schon den Ersten
Weltkrieg geißelte er früh – im Gegensatz zum »Geist« der Zeit und
zu vielen Kollegen – als große Katastrophe. In der Weimarer Republik
engagierte er sich in der »Liga für Menschenrechte« und appellierte
gemeinsam mit Intellektuellen und Künstlern wie Heinrich Mann
oder Käthe Kollwitz an die Deutschen, sich dem Nationalsozialismus
entgegenzustellen.

Dabei brachte er seine Kritik immer wieder in pointierten Aussagen auf den Punkt, kritisierte vor allem die Einfältigkeit, mit der die
meisten Deutschen der plumpen Bauernfängerei der Nazis auf den
Leim gingen: »Zwei Dinge sind unendlich, das Universum und die
menschliche Dummheit, aber bei dem Universum bin ich mir noch
nicht ganz sicher.« Nach der Machtübernahme Adolf Hitlers 1933
kehrte Einstein aus den USA nicht in seine Heimat zurück.

kosmischen Herausforderungen und Geheimnisse zu kümmern?«, fragte ich sie. »Bist *du* es?«

Meine Stimme klang etwas schrill, wie immer, wenn ich selbstgerecht werde, und meine Schwester, die daran gewöhnt ist, reagierte, gelassen wie immer, mit gesundem Menschenverstand: die Mitgliedschaft sei teuer, ihre Kinder hätten genug naturwissenschaftlichen Unterricht in der Schule, eines von ihnen wolle sogar Meeresbiologie studieren. Was ihre eigenen Bedürfnisse angehe, so gebe es schließlich das öffentlich-rechtliche Fernsehen. Warum ich das so persönlich nähme?

»Weil ich wachsam bin«, murmelte ich. »Gib mir eine Chance, und ich nehme sogar den Jetstream persönlich.«

Trotz meiner Ungeduld konnte ich meiner Schwester keinen Vorwurf daraus machen, dass sie eine der wenigen Verbindungen kappen wollte, die sie noch mit jenen menschlichen Tätigkeitsbereichen unterhielt, die als Naturwissenschaften bezeichnet werden. Bei all seiner Qualität ist das Oregon Museum of Science and Industry sicherlich auf Besucher eingerichtet, die jung genug sind, um Angebote zu schätzen wie die außerordentlich beliebte Fernsehserie »Grossology«, eine Rundreise durch die verrückte Welt der Körperflüssigkeiten und -funktionen.

Die Kindheit ist die einzige Zeit im Leben, in der von allen Mitgliedern einer Altersgruppe erwartet wird, dass sie die Naturwissenschaften zu schätzen wissen. In den ersten Klassen der weiterführenden Schulen beginnt das große Sichten und Sortieren, das Abhaken von Federn, Fellen und Vergnügen, von den spannenden Geschichten über den Verdauungstrakt, bis die Naturwissenschaft zum abschreckenden Sprengel einer kleinen – und zudem noch schlecht gewandeten – Priesterschaft wird. »Grossologie« mutiert von cool zu uncool. Halbwüchsige Liebhaber der Naturwissenschaften sind bei uns lange nicht so zahlreich wie ihre Spitznamen: Geeks, Nerds, Eierköpfe, Gehirnwichser, Klugscheißer, Laborratten, Taschenträger etc. Wissenschaftsferne Teenager dagegen heißen schlicht »Teenager«, oder, untereinander, »Leute« – wie in »he, Leute« oder »na, ihr Leute«. Die Ihr-Leute haben in der Regel keine Schwierigkeiten, sich von den Geeks zu unterscheiden, die mit Reagenzgläsern durch die Gegend laufen. Doch wenn die Grenzen zu verschwimmen drohen, beeilt sich der Teenager, seine unstrittige Leute-Zugehörigkeit zu betonen, wie mir klar wurde, als ich neulich hinter zwei vielleicht sechzehnjährigen Mädchen ging.

Mädchen A fragte Mädchen B, womit seine Mutter ihr Geld verdiene.

»Sie arbeitet in Bethesda, an den NIH«, sagte Mädchen B und meinte damit die National Institutes of Health. »Sie ist Wissenschaftlerin.«

»Oh«, sagte Mädchen A. Ich erwartete, dass sie so etwas hinzufügte wie »He, ist ja toll!« oder »Genial!« oder »Cool!« oder »Spitzenmäßig!« und vielleicht fragte, auf welchem wissenschaftlichen Gebiet diese außerordentliche Mutter arbeite. Stattdessen meinte Mädchen A nach kurzer Pause: »Ich kann Naturwissenschaften nicht ausstehen.«

»Na ja, man kann sich seine Eltern halt nicht aussuchen«, sagte Mädchen B und warf sein sandfarbenes Haar mit einer raschen, verächtlichen Bewegung zurück. »Egal, was macht ihr Leute am Wochenende?«

Von der Jugend zur Reife wird die Hecke zwischen coolen Naturwissenschaftshassern und uncoolen Naturwissenschaftsliebhabern immer höher und dichter und bildet Dornen aus. Bald erscheint sie fast undurchdringlich. Als mein Friseur mir erzählte, er habe vor, Puerto Rico zu besuchen, wo ich im Sommer zuvor gewesen war, und ich ihm empfahl, das im Nordwesten der Insel gelegene Arecibo-Radioteleskop zu besichtigen, blickte er mich an, als hätte ich ihm vorgeschlagen, sich eine Waschmittelfabrik anzusehen. »Warum um Himmels willen sollte ich *das* tun?«, fragte er.

»Weil es eines der größten Teleskope der Welt ist, weil man es besichtigen darf, weil es schön und faszinierend ist und weil es wie das Spiegelbild einer riesigen Bonbonschale aus den sechziger Jahren aussieht, die man in die Flanke einer Felswand gefügt hat?«, sagte ich.

»Oh«, sagte er, und – *schnipp* – fiel ein ziemlich großes Stück meines Ponys seiner Schere zum Opfer. »Weil ihm ein tolles naturwissenschaftliches Museum angeschlossen ist und Sie eine Menge über den Kosmos erfahren werden?«

»Ach wissen Sie, ich bin keiner von diesen Technikfreaks«, sagte er. *Schnipp, schnipp, schnipp, schnipp, schnipp.*

»Weil es in dem Film *Contact* mit Jodie Foster vorkam?«, schlug ich verzweifelt vor.

Die Stahl-Piranhas waren unersättlich. »Ich bin nie ein Fan von Jodie Foster gewesen«, sagte er. »Aber ich werde es mir durch den Kopf gehen lassen.«

»Na, Süße!«, sagte mein Mann, als ich nach Hause kam. »Wo hast du deine Haare gelassen?«

Um die Wahrheit zu sagen, ich brauche keinen Friseur, ich raufe mir die Haare selbst raus, ständig. Wie sollte es anders sein? Ich bin Wissenschaftsjournalistin. Seit Jahrzehnten, seit Beginn meines Berufslebens, und ich gestehe: Ich liebe die Naturwissenschaften. Diese Liebe begann schon in der Kindheit mit Ausflügen in das American Museum of Natural History. Doch zwischenzeitlich geriet sie in eine Krise, als ich eine winzige Highschool in New Buffalo, Michigan, besuchte, die so knapp bei Kasse war, dass ein einziger Lehrer Biologie, Chemie und Geschichte unterrichten musste, um sich dann eiligst seiner eigentlichen Aufgabe zu widmen, dem Training der Football-Mannschaft. Trotz Überbelastung verlor der gute Mann nie seinen Sinn für Humor. Eines Morgens näherte ich mich seinem Pult, um ihm mein Biologie-Projekt zu zeigen, eine Sammlung von zwei Dutzend Insekten, die ich auf eine Papptafel gespießt hatte, als ich bemerkte, dass die Gottesanbeterin, der Mistkäfer und der Schwärmer noch nicht ganz tot waren, sondern verzweifelt an ihren Nadeln zappelten. Ich stieß eine jungmädchenhafte Flut von Obszönitäten hervor und ließ das Ganze zu Boden fallen. Mein Lehrer sah mich mit großen

Augen an, dann grinste er fröhlich und sagte, er könne es *gar nicht erwarten*, dass ich das erste Meerschweinjunge sezierte.

Am College entdeckte ich meine alte Flamme, die Naturwissenschaften, wieder, und sie leuchtete noch immer im alten Bunsenbrenner-Blau. Ich schrieb mich für viele naturwissenschaftliche Kurse ein, selbst als ich mich schon für das Schreiben entschieden hatte und sich die Kommilitonen in den Literatur-Kursen darüber wunderten, warum ich mich mit all dem Zeug – Physik, Differentialrechnung, Computern, Astronomie, Paläontologie – herumplagte. Ich wunderte mich selbst, denn die Laborarbeit fiel mir nicht gerade leicht. Ich paukte, grübelte, diskutierte, raufte mir die Haare aus, blieb aber dabei.

»Du bist ja ein richtiges kleines Schneewittchen: *C. P. Snow White und die zwei Kulturen*«, sagte ein Freund und spielte auf C. P. Snow und dessen These von der Unvereinbarkeit der geisteswissenschaftlichen und naturwissenschaftlichen Kultur an. »Was versprichst du dir von diesen geistigen Kreuzungsversuchen?«

»Ich weiß nicht«, sagte ich. »Ich mag die Naturwissenschaft. Ich vertraue ihr. Sie stimmt mich optimistisch. Verleiht meinem Leben Strenge.«

Er fragte mich, warum ich dann nicht Wissenschaftlerin werden wolle. Ich hätte nicht die Absicht, eine schöne Liebesgeschichte durch eine Heirat zu verderben, sagte ich. Außerdem würde ich keine sehr gute Wissenschaftlerin werden, das sei mir klar.

»Dann wirst du eben eine professionelle Dilettantin«, sagte er.

Nicht schlecht. Ich wurde Wissenschaftsjournalistin.

So, damit komme ich endlich zum Kern der Sache, ihren Muskeln. Oder dem Knorpel, dem Brustbein, der Haut oder dem Bürzel? Seit einem Vierteljahrhundert bin ich nun Wissenschaftsjournalistin. Ich liebe die Naturwissenschaft. Aber ich habe immer wieder erfahren – und nicht vergessen –, musste mir aber stets aufs Neue vor Augen führen, wie wenig die Naturwissenschaften in die übrigen menschlichen Lebensbereiche integriert sind, wie beharrlich sie von der Welt abgesondert bleiben und wie hartnäckig sich das Bild vom weltfremden Wissenschaftler hält, die Vorstellung, dass die Naturwissenschaft etwas ist, was man im Laufe seiner Entwicklung überwindet, so dass sie – seltsamerweise – eine Spielwiese für die überentwickelten Gehirne bleibt. Es folgt eine Äußerung, die ich im Laufe der Jahre jedes Mal hörte, wenn ich jemandem erzählte, womit ich mein Geld verdiene: »Wissenschaftsjournalistik? Ich habe keinen naturwissenschaftlichen Kurs mehr belegt, seit ich in der Highschool in Chemie durchgefallen bin.« (Oder, fast genauso häufig: »…in Physik durchgefallen bin.«) Jacqueline Barton, Chemieprofessorin am California Institute of Technology, kennt diese Äußerungen aus eigener Erfahrung und konstatiert mit sarkastischer Belustigung, wie verblüffend groß die Zahl der Menschen ist, die nach eigenem Bekunden in Chemie nicht nur mittelmäßige Schüler waren, sondern krasse Versager. Selbst Jahre der Noteninflation haben nichts an der Sechs als häufigster Zensur für den chemischen Kenntnisstand der amerikanischen Nation ändern können.

Auch die Wissenschaftsjournalistik ist in einer Art literarischem Getto geblieben, entweder physisch ausgegrenzt wie im wöchentlichen Wissenschaftteil der *New York Times*, oder situativ, wird sie doch meistens völlig übergangen, egal, wie hoch der kulturelle Anspruch ist. Fehlanzeige bei *Harper's*, beim *Atlantic*, beim *New Yorker*, selbst bei gehobenen Computerzeitschriften, die sich von vornherein an initiierte Leser wenden. Ich habe Umfrageergebnisse gesehen, die zeigten, dass von allen Sonderbeilagen der *New York Times* die dienstags erscheinende *Science Times* bei den Lesern am beliebtesten ist. Doch da ich herzensgute Freunde und Angehörige habe, weiß ich auch, dass viele Leute die Beilage ungeöffnet in den Papierkorb werfen. Einige dieser Wegwerf-Kandidaten arbeiten sogar für die *New York Times*. Vor einigen Jahren, als die damalige Leiterin der Wissenschaftsredaktion der *New York Times* den amtierenden Chefredakteur bat, doch bitte, bitte ein paar Worte der Anerkennung für die Redakteure der Wissenschaftsredaktion und ihre gute Arbeit auszusprechen, versicherte der Chefredakteur in einer Aktennotiz, wie sehr er sich jeden *Mittwoch* auf die Wissenschaftsbeilage freue. Als ich bei der Zeitung anfing und mich beim Kolumnisten William Safire vorstellte, sagte er: »Na, dann werde ich Sie jeden *Donnerstag* lesen können.« Der Nobelpreisträger Harold Varmus meinte, ich hätte antworten sollen: »Klar doch, Bill, wenn Sie die Zeitung erst mit 48-stündiger Verspätung lesen.«

Verdammt, das tut weh! Wie sollte es auch nicht? Niemand möchte sich unbedeutend oder randständig vorkommen. Niemand möchte das Gefühl haben zu versagen, es sei denn, in einem Chemiekurs der Highschool, wo es jeder tut. Doch ich gestehe: Ich habe jedes Mal das Gefühl, versagt zu haben, wenn ich jemanden sagen höre: »Wen schert's« oder »Wer weiß das schon« oder »Ich kapier es einfach nicht«. Wenn eine Figur aus der ansonsten gut geschriebenen Fernsehserie *Six Feet Under* (»Gestorben wird immer«) erklärt, sie habe vor, einen Kurs in »Biogenetik« zu belegen, und ihr Freund verkündet: Ö-ö-de. Warum zum Teufel tust du so was? Das nehme ich persönlich. Einen Augenblick mal! Hat der Typ nicht gehört, dass wir im Goldenen Zeitalter der Biologie leben? Hätte er auch das Perikleische Athen ö-ö-de gefunden? Wenn mein Schwiegervater gerade einen Artikel gelesen hat, den ich über Gene und Krebszellen geschrieben habe, und erklärt, er habe ihn faszinierend gefunden, mich aber im gleichen Atemzug fragt: »Was ist größer, ein Gen oder eine Zelle?« Dann denke ich: O Gott, ich hab's wirklich vermasselt. Wenn ich noch nicht einmal die biologische Grundtatsache rübergebracht habe, dass Zellen zwar wirklich sehr klein sind, jede aber groß genug ist, um unsere rund 25 000 Gene vollständig zu enthalten, sowie eine Fülle zusätzlicher Gruppen von genetischen Sequenzen mit unbekannter Funktion – wozu tauge ich dann überhaupt? Und wenn ein Lektor, der einen Artikel von mir über die Genetik von Walen redigiert hat, mich auffordert, zwei Behauptungen in meinem Text zu belegen: dass (a) Wale Säugetiere sind und dass (b) Säugetiere wirklich Tiere sind, dann denke ich wieder, O Gott, doch dieses Mal panisch, in fetten 26-Punkte-Lettern. Oje, oje, niemand hat die geringste Ahnung von den Naturwissenschaften – und niemanden schert es.

Klingt das, als täte ich mir selber leid? Als greinte ich eingeschnappt und defensiv herum? Klar doch: Eine gute Offensive beginnt mit einer näselnden Defensive. Wenn ich ein Buch über naturwissenschaftliche Grundlagen schreiben wollte, musste ich davon überzeugt sein, dass ein solches Buch erforderlich ist – und das bin ich. Wenn ich davon überzeugt war, dass ein solcher Leitfaden, eine geführte Sightseeing-Tour durch den naturwissenschaftlichen Kanon erforderlich wäre, dann musste ich natürlich der Meinung sein, es gäbe riesige unerschlossene Flächen in der Welt, weite Prärien und tiefe Trockentäler wissenschaftlicher Ignoranz, wissenschaftlicher Unbildung, von Technophobie, glasigen Blicken und Walen, die ihres Säuger-Privilegs verlustig gehen. In der öffentlichen Vorstellung gelten die Naturwissenschaften immer noch als langweilig, verstiegen, schwierig, abstrakt und, bequemerweise, peripher – heute womöglich mehr denn je. So erklärten 2005 beispielsweise in einer Befragung von 950 britischen Schülern im Alter zwischen dreizehn und sechzehn 51 Prozent, naturwissenschaftliche Kurse seien »langweilig«, »verwirrend« oder »schwierig« – Gefühle, die sich mit jeder Klassenstufe verstärkten. Nur 7 Prozent hielten Leute, die naturwissenschaftlich arbeiteten, für »cool«; und, aufgefordert, aus einer Namensliste, die unter anderem Albert Einstein und Isaac Newton aufführte, den berühmtesten Naturwissenschaftler auszuwählen, entschieden sich viele Befragte für Christoph Columbus.

Wissenschaftler sind rasch bereit, die Schuld auf sich zu nehmen, anzuerkennen, dass sie verantwortlich sind für die allergische Reaktion der Öffentlichkeit auf ihren Berufsstand. Wir haben versagt, sagen sie. Die Versuche, unsere Arbeit einem breiten Publikum zu vermitteln, waren kläglich, ganz zu schweigen von dem Bemühen, junge Leute für die Naturwissenschaften zu gewinnen. Wir waren zu sehr mit unserer Arbeit beschäftigt. Schließlich müssen wir Artikel veröffentlichen und Anträge für Forschungsgelder stellen.

Wir werden vom »System«, der unerbittlichen akademischen Ochsentour, bestraft, die Wissenschaftler dafür belohnt, dass sie sich auf Kosten aller anderen Aktivitäten – Lehre, Öffentlichkeitsarbeit oder Schreiben erfolgreicher populärwissenschaftlicher Bücher – ihrer Forschung widmen. Abgesehen davon sind nur wenige von uns so telegen wie »Stringkönig« Brian Greene, oder? All das lässt nur ein Urteil zu: schuldig im Sinne der Anklage. Wir haben bei der Aufklärung des Laienpublikums pflichtvergessen gehandelt.

Mit einer gewissen Berechtigung kann man hier fragen: Müssen wir überhaupt etwas tun? Spielt es eine Rolle, ob die große Mehrheit der Menschen wenig oder gar nichts über die Naturwissenschaften oder die wissenschaftliche Geisteshaltung weiß? Wenn der Mann auf der Straße nicht weiß, wie der nächste Stern heißt (die Sonne), ob Tomaten Gene haben (haben sie), oder warum sie mit der Hand nicht durch die Tischplatte fassen können (weil die Elektronen in beiden Objekten einander abstoßen), was macht das schon? Sollen sich doch die Fachleute darum kümmern. Ein Herzchirurg weiß, wie man eine Arterie repariert, ein Biologe, wie man ein Gel herstellt, ein Verkehrspilot, wie man das Schild FASTEN YOUR SEAT BELT genau in dem Augenblick anschaltet, als Sie sich entschlossen haben, aufzustehen und auf die Toilette zu gehen. Warum können wir anderen uns nicht einfach mit Fernsehen, Ferien, Feiern zufriedengeben?

Es gibt zahllose Argumente für mehr wissenschaftliches Interesse und größere Vertrautheit mit der wissenschaftlichen Methodik, und viele sind so abgedroschen, dass niemand mehr hinhört. Nach einer sehr beliebten These müssen die Menschen genauere wissenschaftliche Kenntnisse besitzen, weil viele lebenswichtige Fragen unserer Zeit einen naturwissenschaftlichen Aspekt aufweisen: Denken Sie an globale Erwärmung, alternative Energie, Stammzellenforschung, Raketenabwehr, die tragischen Einschränkungen der chemischen Reinigungsindustrie. Daher wäre von wissenschaftlich gebildeten Bürgern zu erwarten, dass sie ein vergleichsweise vernünftigeres Wählerverhalten an den Tag legen und erheblich vernünftigeren Politikern ihre Stimme geben würden. Sie würden von ihren gewählten Volksvertretern erwarten, dass sie den Unterschied zwischen Blastozyste, Fötus und Gastroenterologe kennen und wissen, dass Ersteres eine fünf Tage alte, hohle Zellkugel ist, aus der sich die begehrten Stammzellen gewinnen und theoretisch dazu bringen lassen, in einem beliebigen Körpergewebe oder Organ zu wachsen, das Nächste eine ungeborene Leibesfrucht und das Dritte ein Facharzt, der Ihnen am liebsten im 14-Tage-Rhythmus Darmspiegelungen verordnen würde.

Andere meinen, eine naturwissenschaftlich informierte Öffentlichkeit wäre relativ immun gegen abergläubisches Wunschdenken, Scharlatanerie und Betrug. Sie würde erkennen, dass die Grundlage der Astrologie lächerlich ist und dass der Arzt, die Hebamme oder der Taxifahrer, die bei der Entbindung helfen, im Augenblick der Geburt eine größere Anziehungskraft auf den neuen Erdenbürger ausüben als Sonne, Mond und Planeten. Sie würde einsehen, dass die Versprechungen des Glückskekses im Chinarestaurant entweder von einem Computer oder einem Angestellten der Keksfabrik in Bremerhaven stammen. Sie würde ihre Chancen auf einen Lottogewinn ausrechnen, erkennen, wie lächerlich winzig sie sind, und beschließen, keine Scheine mehr abzugeben, was ein riesiges Steuerloch aufreißen würde. Dieser letzte Gesichtspunkt ist leider kein Witz, sondern lässt darauf schließen, dass unsere Politiker bei einem plötzlichen landesweiten Ausbruch rationalen Denkens zu schrecklichen Maßnahmen greifen müssten, um die Einnahmen aus Lotterien und Spielautomaten zu ersetzen, unter anderem auch – Schreck lass nach! – zu Steuererhöhungen.

Lucy Jones, Seismologin am California Institute of Technology, weiß nur zu gut, wie vernunftresistent Menschen sein können und wie rasch sie auf der Suche nach Axiomen, Verschwörungstheorien oder dem Glück zu jedem Unsinn bereit sind. Jones, eine resolute Frau um die fünfzig mit kurzem pfirsichfarbenem Haar und rascher, energischer Sprechweise, ist die leitende Wissenschaftlerin des United States Geological Survey (USGS) für ganz Südkalifornien und in dieser Eigenschaft bemüht, die Erdbeben-Prophylaxe zu fördern. Sie diente auch als bevorzugter USGS-Sündenbock, wenn es galt, Medienschelte entgegenzunehmen oder die allgemeine Panik aufzufangen, nachdem die Kontinentalplatte, auf der Südkalifornien hockt, wieder einmal beunruhigend gewackelt hatte. Wie Seismologen überall versucht sie, die Vorhersage größerer Erdbeben zu verbessern, die ersten Warnsignale rechtzeitig zu erkennen, um Städte zu evakuieren oder andere Maßnahmen zum Schutz von Menschen, Häusern und dem hochgeschätzten Satz Longdrinkgläser von der Weltausstellung 1964 zu ergreifen. Jones kennt alle Erdbebenmythen und könnte in die Luft gehen, wenn sie beispielsweise hört, dass Fische in China spüren, wenn Beben bevorstehen, oder dass sie nur am frühen Morgen auftreten. »Die Leute erinnern sich an frühmorgendliche Erdbeben, weil die sie geweckt und am meisten erschreckt haben«, sagte Jones. »Wenn man ihnen die Daten zeigt, aus denen hervorgeht, dass Erdbeben genauso häufig um sechs Uhr abends wie um sechs Uhr morgens auftreten, bleiben sie hartnäckig dabei, dass etwas an der Geschichte sein müsse, weil ihre Mütter, Großmütter und Großonkel Milton immer gesagt hätten, dass sie wahr sei. Oder sie biegen sich den ›frühen Morgen‹ so zurecht, dass er von Mitternacht bis Mittag reicht. Und dann stimmt es natürlich: Viele Erdbeben treten zwischen zwölf Uhr nachts und zwölf Uhr mittags auf. Onkel Milton hatte Recht!«

Die Öffentlichkeit meint auch, Seismologen könnten Erdbeben weit besser vorhersagen, als sie behaupten, behielten ihre Prognosen aber hinterlistig für sich, um »keine Panik auszulösen«.

»Ich habe einen Brief von einer Frau bekommen, in dem es hieß: ›Ich weiß, dass Sie mir nicht sagen dürfen, wann das nächste Erdbeben stattfinden wird‹«, sagte Jones, »›aber könnten Sie mir bitte sagen, wann Ihre Kinder außerhalb der Stadt wohnende Verwandte besuchen werden?‹ Sie nahm an, ich würde mein Insider-Wissen insgeheim zum Schutz meiner Familie nutzen, während ich es allen anderen vorenthielt. Die Leute glauben eher, dass der Staat sie anlügt, als dass sie sich mit der Unsicherheit der Wissenschaft abfinden.« Mit einem Minimum an wissenschaftlicher Ausbildung wäre den Leuten klar, so Jones, dass die Begriffe »Naturwissenschaft« und »Unsicherheit« in einem Wörterbuch miteinander verknüpft werden müssten; und wenn sie ihre Kinder zum Verwandtenbesuch aus der Stadt schicke, dann gebe es dafür nur einem einzigen Grund: den Besuch der außerhalb lebenden Verwandtschaft.

Viele Wissenschaftler vertreten die Ansicht, Laien müssten mehr Einblick in naturwissenschaftliche Zusammenhänge haben, um besser zu verstehen, wie wichtig die Forschung für die wirtschaftliche, kulturelle, medizinische und militärische Zukunft unseres Landes sei. Unsere Welt werde rasch ein technisches Amazonien, ein die ganze Hemisphäre umfassendes erbarmungsloses Habitat, in dem die Vertrautheit mit naturwissenschaftlichen und technischen Prinzipien entscheidend für das sozioökonomische Überleben sein werde. »Bald nach der industriellen Revolution gelangten wir im Westen an einen Punkt, wo das Lesen ein Grundprozess menschlicher Kommunikation war«, sagte Lucy Jones. »Wer nicht lesen konnte, hatte keine Möglichkeit, am normalen menschlichen Diskurs teilzunehmen oder gar eine vernünftige Arbeit zu bekommen.

Gegenwärtig erleben wir eine andere Veränderung der Erwartungen«, fuhr sie fort. »Heute sind logische Fertigkeiten und Einsichten in die wissenschaftliche Entwicklung Dinge, die jeder braucht.«

Dabei stehen die Wissenschaftler keineswegs allein mit ihrer Überzeugung, dass das herausragende Niveau der naturwissenschaftlichen Forschung in Amerika eine der größten Stärken unseres Landes sei. Naturwissenschaft und Technik verdanken wir den integrierten Schaltkreis, das Internet, Proteasehemmer, Statine, Bratfettersatz aus der Spraydose (geht auch für quietschende Türangeln!), Klettverschlüsse, Viagra, selbstleuchtendem Slime, die Mehrfachimpfung von Kleinkindern, die schuld daran ist, dass

Schulschwänzern heute keine bessere Entschuldigung einfällt als ein »hartnäckiger Harry-Potter-Kopfschmerz«, Computer und Zusatzgeräte, die nach Obstsorten oder Teilen von Obstsorten benannt werden, und hochentwickelte Waffensysteme, die wie stechende Gliederfüßer oder nordamerikanische Indianerstämme heißen.

Doch die Bedeutung unserer wissenschaftlichen Vormachtstellung hängt weniger von unserem Geschick in der angewandten Wissenschaft ab als von unserer Bereitschaft, Grundlagenforschung zu unterstützen, die scheinbar ziel- und sinnlosen Experimente, die oft Jahrzehnte benötigen, bevor sie zu veröffentlichungsreifen Ergebnissen, marktfähigen Produkten, zu brauchbaren Magistranden oder Doktoranden führen. Naturwissenschaftler und ihre Förderer meinen, dass eine Öffentlichkeit, die mit den Feinheiten der wissenschaftlichen Arbeit besser vertraut wäre, bereitwillig einträte für die jährliche Erhöhung des Bundesforschungsetats, für unbefristete Forschungsstipendien und ausreichende Investitionen in die Infrastruktur, besonders in bessere Snack-Automaten in den Instituten. Die Leute würden erkennen, dass die Grundlagenforscher von heute entscheidend zum Wohlstand von morgen beitragen – ganz zu schweigen davon, dass sie Geheimnisse des Lebens und Universums erhellen – und dass man keinen Preis für Genie und glücklichen Zufall festsetzen kann, abgesehen davon, dass er viel höher wäre als der Forschungsetat des Kongresses für das laufende Haushaltsjahr.

Ja, wir sollten die Forscher von heute hätscheln und uns die Träumer von morgen heranziehen, die nächste Generation der Naturwissenschaftler. Gelänge es uns, eine für die naturwissenschaftliche Forschung aufgeschlossenere Atmosphäre zu schaffen, würden wir damit sicherlich mehr junge Leute veranlassen, sich den Naturwissenschaften zu widmen, und wären besser für den Wettbewerb mit den aufstrebenden und weit bevölkerungsreicheren Nationen Indien und China gerüstet. Wir brauchen mehr Forscher! Mehr Ingenieure! Doch mit jedem Jahr entscheiden sich immer weniger amerikanische Studenten für ein naturwissenschaftliches Studium. 2004 warnte ein Beratungsgremium des National Science Board (NSB) den Kongress: »Wir beobachten einen beunruhigenden Rückgang der amerikanischen Studentenzahlen in den natur- und ingenieurwissenschaftlichen Fachbereichen«, während die Zahl der offenen Stellen auf diesen Berufsfeldern in die Höhe geschnellt ist. Gegenwärtig gehen mindestens ein Drittel der in den USA verliehenen höheren Universitätsgrade in den Natur- und Ingenieurwissenschaften an ausländische Studenten, bei den Postdoktorandenstipendien sind es sogar mehr als die Hälfte. Nicht dass ich das Geringste gegen das bunte Völkergemisch hätte, das an allen Hochschulen anzutreffen ist, doch ausländische Studenten entscheiden sich häufig, mit ihren Kenntnissen und Abschlüssen in ihre dankbaren Heimatländer zurückzukehren. »Diese Tendenzen«, hieß es in der Mitteilung des NSB, »gefährden die Prosperität und Sicherheit unseres Landes.«

Wer kann den Amerikanern einen Vorwurf daraus machen, dass sie die Naturwissenschaften meiden, wenn in der Forschung trotz angeblich großer Nachfrage so schlecht bezahlt wird? Nach einer mindestens zehnjährigen Ausbildung bekommen Postdoktoranden im Schnitt 40 000 Dollar im Jahr, und selbst in den späteren Jahren ihrer Berufstätigkeit bleiben sie hartnäckig im fünfstelligen Bereich. David Baltimore, Nobelpreisträger und Ex-Präsident des California Institute of Technology (Caltech), der zu Beginn seiner Laufbahn viele Jahre am Massachusetts Institute of Technology (MIT) gearbeitet hat, berichtete, dass eine der klassischen Kaderschmieden der amerikanischen Eliten, die Privatschule Phillips Academy in Andover, Massachusetts, die seine Tochter besuchte, einen hervorragenden naturwissenschaftlichen Unterricht habe, einen der besten überhaupt. »Doch man findet keine ehemaligen Andover-Schüler am MIT«, sagte er. »Academy-Absolventen mit mathematisch-naturwissenschaftlichen Fähigkeiten werden Börsenmakler. Es gibt verdammt wenig Naturwissenschaftler aus Patrizierfamilien.«

Neben besserer Bezahlung braucht die Naturwissenschaft auch

mehr Prestige. Hätte die Naturwissenschaft ein attraktiveres, interessanteres und moderneres Image als heute, könnte sie nach Meinung ihrer Fürsprecher mehr Jünger gewinnen – mehr brillante junge Köpfe und mehr geschickte junge Finger, bereit, zwanzig Stunden am Stück mit Pipetten zu jonglieren. »In meiner Jugend war das anders«, sagte Andy Feinberg, ein Genetiker an der Johns Hopkins University. »Es war die Zeit des *Sputnik,* des Wettlaufs in der Raumfahrt, da drängte es alle in die Naturwissenschaft. Man hielt es für wichtig. Man hielt es für aufregend. Man hielt es für cool. Irgendwie müssen wir diesen Geist wiedererwecken. Die Kultur des Forschens und Entdeckens bringt unser Land voran, wir können es uns nicht leisten, sie zu verlieren.«

Das sind alles wichtige, aufregende und kluge Argumente, die geeignet sind, das Bewusstsein für die Naturwissenschaften zu schärfen. Ich würde gern sehen, dass mehr junge Amerikaner sich für die Naturwissenschaften entscheiden, vor allem das Mädchen, das meine Gene trägt und für eine gewisse Entlastung in meiner Steuererklärung sorgt. Und doch. Wie Steven Weinberg, Nobelpreisträger und Physikprofessor an der University of Texas, erläutert, können viele Fragen scheinbar wissenschaftlicher Natur nicht von der Wissenschaft entschieden werden. »Wenn es beispielsweise um die Debatte über ein Abwehrsystem gegen ballistische Raketen geht«, sagte er, »finde ich es beunruhigender, dass unsere Politiker offenbar zu den Leuten gehören, die keine historischen Bücher lesen, als dass sie keine Ahnung von Röntgenlasern haben.« Kann die Naturwissenschaft wirklich eine Frage entscheiden wie die, ob wir Stammzellen aus einem menschlichen Keimbläschen gewinnen sollen und wollen? Die Wissenschaft kann uns über dieses Keimbläschen lediglich mitteilen, dass es, nun ja, menschlich ist. Dass es menschliche DNA enthält. Die Wissenschaft kann uns nicht sagen, welchen Wert wir dem Keimbläschen zuschreiben sollen. Die Wissenschaft kann die Debatte nicht entscheiden, in der es abzuwägen gilt zwischen dem »Recht« eines Keimbläschens auf seine zelluläre Unversehrtheit und ungewisse Zukunft (einfrieren, um es zu einem späteren Zeitpunkt in eine bereitwillige Gebärmutter zu verpflanzen oder der rasche Abgang durch den Abfluss der Fertilitätsklinik?) und dem »Recht« eines Patienten mit einer qualvollen Krankheit wie Multiple Sklerose oder Parkinson, dass Forscher ungehinderten, staatlich finanzierten Zugriff auf Stammzellen haben und dass dank dieses Umstands alles getan wird, um eines Tages vielleicht neue Therapien gegen ihre Krankheit zu entwickeln. Das ist eine Frage der Politik, der religiösen Überzeugung und, wenn das alles nichts bewirkt, gegenseitiger Beschimpfungen.

Kurzum, ich weiß nicht, ob naturwissenschaftliche Kenntnisse dazu angetan sind, Sie zu einem besseren Staatsbürger zu machen, Ihnen einen interessanten Arbeitsplatz zu verschaffen oder Sie vor dem vorübergehenden Verlust Ihrer geistigen Zurechnungsfähigkeit zu schützen, der sich etwa im Erwerb weißer Lederhosen manifestiert. Ich bin keine Pragmatikerin und kann nicht mit praktischen Tipps dienen, zum Beispiel, wie man am besten Brokkoli oder Zahnseide verwendet. Wenn Sie ein erwachsener Laie sind, wird Sie wohl selbst die tiefste Midlife Crisis nicht in einen praktizierenden Wissenschaftler verwandeln; und wenn Sie kein Wissenschaftler sind, *müssen* Sie keine naturwissenschaftlichen Kenntnisse haben. Sie müssen nicht in Museen gehen, Bach hören oder einem raffiniert gefügten Shakespeare-Sonett lauschen. Sie müssen nicht ins Ausland fahren, einen Wüstencanyon durchwandern oder in einer wolkenlosen, mondlosen Nacht hinausgehen und sich am Sternen-Champagner berauschen. Wie viele Freunde *müssen* Sie haben?

Warum nicht neuronaler Wissensdrang statt staatsbürgerlichem Pflichtenzwang? Natürlich sollten Sie über Wissenschaft so viel wissen, wie Ihre Synapsen verkraften können. Naturwissenschaft ist nicht nur eine Sache, eine Denkrichtung, ein in sich abgeschlossenes Resultat fleißiger Gelehrsamkeit, wie etwa die Geschichte des Osmanischen Reichs. Naturwissenschaft ist ein riesiger, gewaltiger Ozean menschlicher Erfahrung; wir verdanken und schulden sie dem Umstand, dass wir das am tiefsten gefurchte Hirn aller von diesem Planeten hervorgebrachten Arten haben. Wenn Sie niemals schwimmen lernen, werden Sie es sicherlich bedauern; und das Meer ist so groß, es wird Sie immer daran erinnern.

Natürlich sollten Sie naturwissenschaftliche Kenntnisse haben – in erster Linie weil es Spaß macht, und was Spaß macht, ist gut.

Es gibt gute Gründe dafür, dass naturwissenschaftliche Museen Spaß machen und dass Kinder Spaß an der Naturwissenschaft haben. Sie macht Spaß. Nicht nur wegen der Überraschungseffekte: »Seht her, ich tauche diese Rose in flüssigen Stickstoff und dann lasse ich sie auf dem Fußboden in tausend Stücke zerspringen«, obwohl auch die Spaß machen. Sie macht Spaß auf die Art, wie kluge Ideen Spaß machen, wie der Blick unter die Oberfläche der Dinge Spaß macht. Zu verstehen, wie etwas funktioniert, macht einfach Freude – mehr ist da nicht.

»Ich war auf dem College und hatte eine Auseinandersetzung mit meinem Vater«, berichtete David Botstein, ein Genetiker an der Princeton University. »Er wollte, dass ich Arzt werde. Ich wollte Naturwissenschaftler werden. Ich sagte ihm klipp und klar, dass ich nicht Medizin studieren würde. Tatsächlich arbeitete ich schon an einem wirklich interessanten DNA-Forschungsprojekt. Eines Abends nahm mich ein Freund meines Vaters, ein Allgemeinchirurg, ins Kreuzverhör, um herauszufinden, was ich vorhatte. Wie konnte etwas interessanter sein als menschliche Physiologie und Knochenflickerei? Wir hatten beide ein wenig getrunken, und ich erklärte ihm, was es mit der DNA-Struktur auf sich hatte. Das war damals, um 1960, als das Forschungsfeld der Molekularbiologie noch jung war. Am Ende unseres Gesprächs blickte der Freund meines Vaters mich an und sagte: ›Du bist der glücklichste Mensch der Welt. Du wirst für etwas bezahlt werden, woran du Spaß hast.‹«

Peter Galison, Professor für die Geschichte der Physik an der Harvard University, äußert seine ironische Bewunderung für die Gründlichkeit, mit der dem öffentlichen Image der Naturwissenschaften jede Spur von Freude genommen wurde: »Wir haben wirklich hart gearbeitet, um diese bemerkenswerte Leistung zu vollbringen, denn ich habe nie ein kleines Kind getroffen, das nicht wirklich Spaß und Interesse an den Naturwissenschaften gehabt hätte. Doch nachdem wir jahrelang öde Lehrbücher mit grausamen Abbildungen verfasst, unsere Wissenschaft als einen nicht zu knackenden Code präsentiert und zwischen Wissenschaft und gewöhnlichen menschlichen Verrichtungen einen tiefen Graben gezogen hatten, konnten wir sagen: Wir haben es geschafft! Wir haben eine große Anzahl von Menschen davon überzeugt, dass das, was sie einst für faszinierend, unterhaltsam, ja für die natürlichste Sache der Welt hielten, überhaupt nichts mit ihrem Leben zu tun hat.«

Zugegeben, die von mir interviewten Forscher, die ihre Freude an den Naturwissenschaften bekannten, stehen sicher und reichlich in Lohn und Brot, haben Erfolg auf ihrem Gebiet und halten das Universum aus persönlichen Gründen für einen magischen Ort. Ich kenne allerdings viele sehr erfolgreiche Schriftsteller, die sich nicht für die glücklichsten He-ihr-Leute der Welt halten, sondern für verflucht, bedauernswert, für Leute, die ihr Gewerbe betreiben, weil sie keine andere Wahl, keine anderen zu vermarktenden Fähigkeiten haben. »Ein Schriftsteller ist ein Mann, dem das Schreiben schwerer fällt als anderen Leuten«, klagte Thomas Mann in »Tristan«. »Wenn ich zum Mittagessen nach Hause komme, sagt meine Frau, ich sähe aus, als käme ich von einer Beerdigung«, berichtete Carl Hiaasen – und der schreibt komische Romane. Der Künstler David Salle beklagte sich bei Janet Malcolm vom *New Yorker* über das Elend des Malens: »Ich finde es außerordentlich schwierig. Ich habe das Gefühl, mit dem Kopf gegen eine Ziegelmauer zu hämmern. Mir kommt es vor, als hätten alle anderen eine Möglichkeit gefunden, mit dem Malen mühelos und angenehm durchs Leben zu kommen, während ich in diesem entsetzlichen Loch sitze und leide.« Naturwissenschaftler sind außerordentlich intelligent, motiviert und – lassen Sie sich von ihren Shorts und T-Shirts nicht täuschen – gnadenlose Konkurrenten; doch dessen ungeachtet schwärmen sie vom Glück und von der Freude, die ihnen die Forschung bereitet; dabei sind sie nicht egoistisch, sondern bereit, ihre Begeisterung zu teilen.

»Und so haben wir es dann geschafft, den Stein auf den Hügel zu wälzen und den Leuten die Vorstellung einzuflößen, dass die Naturwissenschaft langweilig sei«, fuhr Galison fort. Allerdings hat ein Stein in dieser Position eine bemerkenswerte Eigenschaft: Er besitzt eine Menge potenzieller Energie und bettelt förmlich darum, aus dem Gleichgewicht gebracht zu werden. Ein paar gut platzierte Stöße, die vereinten Kräfte von ein paar Schultern, und der Stein wird aus seiner unnatürlichen Fesselung befreit, um mit Newtonschem Getöse erdwärts zu rollen.

Das vorliegende Buch möchte dem Bestreben, den Stein ins Rollen zu bringen und die ganze kinetische Schönheit der Naturwissenschaft zu entfesseln, eine schwache Schulter leihen.

Vielleicht gehören Sie zu den Leuten, die mit den Naturwissenschaften gebrochen haben seit jenem schrecklichen Jahr in der Highschool, als Sie in Physik durchgefallen sind, weil Sie zur Abschlussprüfung eine Stunde zu spät erschienen – im Pyjama und mit einer Insektensammlung unter dem Arm. Oder Sie haben sich den naturwissenschaftlichen Pflichtschein am College mit einem Kurs über die Evolutionspsychologie des Internet-Datings geholt und bedauern jetzt, dass Sie den Unterschied zwischen Proton, Photon und Plektron nicht kennen. Vielleicht werden Sie auch ständig neugieriger und wissen nicht, wo Sie anfangen sollen. Sie glauben, der Anfang wäre eine vernünftige Wahl, aber wessen Anfang? Nicht der Anfang für Kinder, nicht der herablassende, peinliche Anfang mit erhobenem Zeigefinger, sondern der Anfang für Erwachsene. Der Anfang als eine Beziehung auf Augenhöhe: Sie und die Naturwissenschaft. Bevor Sie entsetzt aufschreien: Ich gegen die Naturwissenschaft – das ist kein fairer Wettbewerb, lassen Sie mich festhalten, dass es nicht heißt »Sie gegen die Wissenschaft«, sondern »Sie mit der Wissenschaft«. Sie sind der Steuerzahler, der die Naturwissenschaften unterstützt, ob es ihm klar ist oder nicht, und Sie sind ein Mensch, der die wissenschaftliche Methode viel häufiger anwendet, als er annimmt. Jedes Mal, wenn Sie versuchen, einem Problem des Staubsaugers auf den Grund zu gehen, beispielsweise: Gerät wird heiß, Gerät läuft nicht mehr; heiliges Haarknäuel, wann habe ich den Beutel in dem Ding das letzte Mal ausgewechselt? Oder wann haben Sie begriffen, dass die Sauce hollandaise zu klumpig wird, um sie über den Spargel zu gießen, wenn Sie sie nicht fortwährend bei einer Temperatur knapp unter dem Siedepunkt rühren? Sie betreiben Naturwissenschaft, Sie unterstützen Naturwissenschaft, Sie sind kräftig an ihr beteiligt, dann sollen Sie auch was von ihr haben.

So sehen Naturwissenschaftler den Anfang, jedenfalls sagen sie es, wenn eine Journalistin in ihrem Büro auftaucht, sich in den Besucherstuhl fallen lässt und sie auffordert, ein paar sehr einfache Fragen zu beantworten. Seit Langem machen sie sich über die eklatante naturwissenschaftliche Unwissenheit der breiten Masse und über ihren Mangel an kritischem Denken lustig und fordern deshalb eine wissenschaftlich besser unterrichtete Öffentlichkeit. Schön und gut. Doch was wäre erforderlich, um die Menschen aus dieser traurigen Lage zu befreien, aus dieser beklagenswerten Ignoranz, und sie durch solide Kenntnisse zu ersetzen? Was muss ein Laie wissen, um als naturwissenschaftlich unterrichtet, gebildet gelten zu können? Wenn Sie, Dr. Allwissend, ein halbes Dutzend Dinge Ihres Forschungsbereichs aufzählen müssten, von denen Sie sich wünschen würden, dass die jeder versteht, die sechs großen, genialen, maßgeblichen Konzepte, die Sie heute noch mit ihrer Schönheit überwältigen, welche würden Sie nennen? Oder – falls Sie zu jenen Professoren gehören, die sich gelegentlich dazu herablassen, Einführungskurse für jene als »Nebenfächler« bezeichnete Sorte Studienanfänger zu halten – von welchen grundlegenden Ideen würden Sie sich erhoffen, dass sie von diesen Studenten aufgegriffen und länger als ein paar Femtosekunden nach Abschluss des Kurses behalten würden? Was heißt es, wissenschaftlich zu denken? Was müsste ein Laie wissen, um Sie auf einer Cocktailparty zu beeindrucken, um Ihnen das Gefühl zu geben, dass Sie keinen Hanswurst vor sich haben?

Auf die Frage »Was sollte man Ihrer Meinung nach über Naturwissenschaften wissen?« fühlten sich viele Forscher bemüßigt, auf die dringende Notwendigkeit hinzuweisen, den naturwissenschaftlichen Unterricht in der Primar- und Sekundarstufe zu verbessern, was sicherlich ein ehrenwertes und notwendiges Ziel ist, wert, bei jeder Gelegenheit aufs Tapet gebracht zu werden, was aber nichts daran ändert, dass sich nur wenige Erwachsene den Luxus erlauben können, ihre gesamte Schulzeit zu wiederholen. Diesen wohlmeinenden Lehrplan-Revisionisten stimmte ich aus ganzem Herzen zu, bat sie dann aber um Nachsicht mit all denen, die die Schule bereits hinter sich haben. Denn selbst für den Erwachsenen mit der denkbar schlechtesten Schulbildung bestehe doch noch Hoffnung? Auf sie wollen wir uns konzentrieren: Was sollten nichtspezialisierte Nicht-Kinder von den Naturwissenschaften wissen, wie sollten sie es in Erfahrung bringen und was hat es mit dieser Spaß oder Freude genannten Sache auf sich?

Angesichts der Tatsache, dass »Wissenschaft« ein etwas unscharfer Begriff ist, der mittels erklärender Beiwörter wie »Sozial-« oder »Geistes-« Disziplinen wie Anthropologie, Soziologie, Psychologie, Ökonomie, Politik, Geographie oder Feng-Shui, also die so genannten »weichen« Wissenschaften, einbeziehen kann, habe ich beschlossen, mich auf die »harten« Wissenschaften zu konzentrieren, die in der Regel mit dem Vorsatz »Natur-« bezeichnet werden. Im Großen und Ganzen sind es Physik, Chemie, Biologie, Geologie und Astronomie. Diese Disziplinen werden von Laien als besonders einschüchternd und verwirrend empfunden, und sie machen die schlechteste Öffentlichkeitsarbeit. Gleichzeitig sind sie die Felder, wo die größten Fortschritte erzielt wurden, wo in den letzten hundert Jahren die wichtigsten und spektakulärsten Entdeckungen gemacht wurden und wo ein abgedroschenes Wort wie »revolutionär« noch immer seine Berechtigung hat. Die Forscher sind ins Innerste des Atoms vorgedrungen, haben die Memoiren des Kosmos praktisch bis zu seiner Geburtssekunde rückwärts gelesen, die Verschlingungen der DNA entflochten und die unruhige Knetekugel vermessen, die wir unsere Heimstatt nennen. Das sind die Märchen der Naturwissenschaft, die, wie ein Forscher es formulierte, »zufällig wahr sind«. Sie sind hart wie Diamanten und Rubine: für die Ewigkeit gebaut und im Licht sicherlich genauso strahlend.

Bei meinen Recherchen habe ich Hunderte von Wissenschaftlern an den besten Universitäten und Instituten interviewt und nach ihren Einschätzungen gefragt, häufig im persönlichen Gespräch, manchmal per Telefon und E-Mail. Ich habe mit Nobelpreisträgern gesprochen, Mitgliedern der National Academy of Sciences, Universitätspräsidenten, Institutsdirektoren, Forschern, die mit dem McArthur-Stipendium, dem »Genie-Preis«, ausgezeichnet wurden. Außerdem habe ich Wissenschaftler aufgesucht, die als hervorragende Universitätslehrer galten – entweder, weil sie eine Auszeichnung im Sinne von »beliebtester Professor des Jahres« erhielten oder auf studentischen Websites als besonders klar, anregend, unterhaltsam oder, noch präziser, »super« bezeichnet wurden. Selbst die schwierigsten, verwirrendsten Unterhaltungen, die Interviews, bei denen ich mir wie ein viktorianischer Zahnarzt vorkam – lauter Zangen und kein Lachgas –, förderten stets eine oder zwei Kostbarkeiten zutage. Die Forscher betonten, dass wir die Welt so nehmen müssen, wie sie ist, und nicht, wie wir sie uns wünschen. Sie beschrieben ihre Lieblingsmoleküle. Und sie erzählten Witze – wie den über den Physiker Werner Heisenberg, dessen berühmte Unschärferelation besagt, dass man entweder den Aufenthaltsort eines Elektrons auf seiner Bahn um den Kern eines Atoms exakt bestimmen kann oder seine Geschwindigkeit, aber nicht beides gleichzeitig. Der Witz: Heisenberg soll einen Vortrag am MIT halten, ist aber spät dran und jagt mit seinem Mietwagen durch Cambridge in Massachusetts. Ein Polizist stoppt ihn und fragt: »Wissen Sie, wie schnell Sie gefahren sind?«

»Nein«, antwortet Heisenberg fröhlich, »aber ich weiß, wo ich bin!«

»Erzählen Sie den auf einer Cocktailparty, und die Leute ergreifen die Flucht«, sagte Michael Rubner, Professor für Werkstoffkunde am MIT. »Wenn Sie ihn 18-Jährigen in einem MIT-Anfängerkurs erzählen, schmeißen die sich weg vor Lachen.«

Ich drängte die Forscher auch, über die üblichen Definitionen hinauszugehen und so weit wie möglich zu erklären, was sie unter bestimmten Begriffen verstehen, die sie häufig für einführende Definitionen verwenden. Wahrscheinlich kennen Sie die angebliche Kindergarten-Beschreibung des Atoms, nach der es aus drei verschiedenen Teilchenarten besteht: den Protonen und Neutronen, die sich wie die Sonne im Mittelpunkt befinden, sowie den Elektronen, die diesen Kern auf ihren Bahnen pfeilschnell umkreisen. Womöglich haben Sie auch schon davon gehört, dass Protonen eine »positive Ladung« haben, Elektronen »eine negative Ladung« und Neutronen »keine Ladung«. Gut, das hört sich ziemlich einfach ein: ein Pluszeichen, ein Minuszeichen und gar nichts. Doch was um Himmels willen bedeutet das tatsächlich? Was bedeutet es, wenn ein Teilchen eine »Ladung« hat, und in welcher Beziehung steht die Ladung dieser »subatomaren« Gesellen zu den vertrauten, makroskopischen Manifestationen der elektrischen »Ladung«? Wenn Ihr Auto beispielsweise mitten in der Botanik seinen Geist aufgibt, Sie beim Griff zum rettenden Handy feststellen, dass Sie vergessen haben, den Akku aufzu-»laden«, und die herrliche Landschaft schlagartig ihren ganzen Zauber verliert?

Ferner habe ich mich bemüht, das Unsichtbare so weit wie möglich sichtbar zu machen, das Ferne in vertraute Nähe zu rücken, das Unbeschreibliche zu beschreiben. Wenn eine menschliche Zelle zur Größe eines Gegenstands aufgebläht werden könnte, den man auf einem Couchtisch präsentieren kann, würden Sie es tun? Wie würde sie aussehen? Sie sagen, in einer durchschnittlichen Zelle geht es sehr geschäftig zu. So geschäftig wie in Manhattan oder so geschäftig wie in Toronto?

Nicht dass ich die Vereinfachung übertreiben wollte. Da ich meine Gewährsleute mit völlig naiven Fragen bestürmte und auf abwehrende Redensarten wie »Weiß doch jeder« überhaupt nicht reagierte, war ich bald so beliebt wie eine Wespe am FKK-Strand.

Doch hatte ich mehrere aufrichtige Anliegen: Zum einen wollte ich die Sachen selbst verstehen, und zwar so gründlich, dass ich sie mühelos anderen erklären konnte. Zum anderen glaube ich, dass solche vorschnellen Vermutungen und nichterklärenden Erklärungen ein Hauptgrund für die allgemeine Naturwissenschaftsphobie sind. Wenn selbst simpelste Erklärungen der Atomphysik in Comic-Form mit einem Feuerwerk von Begriffen beginnen, die als elementar und selbstverständlich hingestellt werden, es aber keineswegs sind und die selbst bei gründlichem Nachdenken ihre Bedeutung nicht preisgeben, wie soll der arme Leser dann hoffen, den Text in Sprechblase Nr. 2 zu verstehen?

Mehr noch, als ich mich entschloss, viele kleine Fragen über einige wenige große Themen zu stellen, wählte ich damit eine Methode, die sich in letzter Zeit großer Beliebtheit in der Didaktik der Naturwissenschaft erfreut – dass sich naturwissenschaftliche Stoffe Laien am besten vermitteln lassen, indem man in die Tiefe statt in die Breite geht.

Nach zahllosen Interviews und vielen Monaten mühevoller Arbeit begann sich das wundervoll schreckliche Gefühl des »Déjà-Entendu« einzustellen: Die Forscher erzählten mir Dinge, die ich bereits gehört hatte. Wundervoll, denn es bedeutete, dass ich einen plausiblen Bestand an naturwissenschaftlichen Basics hatte, die nicht völlig willkürlich oder subjektiv waren. Schrecklich, weil es bedeutete, dass die Zeit der journalistischen Recherchen vorüber war und die Zeit des Schreibens begann, der, so die Neurowissenschaftlerin Susan Hockfield, quälende Prozess der Umwandlung dreidimensionaler, parallel verarbeiteter Erfahrung in eine zweidimensionale, lineare Erzählung. »Es ist schlimmer als die Quadratur des Kreises«, sagte sie. »Es ist die Quadratur der Kugel.« Und das mir, die ich im Kunstunterricht einmal in Tränen ausgebrochen bin, weil ich keine gerade Linie zeichnen konnte.

# 1 Wissenschaftliches Denken
*Eine außerkörperliche Erfahrung*

Scott Strobel, ein Biochemiker an der Yale University, ist groß, ordentlich und auf jungenhafte Art ernst; seine Haut ist von der Farbe eines polierten Apfels, sein Kinn kantig, sein Haar militärisch kurz. Er macht einen sportlichen Eindruck. Auf seinem Schreibtisch stehen die Bilder dreier strahlender Kinder. Es überrascht mich nicht, dass er mit Summa cum laude an der Brigham Young University promoviert hat. Beim Familienpicknick mag er ein unterhaltsamer Gesellschafter sein, doch als wir an diesem neonerhellten Morgen mitten in der Woche an dem Couchtisch in seinem Büro sitzen und ein Gespräch führen, das Strobel für eine Form des konstruktiven Vergnügens hält, ist er so lustig wie ein Onkologe.

Strobel hat seine persönliche Schachtel Mastermind herausgeholt, ein Spiel, das ich noch nie gesehen hatte und über das ich nichts wusste. Er spielt es häufig mit den Doktoranden und Postdocs im Labor. Sie lieben es. Nicht anders als mein Mann und meine Tochter, wie ich später feststellte. Jetzt bringt mir Strobel Mastermind bei, doch unter den vielen Wörtern, die mir auf der Zunge liegen, kommt »Liebe« nicht vor.

Bei Mastermind gehe es darum, erklärt er, des Gegners verborgene Folge von vier farbigen Stiften zu erraten, indem man die eigenen farbigen Stifte auf wechselnden Positionen in die dafür vorgesehenen Löcher steckt. Wenn man die richtige Farbe in der richtigen Position errät, steckt der Gegner einen schwarzen Stift auf seiner Seite des Spielbretts ein; bei einer richtigen Farbe in einer falschen Position gibt es einen weißen Stift; wenn weder Farbe noch Position stimmen, gibt es keinen Stift. Der Rater hat die Aufgabe, in möglichst wenigen Durchgängen vier schwarze Stifte auf der Seite des Gegners (Codierers) zu haben.

»Kapiert?«, fragt er und schiebt das Brett in meine Richtung.

»Ich habe Spiele nie besonders gemocht«, erläutere ich bittend.

»Haben Sie nicht stattdessen irgendeine nette Diashow?«

»Ich muss Ihnen hieran etwas zeigen«, sagt er. »Fangen Sie an!«

Ohne Aussicht auf einen Tornado oder den plötzlichen Ausbruch einer Pneumokokken-Pneumonie, die mich hätten erlösen können, ordne ich meine Stifte seufzend zu einer hübschen Polizeikette aus blauen, roten, gelben, grünen Figuren. Strobel antwortet mit einem Muster aus schwarzen, weißen und leeren Löchern. Ich mache einen Ausfall mit einem roten Stift, er pariert mit einem weißen. Hier Grün? Tut mir leid, meine Liebe. Ich tue mein Bestes, aber ich habe kein Talent für das Spiel; ich treffe schlechte Entscheidungen und mache keine Fortschritte. Ich kämpfe gegen die Tränen, die sich prompt als Schweiß einen Weg in die Freiheit bahnen. Ich fluche auf Strobel und alle Wissenschaftler, die jemals lebten, besonders auf den Erfinder dieses Steckspiels.

Endlich erbarmt sich Strobel meiner. »Ich denke, Sie haben das Prinzip verstanden«, sagt er. Er fegt die bösartigen kleinen Figuren wieder in die Schachtel, ich sacke schlaff in mich zusammen.

Mastermind zeige, so erklärt er, »in einem Mikrokosmos, wie Wissenschaft funktioniert«. Indem er mich zu dem Spiel zwang, wollte er mir einen wesentlichen Aspekt der wissenschaftlichen Methode vor Augen führen. Zwar gehörte diese Tragikomödie an Strobels Spieltisch nicht gerade zu meinen Sternstunden, vermittelt aber in ihrer Intensität und Denkwürdigkeit einen Eindruck von der Bedeutung, die Naturwissenschaftler, unabhängig von ihrem Fach, diesem Aspekt beimessen.

Naturwissenschaft ist kein Bestand an Daten oder Fakten. Sie ist eine Geisteshaltung. Eine bestimmte Art, die Welt zu sehen, sich der Welt direkt zu stellen, ohne sich den Blick zu verstellen. Ein Problem mit sorgfältig manikürten Klauen anzugehen und es in vernünftige, essbare Happen zu zerreißen.

Noch häufiger, als mir vom Spaß an der Wissenschaft zu berichten, haben mir die Forscher eindringlich erläutert, dass Wissenschaft keine Datensammlung, sondern eine Denkweise ist. Ich habe diese Äußerung so oft gehört, dass sie ein Eigenleben zu führen begann.

»Viele Lehrer, deren naturwissenschaftliches Verständnis begrenzt ist, vermitteln sie als einen Bestand an Fakten«, sagte David Stevenson, ein Planetenforscher am Caltech. »Dabei vergessen sie häufig das Prinzip des kritischen Denkens – wie man beurteilt, welche Ideen vernünftig sind und welche nicht.«

»Wenn ich an den naturwissenschaftlichen Unterricht in der Schule zurückdenke, erinnere ich mich, dass wir Fakten und Gesetze auswendig lernen mussten«, sagte Neil Shubin, ein Paläontologe an der University of Chicago. »Der Krebs-Zyklus, die Linné'sche Systematik. Diese Methode treibt den meisten Leuten nicht nur die Freude an der Naturwissenschaft sofort aus, sondern vermittelt ihnen auch ein verzerrtes Bild von der Wissenschaft. Sie ist kein fester Bestand an Daten, sondern ein dynamischer Entdeckungsprozess. Sie ist so lebendig wie das Leben selbst.«

»Es ist mir völlig gleichgültig, ob die Leute das Periodensystem hersagen können oder nicht«, sagte David Baltimore, Ex-Präsident des Caltech. »Ich kann verstehen, dass ihnen die Probleme, die für ihr eigenes Leben Bedeutung haben, wichtiger sind. Ich würde mir nur wünschen, dass sie diese Probleme rationaler angingen.«

Wenn Naturwissenschaft als Datenbestand präsentiert wird, gerät sie zu einem sinnverwirrenden Glossar. Sie überfliegen ein Lehrbuch oder eine einschlägige Website, und es springen Ihnen zahlreiche fettgedruckte Wörter ins Auge. Sie sind versucht, alles bis auf die hervorgehobenen Fingerzeige außer Acht zu lassen. Wenn ich diese Termini lerne, denken Sie, verpatze ich Chemie vielleicht nicht. Doch bei dieser Strategie haben Sie beste Aussichten, Chemie in der entscheidenden Hinsicht zu verpatzen – nicht auf dem Zeugnis in Ihren Unterlagen, sondern auf der In-Out-Liste in Ihrem Gehirn.

Die Vorstellung, Naturwissenschaft sei eine Art Besserwisserspiel mit untrüglichen Tatsachen, die in jedem Quiz abgerufen werden können, spielt auch den Gegnern der Naturwissenschaft in die Hände, etwa den Anti-Evolutionisten, die jedes strittige Fossil instrumentalisieren, um das ganze darwinistische Projekt in Frage zu stellen. »Die Kreationisten versuchen zunächst, die Naturwissenschaften als einen Bestand von Fakten und Gewissheiten hinzustellen, um dann diese oder jene ›Gewissheit‹ anzugreifen und zu zeigen, dass sie gar nicht so gewiss ist. Sie rufen: ›Seht ihr! Ihr wisst nicht, was ihr wollt. Euch ist nicht zu trauen. Warum sollten wir euch irgendwas glauben?‹ Dabei haben sie den Popanz naturwissenschaftlicher Unfehlbarkeit überhaupt erst geschaffen.«

»Naturwissenschaft ist keine Sammlung unverrückbarer Dogmen. Was wir wissenschaftliche Wahrheit nennen, wird ständig revidiert, in Frage gestellt und korrigiert«, sagte Michael Duff, ein theoretischer Physiker an der University of Michigan. »Es ist ärgerlich, wenn solche Fundamentalisten uns Wissenschaftlern ständig vorwerfen, wir seien unflexibel, festgefahren, wo es sich doch in der Regel umgekehrt verhält. Als Forscher wissen Sie, dass jede Entdeckung, die zu machen Sie das Glück haben, mehr Fragen aufwirft, als Sie ursprünglich hatten, dass Sie stets in Frage stellen müssen, was Sie für richtig halten, und dass Sie sich immer wieder ins Gedächtnis rufen müssen, wie wenig Sie wissen. Naturwissenschaftliche Forschung ist eine sehr demütige und demütigende Tätigkeit.«

»Was natürlich nicht heißt«, fügte Duff rasch hinzu, »dass es keine hochmütigen Wissenschaftler gibt.«

An der Yale University erklärte mir Strobel derweil, was er mir mit Mastermind hatte demonstrieren wollen. Wenn die Naturwissenschaft keine statische Datensammlung ist, was ist sie dann? Was heißt es, wissenschaftlich zu denken, mit einer wissenschaft-

lichen Einstellung an ein Problem heranzugehen? Die Welt ist
groß. Die Welt ist unordentlich. Die Welt ist das Zimmer eines
Teenagers: Alles ist da. Fragt sich nur, wie Sie es zur Spüle in der
Küche kriegen. Wo liegt der Sinn des Ganzen? Eine mit Schimmel
bedeckte Gabel, eine zufällige Petrischale, ein Mastermind-Loch
zur rechten Zeit.

»Wenn Sie eine Frage so stellen wollen, dass Sie interpretierbare
Daten erhalten, müssen Sie eine Variable isolieren«, sagt Strobel.
»In den Naturwissenschaften sind wir sehr bemüht, Experimente
so zu planen, dass sie nur eine Frage nach der anderen stellen.
Sie isolieren eine einzige Variable, und dann schauen Sie, was
geschieht, wenn Sie nur diese Variable verändern, während Sie
sich nach Kräften bemühen, alles andere in dem Experiment
unverändert zu lassen.« Bei Mastermind verändern Sie einen einzigen Stift und beobachten, wie sich diese Modifikation auf das
»Experiment« auswirkt. Wenn Sie als Naturwissenschaftler beispielsweise wissen möchten, ob eine chemische Reaktion von der
Anwesenheit von Sauerstoff abhängt, würden Sie das Experiment
zweimal durchführen, erstens mit Sauerstoff, dann ohne. Alles
andere würden Sie nach Möglichkeit gleich lassen – die gleiche
Wärme, das gleiche Licht, der gleiche Zeitablauf, der gleiche Be-
hältertyp; und, um ganz sicherzugehen, auch die gleichen weißen
Socken und Birkenstocks.

Sie müssen nicht unbedingt an einem Labortisch arbeiten, um
einem wissenschaftlichen Plan zu folgen. Wir verhalten uns ständig
wissenschaftlich, obwohl wir es vielleicht nicht merken. »Wenn jemand versucht, einen DVD-Spieler zu reparieren, führt er Experimente, Kontrollen durch«, sagte Paul Sternberg, ein Entwicklungs-
psychologe am Caltech. »Schritt eins ist die Beobachtung: Was für
ein Bild bietet sich dar? Was könnte hier möglicherweise falsch
sein? Ist es wirklich der DVD-Spieler oder vielleicht der Fernseher?
Sie entwickeln eine Hypothese, dann überprüfen Sie diese. Sie
leihen sich den DVD-Spieler Ihres Nachbarn aus, schließen ihn
an und stellen fest, dass das Fernsehgerät in Ordnung ist. Also

überprüfen Sie den Eingang des DVD-Geräts, den Ausgang, ein paar Kabel. Unter Umständen sind Sie in der Lage, das Problem zu lösen, ohne wirklich zu wissen, wie ein DVD-Spieler funktioniert.«

»Oder Sie versuchen herauszufinden, was mit Ihrem Haustier los ist«, erläutert Sternberg weiter. »Warum sieht der Fisch so komisch aus? Warum ist der Hund so unruhig? Soll ich dem Hamster weniger zu fressen geben oder mehr; vielleicht kann er auch den Lärm nicht vertragen, dann darf er nicht mehr neben der Stereoanlage stehen. Soll ich Stellung A oder Stellung B annehmen? Schauen wir mal, wie lang die Fahrt von der Firma zur Schule meiner Tochter während des Berufsverkehrs dauert; das könnte der Knackpunkt für die Entscheidung sein. All das sind Beispiele für das Aufstellen von Hypothesen, die Durchführung von Experimenten und Kontrollen. Manche Leute lernen diese Dinge schon in jungen Jahren. Ich musste erst promovieren, um sie zu verstehen.«

Zahlreiche Wissenschaftler sind der Ansicht, dass die Menschen mit den praktischen Methoden der Wissenschaft vertrauter waren, als sie sich noch selbst mit praktischen Dingen beschäftigten. »Es war leichter, Studenten und Laien die wissenschaftlichen Methoden zu vermitteln, als sie ihre Autos und Haushaltsgeräte noch selbst reparierten«, sagte David Botstein von der Princeton University. »Unmittelbar nach dem Zweiten Weltkrieg wusste jeder, der die Grundausbildung absolviert hatte, wie ein Differenzialgetriebe funktionierte, weil er schon mal eines auseinandergenommen hatte.«

Auch Landwirte waren Naturwissenschaftler. Sie verstanden die Feinheiten von Jahreszeiten, Klima, Pflanzenwuchs, die Wechselbeziehung zwischen Parasit und Wirt. Die wissenschaftliche Neugier, die die Gründungsväter unseres Staatswesens zu Aufklärern machte, hatte landwirtschaftliche Wurzeln.

Thomas Jefferson experimentierte mit Kürbissen und Brokkoli aus Italien, Feigen aus Frankreich, Pfeffer aus Mexiko, Bohnen, die Lewis und Clark von ihrer Expedition zur Pazifikküste mitgebracht hatten. Systematisch versuchte Jefferson die »besten« Arten Obst und Gemüse aus aller Welt zu selektieren, »um alle anderen Arten aus dem Garten zu entfernen«. George Washington entwickelte neue Methoden des Düngens und des Fruchtwechsels, außerdem erfand er die *Treading Barn*, eine sechzehnseitige Scheune, in der Pferde über frisch geernteten Weizen galoppierten und dadurch die Körner aus den Ähren lösten.

»Der erwachsene Durchschnittsamerikaner heute weiß weniger über Biologie als ein durchschnittlicher Zehnjähriger im Amazonasgebiet oder als ein durchschnittlicher Amerikaner vor zweihundert Jahren«, erklärte Andrew Knoll, Professor für Naturgeschichte am Fachbereich für Erd- und Planetengeschichte der Harvard University. »Ironischerweise ist es uns durch die Früchte der Wissenschaft gelungen, die Menschen von Wissenschaft und Natur zu isolieren.« Und doch suchen die Menschen nach Defekten und Störungen bei ihren Haustieren, Kindern und, in Augenblicken großer Verwegenheit, bei ihren Computern. Sie wenden wissenschaftliches Denken in vielen Situationen an, ohne es zu merken, einfach weil das Verfahren so gut klappt.

Der Erfolg wissenschaftlicher Methodik ist nicht zuletzt einer weiteren ihrer grundlegenden Eigenschaften zu verdanken. Wissenschaftler sind felsenfest von der Existenz einer Wirklichkeit überzeugt, die sich so verstehen lässt, dass man sich über sie mit anderen austauschen und einigen kann. Wenn wir wollen, können wir sie »objektive« Wirklichkeit nennen, im Gegensatz zur subjektiven Wirklichkeit, zur Meinung oder »einer Reihe beliebiger Vorlieben«. Der Gegensatz ist jedoch trügerisch, impliziert er doch zwei unterschiedliche Gegebenheiten, die bemerkenswert wenig gemein haben. Die objektive Wirklichkeit ist außerhalb meiner Realität, anders, unpersönlich, »nicht-Ich«, die subjektive Wirklichkeit dagegen privat, persönlich, unverwechselbar, das Leben, wie es wirklich gelebt wird. Die objektive Wirklichkeit ist kalt und abstrakt, die subjektive Wirklichkeit warm und vertraut. Die Naturwissenschaft ist effektiv, weil sie solche Dichotomien zugunsten eines, sagen wir, empirischen Universalismus umgeht – eben der streng formulierten und außerordentlich fruchtbaren Prämisse, dass die objektive Wirklichkeit des Universums die subjektive Wirklichkeit jedes Menschen umfasst. Wir sind das Universum, das heißt, wenn wir es untersuchen, halten wir letztlich uns selbst den Spiegel vor. »Naturwissenschaftlich zu forschen, bedeutet nicht, ein Universum dort draußen zu beschreiben und uns selbst als separate Wesen zu betrachten«, sagte Brian Greene. »Wir sind ein Teil des Universums, wir sind aus dem gleichen Stoff gemacht, aus Bestandteilen, die sich nach den gleichen Gesetzen richten, die überall sonst im Universum gelten.«

Ein Wassermolekül auf der Stirn eines Yale-Studenten wäre von einem Wassermolekül, das auf dem Kometen Kohoutek durchs All jagt, nicht zu unterscheiden. Asche zu Asche, Sternenstaub zu unserem Staub. Wie ich später noch zeigen werde, wurden die Elemente des menschlichen Organismus, der Erde und der buntbedruckten Sonntagsschürze der Oma allesamt im Bauch längst erloschener Sonnen gebildet.

Die Feststellung, dass es eine objektive Wirklichkeit gibt, dass sie existiert und verstanden werden kann, ist eines jener grundwahrhaftigen Wissenschaftsgedichte, deren Schönheit fast bodenlos ist. Leicht vergessen wir, dass es ein objektives, konkretes Universum, ein in Lichtjahren gemessenes Exteroversum, gibt und ein Mikroversum, dessen Maßeinheit das Angström ist, die Größeneinheit der Atome; wir haben es geschafft, unsere Alltagsrealität so zu formen, dass sie den sehr begrenzten Parametern und Bedürfnissen von *Homo sapiens* frommt. Wir, die Subjekte, werden wir, die Objekte; wir vergessen, dass der Mond regelmäßig zu seiner Nachtschicht erscheint, und haben oft keine Ahnung, wo wir ihn am Himmel finden können. Wir bestehen aus Sternenstaub. Warum nehmen wir uns nicht hin und wieder die Zeit, um einen Blick ins Familienalbum zu werfen? »Wenn die Leute bei Nacht nach draußen gehen und die Sterne sehen, ist das für sie meistens nur ein hübscher, etwas unwirklicher Hintergrund«, sagte der Planetenwissenschaftler Michael Brown vom Caltech. »Ihnen ist nicht klar, dass das Muster, das sie am Himmel sehen, sich einmal pro Jahr wiederholt oder warum das so ist.«

Sternenlicht, sternenhell. Brown möchte, dass Sie folgenden Trick bei Nacht ausprobieren: Achten Sie auf den Mond. Gehen Sie in einem beliebigen Monat an ein paar Abenden nach draußen und beobachten sie, wann der Mond aufgeht, in welcher Phase er ist und wann er untergeht. Dann versuchen Sie zu erklären, warum. »Mehr ist nicht erforderlich, um festzustellen, dass es dort oben sowohl die Sonne als auch den Mond gibt, dass die Sonne wirklich den Mond bestrahlt, dass dieser die Erde umkreist und dass es sich nicht um einen Spezialeffekt aus Hollywood handelt.« Brown weiß aus eigener Anschauung, wie wirkungsvoll solche einfachen Beobachtungen sein können. Im Sommer nach seinem College-Abschluss fuhr er mit dem Fahrrad quer durch Europa und schlief jede Nacht draußen. Jung, ungebunden und in Übersee, wie er war, verzichtete er auf eine Armbanduhr und wollte stattdessen die Zeit nach den Mondphasen bestimmen. »Mir war noch nie aufgefallen, dass der Vollmond bei untergehender Sonne aufgeht«, erzählte er. »Ich dachte: He, sieh mal an, das macht Sinn. Eigentlich hätte ich wohl beschämt sein müssen, dass ich es noch nie bemerkt hatte, war ich aber nicht. Ich war nur überwältigt. Da draußen ist wirklich die ganze physische Welt, und alles geschieht völlig real. Es ist so leicht, sich von dem größten Teil der Welt zu isolieren, ganz zu schweigen von dem Rest des Universums.«

Im letzten Frühling seines Lebens, bevor er unerwartet an einem rasch wachsenden Tumor starb, erzählte mein Vater mir, er sei bei seinen Spaziergängen durch den Central Park in New York zum ersten Mal stehen geblieben und habe auf die Einzelheiten der blühenden Pflanzen geachtet: das Aufbrechen der Knospe an einer Frühlingschristrose, die Entfaltung einer samtenen Magnolienblüte, die Farbtupfer der Narzissen, Kaukasus-Vergissmeinnicht und Flammenden Herzen. Davon war ich so beeindruckt, dass ich seither immer versuche, ihm nachzueifern: die Wiedergeburt der Welt wahrzunehmen, als erblickte ich sie zum ersten Mal. In jedem Frühjahr stellte ich eine bestimmte Frage zu dem, was ich sehe, und habe auf diese Weise das Gefühl, eine Kerze zu seinem Gedenken anzuzünden, eine kleine helle Flamme vor der Leere der Selbstbefangenheit, der Blindheit des Ich.

Eine andere zuverlässige Methode, die Welt auf neue Art zu sehen, ist die Anschaffung eines Mikroskops. Keines dieser Spielzeugmikroskope, die Sie für billiges Geld in einschlägigen Geschäften bekommen und die, wie Tom Eisner, Professor für chemische Ökologie an der Cornell University, sagte, am Weihnachtsmorgen ausgepackt werden und am zweiten Weihnachtsfeiertag auf Nimmerwiedersehen im Schrank verschwinden. Kein Mikroskop, das Proben einige hundertfach vergrößert, so dass alles aussieht wie ein Maisfeld auf einem Satellitenbild. Vielmehr sollten Sie sich ein Präpariermikroskop oder Stereomikroskop besorgen. Zugegeben, solche Mikroskope sind nicht billig, Sie müssen schon zweihundert Dollar oder mehr anlegen. Doch das ist ein Schnäppchen, geht es doch um Offenbarung, Revolution und – sagen wir's ruhig – persönliches Seelenheil. Wie Professor Brown spreche ich hier aus Erfahrung. Ich war daran gewöhnt, unter hochauflösenden Labormikroskopen Immunzellen, Krebszellen, Froscheier und Nierengewebe von Mausföten zu betrachten. Doch erst, als meine Tochter ein Präpariermikroskop geschenkt bekam und wir damit die Details des Alltags untersuchten, begann ich zu frohlocken. Die Feder eines Blauhähers, ein ringelförmiger Farntrieb, der Span eines Zweigleins, der sich als wabenförmiger Speicher für die Eier der Baumwanze erwies. Wie viel Bedeutung und Tiefe, Vollkommenheit und verborgene Schönheit offenbaren sich unserem Auge, wenn wir dem Kleinen Raum geben, sich zu präsentieren. Schon bei 40-facher Vergrößerung sehen Salzkörner wie verstreute Glaskissen aus, ein kleiner Käfer wie ein Fabergé-Ei und, so sehr ich Stechmücken hasse, ein Exemplar dieser Gattung unter dem Mikroskop wie ein echter Giacometti: dünner Mann mit Flügeln und Geige.

Ja, die Welt ist dort draußen, über Ihrem Kopf und vor Ihrer Nase – real und erkennbar. Zu begreifen, warum etwas so ist, wie es ist, nimmt ihm nichts von seiner Schönheit oder Größe, noch wird es herabgewürdigt zu einem »bloßen Haufen von« chemischen Stoffen, Molekülen, Gleichungen, mikroskopischen Präparaten. Naturwissenschaftler ärgern sich über den Gemeinplatz, ihre Erkenntnissuche tue dem Geheimnis der Kunst oder der »Ganzheitlichkeit« des Lebens Abbruch. Nehmen wir an, Sie betrachten eine rote Rose, sagte Brian Greene, und Sie haben gewisse Kenntnisse über den physikalischen Hintergrund der blutroten Färbung. Sie wissen, dass Rot einer gewissen Wellenlänge des Lichts entspricht und dass Licht aus kleinen Teilchen, den sogenannten Photonen, besteht. Weiterhin wissen Sie, dass Photonen, die für alle Farben des Regenbogens stehen, von der Sonne strömen und auf die Oberfläche der Rose treffen, dass aber infolge der molekularen Beschaffenheit der Pigmente in der Rose nur die roten Photonen von ihren Blütenblättern abprallen und in Ihre Augen gelangen. Deshalb sehen Sie Rot.

»Ich mag dieses Bild«, so Greene. »Ich mag diese zusätzliche Darstellung, die, nebenbei gesagt, von Richard Feynman stammt. Das ändert aber nichts daran, dass ich auf eine Rose nach wie vor so emotional reagiere wie alle anderen Menschen. Man wird deshalb nicht zum Automaten, der alles zu Tode analysiert.« Ganz im Gegenteil: Eine Rose ist eine Rose ist eine Rose; doch die untersuchte Rose ist ein Sonett.

Der Umstand, dass das Universum erforscht und nach und nach verstanden werden kann, ohne dass es seinen »Zauber« verliert, lässt keineswegs einen, scheinbar, naheliegenden Schluss zu: dass unter all der scheinbaren Ordnung die »Magie« noch lebt und dass sich die Wirklichkeit eines Tages auf einem Besenstiel nach Hogwarts davonmachen wird. Natürlich ist das Universum randvoll mit Geheimnissen, doch da die Forscher überzeugt sind, dass es prinzipiell erkennbar ist, bezweifeln sie, dass sich hinter den Fragezeichen, wenn man sie erst einmal so gut versteht, dass sie zu

Kommas geworden sind, Regionen willkürlicher Gesetzlosigkeit und Paranormalität auftun werden.« »Wir haben eine ziemlich gute Vorstellung davon, in was für einer Welt wir leben und dass sie in der herkömmlichen Bedeutung des Wortes nicht so geheimnisvoll ist, wie manche Leute sich das vielleicht wünschen«, sagte Steven Weinberg. »Sie ist keine Welt, in der das menschliche Geschick mit der Position der Planeten verknüpft ist, in der Menschen durch Kristalle geheilt oder Löffel durch Gedanken verbogen werden können. Manchmal bittet die Polizei einen Hellseher bei der Lösung eines Verbrechens um Hilfe, dann wird im Fernsehen das Für und Wider diskutiert. Aber in Wirklichkeit ist das keine offene Frage.«

Beispielsweise ist eines der großen Rätsel in der Astronomie ein Phänomen, das als dunkle Energie bezeichnet wird, eine Art antigravitativer Kraft, die auf das Gaspedal des Universums zu treten scheint. Das Universum entstand, wie wir noch genauer betrachten werden, aus dem viel gerühmten Urknall vor etwa 13,7 Milliarden Jahren und befindet sich seither in Expansion; so viel ist klar und nahezu unstrittig. Doch bis in jüngste Zeit glaubte die Forschung, die Expansionsrate nehme ab. Sie wissen, was ich meine: Es beginnt mit dem Ausbruch jugendlicher Leichtfüßigkeit, und dann werden die Beine mit den Jahren schwer. Gleiches nahm man für das Universum an: Man nahm an, dass die Gravitationsanziehung seiner Gesamtmasse das Expansionstempo abbremste. Stattdessen beobachten Astronomen das Gegenteil. Die Expansion beschleunigt sich. Die Galaxien fliegen mit wachsender Geschwindigkeit voneinander fort. Unser Universum hat die zweite Luft bekommen. Was hat es mit dieser Schattenkraft auf sich, diesem Störenfried, dieser aufrührerischen Energie, die sich so gut zu verbergen weiß? Stellt ihr Vorhandensein das ganze Gebäude der Astrophysik in Frage – alles, was wir bislang über das Universum gelernt haben? Um es so zu sagen, dass es jeder versteht: »Nee!« Die Forscher sind verwirrt von der dunklen Energie. Sie sind von ihrer Größe und Stärke beeindruckt. Sie möchten sie unbedingt verstehen, aber keiner, mit dem ich gesprochen habe, fühlte sich von ihr bedroht. Sie haben ein paar Ideen, was die dunkle Energie bedeuten könnte. Sie sind für andere, bessere Vorschläge offen. Nur nicht für den, einen Hellseher zu konsultieren, um die Leiche zu finden.

Schließlich kennt die Geschichte zahllose »unergründliche« Geheimnisse, die schließlich ergründet und erklärt in den Archiven verschwanden. Der Physiker Robert Jaffe vom MIT nennt ein Beispiel, das man potz Blitz Gotteslohn nennen könnte. Die christlichen Kathedralen und Kirchen wurden traditionell auf der höchsten Erhebung der Stadt errichtet und mit den spitzesten Türmen ausgestattet, die sich die Gemeindemitglieder leisten konnten, um dem Himmel näher und den Nachbarn ein Dorn im Auge zu sein. Leider zogen diese hohen, hölzernen Türme mehr als Neid auf sich: Die Kirchen wurden regelmäßig von Blitzen getroffen und brannten in unterschiedlichem Maße nieder. »Dann stritten die Leute jedes Mal leidenschaftlich über ihre Sünden und die Strafe Gottes«, sagte Jaffe, »was die Gemeinde getan hatte, um den Zorn des Herrn auf sich zu ziehen.« Im 18. Jahrhundert fand Benjamin Franklin dann heraus, dass Blitze eher ein elektrisches als ein ekklesiastisches Phänomen sind. Auf allen Turmspitzen und Dachfirsten leitende Metallstäbe anbringen, und die Debatte über die tiefere Bedeutung der Blitze hatte sich erledigt. Heute ist man eher geneigt, Feuer in einer Kirche einem pichelnden Priester zuzuschreiben, der vergessen hat, die Kerzen auszupusten, als dem lieben Gott.

Forscher mögen glauben, dass sich vieles, wenn nicht alles am Universum verstehen lässt, doch interessanterweise verblüfft sie das auch weiterhin. Albert Einstein meinte einmal: »Das Unverständlichste am Universum ist im Grunde, dass wir es verstehen können.« Eine Formulierung, die wohl kaum eindeutig genug für einen Ehevertrag wäre. In einem Interview sagte der Princeton-Astrophysiker John Bahcall kurz vor seinem Tod, wir seien aus dem Meer gekrochen und nun auf eine winzige Landmasse beschränkt, die eine blasse Sonne mittlerer Größe und mittleren Alters umkreise und im Arm einer Spiralgalaxie unter Millionen sternenübersäten Galaxien liege; und doch sei es uns gelungen, das Universum in seinen gewaltigen Dimensionen von Raum und Zeit zu verstehen, von der subatomaren bis zu den Rändern des Kosmos. »Das ist bemerkenswert, außerordentlich und könnte auch ganz anders sein«, sagte Bahcall.

Mit anderen Worten, es ist ein Glücksfall, dass sich die Sterne zählen lassen. »Man kann sich ein Universum vorstellen, dass kompliziert bleibt, egal, wie Sie es betrachten oder wie Sie es analysieren«, so Brian Greene. »Aber wir leben nicht in einem solchen Universum, und ich zumindest bin dafür dankbar.« Die Welt mag verwirrend, chaotisch, äußerst unübersichtlich erscheinen, trotzdem liegt ihr ein gewisses Maß an Ordnung zugrunde. »Das Wunder der Wissenschaft liegt darin, das sehr einfache Ideen unglaublich vielfältige Phänomene hervorbringen können«, ergänzte Greene. »Es ist erstaunlich, dass sich mit einigen wenigen Symbolen auf einer Wandtafel ein so großer Ausschnitt unserer Erfahrung darstellen lässt.« Ach ja, »einige wenige Symbole auf einer Wandtafel« – das Hieroglyphengekritzel auf Greenes schwarzer Tafel und all den anderen grünen und weißen Tafeln der Physiker, die ich besuchte. Physiker kritzeln nicht nur dann Gleichungen hin, wenn sie für Karikaturisten posieren. Das tun sie auch untereinander. Sie diskutieren und kritzeln, bis ihre Finger und Zungen stumpf vom Kreidestaub sind, und sie staunen wie wir darüber, dass ihre abstrakten Berechnungen so häufig das pralle Leben einfangen. Der Physiker Eugene Wigner nannte das Phänomen »die unvernünftige Wirksamkeit der Mathematik« – bei der Beschreibung der Gegenwart, der Exhumierung der Vergangenheit und beim Backen verlässlicherer Glückskekse. Mit Hilfe der Mathematik können Forscher beispielsweise Sonnenverfinsterungen viele tausend Jahre im Voraus berechnen, bestimmen, wann eine Raumsonde zu einem Rendezvous mit Neptun gestartet werden muss, oder können die Lebensspanne und den Todeskampf ferner Sterne vorhersagen. Die

Mathematik hat sich als so leistungsfähiges Instrument zur Analyse der Wirklichkeit erwiesen, dass viele Naturwissenschaftler in ihr nicht mehr nur eine menschliche Erfindung sehen, wie das Mikroskop und oder den Computer, sondern ein Spiegelbild von Eigenschaften, die dem Kosmos inhärent sind, eine Ahnung seiner Grundstruktur, seines Betriebssystems. Nach dieser Auffassung müssen wir nicht der hominide Nachfahre eines Lungenfischs oder der geistige Abkömmling des griechischen Mathematikers Euklid sein, um zu erkennen, dass die Struktur der Raumzeit eine bestimmte, nicht lineare, sondern sattelförmige Geometrie ist, die wir Erdlinge nichteuklidisch nennen. »Wenn jemand sagt, er habe als Erster die Quantenmechanik, Relativitätstheorie oder Ähnliches entdeckt, denke ich im Stillen immer, dass sie wahrscheinlich schon vor Millionen Jahren von anderen Zivilisationen irgendwo in der Milchstraße oder in anderen Galaxien entdeckt wurden«, sagte der theoretische Physiker John Schwarz vom Caltech.

Doch bei aller Fähigkeit der Mathematik, der Wirklichkeit Sinn zu verleihen, sollte man sich die Mathematik nicht als etwas Unantastbares, Unvergleichliches oder gar Sakrosanktes vorstellen. Die mathematische Beschreibung eines Phänomens ist nicht »wahrer«, als eine gleichwertige nichtmathematische es wäre, so wenig wie das Wort »Tisch« eine wahrere Wiedergabe von »ein Möbelstück mit einer glatten, flachen Platte auf vier Beinen« ist als »table«, »mesa« oder »tavolo«. Mathematik ist *eine* Sprache, nicht *die* Sprache, und ihre Symbole lassen sich in anderen Idiomen erklären, einschließlich der schönen Sprache, die Klartext heißt. Nimmt man eine winzige Clique von Forschern aus, die so genannten reinen Mathematiker, die nur geringes Interesse daran haben, die Verbindung zwischen einem Theorem und unserem Hier und Jetzt herzustellen, ist Mathematik ein Mittel zum Zweck, und der Zweck muss mehr sein, als noch ein paar mehr Nachkommastellen von Pi zu finden. Sie muss uns die Wirklichkeit zurückholen, dieses Mal mit Kapitelüberschriften, Anmerkungen, Fußnoten, klugen Worten, stark genug, um das unvermeidliche Gewicht des Satzzeichens am Ende des Satzes zu tragen – des Fragezeichens. Mich ärgern Forscher, die über populärwissenschaftliche Autoren klagen, weil sie nicht ein paar mathematische Formeln in ihre Schriften einstreuen wollen, und die deshalb meinen, die Darstellung sei unvollständig und sogar ein wenig irreführend, als wäre der Sinn der Mathematik die Mathematik, die Mathematik und nichts als die Mathematik. »Im Prinzip lässt sich jede Gleichung sprachlich ausdrücken«, zeigte sich Brian Greene überzeugt. Zugegeben, solche Transkriptionen seien häufig schwerfällige Sätze, und niemand würde es sich mit einem solchen Buch gemütlich machen wollen, doch die Botschaft ist klar: Selbst wenn Sie überhaupt keinen Sinn für Zahlen haben, können Sie trotzdem verstehen, was diese uns über das Universum mitzuteilen haben. Sie können sich sogar fast ohne jedes mathematische Verständnis beträchtliche naturwissenschaftliche Erkenntnisse aneignen. »Ich war nie der Ansicht, die Wissenschaft sei so sehr auf die Mathematik angewiesen, wie einige Wissenschaftler meinen«, sagte Kip Hodges, Direktor der School of Earth and Space Exploration an der Arizona State University. »Die Mathematik ist ein Verfahren zur Beschreibung der Natur, aber nicht unbedingt zu ihrem Verständnis.«

Ja, unseren Kindern sollte weit mehr Mathematik sehr viel eingehender beigebracht werden, als es gegenwärtig im durchschnittlichen amerikanischen Klassenzimmer der Fall ist. Unbedingt. Doch wir müssen uns mit der traurigen Tatsache abfinden, dass Kinder Mathe kapieren, Erwachsene jedoch nicht. Eine Konsequenz der Gehirnbiologie: Kinder erlernen mühelos Fremdsprachen jeder Art. Ihre Neuronen sind praktisch flüssig, sie ergießen sich in ihre nähere Umgebung und gewinnen im Handumdrehen neue Freunde und Synapsen. Mit zunehmendem Alter werden die Zellen jedoch sesshaft, legen sich vielleicht ein Sofa und einen Chinaschrank zu, und die ganze neuronale Matrix beginnt sich langsam, aber unübersehbar zu verhärten. Ende zwanzig oder Anfang dreißig ist unser Verstand fertig: Er hat eine Einstellung zum Leben gewonnen, weiß, wovon er spricht, und diese klaren Vorstellungen manifestieren sich in den hirnorganischen Strukturen. Natürlich können wir Neues lernen, bis zu dem Tag, an dem wir sterben lernen; doch die Wahrscheinlichkeit ist groß, dass Lernen im Erwachsenenalter im Wesentlichen mittels bereits angelegter Fertigkeiten stattfindet. Wenn Ihnen die Mathematik also spanisch – oder griechisch – vorkommt, trösten Sie sich mit Folgendem: (a) Warum auch nicht? Viele der in der Mathematik verwendeten Symbole sind Buchstaben des griechischen Alphabets; und (b) einer überraschenden Zahl von Naturwissenschaftlern erscheint sie ebenfalls unverständlich. Viele Biologen, Chemiker oder Geologen sind relativ schlechte Mathematiker. Bonnie Bassler von der Princeton University, die zu den herausragenden Nachwuchsforschern auf dem Gebiet der bakteriellen Ökologie zählt, gestand mir, dass sie schon immer »miserabel in Mathe« gewesen sei. »Ich kann meinen Kontostand ausrechnen, wenn ich einen Taschenrechner habe«, sagte sie. »Ich kann bruchrechnen. Mehr aber auch nicht. Aus irgendeinem Grund hat es keine Rolle gespielt, und nun bin ich hier.«

Sogar Physiker, für die die Mathematik unverzichtbar ist, haben ihre Grenzen. Steven Weinberg mag einen Nobelpreis gewonnen haben, weil er an der Entwicklung der mathematischen Grundlagen für die Vereinheitlichung zweier Fundamentalkräfte der Natur – des Elektromagnetismus und der schwachen Kernkraft – zu einem einzigen theoretischen Entwurf, der elektroschwachen Kraft, mitwirkte. Das schaffen Sie nicht, indem Sie sich die alten Schulbücher noch einmal anschauen, doch Weinberg erklärte, er sei kürzlich von der Teilchenphysik zur Kosmologie gewechselt, weil er die Mathematik der Teilchenphysik nicht mehr packe.

Zwar sind keine besonderen mathematischen Kenntnisse erforderlich, um wissenschaftliche Leistungen zu würdigen oder auch zu vollbringen, doch lässt sich nicht vermeiden, bei einem Streifzug durch die Ruhmeshalle der Naturwissenschaften auf ein paar Vettern der weitläufigen mathematischen Familie zu stoßen. Der eine ist das quantitative Denken, dem das nächste Kapitel gewidmet ist: die Gewöhnung an die Begriffe von Wahrscheinlichkeit und Zufall, und der Erwerb von ein paar Kunstgriffen, mit deren Hilfe sich ein Problem in lösbare Teile zerlegen lässt und eine grobe Schätzung einer scheinbar nicht zu berechnenden Zahl aus dem Hut zu zaubern ist; also etwa wie viele Schulbusse in Ihrem Landkreis eingesetzt werden oder wie viele Leute sich an den Händen halten müssten, um eine Menschenkette rund um den Globus zu bilden und wie viele von ihnen auf offener See dümpeln würden, so dass sie sich besser mit Schwimmwesten ausrüsten, gegen Haie wappnen und – für den Fall der Fälle – mit einer Kopie ihres zahnärztlichen Krankenblatts versehen sollten. Sicher, Sie können die Antworten auf diese und andere häufig gestellten Scherzfragen im Internet finden, doch es lohnt sich, die Gewohnheit des schrittweisen, quantitativen Denkens zu pflegen, ein Problem direkt anzugehen, statt schreiend zu Google zu flüchten. Erst an zweiter Stelle, nach der Forderung, die Naturwissenschaft als ein dynamisches, kreatives Projekt zu sehen und nicht als einen verkalkten Bestand an Fakten und Gesetzen, äußern Forscher den Wunsch, dass die Leute mehr über Statistik – Wahrscheinlichkeiten, Mittelwerte, Stichprobengrößen und Datensätze – lernen sollten, damit sie mit größerer Gewissheit über geschönte und gefälschte Statistiken spotten könnten. Durch schlüssiges quantitatives Denken, so die Annahme, könnten die Menschen manche statistische Falle vermeiden – die Anekdote, das persönliche Zeugnis oder das trügerische N, die Stichprobengröße: »Ich, meine Freunde, der Portier und der Barmann in Caribou.« Wenn die Leute die Qualitäten der Quantitäten besser zu schätzen wüssten, könnten sie vielleicht, und wenn auch nur vorübergehend, die Trägheit eines menschlichen Gehirns überwinden, das durch die Evolution dazu gebracht wurde, sich auf die Eigenheiten und kleineren Vergehen eines überschaubaren, homogenen Stamms zu konzentrieren, statt auf die beängstigende Bevölkerungsdichte und den multikulturellen Mahlstrom, die das heutige Leben in einer Metropole wie New York City prägen. Es gibt ein kleines Prinzip, das Gesetz der großen Zahl, welches unter anderem bedeutet, dass fast alles möglich ist, wenn die betrachtete Gruppe nur groß genug ist. Ereignisse, die bei begrenzten Größenverhältnissen selten wären, werden dann nicht nur häufig, sondern zum Normalfall. Ein Lieblingsbeispiel der Numerati, der Datenakrobaten, sind die Mehrfach-Lottogewinner, Menschen, die zwei- oder mehrmals große Summen gewonnen haben und unvermeidlich Ehrfurcht, Neid und Staunen über so viel unwahrscheinliches Glück hervorrufen. »Wirklich erstaunlich wäre nur, wenn niemand zweimal gewonnen hätte«, hält Jonathan Koehler, Wirtschaftsprofessor an der University of Texas, dagegen.

Wenn wir auf weiträumigem Gebiet klein denken, verzerrt sich unser Eindruck von dem, was sinnvoll und was Zufall ist. »Die Leute lassen sich übermäßig von zufälligen Übereinstimmungen beeindrucken und in die Irre führen«, sagte John Allen Paulos, Mathematiker an der Temple University und Autor von *Zahlenblind* und vielen anderen Büchern. Paulos spielte eine Zeit lang mit dem Gedanken, sich den Barnum-Effekt zunutze zu machen, um sein Anliegen zu demonstrieren und einen satten Gewinn zu machen. In einem Rundschreiben wollte er zufällige Voraussagen über die Entwicklung der Börsenkurse an zwei Gruppen von Lesern verschicken. Der einen Gruppe hätte er mitgeteilt, der Kurs würde in den nächsten drei Monaten steigen; der anderen, der Kurs werde fallen. Drei Monate später hätte er gesehen, wie sich der Markt tatsächlich entwickelt hätte, und sein nächstes Rundschreiben nur an die Empfänger seiner zutreffenden ersten Annahme gerichtet, wobei er diese Gruppe wieder in zwei Hälften geteilt hätte. Der einen hätte er eine Hausse in Aussicht gestellt, die andere vor einem unmittelbar bevorstehenden Kurssturz gewarnt. Im dritten Schreiben hätte er einer geschrumpften, aber immer noch beträchtlichen Lesergruppe stolz verkünden können: Seht ihr, ich habe die Kurse für zwei Börsenzyklen richtig vorhergesagt, um dann zu fragen »Sind Sie bereit, zehn Dollar für meine nächste Prognose auszugeben?« Noch ein anderer Aspekt des quantitativen Denkens ist charakteristisch für die naturwissenschaftliche Geisteshaltung: Es muss eine Größe geben, etwas Substanzielles, Beweisbares. Die Naturwissenschaft verlangt nach Beweisen, nach Evidenz. Hört sich das selbstverständlich an? Vielleicht, aber diese Lektion ist manchmal entsetzlich schwer, weil wir auf Meinungen versessen sind. In einer Zeitung werden die Meinungsseiten am gründlichsten gelesen – die Leitartikel, Kolumnen und Kommentare, die kriegerischen Briefe von Lesern aus dem Land der großen Ärgernisse. Meinungen lassen sich haben und vertreten in guten wie in schlechten Tagen, beim Frühstück oder im Chatroom. Meinungen sind angenehm. Du hast ein Recht auf deine; ich bleib bei meiner. »In der Politik können Sie sagen, ich mag George Bush, oder ich mag ihn nicht, ich mag Howard Dean, John Kerry oder Mr. Magoo oder mag ihn nicht«, betont Andrew Knoll von der Harvard University. »Sie brauchen keinen besonderen Grund für eine politische Meinung. Sie brauchen keinen Beweis, der von jemand anders wiederholt werden kann, um Ihre Meinung zu rechtfertigen. Sie brauchen sich keine alternativen Erklärungen einfallen zu lassen, die Ihre Meinung widerlegen würden. Sie können die Wahlkabine betreten und sagen, ich mag diesen oder jenen Politiker lieber, und dann Ihr Kreuz an die entsprechende Stelle setzen. Sie brauchen auch keine Entschuldigungen für das, was Sie gerne essen. Wenn Sie im Restaurant ein Steak bestellen, können Sie es englisch, mittel oder durchgebraten verlangen, ohne dass der Kellner einen Beweis für Ihren Geschmack verlangen wird, zumindest nicht, wenn er Wert auf Ihr Trinkgeld legt.«

»Leider wird auch die Naturwissenschaft oft für Ansichtssache gehalten«, fuhr Knoll fort. »Ich mag George Bush, oder ich mag ihn nicht, ich glaube an die Evolution oder nicht. Es spielt keine Rolle, warum ich nicht an die Evolution glaube, es spielt keine Rolle, ob es Beweise gibt, ich glaube einfach nicht daran.« Sie, der Evolutionist, »glauben« an die Evolution; ich, der Kreationist, tue es nicht. Sie haben Ihre Meinung, ich habe meine, und erst die Vielfalt macht das Leben bunt, richtig?

An diesem Punkt werden die meisten Evolutionisten in der Regel sehr ungeduldig mit ihrem Gesprächspartner – und bringen das gelegentlich auch zum Ausdruck. Wissenschaftler können sehr rüde miteinander umgehen. Sie spötteln, äußern sich abfällig, machen über die von Kollegen eingereichten Berichte Bemerkungen wie »Wer diese angebliche Forschungsarbeit finanziert hat, kann einem leidtun« oder »Das würde ich noch nicht einmal auf Klopapier veröffentlichen.« Doch trotz all des dummen Geschwätzes in seinen extremeren Erscheinungsformen gehört diese aggressive Haltung zu den Stärken der Naturwissenschaften. Der große Unterschied zwischen den Naturwissenschaften und anderen Lebensbereichen ist, um George W. Bush zu zitieren, der einem verärgerten Bürger bei einem Picknick am Nationalfeiertag antwortete »Wen kümmert schon, was Sie denken?«: Ihre Meinung zählt nicht. Ihre stolzen Hoffnungen und Träume vom Paradigmenwechsel zählen nicht. Was zählt, ist die Qualität und Quantität der Beweise.

»Es spielt überhaupt keine Rolle, wie Sie sich die Dinge wünschen«, sagte denn auch der Biologe Elliot Meyerowitz vom Caltech. »Wenn sie genau so laufen, wie Sie sich das wünschen, sollten Sie noch einmal gründlich über Ihre Versuchsanordnung nachdenken, um sicher zu sein, dass Sie nicht irgendeine vorgefasste Meinung einschmuggeln.« Als Menschen sind Wissenschaftler von Natur aus geneigt, Vorurteilen zu folgen, besonders persönlichen Vorurteilen. Schließlich muss jeder seine achtzig Jahre fühlen und denken im eigenen Kopf absitzen. Hirn-Hopping oder Bewusstseinstausch ist nicht möglich; was in anderen Köpfen vor sich geht, wissen wir nur vom Hörensagen. Ich denke, also habe ich Recht. Doch während sich Selbsttäuschung in vielen Situationen als außerordentlich nützliches Werkzeug erwiesen hat – besonders bei dem Versuch, einen potenziellen Arbeitgeber oder die Angebetete vom eigenen außerordentlichen Wert zu überzeugen –, ist sie, mit den Worten des MIT-Molekularbiologen Gerald Fink, »der Feind der Wissenschaft«.

»Wer die Angelegenheit nicht allzu philosophisch betrachtet, glaubt an die Realität der Natur, geht aber auch davon aus, dass sie angesichts all unserer Vorurteile nur sehr schwer zu erfassen und zu verstehen ist«, so Meyerowitz weiter. »Ein Naturwissenschaftler muss so viele Jahre in seine Ausbildung stecken – als Student, Doktorand, Postdoktorand –, weil er lernen muss, mit seinen persönlichen Vorurteilen umzugehen.« Gute Wissenschaftler verbringen viel Zeit damit, ihre Entscheidungen kritisch infrage zu stellen. Sie sind schuldig, bis ihre Unschuld bewiesen ist, Büßer auf der Suche nach Erlösung. »Wenn Sie Ihre Arbeit ordentlich machen«, sagte der Chemiker Daniel Nocera vom MIT, »müssen Sie sich selbst am häufigsten widerlegen.« Es ist egal, was Sie sich einreden, wenn Sie Ihre Experimente durchführen, welche Hypothese Sie aufstellen, bevor Sie mit Ihrer Pipette hantieren oder in Ihren Mausfötus einen fluoreszierenden grünen Marker von einer Qualle einbringen. Sorgen Sie nur dafür, dass Anfang und Ende einwandfrei sind. »Im Ergebnisteil einer wissenschaftlichen Arbeit zeigen Sie, ob Sie ein guter Wissenschaftler sind. An dieser Stelle sagen Sie, ich habe das Experiment angemessen durchgeführt, die Daten gesammelt, wie es sich gehört, und die Daten sind richtig«, skizzierte Nocera. »Im Diskussionsteil, wo Sie über die Bedeutung der Arbeit sprechen, können Sie sich klug oder dumm anstellen, eine interessante Geschichte erzählen oder nicht. Ich lege meinen Studenten immer ans Herz: Ihr könnt manchmal dumm und manchmal intelligent sein, aber ihr müsst immer gut sein. Wenn ich den Ergebnisteil eurer Arbeiten lese, hat alles richtig zu sein.« Darcy Kelley, eine Neurowissenschaftlerin an der Columbia University, hat eine ähnliche Ermahnung für ihre Studenten: »Eure Daten müssen stimmen, auch wenn eure Geschichte falsch ist.«

Wie stellen es Naturwissenschaftler an, ihre Arbeit von Vorurteilen und schlechten Daten zu befreien? Durch häufige Absolution im Beichtstuhl der Kontrolle. Für die Gültigkeit eines wissenschaftlichen Berichts ist nicht nur die Darstellung der beweiskräftigen Ergebnisse entscheidend, sondern auch der

Vergleich mit den Daten, die nicht den gewünschten Effekt zeigten: Wir haben Operation A mit der Variablen B durchgeführt und erhielten Ergebnis Z; doch als wir B den Operationen E, I, O, U und sogar Y unterzogen, hat sich bei B nichts getan. Als Forscher der Boston University zeigen wollten, dass die Jungen des Rotaugenlaubfroschs früher schlüpfen, um nicht noch im Ei einer näherkommenden Schlange zum Opfer zu fallen – die Kaulquappenfrühchen können sich rechtzeitig durch einen Sprung ins Wasser in Sicherheit bringen –, genügte es nicht zu filmen, wie die unreifen Eier bei Annäherung einer eierfressenden Schlange aufsprangen: Wer konnte schließlich sagten, dass die Eier auf die spezifische Bedrohung durch die Schlange und nicht auf eine Umgebungsstörung reagierten? Wie exakt das Kontrollsystem der Froscheier funktioniert, wiesen die Forscher nach, indem sie ihnen eine Vielzahl von aufgezeichneten Schwingungen gleicher Amplitude, aber unterschiedlicher Urheber darboten – von gleitenden Schlangen, menschlichen Schritten, trommelndem Regen. Ihre auffällige Hast zeigten die Kaulquappen nur bei den Kriechbewegungen einer Schlange.

Eine vorbildliche Kontrolle ist häufig blind: Wer den Versuch durchführt, sollte nicht wissen, welches das Kontrollexperiment und welches das echte ist, bis alle Ergebnisse vorliegen. Manchmal ist die Planung der richtigen Kontrollexperimente der schwierigste Teil einer Studie. Als Forscher versuchten, die Wirksamkeit der Akupunktur bei einer Vielzahl von Leiden zu beweisen – Kreuzschmerzen, Diabetes, Depression –, wollten sie unbedingt ernst genommen werden. Sie waren es leid, dass ihre Kollegen alle alternativen Therapieformen so hochmütig abtaten und für ihre Methode sogar den abfälligen Begriff »Quackupunktur« benutzten. Sie wollten die unwiderlegbare Validierung durch eine Blindstudie, in der eine Patientengruppe eine Akupunktur erhielt und eine andere nicht, wobei die Versuchspersonen nicht wissen durften, wer behandelt wurde und wer das Placebo erhielt. Doch wie sollte man Patienten über ein Verfahren im Unklaren lassen, das sie in ein Nadelkissen verwandelte? Die Forscher verfielen auf eine elegante und überzeugende Lösung: Bei einer Gruppe wurden die Nadeln in offiziell bezeichnete Akupunkturpunkte eingeführt, während bei der zweiten Gruppe die Nadeln in »falsche« Körperstellen gestochen wurden, die nach übereinstimmender Meinung der Akupunkturisten wirkungslos waren. Als Patienten mit Kreuzschmerzen von Linderung berichteten, nachdem sie Nadeln in die echten Punkte bekommen hatten, nicht aber, wenn sie an den falschen Stellen akupunktiert worden waren, mussten selbst die skeptischsten Vertreter der westlichen Schulmedizin einräumen, dass die 5000 Jahre alte Praxis wohl ihren begrenzten Nutzen hätte.

»Als Wissenschaftler mache ich mir die größten Sorgen um die Frage: Was sind die richtigen Kontrollen?«, sagte Gerald Fink. »Sie reichen eine Arbeit zur Veröffentlichung ein und sind voller Zweifel: War es richtig? Habe ich die richtigen Kontrollexperimente gemacht?«

Ein anderer Weg zur Datenabsicherung ist ... ein anderer Weg. Gehen Sie ein Problem aus vielen Blickwinkeln an und schauen Sie, ob alle Wege nach Rom führen. Eines meiner Lieblingsbeispiele für eine derart sorgfältige Kartographie ist ein Bericht von Gene Robinson, einem Neuroethologen an der University of Illinois in Urbana-Champaign. Neuroethologen beschäftigen sich mit der Neurobiologie des Verhaltens, in Robinsons Fall des Bienenverhaltens. Er untersucht, wie Genaktivität im Gehirn mit individuellem Verhalten verknüpft ist, und hat entschieden, dass sich die Annäherung an diese großen, gesellschaftlich brisanten Fragen am besten auf dem überschaubaren, um nicht zu sagen winzigen, Gelände des Bienengehirns bewerkstelligen lässt. Seine Frage: Woher weiß eine Biene, wie sich eine Biene zu verhalten hat und wie nicht? Woher weiß eine Arbeitsbiene, dass sie die erste Hälfte ihres sechswöchigen Lebens Aufgaben im Stock übernehmen muss – Brutpflege, Säuberung der Waben, Fütterung der gefräßigen Königin? Und was veranlasst sie mit drei Wochen, ihre Schwesterntracht abzulegen und sich auf Futtersuche in die Welt hinauszuwagen, zur Sucherin von Nektar und Pollen und zur unabsichtlichen Schlüsselfigur des floralen Liebeslebens zu werden? Was für Veränderungen im Bienengehirn könnten diesen spektakulären Berufswechsel nebst seinen Begleiterscheinungen erklären: der Fähigkeit, Dutzende von Kilometern zu fliegen, ohne sich zu verirren, und den Schwestern durch ihren stummen Schwänzeltanz den Standort ertragreicher Blüten mitzuteilen (was derzeit heftig diskutiert wird)?

Robinsons Arbeitsgruppe zeigte anhand verschiedener experimenteller Belege, dass ein Gen, das (warum nicht?) als Futtersuch-Gen bezeichnet wird, der entscheidende Faktor für den Karrieresprung sein könnte. Dreierlei bewiesen die Forscher. Erstens: Wenn sie alle futtersuchenden Bienen aus dem Stock entfernten und dadurch einige der jungen für das Wabenputzen und die Brutpflege zuständigen Arbeitsbienen zwangen, vor der Zeit die Pflichten des Broterwerbs zu übernehmen, wurde das Futtersuch-Gen in den untersuchten Gehirnzellen plötzlich aktiv. Zweitens: Wenn sie junge Bienen mit Zuckerwasser fütterten, das mit einer chemischen Substanz versetzt war, die bekanntermaßen die Aktivität des Futtersuch-Gens künstlich anregt, begannen die sesshaften Heimarbeiterinnen plötzlich auszuschwärmen und ihr Glück in der Fremde zu suchen. Drittens: Wenn die Forscher jungen Bienen ein Stimulans anderer Art verabreichten, das aber das Futtersuch-Gen nicht anschaltete, blieben die Bienen im Stock, womit bewiesen war, dass nicht jeder chemische Kick den Trick beherrscht.

Alle Wiederholungen der Experimente bestätigten die Ergebnisse. Solange das Futtersuch-Gen nicht angeschaltet wurde, blieb die Biene im Stock. Ein bescheidenes Ergebnis vielleicht, aber eines, das so lange überprüft und bearbeitet wurde, bis es runterging wie Öl – oder Honig.

Naturwissenschaftler verlangen Beweise und gehen erbarmungslos mit Forschern ins Gericht, die PowerPoint-Präsentationen mit schwachen Daten vorlegen. »Es ist ein sehr aggressiver, konfrontativer Prozess«, sagte Lucy Jones. »Konflikte gehören zur alltäglichen wissenschaftlichen Praxis.« Ich habe Wissenschaftler während Vorträgen schallend lachen hören, wobei vollkommen klar war, dass der Redner keinen Werner-Heisenberg-Witz erzählte. Ich habe gesehen, wie Wissenschaftler unter Beschuss bleich wie Marzipan wurden, zitterten und fast spuckten, wenn ich auch nie einen auf dem Podium habe weinen sehen; Morde sind in der wissenschaftlichen Gemeinschaft überraschend selten, Selbstmorde allerdings leider nicht. Diese aggressive Kritik kann den Eindruck erwecken, der Wissenschaftsbetrieb sei doktrinär und unterdrücke Kreativität, neue Ideen, alles, was den selbstgefälligen Status quo stören könnte. Sie nährt den $E=mc^2$-Mythos, die Geschichte von dem Wissenschaftsheroen à la Hollywood, dem einsamen Genie, das gegen eine mächtige, verknöcherte Theokratie kämpft, nur die Freundin an seiner Seite, die an ihn glaubt und ihn daran erinnert, mindestens einmal pro Woche zu baden. Sicherlich, wenn für ein Pharma-Unternehmen ein Medikament auf dem Spiel steht, das sich hervorragend verkauft, sind die Forscher rasch bereit, Studien zu verreißen, die zeigen, dass ein preiswerteres Konkurrenzprodukt ebenso gut oder besser ist als das Flaggschiff des eigenen Unternehmens. Selbst ohne die Aussicht auf hohe Profite haben Forscher häufig Egos, die sich am besten in dem astronomischen Größenmaß Parsec messen lassen; infolgedessen kann es passieren, dass sie ihre Ergebnisse und Theorien noch verteidigen, nachdem sie von den Daten bereits widerlegt wurden. David Baltimore erinnerte an einen MIT-Forscher, der erst vor wenigen Jahren starb und einer der letzten Kritiker der heute von Astronomen, ja, von fast der ganzen wissenschaftlichen Gemeinschaft anerkannten Theorie über den Ursprung des Universums war. »Er glaubte nicht an den Urknall«, sagte Baltimore, »und ging jedem damit auf den Wecker.«

Unbeschadet akademischer Egos und Dinosaurier sind Forscher äußerst skeptisch, wenn sie von neuen Ergebnissen hören, und das aus gutem Grund: Viele dieser Ergebnisse sind einfach schlecht, Müll (obwohl der zumindest teilweise als Dünger das Wachstum von Besserem fördern kann). »Wenn Sie ein verblüffendes, erwartungswidriges Ergebnis erzielen«, sagte Michael Wigler vom Cold Spring Harbor Lab, »heißt es in der Regel, dass Sie das Experiment vermasselt haben.«

Laien haben den irrtümlichen Eindruck, die großen Revolutionen in der Wissenschaftsgeschichte hätten die herrschenden Lehrmeinungen umgestoßen. Tatsächlich haben die meisten großen Ideen sich ihrer Vorläufer mit Haut und Haaren bemächtigt und sind dadurch größer geworden. Albert Einstein hat nicht bewiesen, dass Isaac Newton Unrecht hatte, sondern nur gezeigt, dass Newtons Bewegungstheorien unvollständig waren und dass neue Gleichungen erforderlich waren, um das Verhalten von Objekten unter extremen Bedingungen zu erklären, etwa wenn winzige Teilchen sich mit – oder fast mit – Lichtgeschwindigkeit bewegen. Einstein machte das Pi weiter und leichter und gab seiner Biegung eine exotischere Form in Raum und Zeit. Doch für die alltägliche Bahn der Erde um die Sonne, eines Baseballs, der auf den Schläger zurast, oder für einen nagelneuen Ohrring, der einen Abfluss hinunterrutscht, gelten Newtons Bewegungsgesetze noch immer.

»Die naturwissenschaftlichen Gesetze sind sehr streng«, sagte der Berkeley-Astronom Alex Filippenko. »Ich bekomme jeden Tag Nachrichten von Leuten, deren Ideen interessant klingen, aber schrecklich unvollständig sind. Ich sage zu ihnen, hört mal, ihr müsst euren Vorschlag sehr viel schlüssiger formulieren, damit er nicht nur die eine neue Sache erklärt, um die es euch geht, sondern auch mit allem anderen, was wir wissen, konsistent ist. Jede neue, revolutionäre Idee muss den vorhandenen Wissensstand mindestens so gut erklären wie die bereits anerkannten Ideen.«

In einigen sehr seltenen Fällen präsentieren Wissenschaftler eine revolutionäre Idee in so zwingender, umfassender und abgeklärter Form, dass selbst die Skeptiker die Waffen strecken. Ein Beispiel ist der berüchtigt kurze Artikel von James Watson und

Francis Crick in der Zeitschrift *Nature vom* April 1953, wo sie die wunderbar logische Struktur der Desoxyribonukleinsäure, DNA (Desoxyribonucleicacid), beschrieben. Jahrelang waren viele der bedeutendsten Genetiker der Welt davon überzeugt, dass Proteine und nicht Nukleinsäuren Träger der genetischen Information in der Zelle wären. Ihre Argumentation war einfach: Proteine sind komplex. Sie sind die komplexesten Zellmoleküle, die uns bekannt sind. Auch die genetische Information scheint sehr komplex zu sein. Wer kann, so die Überlegung, die Last der Komplexität besser auf sich nehmen als diese komplexen Gebilde? Als die Genetiker dann aber sahen, wie elegant die Doppelhelix ist, wie intelligent sich die vier Untereinheiten der gewundenen Leiter zu Paaren zusammenfinden und wie leicht ein Strang des Moleküls als Matrize für die Anfertigung einer vollkommen neuen DNA-Kopie für eine Tochterzelle dienen kann, wurde ihnen klar, dass sich die Geschichte des Lebens in diesem lakonischen Code erzählen lässt.

Fast ebenso einhellig war die Reaktion bei einer geowissenschaftlichen Tagung in den sechziger Jahren, als Forscher Beweise für die Plattentektonik vorlegten, die Theorie, die den Ursprung der gezackten Gipfel und schroffen Canyons, der spuckenden Fumarolen und leuchtenden Lavaflüsse und all der anderen Ansel-Adams-Motive erklärt, von denen wir umgeben sind. Lucy Jones' Doktormutter war auf der Tagung und berichtete ihr, wie eindrucksvoll der Vortrag gewesen war. »Die Beweise waren so überwältigend, so zwingend, dass niemand sie bestreiten konnte.« Noch überraschender sei gewesen, fügte sie hinzu, »dass niemand es wollte«.

Solche *Rocky*-Siege sind allerdings untypisch. Häufiger nörgeln und kritteln Wissenschaftler, verlangen genauere Überprüfungen, schlagen alternative Interpretationen der Ergebnisse vor oder schreiben beißende Kommentare an den Rand von Arbeiten, die ihnen zur Begutachtung vorgelegt werden. In der Regel erfolgen die naturwissenschaftlichen Fortschritte in unregelmäßigen kleinen Schritten, und individuelle Experimentalergebnisse sind so bescheiden wie das Gehirn einer Biene. Das spricht nicht gegen die Naturwissenschaft. Ihre Kraft liegt genau hier – in der Bereitschaft, ein großes Problem durch Zerlegung in kleine Teile anzugehen, in der Entscheidung für die zu Unrecht geschmähte Praxis des Reduktionismus. Gleichzeitig verlangt die Methode der kleinen Schritte, dass Forscher pedantisch vorsichtig sind und – egal, wie sehr sie vom Fachbereich oder begierigen Journalisten gedrängt werden – der Versuchung widerstehen, mehr aus den Daten zu machen, als sie hergeben. Alles andere wäre Betrug. Es wäre Betrug zu erklären, dass die wissenschaftliche Methode darin besteht, Variablen zu isolieren – jeweils ein farbiger Stift nacheinander – und dann, wenn sich ein hübsches, kleines Ergebnis eingestellt hat, zu dem Schluss zu kommen, dass Sie in Ihrem Innersten doch ein Holist sind und dass Whitman Recht hatte, als er meinte, in jedem Grashalm sei das Universum enthalten. Die besten Forscher schießen nicht übers Ziel hinaus und verzichten auf jegliche Effekthascherei, zumindest so lange, bis sie sich, emeritiert, in ihren Lehnstuhl zurückgezogen haben, ein Lebensabschnitt, der gelegentlich als Philopause bezeichnet wird.

Doch für Wissenschaftler, die in der Forschung tätig sind, sind alle Stühle Klappstühle: heute noch da, morgen schon in die Besenkammer geräumt. Forscher sind daran gewöhnt, mit Ungewissheit zu leben und zuzugeben, wie wenig sie wissen. Tatsächlich sind sie nicht nur an Ungewissheit gewöhnt, sondern brauchen sie auch. Das gehört zu den Dingen, die sie Laien gerne verständlich machen würden – nach Möglichkeit bis in die Stammzellen hinein: dass naturwissenschaftliche Forschung ein prinzipiell ungewisses Unterfangen ist und dass darin paradoxerweise eine weitere Quelle ihrer Kraft liegt. »Wir suchen dort draußen nach neuen Mustern, neuen Gesetzen, neuen Grundprinzipien, *neuen Ungewissheiten*«, sagte Andy Ingersoll, ein Astronom vom Caltech. »Und während wir Ausschau halten und neue Dinge entdecken, debattieren wir über das, was wir sehen. Wir äußern unsere unterschiedlichen Meinungen, manchmal heftig, was die breite Öffentlichkeit verwirrt. Weiß die Wissenschaft nicht Antwort auf alles? Nun ja, am Ende mag zu einem bestimmten Problem ein Konsens erreicht sein. Doch dann sind wir längst bei der nächsten Ungewissheit, dem nächsten unbekannten Phänomen. Es gibt keinen Stillstand.« Unwissenheit ist wonnig und immer eine Entschuldigung. »Nicht die Information motiviert den Wissenschaftler«, sagte Scott Strobel, »der Informationsmangel treibt ihn um.« Manchmal ist der Konsens wirklich spontan, wie überwiegend bei Darwins Evolutionstheorie der natürlichen Selektion (später mehr zu diesem wirklich grundlegenden Organisationsprinzip der Biologie und zu der künstlichen Aufregung, die seinetwegen inszeniert wird) und ausnahmslos im Falle der globalen Erwärmung. Bei allem Gerede von einer »Kontroverse« ist sich doch die große Mehrheit der Klimawissenschaftler einig, dass die Durchschnittstemperaturen der Erde steigen und dass der Anstieg zum Teil, wenn nicht ganz, auf Einflüsse des Menschen zurückgeht, vor allem die obsessive Verwendung von Brennstoffen, um für jeden Aspekt des modernen Lebens, etwa das Verlangen nach immer mehr Klimaanlagen, die nötige Energie zu erzeugen.

Manchmal läuft ein wissenschaftlicher Konsens aber auf wenig mehr als allgemeinen Agnostizismus hinaus. Nehmen wir beispielsweise die Frage, ob chemische Schadstoffe zur Entstehung von Brustkrebs beitragen. Einerseits hat man nachgewiesen, dass viele Industriechemikalien Brusttumore bei Labortieren hervorrufen, dass Erbfaktoren die meisten Fälle dieser Krankheit nicht erklären können und dass die Brustkrebshäufigkeit von Land zu Land signifikante Unterschiede aufweist – lauter Anhaltspunkte dafür, dass Umweltkarzinogene in irgendeiner Weise zu diesen Krebserkrankungen beitragen. Andererseits scheiterte eine Studie nach der anderen an dem Versuch, einen Zusammenhang zwischen Pestiziden, Kraftwerken oder anderen spezifischen Umwelteinflüssen auf der einen Seite und menschlichen Krebserkrankungen auf der anderen nachzuweisen. Mit dem Erfolg, dass heute die meisten Forscher der These vom Einfluss chemischer Schadstoffe

auf Brustkrebs entweder skeptisch oder völlig ablehnend gegen-
überstehen – sehr zum Entsetzen der Aktivisten.

»Natürlich wollen wir nicht, dass die Leute glauben, die Naturwissenschaft sei Schwindel und wir wüssten gar nichts«, sagte der
Caltech-Astronom Chuck Steidel; »Tatsache ist jedoch, dass ein
Konsens außerordentlich schwer herzustellen ist und in der Regel
verlangt, dass viele Hindernissen überwunden werden. Wenn der
Öffentlichkeit Ergebnisse vorgestellt werden, lässt man sie häufig
viel gesicherter erscheinen, als sie es tatsächlich sind.«

Die Wissenschaft ist ungewiss, weil Forscher eigentlich gar
nichts wirklich beweisen können – unwiderlegbar und über jedes
Neutrino eines Zweifels erhaben; sie versuchen es noch nicht
einmal. Stattdessen sind Wissenschaftler bemüht, konkurrierende Hypothesen auszuschließen, bis die von ihnen vertretene
Hypothese innerhalb einer sehr, sehr kleinen Fehlerspanne – je
kleiner, umso besser – als die wahrscheinlichste übrigbleibt. »Forscher halten Naturwissenschaft nicht für ›die Wahrheit‹«, sagte
Darcy Kelley. »Für sie ist sie eine Methode zur *Annäherung* an die
Wahrheit.« Indem sie den angenäherten und vorläufigen Charakter ihres Tuns akzeptieren, lassen sie Raum für die regelmäßige
Aktualisierung ihrer Erkenntnisse, die, im Gegensatz zu vielen
Aktualisierungen von Computer-Betriebssystemen, fast immer
eine tatsächliche Verbesserung der Vorgängerversion darstellen.
Nachdem die Genetiker beispielsweise herausgefunden hatten,
dass die DNA, und nicht die Proteine, der wichtigste Hüter der
genetischen Information ist, erkannten sie, dass die DNA nicht
der einzige Garant des Lebenscodes ist, und ganz gewiss nicht der
ursprüngliche. Nach und nach entwickelten sie Hochachtung vor
der RNA, dem Molekül, das sie einst als pedantischen Bürokraten
abtaten, der rein mechanische Aufgaben wahrnimmt zwischen der
gebieterischen DNA, die ihre Befehle an die Zelle erteilt, und den
fleißigen Proteinen, die ununterbrochen die Zellarbeiten übernehmen. Die Forscher entdeckten in der RNA viele Talente, die
dafür sprachen, dass sie einst, als das Leben noch ganz neu war,

der ursprüngliche Träger von Erbgut und Kontinuität war und dass sie erst später ihre replikative und reproduktive Funktion den robusteren DNA-Strängen überließ.

In jüngerer Zeit hat die Forschung Anhaltspunkte dafür gefunden, dass sich bestimmte Proteine, die sogenannten Prionen, auch wie DNA verhalten können, wenn sie sich etwa in den Gehirnen wahnsinniger Rinder und ihrer unglücklichen menschlichen Konsumenten replizieren. Für die Entdeckung der Prionen und ihrer Ansteckungs- und Kopierfunktionen erhielt Stanley Prusiner 1997 den Nobelpreis.

Keiner dieser Befunde kann die Tragweite der ursprünglichen Entdeckung von Watson und Crick schmälern. »Nur weil RNA und Proteine unter bestimmten Umständen Informationen übermitteln können, verliert die DNA nichts von ihrer zentralen Bedeutung als wichtigster Träger der Erbinformation«, betonte David Baltimore. »In dem Maße, wie unsere Konzepte genauer und differenzierter werden, wird das Absolute weniger absolut.« Mit anderen Worten, indem die Naturwissenschaftler akzeptieren, dass sie die Wahrheit nicht *erkennen*, sondern sich ihr nur annähern können, gelingt es ihnen, den Abstand zu ihr stetig zu verringern. Die heilsame Operation chronischer Ungewissheit.

Doch für alle außerhalb des Operationssaals klingt das Ganze – der Streit, das Zögern, die Berichtigungen und Anmerkungen – nach Kutschersprache: heute hüh und morgen hott! Eben noch erzählen sie uns, wir sollten mit dem Fett sparen, im nächsten Augenblick warnen sie uns vor Körnerfutter. Einst rieten sie uns, Butter auf eine Verbrennung zu streichen. Dann waren sie sich sicher, dass Butter eine Brandwunde verschlimmere; Eis wäre besser. Alle Frauen sollten sich ab fünfzig einer Hormonersatztherapie unterziehen. Alle Frauen sollten augenblicklich mit der Hormonersatztherapie *aufhören* und nie wieder davon reden. Haben die Wissenschaftler nicht in den sechziger Jahren vorhergesagt, dass eine Bevölkerungsbombe explodieren und wir alle an Hunger oder Massenhysterie zugrunde gehen würden? Heute jammern die Demographen in den entwickelten Ländern darüber, dass die Frauen nicht rasch und oft genug gebären, um die Steuerbasis aufzufüllen, und dass niemand da sein wird, um die Pflegeheimkosten von morgen zu bezahlen. Warum sollten wir irgendetwas von dem glauben, was die Wissenschaftler sagen? Und warum sollten wir irgendetwas tun, was die Wissenschaftler vorschlagen – etwa an die globale Klimaveränderung denken, an die unvermeidliche Erschöpfung der fossilen Brennstoffvorkommen und eine entsprechende Anpassung unseres Energieverbrauchs? Das sagen die Forscher heute. Doch wenn ich meinen spritsaufenden SUV lange genug fahre, wer weiß, vielleicht kommen sie eines Tages zu dem Schluss, dass ungewöhnlich dicke Abgaswolken gut für die Umwelt sind!

Hier liegt ein echtes Problem für die Öffentlichkeitsarbeit der Naturwissenschaft. Wie vermittelt man, dass Ungewissheit ein notwendiges Element der Wissenschaft ist, ein wichtiger Motor der Forschung, der für hohe Qualitätsmaßstäbe sorgt, ohne die Glaubwürdigkeit der Wissenschaft zu untergraben? Wie können die Naturwissenschaftler der Versuchung von Dogmatismus und Gewissheit entgehen, ohne beliebig zu werden? »Die Leute müssen verstehen, dass die Forschung ein dynamischer Prozess ist und dass wir unsere Meinungen ändern«, erläutert Dave Stevenson. »Wir müssen es. So funktioniert Wissenschaft.«

Zum kritischen Denken gehört auch die Einsicht, dass wir es in der Naturwissenschaft nicht mit absoluten Gegebenheiten zu tun haben. Trotzdem können wir Feststellungen treffen, die sehr aussagefähig und mit hoher Wahrscheinlichkeit richtig sind.«

Eine bessere Vorstellung vom kritischen Denken bekommt man, wenn man es mit dem Zynismus vergleicht, der zu meinen affinsten und ungeliebtesten Geistesverfassungen zählt. Unbesehen und ungeprüft verwerfen Zyniker alle Angebote, Hypothesen und Daten. Noch ein Wirkstoff, der Brustkarzinome bei Mäusen heilt? Erzähl das deiner Oma. Das Fossil einer neuen Dinosaurierart ausgegraben? Ich höre Jay Gould aus dem Jenseits granteln:

Dinosaurier sind ein Klischee. Vorschneller Zynismus kann seine Wurzeln in Unsicherheit, Abwehr, pessimistischem Naturell oder einfach Faulheit haben; was immer die Gründe sind, er ist nutzlos.

Deborah Nolan von der University of California in Berkeley begegnet ihm ständig in ihrem Einführungskurs Statistik: dem wahllosen Abschmettern, dem Wissen-wir-alles-schon-Chor. Sie tritt dem Zynismus ruhig entgegen und versucht, ihn durch nüchternes Denken zu ersetzen. Jedes Semester legt sie ihren Studenten Zeitungsartikel vor, die eine Reihe medizinischer, naturwissenschaftlicher oder soziologischer Studien beschreiben: Sollen Patienten mit Schusswunden von den Sanitätern in der Ambulanz mit Hilfe von intravenös verabreichten Medikamenten stabilisiert oder erst im Krankenhaus entsprechend versorgt werden? Leistet ein Chirurg im OP bessere Arbeit, wenn er Musik hört, oder nicht? Wirkt sich das seelische Wohlbefinden einer Mutter stärker auf die Interaktion mit einem Säugling als mit einem Kleinkind aus? Nolan fragt die Studenten, was sie für Eindrücke von den Artikeln haben. Egal, um welches Thema es geht und ob die Studenten Naturwissenschaften, Geisteswissenschaften oder Hotelmanagement studieren, ihre erste Reaktion ist einhellig: ein spöttisches Grinsen. Man könne nicht glauben, was in der Zeitung steht, erklären sie. Nolan fragt sie, was sie denn im Einzelnen an den Geschichten für unglaubwürdig halten. Sie studieren die Artikel noch einmal, dieses Mal eingehender. Na ja, es ist einfach … *warum* soll ich es glauben?

Daraufhin zeigt Nolan ihnen die Originalstudien, auf denen die Artikel beruhten, und sie beginnt, die Untersuchungen zusammen mit ihren Studenten methodisch zu zerpflücken. Sie betrachten, wer die Versuchspersonen waren, ob die Teilnehmer in zwei oder mehr Gruppen unterteilt wurden, aufgrund welcher Merkmale sie der einen oder der anderen Gruppe zugeordnet wurden und wie die Gruppen verglichen wurden. Sie erörtern die Stärken und Grenzen der Studie, warum die Forscher sie nach Meinung der Studenten so und nicht anders angelegt haben und was die Studenten, wenn sie für die Studie verantwortlich gewesen wären, anders gemacht hätten. Mit dem neu erworbenen Wissen der Eingeweihten lasen die Studenten die Artikel jetzt noch einmal, um zu sehen, ob die Journalisten den Kern der Studien richtig wiedergegeben hatten.

Meistens, so Nolan, sind die Studenten beeindruckt und erkennen an, dass die Journalisten sauber gearbeitet haben, ein Sinneswandel, der mich so überraschte, dass ich Nolan bat, die Worte langsam, deutlich und direkt in mein Aufnahmegerät zu wiederholen.

Noch wichtiger: Wenn die Studenten auf eine Unzulänglichkeit stoßen, können sie formulieren, warum sie unzufrieden sind. »Zunächst standen sie allem, was sie lasen, höchst skeptisch gegenüber, ohne genau zu wissen, warum«, sagte sie. »Doch als kritische Zeitgenossen konnten sie ihre Kommentare und Zweifel belegen, indem sie exakt beschrieben, was in der Originalstudie stand und was ausgelassen worden war.«

Mir gefiel auch, wie Bess Ward den zynischen Hohn ihrer Studenten in klinische Exaktheit verwandelte. Ward ist Professorin für Geowissenschaften an der Princeton University, und jedes Jahr fordert sie ihre Studenten auf: Suchen Sie sich eine Sorge aus, irgendeine Sorge. Sie lässt sie eine Frage zu einer alltäglichen Beunruhigung stellen – einer persönlichen Gewohnheit, einem Luxus, einem Lieblingsessen, über das sie einen negativen Bericht gehört oder gelesen haben. Die Studenten sollen herausfinden: Gibt es wirklich Grund zur Sorge oder nicht? Wie groß ist die Gefahr, wenn ich das weiterhin esse oder tue, und wie schneidet dieses Risiko im Vergleich zu anderen riskanten Verhaltensweisen ab, die ich mir freiwillig oder gezwungenermaßen zugelegt habe? Oder muss ich Schuldgefühle haben wegen meiner kleinen Luxusgewohnheiten, weil sie anderen schaden könnten oder die Umwelt so belasten, dass ich sie einfach nicht mehr rechtfertigen kann?

»Ich sage den Studenten: Suchen Sie sich etwas aus, was Sie leidenschaftlich gern tun und was insgeheim an Ihrem Gewissen nagt. Dass Sie zu viel Kaffee trinken, die Pille nehmen, Thunfisch-

Sandwiches essen oder Spaß am Bungee-Springen haben. Es geht darum, dass Sie sich die Daten anschauen und eine Risikobewertung vornehmen.«

In den meisten Fällen sind die grundlegenden Daten, die kleinen Anlässe zur Besorgnis, über das Internet zugänglich. Beispielsweise bietet die Webseite der Environmental Protection Agency so genannte Referenzdosen für praktisch jeden chemischen Giftstoff, mit dem Sie zu tun bekommen können – wissenschaftliche Schätzungen der Mengen, die Sie unbeschadet zu sich nehmen können. Hier finden Sie die durchschnittliche Quecksilberkonzentration in einem durchschnittlichen Thunfisch-Salat, angegeben in Milligramm des Giftstoffs je Kilogramm Fisch. Außerdem erfahren Sie, wie viele Milligramm Quecksilber pro Kilogramm des eigenen Körpergewichts ein Mensch unbesorgt zu sich nehmen kann, ohne befürchten zu müssen, Schmerzen, Zahnfleischbluten, Schwellungen, Blindheit, Koma… ach ja, ich denke, ich nehme den Rucolasalat, danke.

Oder nehmen wir an, Sie machen sich, wie eine von Wards Studentinnen, Sorgen über die relative Gefahr einer wöchentlichen Maniküre. In einem Nagelstudio atmet man nämlich die ganzen Dämpfe der Nagellacke und der Lösungsmittel in den Nagellackentfernern ein, ein Bouquet, das nur um Weniges ansprechender ist als das des Elefantenhauses im National Zoo. Doch ist scheußlich notwendigerweise auch schädlich? Auf der EPA-Webseite werden Sie entdecken, dass Nagellack und Nagellackentferner Toluol enthalten, einen mäßig toxischen Erdölextrakt, der relativ flüchtig ist – das heißt, rasch in die Luft gelangt, die Sie atmen. Ferner liefert die EPA Daten über die Toluolkonzentrationen verschiedener Arbeitsplatzumgebungen, unter anderem von Nagelstudios. An anderen Stellen des Internets können Sie sich die Ergebnisse von Inhalationsstudien anschauen, um festzustellen, wie viel Luft ein Mensch im Laufe einer Stunde durchschnittlich einatmet – so viel Zeit investieren Sie auch in die Aufgabe, die etwa so aufregend ist wie Fliegenbeine zählen. Nachdem Sie diese und andere Statistiken analysiert hätten, kämen Sie wahrscheinlich – wie die junge Studentin – zu dem Ergebnis, dass Ihre wöchentliche Maniküresitzung weitgehend unschädlich ist, dass Sie aber nach Möglichkeit keine Zehnstundenschichten in einem Nagelstudio leisten, dafür aber den Frauen, die es tun, ein wirklich großes Trinkgeld geben sollten.

Es gibt noch ein weiteres überraschendes Hindernis für wissenschaftliches Denken: Häufig glauben wir zu wissen, wie die Dinge funktionieren, besonders wenn es sich um einfache Dinge handelt, von denen wir annehmen, wir hätten sie schon in den ersten Schuljahren gelernt. Selbst wenn das nicht der Fall war und wenn uns ein solches kindlich-einfaches physikalisches Problem nicht von den Eltern oder sonst einem Erwachsenen nahegebracht wurde, entwickeln wir eine intuitive Einstellung zur physikalischen Realität, eine Reihe pragmatischer, scheinbar vernünftiger Erklärungen für Alltagsphänomene: Warum es im Sommer warm und im Winter kalt ist, oder was geschieht, wenn wir einen Ball in die Luft werfen. Manchmal sind diese intuitiven Vorstellungen allzu fest in unserem Verstand verankert; würde der geworfene Ball wie in einem Comic zu einem Klavier und fiele uns auf den Kopf, würden wir uns wohl wie die einschlägigen Figuren benommen erheben, uns die funkelnden Phosphene aus den Augen schütteln und den nächsten Ball in die Luft werfen.

Susan Carey, eine Professorin für kognitive Neurowissenschaft an der Harvard University, hat untersucht, wie unsere liebevoll gehegten und häufig irrigen Modelle der physischen Realität unser Verständnis untergraben und unsere Lernfähigkeit behindern können. Ihr Beispiel ist ein Ball, der in die Luft geworfen wird und dann zu Boden fällt. Stellen Sie sich vor, Sie hätten ein Bild dieser Wurfbahn gezeichnet, sagte sie, mit einer Folge von Bällen in steiler Kurve, um den Aufstieg darzustellen, den Scheitelpunkt in der Mitte, und dann den Fall. Nun würden Sie die Leute bitten, durch Pfeile anzugeben, welche Kräfte ihrer Meinung nach im Verlaufe der Flugbahn auf den Ball einwirken – ihre Stärke und Richtung. Die überwiegende Mehrheit der Befragten schauen sich das Bild an und malen dicke Kraftpfeile, die nach oben weisen, solange der Ball himmelwärts steigt, und dicke Pfeile, nach unten, während der Ball fällt. Ein gewisser Teil der Befragten erkennt, dass die Schwerkraft während des gesamten Flugs auf den Ball einwirkt, und fügt neben den dicken nach oben weisenden Pfeilen auf dem steigenden Kurvenabschnitt kleine, nach unten zeigende Pfeile hinzu. Am höchsten Punkt des Balls zeichnen viele einen kleinen Pfeil nach oben und einen kleinen Pfeil nach unten, die einander aufheben.

Einleuchtend, oder? Der Ball fliegt nach oben, die Kraftpfeile zeigen nach oben; der Ball fliegt nach unten, die Pfeile weisen erdwärts. Tatsächlich ist es so einleuchtend, dass die Menschen Jahrhunderte lang an genau dieses Modell glaubten. Es hat sogar einen Namen – Impetustheorie, die Auffassung, dass auf ein bewegtes Objekt eine Antriebskraft, ein Impetus, einwirken muss, um es in Bewegung zu halten. So vernünftig und einleuchtend diese Theorie auch erscheint, sie ist falsch. Zwar wurde, je nach Fertigkeit des Werfers, eine nach oben gerichtete Kraft auf den Ball ausgeübt, als er in die Luft geschleudert wurde, doch sobald der Ball einmal losgelassen ist, sobald er im Flug ist, erfährt er keine aufwärtsgerichtete Kraft mehr. Befindet er sich in der Luft, wirkt nur noch eine Kraft: die Schwerkraft, die Gravitation. Alle Pfeile dieses Diagramms müssten nach unten zeigen. Wäre nicht die Gravitation zu berücksichtigen, würde ein nach oben geworfener Ball endlos steigen, ohne dass ein weiterer Anstoß erforderlich wäre. Das ist eine der vielen brillanten Erkenntnisse von Isaac Newton – das berühmte Trägheitsgesetz: Ein ruhendes Objekt bleibt in Ruhe, bis es durch den Knuff eines Polizeiknüppels von der Parkbank aufgescheucht wird – »He, das ist hier nicht das Plaza-Hotel« –, während ein bewegtes Objekt in Bewegung bleibt, bis es eine Kraft trifft, die es aufhält. Doch selbst wenn wir schon einmal vom Trägheitsgesetz gehört haben und wenn wir den Film gesehen haben, der zeigt, was geschieht, wenn ein eifersüchtiger Computer die Sicherheitsleine eines schwerelos im Raum schwebenden Astronauten kappt – da flie-hie-hie-gt er –, haben wir noch immer Schwierigkeiten, den Trägheitsbegriff auf ein bewegtes Objekt anzuwenden: Nach wie vor zeichnen wir Diagramme von aufsteigenden Bällen mit nach oben zeigenden Pfeilen.

»Die Leute nähern sich den Naturwissenschaften mit einer geschlossenen, ziemlich systematischen Theorie mechanischer Phänomene, wobei es sich meist um eine Spielart der Impetustheorie handelt«, sagte Carey. »Und wenn sie dann Newtons Theorie kennenlernen – Kraft, Impuls, Trägheit, Druck –, integrieren sie einfach die neue Information in ihre alten Vorstellungen.« Wie andere Forscher stellte sie fest, dass es selbst unter Menschen, die am College ein Jahr lang Physik hatten, einen hohen Prozentsatz gibt, der die Flugbahn des Balls mit Impetus-Begriffen erklärt. »Ihre Vorstellungen hatten sich nicht verändert. Die intuitiven Begriffe, mit denen sie begannen, waren immer noch maßgeblich.«

Manchmal kann ein früh gelerntes Wissensbruchstück einen tiefen Eindruck hinterlassen und sich zu einer intuitiven Vorstellung verfestigen, die dann für kühne Erklärungen anderer Vorgänge herhalten muss. So hat sich beispielsweise in Untersuchungen gezeigt, dass viele Menschen auf die Frage, warum es im Sommer warm und sonnig und im Winter kalt und trübe ist, den jahreszeitlichen Wechsel auf eine entsprechende Entfernung zwischen Erde und Sonne zurückführen. Ihr Ausgangspunkt ist eine Tatsache, die sie irgendwann in der Primar- oder Sekundarstufe aufgeschnappt haben – dass die Bahn der Erde um die Sonne kein vollkommener Kreis, sondern eine Ellipse ist. Daraus leiten sie ab, dass wir Sommer haben, wenn die Erde auf ihrer ovalen Bahn der Sonne am nächsten ist, und dass es Zeit wird, vor dem Haus zu streuen, wenn sie die größte Distanz zur Sonne aufweist.

Walter Lewin, Physikprofessor am MIT, zeigte mir ein Video, auf dem Harvard-Absolventen bei ihrer Graduierung gefragt wurden, warum wir Jahreszeiten haben. Immer wieder erklärten die jungen Männer und Frauen mit ihren Talaren und Hüten kühl und gelassen, als handle es sich um eine altbekannte Tatsache, dass die Erde im Winter die größte und im Sommer die kürzeste Entfernung von der Erde aufweise. Die Befragten hatten keineswegs alle Kunstgeschichte oder Englisch im Hauptfach studiert, es gab auch einige Physik- und Ingenieurstudenten unter ihnen.

Lewin, ein Holländer und schon deshalb hochgewachsen, hat eine weiße Mähne à la Einstein, einen federnden, energischen Gang und häufig einen Ausdruck verschmitzt-resignierter Ungläubigkeit im Gesicht. »Missverständnisse aus dem Schulunterricht«, sagte er, »können uns den Rest unsres Lebens verfolgen.«

Zwar sei die Erdbahn elliptisch, räumt er ein, aber nur ein wenig. Doch wenn die Studenten versuchen, mit einer Zeichnung zu erklären, warum die Form der Erdbahn die Jahreszeiten verursacht, übertreiben sie unweigerlich die Exzentrizität der Ellipse so sehr, dass diese dem Umriss eines Tic-Tac-Dragees ähnelt. Jetzt haben sie eine visuelle Vorstellung von ihrem Verständnis der Jahreszeiten. Sehen Sie, hier draußen, an der äußersten Spitze der Erdbahn? Da ist Winter. Und sehen Sie hier, wo wir an die Sonne heranrücken? Da ist Sommer. »Sie stellen sich aber nicht die Frage: Wenn das der Fall wäre, wie kommt es dann, dass Sommer auf der nördlichen Hemisphäre ist, wenn auf der südlichen Winter ist, und umgekehrt?«, so Lewin. »Sie können das alles beherrschende Bild der Ellipse nicht aus ihrem Bewusstsein verdrängen.«

Zufälligerweise ist die Erde im Juli etwas *weiter* von der Sonne entfernt als im Dezember, doch das alles spielt keine Rolle. Der Wechsel der Jahreszeiten ist nicht eine Frage der Bahngeometrie, sondern der Erdneigung: des Umstands, dass die Erdkugel um eine Achse rotiert, die um 23 Grad gegen die Bahnebene der Erde gekippt ist. Infolgedessen zeigt die nördliche Hemisphäre manchmal zur Sonne und liegt in einer vergleichsweise stärkeren und direkteren Wärme- und Lichtstrahlung, und jeder, der zwischen Caracas in Venezuela und Wood Buffalo in Kanada lebt, ist gut beraten, viel Sonnencreme, langärmelige Kleidung und einen Sombrero zu tragen und sich unter einen Sonnenschirm zu setzen. Ein halbes Jahr später, wenn die Erde am anderen Ende ihres Umlaufs ankommt, neigt sich die nördliche Hemisphäre von der Sonne weg, und die südliche Hemisphäre ist mit Schmoren dran.

Den meisten Leuten ist diese Erdneigung durchaus bekannt, und wenn nur, weil der Vier-Farb-Globus in ihrer Kindheit in keinem Haushalt fehlte, obwohl die Hälfte seiner Länder zwischenzeitlich längst andere Namen und Grenzen bekommen hatte oder von Militärjunten übernommen worden war; meist bestand sein einziger Daseinszweck darin, sich um seine erkennbar schiefe Achse drehen zu lassen, bis er quietschte. Doch da mit der Rotation der Wechsel von Tag und Nacht erklärt wurde, setzte sich auch der Winkel der Rotationsachse irrtümlicherweise im Kinderwissen von der Tag-und-Nacht-Entstehung fest, statt ihn als Erklärung für schneefrei und Sommerferien zu bemühen.

Auch müssen wir an den Fehlinformationen unserer Kindheit nicht festhalten wie ein Kleinkind an einem kleinen glitzernden Objekt, an dem es ersticken kann. Egal, ob wir neue Bekannte unter die Lupe oder neue Ideen in Besitz nehmen, stets bleiben wir unseren ersten Eindrücken ausgeliefert. Wir hören eine Erklärung für etwas, mit dem wir bislang noch nichts zu tun hatten, es hört sich gut an und schmeckt noch besser – das haben Sie doch nicht etwa geschluckt? Cindy Lustig, eine Psychologieprofessorin an der University of Michigan, zeigte unlängst, wie leicht sich unsere Vorstellung eine Vorstellung von neuen Dingen macht. Sie warb 48 der üblichen akademischen Versuchspersonen an – *Undergraduates*, Studienanfänger – und wies sie an, eine Assoziation zwischen verwandten Wörtern wie »Knie« und »Krümmung« oder »Kaffee« und »Becher« herzustellen.

In einer Folgestudie forderte sie die Versuchspersonen auf, die Assoziation zu verändern: Statt auf den Hinweisreiz »Knie« mit »Krümmung« zu reagieren, sollten sie jetzt mit »Knochen« antworten; beim Auslöser »Kaffee« mit »Tasse« anstelle von »Becher«. Mittagspause. Am Nachmittag teilte Lustig die Versuchspersonen in zwei Gruppen auf. Die eine erhielt die Anweisung, bei Darbietung des Schlüsselwortes wieder die ursprüngliche

Assoziation zu wählen. Kein Problem: Knie *Krümmung*, Kaffee *Becher*. Die andere Gruppe wurde aufgefordert, diejenige der erlernten Assoziationen zu nennen, die ihnen in den Sinn kämen. Die Hälfte antwortete mit »Krümmung« oder »Becher«, die andere Hälfte mit »Knochen« oder »Tasse«. So weit, so gut. Wie beim Münzwurf. Doch was war am nächsten Tag? Als die für die Zufallsantwort bestimmten Versuchspersonen abermals aufgefordert wurden, spontan den Begriff zu nennen, der ihnen beim Hören der Schlüsselwörter sofort in den Sinn kam, nannte eine beträchtliche Mehrheit die Resultate der ersten Lernphase – die Krümmungen und die Becher. Die früheste Verknüpfung, sagte Lustig, sei die Voreinstellung des Gehirns geworden.

Journalisten ist diese Bereitschaft des Verstands, eine rasche Verknüpfung herzustellen und sie dann mit einer glänzenden Lackschicht zu versiegeln, zur Genüge bekannt. 1991 schrieb ich einen Artikel für die Titelseite der *New York Times*. Es ging um die spektakuläre Entdeckung, dass Menschen und andere Säugetiere Hunderte von Genen haben, die für die Entstehung der Geruchsrezeptoren zuständig sind – jener Moleküle, die in den Zellen der Nasenluftwege sitzen und uns ermöglichen, die vielen tausend uns umgebenden Gerüche wahrzunehmen. Als ich zum ersten Mal den Namen Linda Buck hörte, einer Geruchsforscherin, dachte ich sofort an eine andere Linda mit einem ähnlichen Familiennamen, Linda Hunt, die in New Jersey geborene Schauspielerin, die den Oscar für die Darstellung eines chinesisch-indonesischen Mannes bekam. Schließlich haben beide Namen ein U, und man kann *hunt a buck*, einen »(Reh-)Bock jagen«, nicht wahr? Klick-klack, Verbindung hergestellt! Wer ist wer? Eine verflixte Schaltung! Ich setzte meinen Bericht fort. Die Stunden verstrichen. Und als ich schließlich mit dem Schreiben begann, fiel ich zwangsläufig auf die erste Verknüpfung zurück, die ich in der Kategorie »Linda mit dem einsilbigen, ziemlich unauffälligen Familiennamen« hergestellt hatte, und tippte Linda Hunt ein. Erst in der letzten Minute, kurz bevor der Artikel in Druck ging, überprüfte ich den Namen noch einmal anhand des Zeitschriftenartikels – und der Schreck fuhr mir in alle Glieder. Zum Glück hatte ich genügend Zeit, den Namen noch zu verändern und mir viel Spott und Demütigung zu ersparen. Inzwischen haben Linda Buck und ihr Mitarbeiter Richard Axel den Nobelpreis für ihre Entdeckung erhalten, aber der Oscar ist immer noch nicht in Sicht.

Während einfache Fakten wie die Schreibweise von Namen leicht zu überprüfen und zu berichtigen sind, ist es sehr viel komplizierter, vorgefassten und irrigen Meinungen zu Leibe zu rücken und zu erklären, wie oder warum Sie etwas so und nicht anders verstehen. Ihre Vorstellungen mögen verschwommen sein. Sie sind sich nicht sicher, woher sie stammen. Sie kommen sich dumm vor, wenn Sie feststellen, dass Sie Unrecht haben, und Sie wollen es nicht zugeben, daher sagen Sie: Zum Teufel damit, das kann ich einfach nicht. Ohne mich! Tun Sie es bitte nicht. Wenn Sie bemerken, dass auch Sie diese nach oben weisenden Pfeile auf den steigenden Ball gezeichnet hätten oder sich in Hinblick auf die Jahreszeiten nicht sicher gewesen wären oder angenommen haben, die Mondphasen ergäben sich aus dem Erdschatten, der auf den Mond fällt, und nicht aus dem tatsächlichen Grund (dass die Hälfte des Mondes stets von der Sonne angestrahlt ist und die andere Hälfte immer dunkel ist, dass aber der Mond, wenn er die Erde im Laufe eines Monats umkreist, uns immer verschiedene Anteile seiner hellen und seiner dunklen Seite zeigt), dann geben Sie daran bitte nicht unserem Gehirn die Schuld und seiner unersättlichen Gier, jede eintreffende Information aufzugreifen und sie in dem nächstbesten oder einleuchtendsten Kästchen abzuspeichern. Es ist vielleicht nicht das richtige? Na und? Dass man bereit sein muss, Fehler zu begehen, wenn man etwas erreichen will, ist wahr – und auch eine Binsenweisheit. Weniger vertraut ist der Spaß, den Sie haben können, wenn Sie die Quelle Ihrer falschen Auffassungen analysieren und dabei erkennen, dass die Fehler nicht dumm sind, sondern durchaus vernünftige oder zumindest amüsante Ursprünge haben. Hinzu kommt, dass Sie, wenn Sie Ihre intuitiven Konstruktionen erkennen, die Chance haben, sie nach Bedarf zu verbessern, umzuformen oder zu verlöten, das heißt, sie durch eine größere Annäherung an die angenäherten Wahrheiten der Wissenschaft zu ersetzen, die Sie jetzt gleich anstrahlen wie frisch geprägte Münzen.

# 2  Wahrscheinlichkeiten

*Wenn Kurven zu Glocken werden*

Zu Beginn jedes Semesters erteilt Deborah Nolan ihren Studienanfängern eine grundlegende Lektion über den zweiseitigen Charakter des Lebens. Die Moral: Es ist verdammt schwer, Absicht als Zufall anzusehen. Die Kehrseite der Medaille: Zufall kann verdächtig manipuliert aussehen. Und wie könnte sie das besser beweisen, als durch Werfen von Medaillen, will sagen, Münzen?

Nolan unterteilt ihren Kurs von etwa 65 Studenten in zwei Gruppen. Die Mitglieder einer Gruppe werden angewiesen, eine Münze aus ihrem Portemonnaie oder ihrer Tasche zu nehmen oder sie sich von einem freundlichen Nachbarn geben zu lassen, sie hundert Mal hochzuwerfen und das Ergebnis jedes Wurfs auf einem Blatt Papier festzuhalten. Die Studenten der anderen Gruppe fordert Nolan auf, sich den Wurf einer Münze hundert Mal *vorzustellen* und die imaginierten Ergebnisse aufzuschreiben. Nach der Kennzeichnung ihrer Arbeit mit einem nur ihnen bekannten Erkennungszeichen sollen die Studenten die Arbeitsblätter mit ihren Wurf-Resultaten verdeckt auf Nolans Pult legen. Anschließend verlässt Nolan den Raum, und die Studenten beginnen, die Münzen zu werfen und zu schreiben oder sich die Würfe vorzustellen und zu schreiben. Nach ihrer Rückkehr wirft Nolan einen Blick auf die Reihen von einhundert K und Z, und gibt bei jedem Arbeitsbogen an, ob es sich ihrer Meinung nach um wirkliche oder fiktive Würfe handelt. Fast immer hat Nolan

Recht, was ihre Studenten, wie sie sagt, »entgeistert« zur Kenntnis nehmen. Sie denken, dass sie geschummelt hat. Dass sie heimlich beobachtet hat oder über einen Informanten verfügt. Doch das hat sie gar nicht nötig. Echter Zufall trägt nämlich seinen unverwechselbaren Stempel: Wer mit seinem Muster nicht vertraut ist, hält ihn für unregelmäßiger, zufälliger, als er tatsächlich ist. Nolan weiß, wie wirklicher Zufall aussieht, und sie weiß auch, dass er manchmal beunruhigend wirkt, weil er nicht zufällig *genug* ausschaut.

Bei echten Münzwürfen, Versuch um Versuch, ergeben sich viele eintönige Sequenzen, Folgen von fünfmal Kopf oder siebenmal Zahl hintereinander. Das ist keine große Sache, wenn Sie es lange genug tun und feststellen, dass es bei hundert oder zweihundert Würfen zu Häufungen kommt. Doch wenn wir jemanden bei weniger Würfen beobachten, vor allem, wenn es um etwas geht – wer das Urlaubsziel bestimmen darf oder wer das tote Opossum unter der Veranda entfernen muss –, werden wir sehr misstrauisch, wenn das Ergebnis sich zu wiederholen beginnt. Sechsmal Zahl? Woher hast du diese Euromünze eigentlich? Ein Tom-Stoppard-Stück?* Lass *mich* mal probieren.

In ihren Phantasiewürfen kompensierten die Studenten die ihnen innewohnende Scheu vor »zu viel Zufall«, indem sie häufig hin- und hersprangen, zwischen Kopf und Zahl. Wenn die Studenten eine Dreierfolge zu Papier gebracht hatten, begannen die Alarmglocken in ihrem Kopf zu klingeln, und sie wechselten die Seite. »Wenn ich die ausgedachten Münzwürfe betrachte, ist die längste Folge von Kopf- oder Zahlwürfen viel zu kurz«, sagte Nolan, »und insgesamt wechseln Kopf und Zahl viel zu oft.« Jeder weiß, dass bei jedem Wurf jedes Ergebnis eine fünfzigprozentige Wahrscheinlichkeit hat, und er weiß außerdem, dass einhundert Würfe im Durchschnitt ungefähr

---

* Tom Stoppards amüsant-verstörende Komödie *Rosenkranz und Güldenstern sind tot* beginnt damit, dass Rosenkranz und Güldenstern, unterwegs nach Helsingör, wiederholt eine Münze werfen und jedesmal Kopf erhalten.

50-mal Kopf und 50-mal Zahl ergeben. Gut, mit 48-mal Zahl und 52-mal Kopf kann ich leben. Aber sechsmal Zahl hintereinander?

»Die Leute neigen dazu, die Fifty-Fifty-Regel schon bei sehr kurzen Zeiträumen anzuwenden«, sagte Nolan. »Sie machen sich ein schiefes Bild von Wahrscheinlichkeiten und glauben, die Chancen, mehrmals Kopf oder Zahl hintereinander zu bekommen, seien viel kleiner, als sie wirklich sind. Tatsächlich beträgt die Wahrscheinlichkeit, viermal Kopf oder viermal Zahl hintereinander zu erhalten, eins zu acht, daher besteht eine ziemlich hohe Wahrscheinlichkeit, dass es geschieht.« Nolan errechnet ihre Zahl, indem sie einfach die Multiplikationsregel verwendet, die zur Bestimmung der Münzwurfwahrscheinlichkeit gilt.* Sie haben natürlich bei jedem Wurf eine fünfzigprozentige Chance, Kopf (oder Zahl) zu werfen – mit anderen Worten, eine Wahrscheinlichkeit von 0,5. Um die Aussicht zu berechnen, zweimal Kopf hintereinander zu erhalten, multiplizieren Sie die beiden Wahrscheinlichkeiten miteinander: 0,5 mal 0,5, also 0,25: Es besteht eine fünfundzwanzigprozentige Wahrscheinlichkeit, dass Sie, der Euro-Werfer, zweimal den Kopf Ihrer Münze erblicken. Wenn Sie die Zahl der Würfe in Ihrer Wahrscheinlichkeitsschätzung erhöhen wollen, brauchen Sie nur weiter zu multiplizieren. Um die Aussicht zu bestimmen, vier Köpfe bei vier Würfen zu sehen, müssen Sie also 0,5 viermal mit sich selbst malnehmen, womit sich Ihre Chance auf eins zu sechzehn reduziert. Doch da wir oben festgelegt haben, dass wir die Aussicht berechnen wollen, viermal Kopf *oder* viermal Zahl zu sehen – und nicht viermal Kopf – müssen wir die beiden Wahr-

---

* Diese Multiplikationsregel lässt sich nur zur Wahrscheinlichkeitsberechnung anwenden, wenn jedes Ereignis der Folge unabhängig von dem anderen ist, wie es beim Münzwurf der Fall ist. Sie ist nicht gültig, wenn ein Ereignis das andere wahrscheinlich beeinflusst. Beispielsweise können Sie nicht berechnen, wie wahrscheinlich es ist, dass ein Mann einen Bart und einen Schnurrbart trägt, indem Sie die separaten Wahrscheinlichkeiten multiplizieren, weil sich Männer mit Bärten – unbeschadet Abraham Lincolns – im Allgemeinen auch für Schnurrbärte entscheiden.

scheinlichkeiten addieren: eins zu sechzehn plus eins zu sechzehn ergibt eins zu acht.* Natürlich nimmt die Wahrscheinlichkeit, dass es bei einer Münzseite bleibt, mit jedem weiteren Wurf erheblich ab. Die Aussicht, sechsmal in Folge Kopf oder Zahl zu werfen, liegt nur noch bei ungefähr eins zu zweiunddreißig oder 3 Prozent. Diese geringe Chance gilt aber nur für eine Folge von einem halben Dutzend Würfen. Wenn Sie eine Münze hundert Mal werfen, beginnen sich die Wahrscheinlichkeiten zu addieren und mit ihnen die Häufungen.

Ich habe Nolans Münzwurfübung selbst mehrfach ausprobiert und in einem Dutzend Durchgängen von jeweils hundert Würfen nie eine Hunderterrunde abgeschlossen, ohne mindestens eine Folge von sechs- oder siebenmal Kopf beziehungsweise Zahl zu erhalten, häufig sogar mehr als eine ununterbrochene Sechsergruppe pro Durchgang, außerdem viele Fünfer- und Vierergruppen. Mein Eintönigkeitsrekord waren neunmal Kopf hintereinander, was mir selbst jetzt, mit dem Wissen, das ich habe, und den Entschluss vorausgesetzt, die Versuchsleiterin zu überlisten, höchst merkwürdig erschiene, wenn ich es in eine ausgedachte Aufzeichnung von Münzwürfen aufnähme.

Bis sie in das weite Feld von Möglichkeiten der Wahrscheinlichkeitstheorie eingeführt werden, halten Nolans Studenten den Zufallsbegriff für eine Art nervösen Tic: Tut mir leid, ich kann dieses Zucken nicht unterdrücken! Blicken Sie über diesen ständigen Wechsel (von Kopf und Zahl) und Abes Denkmal hinaus, was haben Sie dann? Ein Muster. Von einem Muster zur Annahme einer Bedeutung oder eines Vorzeichens ist es nur ein kleiner Schritt – und schon muss irgendein bedauernswerter Hase seine Pfote als Schlüsselanhänger hergeben. »Da viele Menschen kein wirkliches Gespür für die Eintrittswahrscheinlichkeit bestimm-

---

* Diese Additionsregel setzt voraus, dass die beiden Ereignisse sich gegenseitig ausschließen. Abermals erfüllt der Münzwurf diese Bedingung: Wenn Sie nur eine Münze zur Hand haben, können Sie nicht gleichzeitig viermal Kopf oder viermal Zahl werfen.

ter Ereignisse haben, fangen sie an, Zufälligkeiten verborgene Bedeutung zuzuschreiben«, sagte Nolan. »Wenn sie es mit einer ungewöhnlich langen Sequenz von Kopf beziehungsweise Zahl zu tun haben, fangen sie an, nach Gründen zu suchen. Das ist die Grundlage des Aberglaubens. Ein zufälliges Ereignis tritt ein. Da wir die zugrunde liegende Wahrscheinlichkeit nicht kennen, staunen wir: Also wirklich, wie groß waren die Chancen? Gewiss viel zu klein für einen Zufall!«

Alan Guth, Physiker am MIT, beschrieb an einem Beispiel aus der eigenen Familie, wie leicht aus einem Zufall ein böses Vorzeichen wird. Einer seiner Onkel, der allein lebte, war bei sich zu Hause tot aufgefunden worden, und ein Polizist war gekommen, um Guths Mutter die schlechte Nachricht zu überbringen. Während der Beamte da war, rief zufällig Guths Schwester an, die auf einer Geschäftsreise unterwegs war. »Meine Mutter und meine Schwester waren beide schockiert über den Zeitpunkt des Anrufs – dass er zeitlich mit dem Besuch des Polizisten und der Nachricht vom Tod meines Onkels zusammenfiel. Sie glaubten, telepathische Einflüsse müssten am Werk sein.« Als die Mutter Guth von diesem »wundersamen« Fall verwandtschaftsbedingter Telekommunikation berichtete, musste er einfach einige rasche Berechnungen vornehmen. Im Allgemeinen rief seine Schwester die Mutter einmal in der Woche an. Entweder gleich am Morgen oder am Abend, wenn sie einen Moment Zeit hatte und wenn die Mutter am ehesten zu erreichen war. Der Polizist hatte die Mutter um 17 Uhr aufgesucht und war, weil es einige wichtige Dinge zu besprechen gab, mehr als eine Stunde lang geblieben, möglicherweise sogar zwei.

Wenn man alle Faktoren berücksichtige, meinte Guth zu mir, habe die Wahrscheinlichkeit, dass seine Schwester anrief, während der Polizist da war, in etwa derjenigen entsprochen, fünfmal hintereinander Kopf oder Zahl zu werfen. »Das würde ich nicht als ein äußerst unwahrscheinliches Ereignis bezeichnen.« Glücklich, ja, konnte seine Mutter doch den Trost einer nahen Verwandten gut gebrauchen, aber nichts, zu dessen Erklärung man telepathische Fähigkeiten bemühen müsste.

Je mehr wir über Wahrscheinlichkeiten wissen, desto mehr verlieren selbst die verblüffendsten Zufälle den Charakter des Wunderbaren. Meine Mutter erzählte mir eine amüsante Geschichte von einem Bekannten, dessen Schicksal über einen Zeitraum von sechs Monaten auf eine Weise mit dem ihren verknüpft zu sein schien, als hätte ein müßiger Pan seine Hände im Spiel. Der Bekannte war – wie passend in unserem Zusammenhang – ein ehemaliger Mathematikprofessor von ihr. Woche um Woche stießen meine Eltern irgendwo in Manhattans quirligem Kulturleben auf ihn – bei einem Off-Broadway-Stück, einem Klavierabend, einem Bergman-Film, Monets *Seerosen*-Raum im Museum of Modern Art. Die ersten Male machten meine Mutter und ihr Professor noch verlegene Scherze über die Ähnlichkeit ihres Geschmacks. Bald begnügten sie sich mit einem flüchtigen Kopfnicken aus der Entfernung. Der Paukenschlag erfolgte einige Monate später, im Juli, in einem anderen Land. Wen sahen meine Eltern, als sie auf ihrer ersten Parisreise über den Boulevard St. Michel bummelten? Den braven Professor. An der Art, wie er sich die Zeitung demonstrativ vors Gesicht hielt, erkannte meine Mutter, dass er sie zuerst entdeckt hatte.

Hätte meine Mutter eine abergläubische Ader, wäre sie vielleicht auf die Idee gekommen, das Universum versuche ihr etwas mitzuteilen (»Dein Professor hasst dich!«). Nun ist sie aber einer der am wenigsten abergläubischen Menschen, den ich kenne, und wusste, dass (a) wer Monet mag, französische Malerei mag, dass (b) Paris für eine der weltbesten Sammlungen französischer Malerei bekannt ist; dass (c) »April in Paris« romantisch klingt, dass aber »Ein Amerikaner in Paris« nach Juli klingt, und dass (d) ein Straßencafé für einen Reisenden ein idealer Ort ist, um über viele Stunden sein Tässchen kalten Espresso nicht zu trinken, die angezündete Gauloise im Aschenbecher nicht zu rauchen und seine *Herald Tribune* nicht wirklich zu lesen.

John Littlewood, ein bekannter Mathematiker an der University of Cambridge, brachte das scheinbare Eindringen des Übernatürlichen in den Alltag in die strenge Form einer Art Naturgesetz und nannte es »Littlewood-Gesetz der Wunder«. Dabei definierte er »Wunder« durchaus konventionell: ein Ereignis mit einer Wahrscheinlichkeit von eins zu einer Million, dem wir große Bedeutung beimessen, wenn es eintritt. Nach seinem Gesetz ereignen sich solche »Wunder« in jedermanns Leben durchschnittlich einmal im Monat. Das erklärt Littlewood wie folgt: Ungefähr acht Stunden am Tag sind Sie in das hektische Geschehen der Welt verstrickt. Etwa einmal pro Sekunde sehen und hören Sie etwas geschehen; das addiert sich zu rund 30 000 »Ereignissen« pro Tag oder einer Million pro Monat. Die weit überwiegende Zahl der Ereignisse nehmen Sie kaum zur Kenntnis, doch hin und wieder wird Ihnen im großen Fluss der Geschehnisse ein Wunder zuteil: Der Pianist in der Bar beginnt einen Song zu spielen, an den Sie gerade denken, oder Sie kommen am Schaufenster einer Pfandleihe vorbei und sehen den Ring, ein Erbstück, der Ihnen vor achtzehn Monaten aus Ihrer Wohnung gestohlen wurde. Ja, das Leben ist voller Wunder, kleinen, großen, mittelmäßigen. Das heißt, sich »nicht in einem dauerhaften vegetativen Zustand« zu befinden, und »über eine höhere Lebenserwartung als ein Insekt zu verfügen«.

Und da es kein größeres Wunder als die Geburt gibt, verblüfft Deborah Nolan ihre Studenten auch gerne mit dem bekannten Geburtstagsspiel. Ich wette mit Ihnen, sagt sie, dass mindestens zwei Leute in diesem Raum am gleichen Tag Geburtstag haben. Die 65 Studenten schauen sich um und melden Zweifel an, da die Zahl der Anwesenden nicht annähernd den Tagen eines Jahrs entspricht. Nolan beginnt an einem Ende des Kursraums, fragt den Studenten ganz außen nach seinem Geburtstag, schreibt ihn an die Tafel, geht zum nächsten, notiert auch hier den Geburtstag, und schon bald – hoppla – ergibt sich eine Übereinstimmung. Wie ist das möglich, fragen sich die Studenten, wo die Auswahl doch auf 20 Prozent von 365 beschränkt ist (oder von 366, wenn Sie auf Nummer sicher gehen und das Schaltjahr einbeziehen wollen)? Zunächst ruft Nolan den Studenten ins Gedächtnis, wovon sie sprechen – nicht über die Wahrscheinlichkeit, die Übereinstimmung mit einem bestimmten Geburtstag zu finden, sondern überhaupt eine Übereinstimmung zu entdecken, eine *beliebige* Übereinstimmung, irgendwo in der Gruppe der Kursteilnehmer. Dann kehrt sie die Fragestellung um: Wie groß ist die Aussicht, keine Übereinstimmung zu finden? Wie sie beweist, fällt diese Zahl rasch mit dem Fortgang der Befragung. Jedes Mal, wenn ein neues Geburtsdatum der Liste hinzugefügt wird, wird ein weiterer Tag von den ursprünglich 365 möglichen Tagen gestrichen, die in der Folge ohne Übereinstimmung genannt werden können. Doch jedes Mal, wenn die nächste Person nach ihrem Geburtstag gefragt wird, bleibt der Vorrat an Tagen, aus dem sie schöpft, bei der Größe, die er schon immer hatte: 365. Mit anderen Worten, eine Zahl schrumpft, während die andere gleich bleibt, und weil die Wahrscheinlichkeiten hier (durch Multiplikation und Division) auf der Grundlage eines Vergleichs zwischen der unveränderlichen Menge möglicher Optionen mit einer ständig sich verringernden Menge zulässiger Optionen berechnet werden, fällt die Wahrscheinlichkeit, keine Geburtstagsübereinstimmung in einer Gruppe von 65 Personen zu finden, rasch auf unter 1 Prozent. Natürlich ist die Vorhersage nur eine Wahrscheinlichkeit, keine Garantie. Doch trotz ihres abstrakten und erwartungswidrigen Erscheinungsbildes erweist sich die Statistik in Nolans Kursen immer wieder als taugliches Vorhersage-Instrument der Wirklichkeit.

Wenn man kein so hohes Konfidenzniveau anstrebe, fügt sie hinzu, sondern sich bei der Suche nach einem gemeinsamen Geburtstag innerhalb einer Gruppe mit einer Wahrscheinlichkeit von fünfzig zu fünfzig zufriedengeben wolle, lasse sich die notwendige Zahl von Teilnehmern auf 23 reduzieren. Nehmen Sie, mit anderen Worten, zwei Dutzend Gäste einer Cocktailparty, und Sie haben eine etwas über dem Zufall liegende Chance, dass zwei von ihnen das gleiche Geburtsdatum besitzen, was diesen, wenn sie es entdecken, vermutlich laute Ausrufe des Erstaunens entlockt und sie zu einer längeren Diskussion über Astrologie veranlasst. Sollte Ihr Geburtstag zufällig der 16. Februar sein und würden Sie auf dieser imaginären Cocktailparty mit mir sprechen, könnte ich Ihnen von den vielen Geburtstagspartnern erzählen, die Ihnen vorausgingen – Susan, die Fotografin aus San Francisco, die zu ihren Aufträgen immer ihre goldfarbenen Labradors mitbrachte; Frank, der Geschäftsmann aus Atlanta, der kurzfristig als Untermieter in meine Wohnung zog und in der benachbarten Tiki-Bar die Puppen tanzen ließ; Michelle, die Freundin meines Bruders; und, nicht zu vergessen, Robbie, ein Freund von mir an der Highschool, der süß und klug war und ein gemeiner Schuft, was vielleicht an seinem Aszendenten lag oder an etwas, was seine arme Mutter gegessen hat.

Durch Übungen wie die Geburtstags-Übereinstimmungen öffnet Nolan ihren Studenten die Augen für zwei Aspekte der Welt: dass sie einerseits überraschend vorhersagbar ist und andererseits voller Überraschungen steckt. Dort ist es kleinen Zahlen möglich, große Allüren zu haben und auf den ersten Blick mehr zu scheinen als zu sein: Könnte sich denn eine dürftige Zahl wie 23 so aufspielen, als wäre sie 365, ohne dass ihr ein kosmischer Motivationstrainer das entsprechende Auftreten vermittelt hätte?

Außerdem ist sie ein Schauplatz, der so groß ist, dass Raritäten zu Regularitäten werden, verkauft man doch dort so viele Millionen Lotterielose, dass lachhafte Muster entstehen. Ein sechzigjähriger Australier kauft ein Los, bevor er in Urlaub fährt, befürchtet, dass er das falsche gekauft hat, und bittet einen Freund in Sydney, noch eines zu kaufen, bei der Rückkehr macht er sich dann Sorgen, sein Freund habe das nicht auf die Reihe gekriegt, und beschließt einen dritten Anlauf zu nehmen – um am Ende drei Gewinnlose zu haben. Eine Frau in Milwaukee, Wisconsin, reagiert auf den Wunsch ihres Mannes nach einem teuren Flugzeug-Bausatz mit der Bemerkung: Klar doch, Liebling, schmeiß das Geld zum Fenster raus, »wenn du im Lotto gewinnst«; ihr Mann nimmt sie beim

Wort und holt sich den Jackpot der staatlichen Lotterie von Wisconsin in Höhe von 2,5 Millionen Dollar, so wie ihr Vater zwölf Jahre zuvor den Jackpot von 2,7 Millionen Dollar geknackt hat. Ein andermal wurden die Verantwortlichen einer großen, in mehreren US-Staaten durchgeführten Lottoziehung misstrauisch, als 110 über die 29 beteiligten Staaten verteilte Spieler auf die zweite Gewinnstufe entfielen – statt der üblichen 4 oder 5. Doch jeder der 110 Gewinner hatte 5 der 6 Lottozahlen richtig getippt und hatte ein Anrecht auf die ihm zustehende Gewinnsumme. Der Grund für diesen überraschenden Geldsegen war ein chinesischer Glückskeks. Alle Gewinner der zweiten Gewinnstufe hatten die 6 Ziffern auf dem kleinen Stück Papier gefunden, das wie der zellophanverpackte Keks, der die Rechnung versüßen sollte, massenhaft in der Wonton Food Factory in New York gefertigt worden war.

Die meisten Menschen sind nicht daran gewöhnt, in probabilistischen Kategorien zu denken, und bewältigen ihr Leben stattdessen mit einer subjektiven Mischung aus Empfindungen, Überzeugungen, Wünschen und Eingebungen. Der Bauch ist sicherlich ein wichtiger Teil unseres Körpers. Der Magen-Darm-Trakt misst rund neun Meter von Schlund bis Steiß und macht 10 bis 15 Prozent unseres Körpergewichts aus – doch seine physischen Ausmaße stehen in keinem Verhältnis zu seiner metaphorischen Bedeutung als dem Ursprung unserer »Instinkte«. Wir lernen neue Menschen kennen, schätzen sie ein, entwickeln ein »Bauchgefühl« für das, was sie sind, und vergleichen sie mit anderen Bekannten, bis wir die größte Übereinstimmung finden. Sehr schön, damit haben wir sie durchschaut, eingeordnet und abgeheftet. Jetzt können wir ruhig schlafen. Raten Sie doch mal, wer den Sieg davonträgt, wenn Ihr Bauchgefühl mit Logik, Wahrscheinlichkeit oder Evidenz kollidiert?

Jonathan Koehler von der University of Texas gibt zu, dass er nicht immer ein gern gesehener Gast bei Hochzeiten ist. Er lauscht während der Zeremonie, wie sich das beseelte Paar Treue, Liebe und Achtung schwört. Er hört die Tischreden, in denen beteuert wird, wie gut die beiden zueinanderpassen, dass die Ehe dieses Mannes und dieser Frau für aller Augen erkennbar »vorherbestimmt« und »unvergleichlich« sei; und Koehler denkt: Na ja, ich bin im letzten Jahr auf vier Hochzeiten gewesen. Wer von ihnen wird es sein: Zack und Jenny? Sam und Brianna? Brad und Brianna? Oder Adam und Hermione, die da jetzt schon seit einer Ewigkeit einer an den Lippen des anderen kleben? Welches dieser vier freudetrunkenen Paare wird sich in zehn Jahren vor dem Scheidungsrichter mit Giftpfeilen beschießen? Schließlich ist die amerikanische Scheidungsrate, von kleineren Schwankungen abgesehen, seit fast einem halben Jahrhundert bemerkenswert gleich geblieben, nämlich bei 50 Prozent.

Koehler ist freundlich und gesprächig, und so lässt er gelegentlich andere Hochzeitsgäste an seinen Überlegungen teilhaben. Sie blicken ihn an, als hätte er gerülpst oder Spekulationen über die Korrelation zwischen der Körbchengröße der Braut und dem Gehalt des Bräutigams angestellt.

»Sie finden es ungehörig, bei einer Hochzeit über Statistik zu sprechen«, sagte er. »Sie können nicht begreifen, wie ich über so etwas sprechen kann. Was soll das, Sie wissen doch gar nichts über das Paar! Schauen Sie doch nur, wie glücklich die beiden sind, wie sie sich lieben, wie überglücklich die Angehörigen sind. Wohl wahr – aber ich kenne die allgemeine Frequenzstatistik. Außerdem weiß ich, dass jedes Paar mit Küssen, Tischreden und großen Erwartungen heiratet, deshalb sollten diese Einzelheiten nicht Wahrscheinlichkeiten beeinflussen, die wir ihnen zuschreiben. Bevor man mir nicht etwas nennt, das von der Norm abweicht, ein Merkmal, das sich erwiesenermaßen auf die Wahrscheinlichkeit einer Scheidung auswirkt – beispielsweise, dass beide Partner über fünfunddreißig sind, was, wie wir wissen, die Scheidungswahrscheinlichkeit verringert –, gehe ich davon aus, dass das normale statistische Risiko gilt.« Koehler, der den zierlichen Körperbau und das dunkle, glatte Haar von Michael J. Fox hat, legt Wert auf die Feststellung, dass es sich nicht um »den Zynismus und die

Bitterkeit des zu klein geratenen Mannes« handle und dass er auch kein selbstzufriedener Junggeselle sei. Ganz im Gegenteil: Er hat vor Kurzem selbst geheiratet. Er ist einfach daran gewöhnt, die Welt als eine Kollektion von Stichprobenräumen zu sehen.

»In der Regel achten die Leute nicht auf die Hintergrundinformation, den Stichprobenraum. Sie halten sich an die Vordergrundinformation ohne Kontext, und sie akzeptieren sie unbesehen.«

Möglicherweise sei ja vorbehaltlose Leichtgläubigkeit die Voraussetzung für Eheschließungen, meinte er, doch es gebe andere Anlässe, da helfe ein Blick auf den großräumigen Hintergrund. Mehr als einmal hat Koehler einen übernervösen Passagier, der im Flugzeug neben ihm saß, dadurch beruhigt, dass er ihm Wahrscheinlichkeiten vorrechnete: »Sie müssten 18 000 Jahre täglich mit einem Verkehrsflugzeug fliegen, bevor die Wahrscheinlichkeit eines Unglücks mehr als 50 Prozent beträgt. Haben Sie eine Vorstellung, wie lang 18 000 Jahre sind? Gehen Sie im Geist doppelt so weit zurück, wie die Anfänge des Ackerbaus zurückliegen.«

Koehler hat auch die Fehler analysiert, die die Leute bei ihren Investitionsentscheidungen machen. In einer Untersuchung haben er und seine Kollegin Molly Mercer Versuchspersonen die frei erfundene Werbung von Investmentfonds vorgelegt. Der ersten Gruppe boten sie die Anzeige einer kleinen Gesellschaft mit einer phänomenalen Erfolgsquote dar. Sie verwaltete nur zwei Fonds, doch beide lagen ständig über dem zur Orientierung dienenden Aktienindizes wie etwa dem S&P.

Jetzt eröffnete sie einen dritten Fonds: Wollen Sie investieren? Die nächste Gruppe von Versuchspersonen bekam die Anzeige einer großen Investmentgesellschaft vorgelegt, darin war von dreißig Fonds des Unternehmens die Rede und von zweien, die den Index »geknackt« hatten; auch dieses Unternehmen suchte nach Investoren für einen neuen Fonds. Eine dritte Gruppe bekam ein Angebot desselben Großunternehmens vorgelegt, in dem wiederum durch Verweis auf die beiden Vorzeige-Fonds versucht wurde, Investoren für einen neuen Fonds zu gewinnen, wobei sich dieses Mal allerdings kein Hinweis auf die vielen anderen in seinem Portefeuille befindlichen faulen Eier fand.

Koehler und Mercer stellten fest, dass die Versuchspersonen im Allgemeinen von den Erfolgen der kleinen Gesellschaft beeindruckt waren und die Absicht bekundeten, sich in den neuesten Fonds einzukaufen. Entsprechend unbeeindruckt zeigten sie sich von dem Großunternehmen mit dreißig Fonds. »Die Leute erkannten: Oh, ihr zeigt mir nur die zwei besten von dreißig, und erklärten: Sorry, kein Interesse«, so Koehler. Doch bei Darbietung von Anzeige Nummer 3, ebenfalls von dem Großunternehmen, das sich dort seiner beiden Superfonds rühmt, ohne auf die vielen anderen einzugehen, erlagen die Versuchspersonen wieder der Verlockung des glänzenden Vordergrunds. Sie sprangen auf das Angebot mit der gleichen Begeisterung an wie auf das der kleinen Gesellschaft.

»Mathematisch betrachtet stellt der neue Fonds der Investmentfirma Zwei-von-zwei ein weit geringeres Risiko dar und hat weit bessere Aussichten, die Marktentwicklung zu übertreffen als das Unternehmen Zwei-von-Fragezeichen. Doch die Leute vergessen häufig zu fragen: Was bedeutet das Fragezeichen hier? Sie denken nicht an den Stichprobenraum.«

Pech für uns arme Bauerntölpel, die wir eine Anlagemöglichkeit für unser sauer verdientes Geld suchen, dass die echten Investmentfirmen bei ihrer Werbung nicht von Gesetz wegen verpflichtet sind, auf ihre faulen Eier hinzuweisen, und es daher auch selten tun. Selbst der Rat von »Fachleuten« trägt nicht zwangsläufig zur Verbesserung unserer Aussichten bei. »Wir haben die gleichen Reaktionsmuster auf unsere Anzeigen erhalten«, sagte Koehler, »ob wir nun Undergraduates oder Investmentbanker gefragt haben.«

Koehler gibt zu, dass es nicht leicht ist, an den Stichprobenraum zu denken, an die Zusammenhänge im Hintergrund, die wimmelnde Menge jenseits der Heimmannschaft auf dem Spielfeld. »Wir sind nicht für probabilistisches Denken verdrahtet. Unsere Verdrahtung veranlasst uns, subjektiv, empathisch und spontan auf das Leben zu reagieren, was gelegentlich ein fruchtbarer Impuls sein mag, aber auch unser Urteil beeinträchtigen und schlichtweg falsch sein kann.« Eine der Methoden, mit denen er eine quantitative Denkweise fördert, wendet er dort an, wo die Subjektivität den größten Einfluss auf unsere Sinne hat: bei unserer Sozialkompetenz. Dazu verwendet er Übungen wie die allbekannte Linda-Frage. Die Studenten erhalten einen Text, der eine hypothetische Person namens Linda beschreibt: eine dreißigjährige Amerikanerin, die Philosophie mit einem ausgezeichneten Abschluss studiert hat und in der Anti-Atomwaffen- und Anti-Diskriminierungsbewegung aktiv war.

Auf diese biographischen Häppchen folgen acht Aussagen, die der Proband entsprechend der Wahrscheinlichkeit, mit der sie auf Linda zutreffen, ordnen soll. Unter anderem: Linda ist Bankangestellte; Linda ist Feministin; Linda ist verheiratet und hat zwei Kinder; Linda lebt in einer Universitätsstadt; Linda ist Feministin und Bankangestellte.

Immer wieder, so berichtet Koehler, glauben die Versuchspersonen, sie würden Linda kennen. Sie ist Feministin – eine Aussage, die sie hoch einstufen. Und sie lebt wahrscheinlich in einer Universitätsstadt. Verheiratet und Kinder? Möglich. Ein Platz irgendwo im Mittelfeld. Aber Bankangestellte? Das hört sich doch überhaupt nicht nach Linda an und wird im Durchschnitt ganz weit unten eingeordnet. Aber sie könnte doch Feministin *und* Bankangestellte sein, oder? Befragte schreiben der zusammengesetzten Aussage eine höhere Wahrscheinlichkeit zu als der einfachen, sie sei Bankangestellte. »Fast 90 Prozent der Leute tun das«, sagte Koehler. »Sie sind der Ansicht, sie sei ganz bestimmt keine Bankangestellte, könnte aber durchaus Bankangestellte und Feministin sein. In der Aussage stecke zumindest etwas von Linda. So scheinen die Überlegungen der Leute zur Wahrscheinlichkeit auszusehen.«

Natürlich ist die Wahrscheinlichkeit höher, dass Linda Bankangestellte ist, statt Bankangestellte und Feministin. Um Bankangestellte und Feministin zu sein, muss sie Bankangestellte sein;

und die unbedingte Wahrscheinlichkeit eines Ereignisses – in diesem Fall ihre Berufstätigkeit als Bankangestellte – wird immer größer sein als das bedingte Zusammentreffen dieses Ereignisses mit einem zweiten – Tätigkeit als Bankangestellte und Vertrautheit mit den Schriften von Simone de Beauvoir und Gerda Lerner.

Doch selbst wenn die Befragten der Meinung sind, Linda könnte eine feministische Bankangestellte sein, verursacht ihnen einfach die generelle Vorstellung von Linda als Bankangestellter Unbehagen. Manche denken wohl, die Tätigkeitsbeschreibung allein leugne, entstelle oder unterschlage wichtige Aspekte ihres Wesens, so wie ich mich immer bemüßigt fühlte, meine Antwort zu ergänzen, wenn die Leute mich nach dem Beruf meines Vaters fragten: Er sei Schlosser bei der Otis Elevator Company, sagte ich, aber auch ein Künstler, der raffinierte Tuschezeichnungen schaffe, was heißen sollte: nicht nur ein einfacher Arbeiter. Oder die Befragten fügten zu der Äußerung »Linda ist Bankangestellte« unbewusst hinzu: »Aber sie ist keine Feministin«, um einen direkten Gegensatz zu der Aussage »Linda ist Feministin und Bankangestellte« herzustellen.

Egal, wie verständlich und normal das Bestreben ist, bei den Aussagen über Linda die bedingten Merkmale höher einzustufen als die unbedingten: Es ist falsch, und als Koehlers Studenten den Fehler ihrer Gewichtungen erkannten, kamen sie sich zunächst ziemlich dumm vor, konnten es dann aber kaum abwarten, den Trick bei Verwandten und Freunden anzuwenden – ein befreiendes Erlebnis. Wo sonst können sie ihre neu erworbenen Erkenntnisse anwenden, ihr Wissen um die Wichtigkeit des Hintergrunds?

Nirgends zeigt sich so deutlich, wie nützlich es ist, den Stichprobenraum zu berücksichtigen, wie bei der Interpretation von Ergebnissen medizinischer Studien. Wie zahlreiche Untersuchungen gezeigt haben, sind Ärzte nicht immer befähigt, Wahrscheinlichkeiten zu beurteilen oder das Ergebnis einer Studie in den richtigen Zusammenhang zu stellen, was zur Folge hat, dass Patienten zu heftigen Angstattacken, Gewissensprüfungen und der unnötigen, zumindest aber verfrühten Planung des eigenen Begräbnisses getrieben werden.

Betrachten wir das folgende Szenario als anschauliches, aber rein fiktives Beispiel. Sie sind zu einer Routine-Untersuchung in der Praxis Ihres Arztes. Da fällt Ihr Blick auf ein Schild, dass für das Angebot des Monats wirbt: ein Aids-Test, der eine »Genauigkeit von 95 Prozent« verspricht. Sie gehören nicht zu den Risikogruppen für die Krankheit – obwohl Sie während des Studiums Filzläuse gehabt haben; doch als verantwortungsbewusster Bürger und gestandener Hypochonder beschließen Sie, den Ärmel aufzukrempeln und sich dem Test zu unterziehen. Eine Woche später ruft Sie der Auftragsdienst an, den Ihr Arzt mit der Bekanntgabe der Befunde betraut hat; schlechte Nachrichten: Das Ergebnis ist positiv. Das Blut weicht Ihnen aus dem Kopf und sammelt sich in Ihren Hühneraugen. Die Stimme versagt Ihnen. Die Telefondame murmelt, wie leid es ihr tue und wie herzergreifend Tom Hanks in *Philadelphia* gewesen sei. Wie muss es da erst Ihnen gehen, zumal Sie Hanks die Mitwirkung in dem Streifen *Der Verrückte mit dem Geigenkasten* nie verziehen haben. Der Test hat eine »Genauigkeit von 95 Prozent«. Ihr Ergebnis war positiv. Vorausgesetzt, das Ergebnis wurde nicht durch einen dummen Fehler wie die Verwechslung der Reagenzgläser oder Krankenblätter verursacht, beträgt die Wahrscheinlichkeit, dass Sie mit dem Aids-Virus infiziert sind, 95 Prozent, richtig?

Fassen Sie sich! Selbst wenn Ihre Körperflüssigkeit positiv getestet wurde, ist die tatsächliche Wahrscheinlichkeit, dass Sie HIV-positiv sind, viel, viel geringer als 95 Prozent. In der lebhaften Geschäftigkeit des freien Marktes kann die Definition der Genauigkeit eines Tests in erheblichem Maße von den Bedürfnissen und Einstellungen des verantwortlichen Pharma-Unternehmens abhängen. Doch im Allgemeinen dürfte diese Zahl Folgendes bedeuten: Einerseits entdeckt der Test das Humane Immundefizienz-Virus bei 95 Prozent der infizierten Testpersonen; er erfasst es mit anderen Worten bei 5 Prozent dieser Gruppe nicht; andererseits erkennt er 95 Prozent aller Nichtträger zutreffend als negativ, aber – und hier kommt die tröstliche Nachricht für Sie – er erzeugt fälschlicherweise bei 5 Prozent der nichtinfizierten Testpersonen ein positives Ergebnis. Warum sollte Ihnen eine so kümmerliche Zahl wie 5 Prozent falscher positiver Ergebnisse ein Trost sein? Weil die potenzielle Gesamtzahl, der in dieser Zahl enthaltene Stichprobenraum, gewaltig ist. In den Vereinigten Staaten sind HIV-Infektionen relativ selten. Auf 350 Menschen kommt eine Infektion. Um eine bevölkerungsgerechtere Zahl zu nennen: In einer Zufallsstichprobe von 100 000 Amerikanern sind rund 285 HIV-positiv und 99 175 nicht. Doch was können wir erwarten, wenn wir alle 100 000 unserem Aids-Test unterziehen? Dabei würden von den 285 Virenträgern 271 zutreffend erfasst; allerdings würden 4986 fälschlicherweise in Panik versetzt. Um die Wahrscheinlichkeit zu berechnen, dass ein positives Resultat auch tatsächlich eine Infektion bedeutet, teilen wir die zu erwartende Gesamtzahl echter positiver Resultate (271) in Ihrem Stichprobenraum durch die Gesamtzahl aller positiven – falsche (4986) und echte (271) zusammen. Dividieren Sie 271 durch 5257, und Sie erhalten eine Wahrscheinlichkeit von 5 Prozent. Die Basis für diesen fatalen Telefonanruf läuft also auf die Umkehrung der Zahl hinaus, die Gegenstand Ihrer ursprünglichen Befürchtungen war: Sie haben eine 95-prozentige Chance virusfrei zu sein.*

Nichts von all dem lässt darauf schließen, dass die Einschätzung von Wahrscheinlichkeiten unter realen Bedingungen leicht wäre oder dass Sie eine zweite medizinische Meinung einholen sollten, indem Sie Ihre Testergebnisse einer zweifaktoriellen statistischen Varianzanalyse unterziehen. Trotzdem kann es nie schaden, ein

---

* Ich muss allerdings darauf hinweisen, dass die oben genannte »Genauigkeit von 95 Prozent« rein hypothetisch und die tatsächliche Genauigkeit bei heutigen HIV-Tests sehr viel größer ist, das heißt, mehr als 99,9 Prozent beträgt. Trotzdem nimmt die Verwendung von medizinischen Tests und »Routineuntersuchungen« rapide zu, und viele von ihnen leiden unter einem beklagenswert hohen, durchaus nicht-hypothetischen Anteil an falschen positiven Ergebnissen. *Caveat patiens.*

paar einfache Fragen zu stellen, zum Beispiel: Wie häufig ist diese Krankheit oder Beeinträchtigung in der allgemeinen Bevölkerung? Mit anderen Worten, wie groß ist der Stichprobenraum, mit dem ich zu tun habe? Diese Frage empfiehlt sich vor allem dann, wenn Sie versuchen, einen vernünftigen Eindruck vom »Risikofaktor« oder vom »relativen Risiko«, gemessen an der Allgemeinheit, zu gewinnen. Beispielsweise heißt es, dass fünf schlimme Sonnenbrände vor Vollendung des fünfzehnten Lebensjahrs ausreichen, um die Gefahr eines bösartigen Melanoms zu verdoppeln. Wie entsetzlich! Ein paar blöde Tage im Feriencamp, damit verbracht, sich in praller Sonne die Splitter der Ruder aus den Handflächen zu ziehen und Taue spleißen zu lernen – und schon erhöht man sein Risiko, an einem potenziell tödlichen Hautkrebs zu erkranken *um 100 Prozent*? Doch Melanome sind recht selten in der amerikanischen Bevölkerung, ihre Häufigkeit beträgt nur 1,5 Prozent; also selbst mit dem Vermächtnis Ihrer solaren Jugendexzesse – und vorausgesetzt, es liegen keine zusätzlichen Risikofaktoren vor, wie etwa eine familiäre Häufung der Erkrankung – reden wir über ein Lebenszeit-Risiko von unter 4 Prozent. Halten Sie auf alle Fälle Ausschau nach dem Auftreten neuer Pigmentmale, vor allem solchen, die wie Rosinen oder Rorschach-Bilder aussehen; und sorgen Sie dafür, dass Sie und Ihre Lieben mit Sonnenöl eingerieben sind, bevor Sie die Rouleaus öffnen; doch es wäre sicherlich übertrieben, den Piepser Ihres Hautarztes auf die Schnellruftaste Ihres Telefons zu legen.

Sie sollten Ihren Arzt auch fragen, wie es mit der Häufigkeit veröffentlichter falscher negativer und falscher positiver Resultate eines gegebenen Tests steht und wie genau das Maß dieser Statistiken ist. Die meisten Gesundheitsexperten sind trotz ihres Namens mehr daran interessiert, *Krankheiten* zu diagnostizieren und zu behandeln, als die Fälle falschen Alarms bei ihren Tests einzuschränken. Nach ihrer Ansicht ist es schlimmer, einen tatsächlichen Krankheitsfall zu übersehen, als etwas zu entdecken, was anfangs fatal aussieht, um dann festzustellen, dass, sorry, doch alles in Ordnung ist. Doch für den medizinischen Konsumenten kann die verheerende Wirkung eines falschen positiven Befunds, so kurz sie auch sein mag, genau so schlimm wie eine Krankheit sein; wenn es also irgendeine Möglichkeit gibt, sich gegen eine solches Ergebnis zu wehren – wie etwa bei unserem hypothetischen Aids-Test –, dann nutzen Sie die Chance!

Eine andere Möglichkeit, sich mit quantitativem Denken vertraut zu machen, besteht darin, es zu Hause zu üben. Fangen Sie mit einer amüsanten hirngymnastischen Übung an, die ich, bis mich jemand daran hindert, als Fermi-Flex bezeichne – nach dem großen italienischen Physiker Enrico Fermi. Er war nicht nur einer der bedeutendsten Forscher des 20. Jahrhunderts, sondern während des Zweiten Weltkriegs auch entscheidend am Manhattan-Projekt beteiligt, einem Unterfangen, das aus verschiedenen Gründen seine schwierigen Momente hatte. Um die Moral seiner Kollegen Bombenbauer zu stärken und ihre blank liegenden Nerven wieder etwas zu umhüllen, hatte Fermi sich angewöhnt, ihnen raffinierte Knobelaufgaben zu stellen. Wie viele Klavierstimmer gibt es in Chicago?, fragte er etwa, oder: Wie viel Pfund Nahrung esst ihr in einem Jahr? Nach Fermis Ansicht sollte ein fähiger Wissenschaftler – und überhaupt jeder fähige Denker – in der Lage sein, ein improvisiertes, schrittweise aufgebautes Schema zu entwickeln, um praktisch jedes Problem anzugehen und mit einer Antwort aufzuwarten, die innerhalb des begehrten Bereichs liegt, der als »Größenordnung« bezeichnet wird. Mit anderen Worten, Sie dürfen Ihre Schätzung nicht mit einem Faktor zehn oder mehr multiplizieren oder dividieren, um die richtige Antwort zu erhalten. Ist das richtige Ergebnis 5400, sollten Sie eine Schätzung abgeben, die in dem Bereich von 1000 bis 9999 liegt; lautet das Resultat 33 000, erweitert sich die von Fermi gebilligte Ergebnisspanne auf 10 000 bis 99 999.

Reichlich Spielraum. Doch wie sollen Sie auch nur annähernd die Dimensionen eines obskuren Gewerbes wie des Klavierstimmens in den Blick bekommen, noch dazu in einer Stadt, die Sie nur vom Transitbereich Ihres Flughafens kennen? In seinem wunderbaren Buch *Nehmen wir an, die Kuh ist eine Kugel. Keine Angst vor der Physik* zeigt uns der furchtlose Physiker Lawrence Krauss, wie es geht. Chicago sei eine der größten Städte der Vereinigten Staaten, sagt er, woraus folge, dass ihre Einwohnerzahl mehrere Millionen betragen müsse, wenn auch nicht die 8 Millionen, die Amerikas urbanes Schwergewicht New York auf die Waage bringt. Geben wir der Stadt also 4 Millionen. Wie viele Haushalte ergibt das? Sagen wir vier Personen pro Wohneinheit, was rund 1 Million Haushalte ergibt. Überlegen Sie, wie viele Klaviere es in Ihrem Bekanntenkreis gibt: Vielleicht in 10 Prozent der Haushalte? Damit kommen wir auf etwa 100 000 Chicagoer Klaviere, die gelegentlich gestimmt werden müssen. Was heißt »gelegentlich«? Eine plausible Schätzung dürfte einmal im Jahr sein, für ein Honorar von, sagen wir, 75 bis 100 Dollar pro Stimmung. Jetzt überlegen Sie, wie viele Klaviere ein Vollzeit-Klavierstimmer stimmen muss, um seinen Lebensunterhalt zu verdienen. Vielleicht 2 am Tag, 10 in der Woche, 400 bis 500 im Jahr? Also teilen wir 100 000 durch 400 oder 500. Alle Mutmaßungen zusammengenommen, könnten wir erwarten, dass in dem legendären Geburtsort des Wolkenkratzers, des Gangsters im Maßanzug und einer faden Rockband gleichen Namens aus den siebziger Jahren 200 bis 250 Fachleute die Saiten der Tasteninstrumente justieren. Nach Maßgabe Ihrer Majestät, der Größenordnung, schreibt Krauss, »ergibt sich aus diesem raschen Überschlag, dass wir sehr überrascht wären, wenn es weniger als rund 100 oder mehr als rund 1000 Klavierstimmer gäbe«. Kein Grund für eine Schocktherapie: Das tatsächliche Ergebnis liegt bei etwa 150.

Jetzt bin ich an der Reihe. Ich beschloss, die Zahl der Schulbusse in Montgomery, meinem County in Maryland, zu schätzen, das sich von den Randgebieten Washingtons im Süden fast bis Baltimore im Norden erstreckt. Vor allem interessierte mich, wie viele Busse während der großen Zahl von »Schneetagen« ungenutzt herumstehen. Diese »Schneetage« werden in diesem von einer wahnhaften Schneepflug-Aversion heimgesuchten Bundesstaat nicht auf der Grundlage erkennbarer Ansammlungen jenes weißen, flockigen Stoffs, »Schnee« genannt, verordnet, sondern schon beim bloßen Verdacht auf Schneefall, der durch einen einzigen Faktor bestimmt wird: dass man, bevor man sich nach draußen wagt, ein als »Mantel« bezeichnetes Kleidungsstück anlegen muss.

Also, wie viele dieser fröhlichen, der Schülerbeförderung dienenden gelben Gefährte darf Montgomery County sein Eigen nennen? Da ich jeden November die Wahlergebnisse mit obsessivem Interesse verfolge, weiß ich zufällig, dass das County rund 500000 eingetragene Wähler hat. Weiterhin ist mir bekannt, dass die Region durch ihre Nähe zur amerikanischen Hauptstadt politisch interessiert ist und ein hohes Maß an Wählerregistrierungen aufweist, etwa 70 Prozent der infrage kommenden Bürger. Infolgedessen schätze ich die erwachsene Bevölkerung auf rund 650000 oder 300000 potenzielle Paare. Wie viele dieser erwachsenen Paare sind zwischen fünfundzwanzig und fünfundfünfzig, gehören also zu der demographischen Gruppe, die am ehesten schulpflichtige Kinder hat? Sagen wir, 150000. Nehmen wir weiter an, dass die Hälfte von ihnen Kinder hat, vorzugsweise zwei pro Paar, von denen 1,5 zur Schule gehen. Damit kommen wir auf 110000 Kinder im Schulsystem von Montgomery County. Einige dieser Kinder besuchen Privatschulen; andere wohnen so nah, dass sie zu Fuß gehen können, oder jammern so erfolgreich, dass sie von den Eltern gefahren werden. Gehen wir davon aus, dass die Hälfte der Schüler mit Bussen gefahren werden, sind wir bei 55000. Wie viele Kinder gehen in einen Bus? Vielleicht 50? Das ergibt 1100 Busse. Doch bevor wir uns mit unserem Überschlag zufriedengeben, müssen wir uns ins Gedächtnis rufen, dass Schulbusse höchst unterschiedliche Strecken zurücklegen – der Grund dafür, dass die bedauernswerten Teenager nebenan jeden Morgen um 7 Uhr 15 gestiefelt und gespornt vor der Tür stehen müssen, um ihren Bus zu kriegen, während meine Tochter, die die Grundschule besucht, siebzig Minuten länger im Bett bleiben kann. Rechnen wir pro Bus täglich zwei verschiedene Strecken, ergibt das rund 550 Schulbusse im öffentlichen Schulsystem von Montgomery County. Oder zumindest eine Zahl zwischen 100 und 1000.

Die Website des Schulsystems von Montgomery County verrät mir, dass rund 250 Busse im Einsatz sind, nur halb so viele, wie von mir vorhergesagt, aber eine Zahl, die innerhalb der angegebenen Größenordnung liegt. Natürlich können Sie einwenden, ich hätte mir die ganze Mühe ersparen können, indem ich gleich ins Internet geschaut hätte; doch ich mag die Übung, das Durchdenken der verschiedenen Teile des Rätsels – die Zahl der fortpflanzungsfähigen Erwachsenen in meiner Umgebung, die Wahrscheinlichkeit, dass sie von dieser Fähigkeit Gebrauch machen, die Zahl der Kinder in der Altersgruppe meiner Tochter und so fort. Wenn Sie den Fermi-Flex regelmäßig praktizieren, verschaffen Sie sich eine bessere Vorstellung davon, wie die Welt aussieht und wie die Teile zusammenpassen. Zugeben zu können, dass Sie etwas nicht wissen, ist zwar eine sehr lobenswerte Fähigkeit, noch besser ist jedoch, über eine Rechenmethode zu verfügen, mit der Sie Ihrer Unwissenheit zu Leibe rücken können. Wenn Ihnen ein Kollege erzählt, er habe die Absicht, nach und nach eine Strecke zu joggen, die einmal um die Erde reiche, und Sie mit einer gewissen Verlegenheit feststellen, dass Sie sich nicht an den Erdumfang erinnern können, und wenn Sie diesem aufgeblasenen Kollegen nicht die Genugtuung geben wollen, ihn zu fragen: Ach, und wie weit ist das?, können Sie einen raschen Überschlag anstellen. Rufen Sie sich irgendein erdkundliches Detail ins Gedächtnis – sagen wir, Dauer und Ziel eines sehr langen Flugs. Vor Kurzem flog mein Mann mit Singapore Air nonstop von New York nach Singapur; und obwohl er den größten Teil des achtzehnstündigen Flugs verschlief, gelang es ihm, ein paar hübsche Mitbringsel zu ergattern, zum Beispiel eine niedliche Wärmflasche und ein Paar Schühchen mit rutschfesten Streifen unter den Sohlen. Singapur ist sehr weit von Amerikas Ostküste entfernt, ein halbes Mal um die Erde, schätze ich. Verkehrsflugzeuge legen im Durchschnitt 800 bis

1000 Kilometer pro Stunde zurück. So kommen wir bei Singapur auf eine Entfernung von 15 000 bis 18 000 Kilometer, verdoppelt ergibt das einen Erdumfang von 30 000 bis 36 000 Kilometern. Tatsächlich misst er am Äquator 40 076 Kilometer. Mit Hilfe des Langstreckenflugs sind wir zu einem Ergebnis gekommen, das die Fermi'sche Größenordnungsbedingung ausgezeichnet erfüllt. Doch Jet-Setting ist eine Sache, buchstäbliches Globetrotting eine ganz andere. Mit einem Blick auf des Kollegen stattlichen Leibesumfang, der nicht gerade eine sportliche Verfassung verrät, lächeln Sie ihn strahlend an und wünschen ihm alles Gute. Na bitte, da hat ein bisschen quantitatives Denken sogar dafür gesorgt, dass Sie freundlich erscheinen.

Trotz aller Leistungsfähigkeit quantitativen Denkens und probabilistischer Analyse hatte Mark Twain, wie immer, auch in Sachen Statistik nicht ganz Unrecht, wenn er sagte: Verdammt, können die lügen. Eines der besten und amüsantesten populärwissenschaftlichen Bücher, die je geschrieben wurden, ist Darrell Huffs Klassiker *How to Lie with Statistics* aus dem Jahr 1954, in dem der Autor erläutert, wie Fachleute genau das jeden Tag mit uns machen. Nehmen wir nur den viel zitierten und scheinbar unwiderlegbaren Terminus »statistisch signifikant«. Man nenne ein Ergebnis »statistisch signifikant«, und man erweckt den Eindruck, dass sich dagegen nichts mehr einwenden ließe. »Selbst einige Naturwissenschaftler und Ärzte haben sich einreden lassen, dass sich mit der Zauberformel einfach alles beantworten lässt«, sagte Alvan Feinstein, seines Zeichens Professor für Medizin und Epidemiologie an der Medizinischen Hochschule der Yale University. Doch was hat es tatsächlich mit der »statistischen Signifikanz« auf sich? Obwohl die Definitionen mit den Autoren wechseln, bedeutet die Wendung ohne weitere Erläuterung in der Regel, dass die Korrelation, auf die Sie, der Wissenschaftler, gestoßen sind – beispielsweise einen Zusammenhang zwischen einer genetischen Mutation und einer Krankheit –, einen Wahrscheinlichkeitswert, oder p-Wert, von 5 Prozent hat, was wiederum bedeutete, dass der

Zufall nur eine 5-prozentige Chance hat, für Ihre Korrelation verantwortlich zu sein. Mit anderen Worten, es besteht eine 95-prozentige Wahrscheinlichkeit, dass Sie einem konkreten Zusammenhang auf der Spur sind. »p=0,05« ist die Mindestanforderung, die nach wissenschaftlichen Usancen an ein Ergebnis gestellt wird, um es als »statistisch signifikant« zu bezeichnen und ihm eine Chance auf Veröffentlichung in zumindest einigen der etwa 20 000 weltweit erscheinenden wissenschaftlichen Zeitschriften zu eröffnen. Aber bedenken Sie, wie leicht es ist, dieses Maß an Signifikanz in nichtssagendes Gewäsch zu verwandeln. Der oben erörterte hypothetische Aids-Test hätte einen p-Wert von 0,05; nichts anderes ist mit der »Genauigkeit von 95 Prozent« gemeint. Das Ergebnis? Ein Pool falscher positiver Ergebnisse, groß genug, um darin zu baden. Aus diesem Grund geben sich viele Naturwissenschaftler nicht mit einem so laschen Konfidenzniveau zufrieden und veröffentlichen ihre Ergebnisse erst, wenn ihre p-Werte rechts vom Komma zwei Nullen mehr aufweisen und wenn die Aussichten, dass das Ergebnis ein bloßer Glücksfall ist, nicht größer sind als die, sagen wir, den Nobelpreis zu gewinnen. Zwei Mal zu gewinnen.

Ein anderer heikler statistischer Terminus, der sich im allgemeinen Sprachgebrauch – und politischen Missbrauch – eingebürgert hat, ist »Durchschnitt«. Zum Beispiel: Die durchschnittliche Steuererstattung aufgrund des Steuersenkungsprogramms des Präsidenten wird 1 500 Dollar betragen. Das hört sich recht anständig an, bis Sie entdecken, dass der statistische »Durchschnitt« keinesfalls gleichzusetzen ist mit der »gewöhnlichen Rückerstattung«, die die »gewöhnliche« amerikanische Familie erwarten darf. Der statistische Durchschnitt, auch Norm genannt, ist das statistische *Mittel*, eine Zahl, die Sie erhalten, indem Sie alle Werte addieren und die Summe danach durch die Anzahl der aufgeführten Werte teilen – in diesem Fall die Gesamtsumme der Steuerrückerstattungen geteilt durch die Zahl der Erstattungsschecks. Allerdings sind solche Berechnungen problematisch, weil sie beispielsweise dadurch verzerrt werden können, dass in ihnen einige riesige

Rückzahlungen enthalten sind. Wenn zwanzig Familien, die in einer bescheidenen Nebenstraße wohnen, Steuerrückerstattungen zwischen 100 und 300 Dollar pro Haushalt bekommen, eine Familie jedoch, deren luxuriöse Wohnung bis zur prächtigen Hauptstraße reicht, vom Finanzamt eine Rückzahlung von 70 000 Dollar erhält, beträgt die »durchschnittliche« Rückerstattung rund 3 500 Dollar. Donnerwetter, sagt der einfache Mann. Ich fühl mich gleich ein Stück reicher. Darf ich darauf einen lassen?

Ein weit aufschlussreicherer Datenpunkt wäre der *Median* oder *Zentralwert* der Steuersenkung – der Wert, den Sie erhalten, wenn Sie die 21 Erstattungsschecks der Größe nach ordnen, vom magersten zum fettesten, und sich den Wert in der Mitte anschauen – den elften Scheck. Er würde bei rund 200 Dollar liegen, ein weit zutreffenderes Maß dessen, was Otto Normalverbraucher in unserer Stichprobe erhält als der Verwirrung stiftende »Durchschnitt«. Heute, da die Kluft zwischen extremem Reichtum und normalen Einkommen immer tiefer wird, lassen sich finanzielle Verhältnisse häufig besser durch Zentralwerte denn als Durchschnitte oder Normen darstellen. Wenn Sie den Reichtum nur einiger Bill Gatese oder Warren Buffets in irgendeine Berechnung von »Einkommensnormen« einbeziehen, lassen Sie eine ganze Population ziemlich wohlhabend aussehen, obwohl die große Mehrheit der Familien erheblich weniger verdient als der errechnete Durchschnitt oder als sie brauchte, um ihre monatliche Kreditkartenrechnung zu begleichen.

Nicht immer herrscht ein solches Missverhältnis zwischen Mittel- und Zentralwerten. Oft rücken sie ganz eng im Schatten jenes berühmten Sonnenschirms zusammen, den wir Glockenkurve nennen. Leider bekam dieses wichtige wissenschaftliche Prinzip Mitte der neunziger Jahre eine neokonservative Konnotation, als Charles Murray und Richard Herrnstein es zum Titel ihres Bestsellers über Rasse und IQ wählten. Doch der Begriff Glockenkurve ist weit intelligenter und erhellender als das Pamphlet Glockenkurve. Es ist höchst ungewöhnlich, wie viel Welt unter die Glockenkurve fällt, wenn Sie ihre Teile taxieren. Würden Sie auf eine Wiese mit Gänseblümchen gehen, etwa 300 Blumen messen, ihre Längen in ein Diagramm eintragen, würden am linken Ende der Abbildung ein paar Knirpse und rechts ein paar schlaksige Bohnenstangen sein, während sich die große Mehrheit im Mittelbereich drängen würde: Die Umrisse ihrer Verteilungskurve würden an eine Glocke erinnern. Die gleiche Messung könnten Sie für die Gänseblümchenblätter vornehmen oder für den Durchmesser der gelben Blütenmitte. Sie haben für jedes Merkmal ein paar »Ausreißer« – plumpe Blätter, Mondgesichter –, doch die meisten Fälle dürften sich um einen mittleren Wert häufen, der, egal, ob Sie ihn sich als Mittel- oder Zentralwert denken, die durchschnittlichen Maße dieser liebenswert normativen Vertreter der Blumengattung weitgehend definieren dürfte.

In ihrem Kurs veranschaulicht Deborah Nolan die Glockenkurve auch dadurch, dass sie für ihre Studenten die Schneiderin spielt. »Ich nehme ihnen verschiedene Maße ab: Größe, Schulterbreite, die Entfernung von der Schulter zum Ellenbogen, vom Ellenbogen zu den Fingerspitzen, vom kleinen Finger zum Daumen.«

Indem sie für ihre 60 oder 70 Studenten die Ergebnisse der einzelnen Messungen an der Tafel in eine Kurve verwandelt, führt sie ihnen vor Augen, dass die Natur einen hübschen Buckel sehr zu schätzen weiß.

Die gleiche Glockenkurve ergibt sich aus Sequenzen von Münzwürfen. Wenn Sie 1000 Sequenzen von je 100 Würfen ausführen würden, hätten Sie ein paar wirklich schiefe Verhältnisse von sagen wir 71-mal Kopf und 29-mal Zahl oder sogar vollkommen verrückte wie gut 80-mal Zahl und zwischen zehn und 20-mal Kopf, doch die überwiegende Zahl der Sequenzen läge in der Nähe von 50-mal Kopf und 50-mal Zahl.

Den Verlauf einer Normalverteilung für ein gegebenes Problem zu finden, ist ein Teil dessen, worum es in den Naturwissenschaften geht. Was ist Ihr Mittelwert, und woher wissen Sie, dass Sie ihn gefunden haben? Nehmen wir an, Sie wollen ermitteln, wie hoch der durchschnittliche Alkoholkonsum an der Uni Ihrer Stadt ist. Wie viele Personen müssen Sie befragen, um sichergehen zu können, dass Sie nicht unabsichtlich ein wenig zu viele Verbindungsstudenten, Lügner oder Adventisten in Ihrer Stichprobe haben? Woher wissen Sie, dass Ihre Stichprobe groß genug ist, um dem Mittelpunkt Ihrer Glockenkurve Bedeutung zu verleihen, um den repräsentativen Ausschnitt der Wirklichkeit zu erfassen, auf den Sie es abgesehen haben? Sie wollen doch nicht das Schicksal der drei Statistiker teilen, die auf Entenjagd gingen: Der erste feuerte einen Schuss ab, der 15 Zentimeter über die Ente ging, der zweite gab einen Schuss ab, der 15 Zentimeter darunter ging, und der dritte jubelte: »Wir haben sie erwischt!« Die Regeln für die statistische Verlässlichkeit einer Stichprobengröße sind kompliziert und hängen von den Besonderheiten des Problems ab, doch generell gilt es zwei Prinzipien zu beachten: Die Stichprobe sollte so groß sein, wie praktisch und wirtschaftlich möglich; und sobald Klarheit über die Stichprobenpopulation herrscht, sollten Sie das Netz so fein spinnen, wie Sie können. Nichts beeinträchtigt die Glaubwürdigkeit einer Stichprobe so nachhaltig wie der Wunsch, einbezogen zu werden, weshalb die Ergebnisse einer Umfrage zum Sexualverhalten unter den Lesern der Zeitschrift *Maxim* weit weniger enthüllen dürften als die spärliche Bekleidung der darin abgebildeten Mädchen. Ein guter Meinungsforscher wird es immer und immer wieder bei den Leuten versuchen, die am wenigsten Neigung zur Mitarbeit zeigen.

Der Umstand, dass so viele Dinge des Lebens, von der Länge des kleinen Fingers bis zum Werfen eines Würfels, dem Muster der Glockenkurve entsprechen, sagt etwas Grundlegendes, wenn auch potenziell Entmutigendes, über das Leben aus: dass es viel leichter ist, gewöhnlich zu sein – das heißt, irgendwo innerhalb der Normalverteilung zu bleiben, egal, welche Kategorie gemessen wird –, als außergewöhnlich (oder auch extrem unpassend) zu sein. Eltern wünschen sich für jedes Kind, dass es »irgendetwas Unsterbliches« werde, wie Gertrude Stein gesagt haben soll; und im öffentlichrechtlichen Fernsehen ist immer wieder von Kindern die Rede, die von einer großen Zukunft träumen – der nächste Thomas Edison, ein weltberühmter Konzernchef oder der erste Astronaut auf dem Mars zu werden. Doch die Verteilungstheorie zeigt, dass Werte sich um Mittelpunkte häufen und dass sich Mittelmäßigkeit in zahlreicher Gesellschaft am wohlsten fühlt. Infolgedessen können die meisten Kinder nur »hervorragend«, »genial« oder auch nur »begabt und talentiert« sein, wenn wir unsere Begriffe neu definieren. (»Natürlich bist du außergewöhnlich: Es hat in der Menschheitsgeschichte noch nie jemanden mit genau deiner DNA gegeben!«) Wir müssen unsere Kategorien erweitern oder ganz auf solche Abstufungen verzichten.

Glockenkurven sind keine eherne Gesetzmäßigkeit, ihre Mittelpunkte lassen sich ein bisschen in die eine oder andere Richtung verschieben, meist allmählich, manchmal aber auch rasant. Durch einige wenige hygienische Veränderungen – etwa indem man das Abwasser aus der Stadt pumpt, statt es aus dem Fenster zu kippen, und indem man die Ärzte veranlasst, sich nach jedem Patienten die Hände zu waschen – kam es zwischen 1850 und 1950 fast zu einer Verdoppelung der Lebenserwartung in den Vereinigten Staaten. Ein weiterer großer Fortschritt des 20. Jahrhunderts führte dazu, dass die in Amerika geborenen und aufgewachsenen Kinder von Einwanderern ihren Eltern weit über den Kopf wuchsen und auf diese Weise die beiden Bäuche der Glockenkurven für Körpergröße – eine für Frauen, eine für Männer – um mehrere Zentimeter nach rechts rückten. Auch der durchschnittliche IQ hat sich aus Gründen, die unklar bleiben, in den letzten fünfzig Jahren erhöht.

Gleich, wie eine Glockenkurve verläuft, irgendwo ist immer ein dicker, fetter Bauch, der das Gros der Population aufsaugt. Tatsächlich ist dieser Sog zum Bauch der Glocke so stark, dass er eine eigene Bezeichnung erhalten hat: Regression zur Mitte. Dank diesem Prinzip schleift sich das Außerordentliche im Laufe der Zeit ab. Wenn zwei ungewöhnlich große Eltern ein Kind haben, wird das Kind wahrscheinlich größer als der Durchschnitt sein, aber etwas kleiner als sein gleichgeschlechtlicher Elternteil; mit anderen Worten, das Kind regrediert zur Mitte (zum Mittelwert). Warum das? Weil es die Eltern zu ihrer beeindruckenden Körpergröße durch eine Kombination von Erbanlage und einer Reihe von Zufällen gebracht haben; die wachstumsfördernden Gene können sie zwar weitergeben, doch die Zufallsumstände, die ihren Wuchs zusätzlich unterstützten, schlagen bei der neuen Generation nicht zu Buche und dürften sich dort wohl kaum in gleichem Maße wiederholen. Es kann geschehen, doch die Wahrscheinlichkeit spricht dagegen, so wie sie dagegen spricht, dass eine Mutter fünfmal hintereinander Kopf wirft, die Münze an ihre Tochter weitergibt und das Kunststück wiederholen lässt. Während sich Bevölkerungsdurchschnitte der Größe oder Intelligenz im Laufe der Zeit weiterentwickeln können, dient die Regression zur Mitte als Gegengewicht, ein stabilisierender Trend, der dafür sorgt, dass die Bäume nicht in den Himmel wachsen.

John Allen Paulos äußert die These, dass die Regression zur Mitte den legendären »Fluch der *Sports Illustrated*« (*Sports Illustrated Jinx*) erklären könnte, die vielfach bestätigte Beobachtung, dass es mit Sportlern, sobald sie auf dem Titelblatt der amerikanischen Zeitschrift *Sports Illustrated* erschienen sind, bergab geht: Sie lassen den Ball fallen, verpatzen den Aufschlag, greifen die Fans an. Der Grund solcher unseligen Schicksalswenden könnte die Last des Ruhms sein oder ein Aberglaube, der zur selbsterfüllenden Prophezeiung wird, doch Paulos ist anderer Meinung. »Wann kommt jemand auf die Titelseite von *Sports Illustrated*? Wenn er eine Zeit lang außerordentlich gut war und zu den Besten seiner Zunft gehört. Daraus folgt, dass er seine Ausnahmeform nicht lange halten kann.« Er regrediert, wie langsam auch immer, in die Niederungen der Mittelmäßigkeit.

Gleiches dürfte für viele Wunderheilungen in den Annalen der alternativen Medizin gelten. Häufig suchen Menschen Zuflucht bei alternativen Therapien, wenn sie schon längere Zeit krank sind und die Schulmedizin ihnen nicht hat helfen können. Sie wissen nicht mehr weiter und greifen nach jedem Strohhalm. Ein Freund rät zu Bienenpollen, Haiknorpel oder gemahlenem Bärenkarbunkel, und sie beschließen, einen Versuch damit zu machen. Nach einer Woche sind sie weitgehend geheilt, nach zweien im siebten Himmel. Womöglich weil die Pharmaindustrie es nicht patentieren lassen oder zu Geld machen kann und deshalb keine Informationsschriften und kostenlose Ärztemuster verteilt? Oder war der Arzt einfach zu engstirnig, um eine Therapie jener Art in Betracht zu ziehen, wie man sie in obskuren New-Age-Zeitschriften bestellen kann? Vielleicht. Vielleicht hatte die Heilung aber auch nichts mit dem neuen Präparat zu tun und war lediglich ein weiterer Fall von Regression zur Mitte. Nachdem sich diese Menschen viele Wochen hindurch am äußersten Rand der Krankheit befanden, bewegen sie sich wieder zurück in den angenehmen Schoß der Gesundheit, die physiologische Norm, die unser Immunsystem uns meist zugesteht und die wir als selbstverständlich hinnehmen, bis sie uns verloren geht.

Dass Menschen schnell bereit sind, eine Spontanheilung auf einen kühnen Entschluss zurückzuführen, eine bestimmte Handlung, die sie vorgenommen haben, beweist zwar, dass der Mensch das Gefühl braucht, er habe sein Schicksal selbst in der Hand, unterstreicht aber auch unsere Bereitschaft, Korrelation mit Kausalzusammenhang zu vermengen, was auch eine Art ist, der Statistik auf den Leim zu gehen. Nur weil zwei Merkmale oder Ereignisse häufig zusammen auftreten, folgt daraus nicht, dass das eine für das andere verantwortlich ist. Manchmal ist die Unabhängigkeit derart miteinander verknüpfter Ereignisse leicht zu erkennen. In Schweden sind viele Menschen blond und blauäugig, doch offensichtlich hat die Kühle ihres Wikingerblicks nicht ihre Haare gebleicht und umgekehrt. Dann wieder scheinen gemeinsam auftretende Merkmale eindeutiger kausal zu sein, doch sollten Sie Vorsicht walten lassen, bevor Sie das Flussdiagramm zeichnen. Beispielsweise rauchen viele Schulabbrecher Zigaretten. Unter den

Erwachsenen in den Vereinigten Staaten sind 35 Prozent der Personen ohne Schulabschluss regelmäßige Raucher, hingegen nur 14 Prozent der College-Absolventen. Verursacht nun ein Merkmal in dieser Korrelation das andere, und wenn ja, welches ist ursächlich für das andere? Rauchen Schulabbrecher zweieinhalb Mal so häufig wie College-Absolventen, weil sie die Schule verlassen haben, bevor sie lernen konnten, wie schädlich diese Angewohnheit ist? Rauchen sie mehr, weil sie eher auf aussichtslosen, deprimierenden Arbeitsplätzen landen und weil Nikotin zugleich anregt und entspannt, mit dieser Doppelwirkung also genau die Art Droge ist, nach der Depressive gieren? Oder hat ihre Zigarettensucht zum Schulabbruch geführt – um eine Stellung zu bekommen, mit der sich ihre zunehmend kostspielige Angewohnheit finanzieren ließ oder um der ständigen Schnüffelei ihrer Lehrer zu entgehen? Oder sind Schulabbruch und Zigarettenrauchen brauchbare Protestsignale, mit denen man seine Feindseligkeit gegenüber der Gesellschaft zum Ausdruck bringt? Oder sind Schulabbruch und Rauchen Zeichen der Unterwerfung, mit denen man seine Loyalität gegenüber der Gang zum Ausdruck bringt?

Kausalbeziehungen zwischen einem Verhalten oder Ergebnis und einem anderen sind häufig risikobehaftet, was viele aber nicht daran hindert, es zu versuchen. In *How to Lie with Statistics* zitiert Darrell Huff ein Beispiel aus einer Sonntagsbeilage namens *This Week*, in der ein Redakteur einem Leser antwortet, der wissen möchte, ob der Besuch eines College die Wahrscheinlichkeit erhöht, unverheiratet zu bleiben. »Wenn Sie eine Frau sind, lässt es die Wahrscheinlichkeit, dass Sie eine alte Jungfer werden, steil ansteigen«, erwiderte der Redakteur. »Doch wenn Sie ein Mann sind, hat es den gegenteiligen Effekt – es reduziert Ihre Aussichten, Junggeselle zu bleiben, auf ein Minimum.« Dann zitierte der Redakteur eine Studie der Cornell University mit 1500 »typischen College-Absolventen mittleren Alters«, von denen 93 Prozent der Männer verheiratet waren, gegenüber 83 Prozent in der allgemeinen Bevölkerung, während bei den Frauen nur 65 Prozent verheiratet waren. »Ledige waren bei College-Absolventinnen dreimal so zahlreich wie bei Frauen der ›allgemeinen Bevölkerung‹«, schloss der Redakteur bedeutungsschwer. Die Lektion für die Mädels von 1950 war klar: Der College-Besuch kann – wie dick werden oder eine leichte Kinderlähmung kriegen – das Liebesleben empfindlich beeinträchtigen. Die Jungs heiraten keine Blaustrümpfe.

Bleiben Sie uns mit Ihren alten Jungfern vom Leibe, wetterte der progressiv gesinnte Huff. Bevor wir eine Korrelation fröhlich in einen klaren Fall von Ursache und Wirkung verwandeln, müssten wir erst einmal wissen, ob alle diese »späten Mädchen« in der Cornell-Erhebung überhaupt heiraten wollten? Vielleicht sahen sie ja im College eine Möglichkeit, der Ehe zu entgehen und wirtschaftliche Unabhängigkeit zu gewinnen. Vielleicht sind Frauen, die das College besuchen, ja von Haus aus verbissener als andere Frauen; wer weiß, wie sich das Studium auf sie ausgewirkt hat; vielleicht hätten aus der Cornell-Gruppe noch weniger geheiratet, wenn sie nicht aufs College gegangen wären. Alle diese Möglichkeiten sind gleichberechtigte Schlussfolgerungen, sagte Huff. »Das heißt Vermutungen.«

Wer sich mit Statistik auskennt, kann, wenn er will, einen Datensatz so lange kneten, bis sich diesem jedes gewünschte Ergebnis entlocken lässt. Sir Richard Peto, ein Epidemiologe an der University of Oxford, demonstrierte dieses Prinzip bis zur Absurdität, als die britische Medizinzeitschrift *The Lancet* ihn aufforderte, zusätzliche statistische Analysen in einen wegweisenden Bericht aufzunehmen, den seine Kollegen und er dort gerade eingereicht hatten. In ihrer Studie zeigten die Forscher, dass Herzinfarkt-Patienten eine vergleichsweise bessere Überlebenschance haben, wenn sie innerhalb weniger Stunden nach dem Anfall Aspirin erhalten. Die *Lancet*-Herausgeber wollten, dass die Epidemiologen die Daten in Untergruppen zerlegten, um festzustellen, welche Patienten, je nach Alter, Krankengeschichte oder anderen Merkmalen, mehr oder weniger vom Aspirin profitierten. Sir Richard sträubte sich. Er wusste, dass man seine Daten nur lange genug drehen und wenden muss, damit sich durch bloßen Zufall alle möglichen falschen Zusammenhänge ergeben. Die Herausgeber blieben hart. Schließlich gab Peto nach und lieferte die verlangten Zusatzuntersuchungen – allerdings nur unter der Bedingung, dass sie in die Veröffentlichung eine von ihm entdeckte statistische »Verknüpfung« aufnähmen, die deutlich machen sollte, dass die ganze Untergruppen-Analyse mit einer gehörigen Portion Skepsis zu betrachten sei. Und damit betreten wir das Reich der Tierkreise. Aspirin könnte lebensrettend bei Herzinfarkt-Patienten wirken, die unter zehn der zwölf astrologischen Tierkreiszeichen geboren wurden, doch bei Waagen und Zwillingen scheint das Medikament unglückseligerweise wirkungslos zu sein. (Anmerkung für Waagen und Zwillinge mit akuten oder vermuteten Herzproblemen: Fragen Sie Ihren Arzt, Astrologen oder einschlägige Fernsehsender, ob »Acetylsalicylsäure« besser für Sie wäre; aber wenden Sie sich auf keinen Fall an Dr. Peto, denn der ist Stier.)

Gleichfalls mit der Absicht, die Gefahren hirnrissiger Korrelationen zu demonstrieren, veröffentlichte der Reproduktionsmediziner Sherman Silber aus St. Louis mit zwei Kollegen die Ergebnisse ihrer nicht ganz ernst gemeinten Erkundungstour durch eine Datenbank mit Informationen über 28 Infertilitätspatientinnen. Mit Hilfe eines Computerprogramms fischten sie alle Merkmale heraus, mit denen sich ein Zusammenhang zwischen den Frauen herstellen ließ, die schwanger geworden waren. Bei meinem Spekulum, was haben wir denn da: Bei den Patientinnen, deren Nachname mit den Buchstaben G, Y oder N beginnt, ist die Wahrscheinlichkeit, ein Kind zu bekommen, signifikant höher als bei ihren Schicksalsgenossinnen mit weniger vielversprechenden Nachnamen. Nachdem Silber eingeräumt hatte, dass ihm die Demonstration solcher Scheinzusammenhänge auch eine gewisse Befriedigung verschafft hatte, wies er warnend darauf hin, dass manch eine »statistisch signifikante« Korrelation in der naturwissenschaftlichen und medizinischen Literatur wohl ebenso trügerisch sein könnte wie seine gynäkologischen Spielereien, dass sie aber leider nicht alle so »offenkundig lächerlich« und daher auch nicht so leicht zu enttarnen seien.

Wenn es schon für einen Arzt oder Forscher schwierig ist, jede Scheinkorrelation zu erkennen, die auf PubMed oder ähnlichen Websites auftaucht, dann fallen wir Normalverbraucher natürlich erst recht auf sie herein. So groß die Versuchung auch sein mag, sich prophylaktisch zu wappnen, indem man alle Statistiken in Bausch und Bogen verwirft, sollte man sich doch den Einwand von Frederick Mosteller, einem Statistiker am MIT, zu Herzen nehmen: »Es ist leicht, mit Statistiken zu lügen, aber noch leichter ist es ohne sie.« Trotzdem gibt es verschiedene Maßnahmen, die Sie ergreifen können, um, wie Huff sagt, »einer Statistik zu widersprechen«. Da wird von vielen Wissenschaftlern an erster Stelle eine einfache Frage empfohlen: Ist die Zahl, das Ergebnis, die Korrelation sinnvoll, deckt sie sich mit dem, was Sie von der objektiven Wirklichkeit wissen? »Sie müssen sich an die biologische Plausibilität halten«, forderte James L. Mills, Direktor der Abteilung für pädiatrische Epidemiologie am National Institute of Child Health and Human Development. »Viele Ergebnisse, die sich im Laufe der Zeit als nichtssagend erweisen, haben schon von Anfang an keinen vernünftigen Sinn ergeben.«

Einmal berichtete ich über eine erstaunliche Entdeckung aus der Welt der Primatologie: In einer typischen sozialen Gruppe von Schimpansen, in der mehrere adulte Männchen mit mehreren adulten Weibchen leben und sich munter paaren, wie einst die Männchen und Weibchen in Manhattans Swingerclub Plato's Retreat, hatte es den Anschein, dass die heimischen Männchen, darwinistisch betrachtet, ihre Zeit vergeudeten. Gewiss, sie kopulierten mit den heimischen Weibchen, immer und immer wieder, doch DNA-Analysen ließen darauf schließen, dass die Hälfte der Baby-Schimpansen in einer gegebenen Gruppe trotz aller Anstrengungen der zur Gruppe gehörigen Männchen von fremden Sexprotzen gezeugt worden waren. Wie war das möglich? Die Entdeckung versetzte die verschworene, aber kompetitive Gemeinschaft der Schimpansenforscher in helle Aufregung. In jahrzehntelanger Feldforschung hatten Affenbeobachter wie Jane Goodall und ihre Nachfolger praktisch keine Anhaltspunkte für Affären außerhalb der Gruppe gefunden – für Weibchen, die sich davonstehlen, um es mit fremden Männchen zu treiben.

Die kürzeste Antwort auf »Wie ist das möglich?« lautet »Oops«. Wie ein Jahr später eine andere Forschungsgruppe feststellte, war das Ergebnis, das die biologische Plausibilität in Frage stellte, falsch; das bedauernswerte Ergebnis einer Kreuzung mangelhafter genetischer Proben mit irreführenden statistischen Vergleichen der Schimpansen-DNA. Bei einer erneuten Analyse der DNA-Fingerabdrücke zeigte sich, dass die molekulare Evidenz mit den Ergebnissen der Feldstudien übereinstimmte: Die heimischen Schimpansenmännchen waren die echten Väter all der haarigen Bälger, die zwischen ihnen herumtobten.

Abermals erwies sich die überdauernde wissenschaftliche Wahrheit als richtig: Wenn Sie von einem verblüffenden Resultat hören, bewahren Sie sich eine Spur Skepsis, bis das Ergebnis unabhängig bestätigt worden ist, am besten von einem alten Konkurrenten des Entdeckers, der es liebend gern widerlegt hätte.

Zu den Fragen, die an eine Statistik zu stellen sind, gehören weiterhin: Wer hat dich entdeckt? War es eine Partei mit einem wirtschaftlichen, emotionalen oder politischen Interesse am Ergebnis? Pharma-Unternehmen hatten mehr als genug Gründe, die so genannte Hormon-Ersatztherapie für alles zu propagieren, was Frauen jenseits der Menopause beeinträchtigen kann, und in den neunziger Jahren waren sehr viele Frauen eine Zeit lang davon überzeugt, dass die Fähigkeit von Medikamenten wie Premarin, dafür zu sorgen, dass ihr Herz heil, ihre Wirbelsäule gerade und ihr Kollagen elastisch blieb, das erhöhte Brustkrebsrisiko, das die Hormone bewirken könnten, mehr als aufwog. Doch als eine weitgehend unabhängige Jury, die Women's Health Initiative, in einer landesweiten Untersuchung der Frage nachging, wie nützlich die Hormone denn tatsächlich wären, gelangte sie zu dem

Schluss, dass das Risiko den Nutzen weit in den Schatten stelle und dass der Nutzen eigentlich sogar vernachlässigenswert sei. Leider werden die meisten Arzneimittel nicht einer so genauen, aus Bundesmitteln finanzierten Prüfung unterzogen. Die Pharmaindustrie finanziert die meisten der Studien, in denen die Sicherheit und Wirksamkeit von Medikamenten überprüft wird, aus eigener Tasche, und tatsächlich sind im Laufe der Jahre viele Fälle bekannt geworden, wo die Unternehmen die Öffentlichkeit täuschten oder zumindest große Nachlässigkeit haben walten lassen: Da wurden Warnungen vor den Gefahren des Schmerzmittels Vioxx in den Wind geschlagen und Beweise unterdrückt, die zeigten, dass einige Antidepressiva das Selbstmordrisiko bei Jugendlichen steigern können. Also am besten, Sie fragen, woher eine Statistik kommt und ob sie von einer unparteiischen Quelle verifiziert wurde.

Wie oben erwähnt, müssen Sie auch versuchen, eine Statistik in ihrem Kontext zu sehen und wichtige Hintergrundfakten zu erfassen. Wenn Sie beispielsweise hören, dass die Häufigkeit einer bestimmten Krebsart von Kindern im letzten Jahr *um 50 Prozent* angestiegen ist, dann schauen Sie sich die Zahlen für die fünf vorangehenden Jahre an. Krebserkrankungen bei Kindern sind immer entsetzlich, aber glücklicherweise sind selbst die häufigsten Mitglieder dieser grauenhaften Kategorie – Leukämie zum Beispiel oder Neuroblastome – immer noch sehr selten. Bei seltenen Erkrankungen können einige wenige zusätzliche Fälle als enorme Prozentsätze zu Buche schlagen. Schauen Sie sich an, wie die Zahlen im Laufe der Zeit schwanken. Wenn es über ein Jahrzehnt einen langsamen, aber stetigen Anstieg der Häufigkeit gibt, verdient der Bericht, der vor dem Trend warnt, Beachtung. Doch wenn die Entwicklung sich als zielloses Auf und Ab darstellt, lässt sich das schlechte Jahr durchaus als unseliger Zufall erklären.

Vor allem aber machen Sie sich klar, dass Zahlen nicht mystisch, unfehlbar oder immer reinen Herzens sind. Viele Menschen sagen, sie könnten es nicht ausstehen, »nur als statistischer Fall« behandelt zu werden. Nun, eine Statistik ist niemals »nur« eine

Statistik. Sie ist das Produkt menschlichen Verstands, menschlichen Ermessens, menschlicher Phantasie, menschlichen Vorurteils, menschlicher Schwäche. Wenn wir lernen, quantitativ zu denken, überwinden wir die Neigung, eine quantitative Größe ohne Wenn und Aber zu akzeptieren. Eine junge Verwandte von mir erzielte vor Kurzem in dem Schuleignungstest SAT 1300 Punkte von 1600. Meine Familie kennt sie natürlich seit Jahren, doch jetzt hatten wir eine quantitative Größe, um sie in eine Schublade zu tun: Sie ist ziemlich intelligent, aber nicht übermäßig. Einige Monate später unterzog sie sich dem Test erneut, ohne inzwischen irgendeine Hilfe in Anspruch genommen zu haben: Dieses Mal erzielte sie 1410 Punkte. Donnerwetter! Sie ist nicht nur ziemlich intelligent, sondern außerordentlich intelligent.

Der Schuleignungstest mag eine durch und durch menschliche Erfindung sein, von einer kleinen Clique älterer Menschen für unzählige junge Menschen ersonnen, aber wir tun so, als wäre er eine kosmische Wahrheit. Und wenn wir uns zwei verschiedenen Versionen dieser Wahrheit gegenüber sehen, verhalten wir uns, wie es jede liebevolle Familie täte: Wir nennen das erste Ergebnis eine Lüge.

# 3 Kalibrierung

*Groß und klein*

Unter den sieben Todsünden besitzt der Hochmut sicherlich die meisten und giftigsten Facetten. Ein Schuss Demut gefällig? Klettern Sie auf einen besonders schönen Aussichtspunkt im Gebirge Ihrer Wahl und blicken Sie hinaus auf den akkordeonartigen Faltenwurf der Erdgestalt, das stumme Auf- und Abschwellen, das dem Horizont entgegenstrebt, ohne es für nötig zu erachten, Sie zu verachten. Oder versuchen Sie es mit der sternenübersäten Kuppel eines nächtlichen Wüstenhimmels und bedenken Sie, dass Sie, so überwältigend Ihnen das Gewimmel auf der Bühne da oben auch erscheint, nur etwa 2500 der 300 Milliarden Sterne unserer Milchstraße sehen – und dass es außerdem, Ihrem unbewaffneten Auge entzogen, womöglich noch 100 Milliarden andere Galaxien mit ungezählten Sternen in unserem Universum gibt. Auch ein Besuch auf dem Friedhof kann da helfen: Nein, nicht auf einem dieser ergreifenden Gottesacker, neben einer von einem berühmten Architekten erbauten Kathedrale, wo die Grabsteine spärlich, aus Schiefer und antik entrückt sind; sondern an einem Ort wie dem Montefiore Cemetery in Queens, wo meine Großmutter, zwei ihrer Geschwister und rund 150000 weitere jüngst Verstorbene begraben liegen – eine Fläche von mehreren hundert Hektar, die sich an der Long-Island-Schnellstraße erstreckt.

Doch unter den vielen Demutskuren, denen ich mich absichtlich oder zufällig unterzog, war die wohl wirksamste auch die demütigendste. Vor Kurzem besuchte ich das alte Viertel in der Bronx, in dem ich aufgewachsen bin – und ich sah mich einer beklemmenden Attacke existenzieller Angst ausgesetzt. Nicht, weil sich das Viertel so schrecklich verändert hatte. Zwar hatte man unseren Wohnblock abgerissen und durch einen Parkplatz ersetzt, doch viele der umstehenden Vorkriegsgebäude standen noch, so schäbig gut gemeint wie eh und je. Vielmehr bedrückte mich, wie klein und geschrumpft alles erschien, wie viel kürzer die Entfernungen zwischen den Eckpunkten meiner Entwicklungsjahre in der Wirklichkeit als in meiner Erinnerung waren. Die Geographie meiner Kindheit war gewaltig, jeder Wohnblock ein Kontinent, jeder gewöhnliche Ausflug eine private Odyssee. Und die wöchentliche Pilgerreise zur Garden Bakery, um einen Laib Challah oder feines Roggenbrot zu besorgen, vielleicht sogar einen schwarzweißen Keks, falls die Dame Fortuna zuvor ein gutes Wort bei meiner Mutter eingelegt hatte? Da reden wir doch bestimmt über einen Kilometer! Durchaus nicht! Die Bäckerei gibt es zwar nicht mehr, aber die Ecke gibt es noch, keine zwei Blocks von der einstigen Wohnung. Die tägliche Expedition zur P.S. 28, meiner Grundschule, verschlungene Pfade bergauf und bergab, mit gefährlichen Kreuzungen, und zum Schluss die entsetzlich lange Strecke, an deren Ende mich eine Mädchenbande überfallen und mir meine nagelneue Geldbörse gestohlen hatte? Viereinhalb Blocks.

Offenbar war meine Größenvorstellung verzerrt, aus dem Ruder gelaufen, eine kindliche Version von Saul Steinbergs oft nachgeahmter Manhattan'scher Weltsicht. In der Kindheit hatte mich jedes Detail meines Mikrohabitats überwältigt; daher hatte ich die physischen Ausmaße meiner Umgebung übertrieben, damit sie ihrer emotionalen Wirkung gerecht wurden. Jetzt, da ich das Viertel durch die unbarmherzig geputzte Brille der Erwachsenen betrachten konnte, bemerkte ich, wie klein das alles war, wie sehr ich alle Entfernungen überschätzt hatte. Das war nicht mein Fehler. Ich war noch klein, und Kinder sind von Natur aus übernatürlich aufmerksam für die Besonderheiten der Nische, in die sie geworfen werden. Doch dieses Erlebnis ist ein anschauliches Beispiel dafür, wie oft wir Menschen mit unseren Maßstäben Schiffbruch erleiden. Seit jeher täuschen sich Menschen gröblichst in Entfernungen, Proportionen, Vergleichen, eben in den Dingen des Lebens. Wir nichtindianischen Amerikaner verdanken unsere Anwesenheit in und unseren Besitz der Neuen Welt einem kolossalen Navigationsfehler, der »Indienfahrt«, Christoph Kolumbus' Versuch, den Fernen Osten auf dem Seeweg nach Westen zu erreichen. Traditionell sind Karten auf das von ihrem Schöpfer besonders bevorzugte Land zentriert – Jerusalem bei den mittelalterlichen Buchmalern, Geburtsland oder aktueller Arbeitgeber bei neuzeitlichen Kartographen. Allem Anschein nach haben wir im Zuge der Evolution gelernt, das Leben in menschlichem Maßstab zu sehen, uns fast ausschließlich an die Rhythmen von Stunden, Tagen, Jahreszeiten, Jahren zu halten und mit Objekten umzugehen, die wir mühelos sehen und berühren, auf die wir zählen und bauen können. Denn das sind die Gegenstände, mit denen wir arbeiten, die Requisiten, mit denen wir unser Leben gestalten müssen.

Die entscheidenden zeitlichen Gliederungen und die Größenverhältnisse des Alltags sind vollkommen zufällig. Betrachten Sie beispielsweise die völlig ausreichende Mengenangabe der Handvoll. Wir Menschen sind in der Lage, Gruppen von rund fünf Objekten mit einem Blick zu erfassen und augenblicklich – ohne zu zählen – ihre Menge zu bestimmen, eine Fähigkeit, die man auf die fünf Finger zurückführt, mit denen wir seit jeher Schätze wie reife Heidelbeeren (oder, noch lieber, Heidelbeeren mit Schokoladenüberzug) ergriffen und an denen wir die Größenordnung der gepflückten Beute messen konnten. Gewiss, wir haben zehn Finger, aber wir sind eine Art mit ausgeprägter Händigkeit; rund 90 Prozent von uns sind rechtshändig, und wenn wir greifen, dann meist mit den bevorzugten Fünfen. Es ist bemerkenswert, wie schwer es uns fällt, eine Ansammlung von, sagen wir, sieben oder acht Objekten in ihrer Anzahl zu erkennen, ohne uns dem mühsamen Prozess des Zählens zu unterziehen – es sei denn, die Objekte sind zu kleinen Untergruppen von fünf oder weniger angeordnet. Auch unser Zeitgefühl spiegelt unsere Alltagerfahrungen wider. Die Grundeinheit der gewöhnlichen Zeit, die Sekunde, entspricht in bemerkenswerter Weise den beiden Grundrhythmen des Lebens: dem Zeitraum, den es braucht, sich die Lungen mit einem Atemzug zu füllen, und der Dauer eines gesunden Herzschlags.

Da sich unser Sonnensystem bildete, als eine große Masse von Gas, Staub und Steinen zusammenzustürzen begann (wir werden darauf noch eingehender zurückkommen), und die gravitative Verdichtung Körper veranlasst, in einer Weise zu rotieren, die an schwindelfreie Eiskunstläufer erinnert, drehen sich alle Planeten mehr oder minder schnell um ihre Achse. Zufällig sorgt die Rotationsgeschwindigkeit der Erde dafür, dass unser Planet etwa 24 Stunden für eine Umdrehung braucht (23,934, um genau zu sein). Zu Recht sagte Annie Dillard: »Wie wir unsere Tage verbringen, so verbringen wir natürlich auch unser Leben.« Die Grenzen dieser Tage sind ein Zufallsprodukt, ein Nebeneffekt der Gravitation. Tatsächlich hat sich der wilde Tanz der Erde allmählich verlangsamt, vor allem infolge der »Gezeitenbremse«, die unser Trabant, der Mond, anzieht. Anfangs absolvierte die Erde ihre Drehung in gerade einmal zehn Stunden, und noch vor 620 Millionen Jahren war ein Tag in 21,9 Stunden erledigt, eine Albtraumvorstellung für alle, die jetzt schon über Termine und Schlafmangel jammern.

Der Standort ist alles, und der unsere schenkte uns bei der Geburt des Sonnensystems unser Jahr. Die Erde bewegt sich auf ihrer Umlaufbahn von nicht ganz 1 Milliarde Kilometern mit rund 100 000 Stundenkilometern, infolge ihrer Entfernung von ihrer gravitativen Herrin, der Sonne. Die Venus dagegen ist der Sonne 42 Millionen Kilometer näher als wir, was zur Folge hat, dass (a) ihre Umlaufbahn kürzer ist als unsere, (b) die vergleichsweise größere Gravitationsanziehung der Sonne die Venus veranlasst, ihre Umläufe mit erhöhter Geschwindigkeit zu absolvieren (125 000 Stundenkilometer), und (c) ein Jahr dort nur 226 Erdtage dauert, ein weiterer unangenehmer Gedanke für Buchautoren, die Verträge zu erfüllen haben. Gar nicht zu reden von jenem Sonnentrabanten, der nach dem römischen Gott mit den Flügelschuhen benannt ist und auf dem ein »Jahr« noch nicht einmal drei Monate dauert.

Das Wenige, was wir an historischem Sinn mitbekommen haben, beruht in der Regel auf der menschlichen Lebenserwartung von siebzig Jahren. Jedes Intervall, das ein Jahrhundert überschreitet, verschwimmt in unserem mentalen Kalender zu einer formlosen Abstraktion. Seit Kindertagen weiß ich, dass mein Vorfahr Silas Angier im Revolutionskrieg gekämpft hat, doch bis vor Kurzem hatte ich keine Ahnung, wie viele Generationen zwischen ihm und mir liegen. Wenn ich angesichts meines Nachnamens gefragt wurde, ob ich Französin sei, antwortete ich: nicht in jüngerer Zeit, und erklärte, dass die Familie Angier im 17. Jahrhundert aus England nach Amerika gekommen sei; und da ich schon einmal dabei war, brachte ich meine heraldische Verbindung zur Gründung unserer Nation ins Spiel. »Mein Urur-, Urur-« – ein hektisches Handwedeln rückwärts durch Luft und Raumzeit – »Urur- und so fort Großvater Silas Angier hat am Revolutionskrieg teilgenommen.« – »Donnerwetter«, hieß es dann; »was ist mit Ihrer Hand?«

Als ich jedoch einen Essay über Fitzwilliam in New Hampshire schrieb, die Stadt, in der Silas und viele andere Angiers begraben liegen, hatte ich wieder einen solchen Back-to-the-Bronx-Augenblick, eine peinliche Konfrontation mit meinem gestörten Größenempfinden. Im Stadtarchiv konnte ich feststellen, dass die Ur- zwischen Silas und mir gar nicht so zahlreich waren und dass ich noch nicht einmal alle Finger einer Hand brauchte, um sie abzuzählen. Der Mann mit Muskete, Bundhose und Dreispitz, sechs Jahre vor Thomas Jefferson geboren, war nur mein Urururur-Großvater. Anders als es der Mythos will, verfliegt die Zeit nicht besonders schnell, wenn man tot ist.

Könige und andere Hoheiten verschiedenster Art waren oft der Meinung, ihre Körperteile hätten hinreichend göttliche Proportionen, um als Standardmaßeinheiten zu dienen. Der römische Kaiser Karl der Große erklärte im 9. Jahrhundert, die Länge *seines* Fußes werde fürderhin *der* Fuß sein; dank dieser Maßeinheit konnte der Kaiser, von dem es hieß, er sei stattlich, aber nicht übermäßig groß, stolz von sich behaupten, sieben Fuß zu messen. Drei Jahrhunderte später verfügte der britische Monarch König Heinrich I., ein Yard entspreche der Entfernung von seiner Nase bis zur Spitze des Mittelfingers seines ausgestreckten Arms. Die ständig auf Wanderschaft befindlichen Römer definierten die Meile als die Strecke, die ein Mann mit tausend ausgreifenden Schritten, männlichen Schritten, zurücklegen kann; »Meile« kommt vom lateinischen Ausdruck *milia passuum* – tausend Doppelschritte.

Alle diese Maße wurden allmählich standardisiert; das begann in der Renaissance und setzte sich bis ins 20. Jahrhundert fort. Und obwohl ich ein leidenschaftlicher Parteigänger des metrischen Systems bin, das von allen Wissenschaftlern und praktisch von allen Staaten außer dem unseren übernommen wurde, gebe ich zu, dass die meisten metrischen Einheiten nichts besonders Fundamentales an sich haben. Sie beruhen nicht auf wesentlichen Eigenschaften der Atome, des Lichts oder der Gravitation. (Mit einer bemerkenswerten Ausnahme: Die Maßeinheit der Temperatur – Grad Celsius – wurde aus kritischen Phasen eines in unserem Kosmos reichlich vorhandenen Moleküls abgeleitet, ohne das wir nicht existieren könnten – dem Wasser. Die Temperatur, bei der Wasser gefriert, erhält den Ehrenplatz, die Nullstelle, also 0 Grad Celsius, während der Siedepunkt des Wassers mit 100 Grad Celsius angegeben wird.) Ungeachtet seines Ursprungs ist das metrische System wegen seiner dezimalen Schönheit, der Leichtigkeit, mit der es die Stufen der Größenskalen hinauf- und hinabläuft, unbedingt zu schützen. Wie viele Millimeter hat ein Zentimeter, wie viele Zentimeter ein Meter, wie viele Meter ein Kilometer? Das sind in der Reihenfolge ihres Auftretens 10, 100 und 1000. Wie viele Zoll haben ein Fuß und ein Yard, wie viele Yard eine Meile? 12, 36, 1760. Herr des Himmels! Müssen wir wirklich lange überlegen, welches System wir unseren Kindern beibringen sollen? Also warum muss meine Tochter immer noch beide lernen?

Wann werden wir unsere Zoll aufgeben, unsere Meilen aussortieren und sie in ein letztes Fahrenheit-Feuer werfen? Ich habe den heimlichen, wenn auch völlig unbeweisbaren Verdacht, dass der tiefere Grund für das amerikanische Maßsystem das Football-Feld ist und seine heilige Kuh, die 10-Yard-Linie.*

Ob das metrische oder ein anderes System, unser anthropozentrischer Sinn für Größenverhältnisse kann unser Verständnis des Kosmos beeinträchtigen, praktisch jede wissenschaftliche Disziplin, abgesehen von der Psychologie unseres verzerrten Größenempfindens. So waren die Wissenschaftler, die ich interviewte, einhellig der Meinung, dass Laien von einem besseren Verständnis für die wahren Dimensionen der Natur außerordentlich profitieren würden: dem Verständnis von Länge, Breite und Dauer des sichtbaren Universums, der Zeitachse des irdischen Lebens, der wunderbaren Geräumigkeit, die bis in das nicht mehr wahrnehmbare Atom hineinreicht. Vergegenwärtigt euch die Größe der Zelle, sagten sie, und der Bewohner der Zelle, der Proteine, der Hormone, der zusammengepressten Spirale der Gene, die in den Kern verpackt sind. Und vergesst nicht die Piraten, die in die Zelle einfallen: Wie groß ist Yersinia, der bakterielle Erreger der Pest, im Vergleich zu den weißen Blutkörperchen, die versessen darauf sind, ihn in die Flucht zu schlagen? Denkt an die Viren: Wie wäre das Ebola einzuordnen? Und wie viele von all diesen Gebilden können auf einer Nadelspitze tanzen?

Manchmal ist es unserem Verständnis zuträglicher, wenn wir die Dinge, die wir nicht sehen können, mit den Dingen vergleichen, die wir nicht übersehen können. Darüber hinaus kann das Bemühen, unser Größenverständnis an nichtmenschlichen Verhältnissen zu schulen, den heilsamen Effekt haben, uns zu der Frage zu zwingen, was normal und was fremdartig ist. »Auf meinem Gebiet, der Teilchenphysik, ist der Zeitbegriff von zentraler Bedeutung,

---

* Der Vorgabe des US-amerikanischen Bildungssystems folgend, werde ich hier und im Folgenden zwischen den metrischen und den alten britischen Einheiten wechseln.

aber wir haben es mit Zeiten zu tun, die sich grundlegend von den alltäglichen menschlichen Zeitverhältnissen unterscheiden«, erläuterte Robert Jaffe vom MIT. »Wir beschäftigen uns mit Dingen wie der Zeit, die das Licht braucht, um ein Proton zu durchqueren, was etwa 10 hoch minus 24 Sekunden dauert: Mit anderen Worten, ein Billionstel einer Billionstel Sekunde. Die Leute sagen, das ist doch lächerlich, wie könnt ihr euch mit so kurzlebigen Erscheinungen beschäftigen«, fuhr er fort. »Doch das Befremden, das die Menschen solchen Ereignissen gegenüber empfinden, resultiert aus ihrem anthropozentrischen Zeitbegriff, der hier die eigentliche Merkwürdigkeit ist. Unsere Zeitwahrnehmung ist sehr eigenartig und kaum in anderen physikalischen Systemen anzutreffen. Mühelos lassen sich extrem kurze Zeitskalen finden, wie diejenigen, die für subatomare Teilchen gelten, und ebenso leicht lassen sich extrem lange Zeitskalen entdecken, etwa die, die das Universum oder sehr stabile Teilchen betreffen, doch Zeiteinheiten wie Stunden, Tage und Jahre sind äußerst ungewöhnlich. Unser eigenartiger Zeitbegriff hat mit der Himmelsmechanik unseres Sonnensystems zu tun und mit dem Umstand, dass wir auf halbem Weg zwischen der Energieskala der Gravitation und der Welt der Kernkräfte angesiedelt sind.«

Wenn wir uns auf anderen Größenskalen als denen unserer Fußgängerwelt bewegen wollen, wenn wir über Sphärenharmonie oder Quantendynamik reden wollen, brauchen wir eine wissenschaftliche Notation, auch als Zehnerpotenzen bekannt. Die Leistungsfähigkeit dieser Schreibweise hat unsere Populärkultur schon fast, aber noch nicht ganz durchdrungen, was nicht zuletzt dem Bestseller *Zehn hoch. Dimensionen zwischen Quarks und Galaxien* von Philip und Phyllis Morrison zu verdanken ist. Doch die wissenschaftliche Schreibweise verdient ganz andere Größenordnungen des Ruhms, ist sie doch zugleich wunderschön und nützlich, wie ein alter Eichentisch mit Tatzenfüßen und Lanzettblättern, wenn Sie Gäste haben. Zehnerpotenzen nennen wir sie, weil wir uns fragen, wie viele Male wir unsere Zahl mit zehn multiplizieren müssen, um an unser Ziel zu gelangen? Zehn mal zehn oder $10^2$ ist 100; zehn mal zehn mal zehn oder $10^3$ ist 1000. Hängen Sie an diese Sequenz noch einen Faktor 10 hinzu und Sie landen bei $10^4 = 10\,000$. Die wissenschaftliche Schreibweise ermöglicht Ihnen, abartig große Zahlen in kompakter Form zu schreiben und sie mit jener Leichtigkeit zu handhaben, die selten jenseits der Privatsphäre Ihres Mikrowellengeräts anzutreffen ist. Ende 2006 lag die US-amerikanische Staatsverschuldung beispielsweise bei 8,5 Billionen Dollar. Sie können das in der Langform schreiben – 8 500 000 000 000 – und dabei beinahe spüren, wie die rote Tinte aus Ihren Adern strömt. Sie können die Summe aber auch in der wissenschaftlichen Notation schreiben, indem sie hinter die Ziffer ganz links ein Dezimalkomma setzen und die Stellen rechts davon abzählen, um die Zehnerpotenz oder den Exponenten zu finden. Bei einer Zahl wie $8,5 \times 10^{12}$ werden Sie sich nicht annähernd so überwältigt fühlen und solche Summen am Ende möglicherweise sogar für normal und vertretbar halten, womit Sie sich für das Amt des Finanzministers qualifiziert hätten.

Um sich mit Hilfe der wissenschaftlichen Schreibweise eine rasche Vorstellung von den Dingen zu verschaffen, können Sie sich die Hochzahlen der Ihnen bekannten Zahlen vergegenwärtigen. Die Tausend mit ihren drei Nullen ist $10^3$, hunderttausend $10^5$, eine Million $10^6$, eine Milliarde $10^9$, eine Billion $10^{12}$, ein Googol $10^{100}$, Google eine Suchmaschine, googeln ein transitives Verb und Gogol ein russischer Romancier des 19. Jahrhunderts. Sie sehen jetzt, warum »exponentielles Wachstum« so rasant ist. Der Exponent für eine Milliarde ist zwar nur um drei größer als der für eine Million, aber die niedliche kleine Drei bedeutet, dass ich das Tausendfache von Ihnen fordere, meine Liebe.

Die wissenschaftliche Schreibweise eignet sich nicht nur für das Monumentale, sondern auch für das Minimale, obwohl wir in diesem Fall von Zehntel- oder negativen Potenzen sprechen. Ein Zehntel von einem Zehntel ist ein Hundertstel, geschrieben: $10^{-2}$; ein Zehntel von einem Hundertstel ist ein Tausendstel oder

$10^{-3}$. Fahren Sie fort, als stünden Sie unter dem Einfluss von Alices Fliegenpilz. Beten Sie, absteigend, die fraktionierte Familie italienischen Ursprungs herunter: Milli – ein Tausendstel, $10^{-3}$; Mikro – ein Millionstel, $10^{-6}$; Nano – ein Milliardstel, $10^{-9}$; Piko – ein Billionstel, $10^{-12}$; Femto – ein Millionstel eines Milliardstels, $10^{-15}$.

Jetzt können wir uns anschicken, eine Welt zu untersuchen, die über die Grenzen gewöhnlicher Erklärbarkeit hinausreicht. Was geschieht – um vorsichtig zu beginnen – in den Untergliederungen von Sekunden? In einer Zehntelsekunde haben wir den sprichwörtlichen »Wimpernschlag«, denn so lange braucht er. In einer Hundertstelsekunde führt ein Kolibri einen Flügelschlag aus; dank dieser extrem raschen Flügelbewegungen können Kolibris, wie Hubschrauber in der Luft stehend, ihre Mahlzeiten einnehmen.

Eine Millisekunde, $10^{-3}$ Sekunden, braucht ein Blitzlicht in der Regel, um aufzuleuchten. Fünf Tausendstelsekunden ist auch die Zeit, die *Bolitoglossa rufescens*, ein mexikanischer Salamander, der wie ein Grashalm aussieht und eine der schnellsten Zungen in der gesamten Natur besitzt, benötigt, um seine malvenfarbene Leimrute hinauszuschleudern und seine Beute zu schnappen.

In einer Mikrosekunde, $10^{-6}$ Sekunden, können die Nerven die Nachricht von diesem unangenehmen Schmerz in Ihrem Nacken an Ihr Gehirn senden. Auf der gleichen Zeitskala können wir veranschaulichen, wie groß der Unterschied zwischen Licht- und Schallgeschwindigkeit ist: In einer Mikrosekunde kann ein Lichtstrahl die Länge von drei der Metrik-resistenten Football-Felder zurücklegen, während eine Schallwelle in diesem Zeitraum kaum den Durchmesser eines Haars schaffen würde.

Ja, die Zeit ist vergänglich, daher sollten Sie jede Sekunde und jeden Sekundenbruchteil nutzen, auch jede Nanosekunde oder Milliardstelsekunde ($10^{-9}$ Sekunden). Ihr ganz gewöhnlicher Computer tut es zweifellos. In einer Nanosekunde – der Zeit, die Sie brauchen, um einen hundert Millionstel Wimpernschlag zu vollenden – kann ein Standardmikroprozessor eine einfache Operation ausführen: zwei Zahlen addieren, zum Beispiel, oder diese fragwürdige Spesenabrechnung in Ihrer Steuererklärung dingfest machen.

Die schnellsten Computer führen ihre Rechnungen in Pikosekunden oder Billionstelsekunden aus, das heißt, in $10^{-12}$ Sekunden. Wenn Sie die Bewegungen der Wassermoleküle in Ihrer Flasche lauwarmem Volvic ganz genau beobachten könnten, würden Sie sehen, dass sich etwa alle drei Pikosekunden die schwachen chemischen Bindungen, die benachbarte Wassermoleküle zusammenhalten, auflösen und neu zusammenfügen, ein aufschlussreicher Blick auf die vorläufige Beschaffenheit selbst besonders sorgfältig vermarkteter Produkte.

Flüchtige Erscheinungen sind jedoch alle relativ. Wenn es Physikern mit Hilfe gigantischer Teilchenbeschleuniger gelingt, Spuren eines subatomaren Teilchens zu erzeugen, das als schweres Quark bezeichnet wird, besteht das Teilchen eine Pikosekunde lang, bevor es wieder zerfällt. Gewiss, eine Billionstelsekunde lässt nicht unbedingt an Methusalem oder Johannes Heesters denken, doch Dr. Jaffe machte geltend, dass das Quark von Physikern vollkommen berechtigt zu den langlebigen, »stabilen« Teilchen gezählt werde. Während einer Pikosekunde vollendet das Quark eine Billion oder $10^{12}$ außerordentlich winzige Umläufe. Im Gegensatz dazu, hat unsere scheinbar unbezähmbare Erde in den 5 Milliarden Jahren ihrer Existenz lediglich 5 mal $10^9$ Umläufe um die Sonne absolviert und soll noch etwa 10 Millionen Runden absolvieren, bevor das Sonnensystem einstürzt und stirbt. »Daraus ergeben sich 15 mal $10^9$ Umläufe, erheblich weniger als $10^{12}$. In einem sehr realen Sinne ist unser Sonnensystem also weit weniger stabil« als Teilchen wie das schwere Quark. Die Fesseln »unseres persönlichen, anthropozentrischen Zeitbegriffs« so Jaffe weiter, »erschweren uns das Verständnis für die enorme Stabilität, die diesen Teilchen innewohnt«.

Wenn wir uns die Skala hinabbewegen zu einem noch flüchtigeren Augenblick, gelangen wir zur Attosekunde, einem Milliardstel einer Milliardstelsekunde oder $10^{-18}$ Sekunden. Die kürzesten

Ereignisse, die Wissenschaftler messen – nicht berechnen – können, werden in Attosekunden erfasst. Ein Elektron braucht 24 Attosekunden, um eine Umlaufbahn um einen Wasserstoffkern zu vollenden – eine Reise, die das Elektron rund 40 000 Billionen Mal pro Sekunde absolviert. Es gibt mehr Attosekunden in einer einzigen Minute als Minuten seit der Geburt des Universums. Und die Physiker finden immer weitere Zeiteinteilungen. In den neunziger Jahren führten sie zwei neue Einheiten in das offizielle Lexikon ein, die es verdienen, hier aufgeführt zu werden: die Zeptosekunde oder $10^{-21}$ Sekunden und die Yoctosekunde oder $10^{-24}$ Sekunden. Die kürzeste bislang erkannte Zeitspanne ist das Chronon oder die Planck-Zeit und umfasst rund $5 \times 10^{-44}$ Sekunden. Das ist die Zeit, die das Licht braucht, um die kleinstmögliche Raumeinheit zu durchqueren, die Planck-Länge – die Größe der hypothetischen »Strings«, von der einige Physiker sagen, sie bilde die Grundlage aller Materie und Kräfte im Universum. Chrononen und Strings gehören aber eher in die Bereiche von Mathematik und Philosophie als in die empirische Wirklichkeit.

Das Universum hat nichts dafür übrig, die Dinge abzukürzen; es schätzt die langatmigen Geschichten und diktiert dicke Bände der Zeit, die fast so unergründlich sind wie *Finnegans Wake*.

Nehmen Sie die Erdzeit, die wirklich ein Joyce'scher »Flusslauf, vorbei an Eva und Adam« ist, wie es am Schluss von »Finnegans Wake« heißt. Wenn Sie alle Zeit der Welt hätten, was hätten Sie? Kreationisten, die die Seiten der Genesis, des Galaterbriefs und anderer biblischer Quellen durchforschen, die »zeugte« zählen und »sechstausend Jahre!« trompeten würden. Doch die Zeitmessung der Kreationisten ist – wie lautet das Wort für »um sechs Größenordnungen daneben«? – bekloppt. Es gibt ein oder zwei ansonsten produktive Geologen, die an die biblische Schöpfungsgeschichte glauben und behaupten, die Erde sei in Wahrheit jung, Gott habe ihr nur das täuschende Aussehen hohen Alters verliehen – doch das sind zwei von mehr als 100 000 Geowissenschaftlern, die allein in den Vereinigten Staaten tätig sind. Nein, hätten Sie Welt genug und Zeit (wie Andrew Marwell dichtete), dann hätten Sie 4,5 Milliarden Jahre, denn so lange ist es her, dass die Erde und die anderen Planeten des Sonnensystems aus der, die neugeborene Sonne umgebenden, abgeflachten Frisbeescheibe aus Stein und Staub kondensierten. Nun klingt 4,5 Milliarden Jahre nicht besonders überwältigend, altersschwach oder ehrfurchtgebietend. Würden Sie beispielsweise die Geburtstage aller heute lebenden Menschen addieren, kämen Sie, ein medianes Alter von 26 Jahren angenommen, auf rund 170 Milliarden Jahre.

Doch 4,5 Milliarden Jahre sind eine stattliche Zeitspanne, die der Erde ein hohes Maß an Flexibilität verliehen und aus ihr einen Ort gemacht hat, wo alles möglich erscheint, wo das Komische unvermeidlich und das Improvisieren eine schlechte Gewohnheit ist, die sich überall manifestiert. Mehr als 4,5 Milliarden Jahre lang haben Meere und Steppen die Plätze getauscht; die magnetischen Pole der Erde sind hin und her gewandert und wieder hin; die Gletscher haben fast die ganze Erde in ihrem eisigen Griff gehabt; üppige tropische Wälder mit riesigem Keulenbärlapp und Gingkobäumen, mit Tausendfüßern, so lang, wie Menschen groß sind, und voller Libellen mit der Flügelspannweite von Falken waren von der Antarktis und Australien bis Europa und Amerika verbreitet. O ja, es kann fast unmöglich sein, in geologischen Zeiten zu denken, selbst für Geologen.

»Heute, mit sechsundvierzig, habe ich eine andere Einstellung zur Zeit als mit zwanzig, und mit fünfundsiebzig werde ich wieder eine andere haben«, sagte der Geologe Kip Hodges. »Aber niemals werde ich verstehen können, was 500 oder 600 Millionen Jahre bedeuten, von 4,5 Milliarden Jahren gar nicht zu reden.«

In dem Bemühen, das ungeheure Ausmaß der Erdzeit zu vermitteln, haben Geologen, die sich häufig an Laien wenden, eine Vielzahl von Metaphern und visuellem Anschauungsmaterial entwickelt, lange, knotige Garnstränge oder mehrere Rollen von Toilettenpapier. Der Wissenschaftsjournalist Nigel Calder versuchte, das Verstreichen 1 Milliarde Jahre mit einem Spaziergang entlang der Insel Manhattan zu vergleichen. Zu Ihrer Rechten, meine Damen und Herren, sehen Sie die George Washington Bridge und die ersten Anzeichen einzelliger Lebensformen! Auf dem Weg vorbei an Central Park, Times Square und Empire State Building: mehr und mehr Einzeller! Andere Chronisten haben die Geschichte der Erde zu einem einzigen Jahr komprimiert, während wieder andere es in einen einzigen Tag gepresst haben.

Meine Lieblingszeitmaschine hat Kip Hodges erfunden; er stellt sich die Erde als Menschen mit einer Lebensdauer von fünfundsiebzig Jahren vor. »Der Versuch, sich das Tempo der planetarischen Entwicklung und der Evolution in menschlichen Zeitbegriffen vorzustellen, kann uns wirklich die Augen öffnen«, sagte er. Nach seiner Berechnung, in der zwölf Monate 60 Millionen Jahren entsprechen, nahm Baby Erde ungeheuer rasch zu. Mit einem Jahr hatte sie den Prozess der Kondensierung aus der die Sonne umgebenden Planetenscheibe abgeschlossen und ihre heutigen Ausmaße durch zusätzliche Akkretion von Gestein und Metall angenommen. Einen oder zwei Monate später hatte unser glucksendes Riesenbaby eine dichte Atmosphäre aus Kohlendioxid, Dampf, Stickstoff, Schwefel, Methan und Spuren anderer Elemente ausgerülpst, eine miasmatische Mischung, die unseren Lungen höchst unzuträglich wäre, die aber dafür sorgte, dass das Wasser in den Kraterlöchern an der Erdoberfläche verweilte, statt ins All zu verdampfen. Schon früh in ihrer Jugend tat die Erde, was ein menschlicher Teenager nicht tun sollte – irgendwo, irgendwie gebar ihr träger, aber immer noch fieberheißer Leib die ersten Lebensformen. Etwa acht bis zehn Wochen nach der Geburt begannen blaugrüne Bakterienstämme Sauerstoff in die Atmosphäre zu speien und lösten damit eine biochemische Revolution aus, die sich das Leben schließlich spektakulär zunutze machen sollte. Doch erst mit dreiundsechzig – vor rund 700 Millionen Jahren – zeigten sich die ersten mehrzelligen Tiere. Mutter Erde war eine ehrwürdige Großmutter von zweiundsiebzig Jahren, als die Dinosaurier in Erscheinung traten, und die ersten Affen tauchten erst im Mai oder Juni des fünfundsiebzigsten und letzten Jahres im anschaulich-anthropozentrisch verkürzten Leben Gaias auf. Der moderne Mensch *Homo sapiens* ließ bis zum 31. Dezember auf sich warten, Ackerbau und Viehzucht begann um 22 Uhr, eine Stunde später wurden die ersten Schriftzeichen gekritzelt und das erste Rad in Gebrauch genommen, die amerikanische Revolution fand um 23 Uhr 58 statt, und Neil Armstrong erreichte Mond und Unsterblichkeit zwanzig Sekunden vor Mitternacht.

So betrachtet, wurde nicht nur Rom an einem Tag erbaut, sondern die gesamte Menschheitsgeschichte.

So alt die Erde auch sein mag, das Universum ist natürlich noch älter. Allerdings nicht so übermäßig. Nicht um eine Größenordnung älter, das heißt, nicht zehnmal so alt wie die Erde, sondern nur ungefähr dreimal so alt: 13,7 Milliarden Jahre sind vergangen, seit mit dem Urknall alles Sein begann. Ich persönlich habe mich nie von dem Alter des Universums beeindrucken lassen. Im Gegenteil, seine Jugend flößt mir Unbehagen ein – das gleiche Gefühl, das ich habe, wenn ich den Kapitän in das Flugzeug steigen sehe, mit dem ich gleich abfliegen werde, und er aussieht, als wäre er gerade dem Kindersitz des Autos entwachsen. Erst 13,7 Milliarden Jahre sind seit dem Anfang von allem vergangen – von aller Zeit, allen Gesetzen, allen Beschwerden. Doch wenn ich Astronomen frage, ob sie ebenfalls finden, dass das Universum bemerkenswert unmündig für etwas so Universelles sei, mustern sie mich, als ob sie es für eine Fangfrage halten oder eine müßige Übung in Metaphysik, bevor sie antworten: »Na ja, wenn Sie so fragen, nein, es kommt mir nicht besonders jung vor.« Und es gibt auch einen Grund, warum sie $1{,}37 \times 10^{10}$ Jahre für ein perfektes Alter halten: In der Kosmologie geht es nämlich um Zeit und um Raum, und der Raum, über den das Universum in diesen rund 14 Milliarden Jahren seinen Stoff verteilt hat, ist sehr, sehr groß.

Astronomen fällt es schwer, dem Maßstab kosmischer Entfernungen Gerechtigkeit widerfahren zu lassen. Beinahe alles ist weit weg, viel weiter weg, als Sie denken, so angeboren Ihre Anomie auch sein mag. Die einzige Ausnahme von dieser erschreckenden Ferne macht der Mond. Unser Mond ist bloß 385 000 km entfernt, was etwa dem zehnfachen Erdumfang entspricht. Könnten Sie mit einer gewöhnlichen Verkehrsmaschine dorthin fliegen, brauchten Sie zwanzig Tage. Doch damit hätte sich die Zahl exotischer Ziele für Hochzeitsreisen im All schon erschöpft. Die Reise mit dem Flieger zur Sonne würde einundzwanzig Jahre dauern; bei dieser Gelegenheit sollten die Reisenden darauf aufmerksam gemacht werden, dass der Inhalt der Staufächer und die Staufächer selbst bei der Ankunft zerschmolzen sein könnten.

Um eine bessere Vorstellung von den kosmischen Proportionen zu bekommen, können wir William Blake paraphrasieren und die Erde als feines Sandkorn bezeichnen. Die Sonne wäre dann ein apfelsinengroßes Objekt in sechs Meter Entfernung, während Jupiter, der größte Planet des Sonnensystems, ein Kieselstein wäre, der knapp 15 Meter in die andere Richtung läge – also fast die Länge eines Basketballfelds entfernt; die äußersten Planeten des Sonnensystems wären ein größeres beziehungsweise kleineres Sandkorn, zwei ein viertel Blocks vom Körnchen Erde entfernt. Dahinter werden die Lücken zwischen malerischen Ausblicken absurd groß – da bleibt genügend Zeit für ein tiefes, traumloses Schläfchen. Wenn wir annehmen, dass wir unsere hübsche kleine Planetenmaschine in ein ruhiges Viertel in Newark, New Jersey, gestellt haben, würden Sie die nächsten Sterne – das Dreifach-Sternsystem Alpha Centauri – erst irgendwo westlich von Omaha erreichen, den Stern danach an den Ausläufern der Rocky Mountains. Und zwischen den astronomischen Objekten ist viel Raum, leerer, lichtloser, langweiliger Raum, eine Menge Nichts, Nullen im Leeren. Genau wie das Imperium des *sehr* Kleinen, das Innere des Atoms, fast vollkommen aus leerem Raum besteht, so verhält es sich auch mit dem Himmelsreich. Anders als zuerst von Aristoteles behauptet (»Natura abhorret vacuum – Die Natur schreckt vor der Leere zurück«), liebt die Natur das Vakuum.

»Das Universum ist ein ziemlich leerer Ort, das verstehen die meisten Menschen nicht«, sagte Michael Brown vom Caltech. »Sie schauen sich *Star Wars* an und sehen die Helden durch einen Asteroidengürtel fliegen, die pausenlos damit beschäftigt sind, sich zu drehen und zu wenden, um eine Kollision mit den Asteroiden zu vermeiden.« Tatsächlich habe die NASA, als die Raumsonde *Galileo* Anfang der neunziger Jahre durch den Asteroidengürtel des Sonnensystems flog, Millionen Dollar ausgegeben für den verzweifelten Versuch, die Sonde so nahe an einen der Felsbrocken heranzuführen, um ein Foto zu machen und vielleicht auch eine kleine Probe seines Staubs zu nehmen. »Und als sie Glück hatten und die Sonde tatsächlich an *zwei* Asteroiden vorbeistrich, hielt man das für wahrhaft erstaunlich«, so Brown. »Auf dem größten Teil von *Galileos* Reise gab es gar nichts. Nichts zu sehen, nichts, das hätte fotografiert werden können. Und wir reden über das Sonnensystem, eine ziemlich dichte Region des Universums.«

Lassen Sie sich von den prachtvollen Bildern strahlender Spiralgalaxien, dieser galaktischen Feuerräder mit ihrem hell leuchtenden Sternenhaufen in der Mitte, nicht täuschen. Auch sie sind überwiegend von geisterhafter Beschaffenheit: Die durchschnittliche Entfernung zwischen den Sternen ist rund 100 000-mal größer als der Abstand zwischen uns und der Sonne. Zwar hat unsere Milchstraße rund 300 Milliarden Sterne vorzuweisen, aber diese Sterne sind über ein extrem spärlich belegtes Grundstück mit einem Durchmesser von rund 100 000 Lichtjahren verteilt. Das ist eine Breite von 9,5 Billionen Kilometern (die Strecke, die das Licht in einem Jahr zurücklegt) mit 100 000 malgenommen, also von $9,5 \times 10^{17}$ Kilometern. Selbst bei Verwendung des reduzierten Maßstabs einer Orangen-Sonne, die nur sechs Meter von unserer Sandkorn-Erde entfernt liegt, wäre die Durchquerung der Galaxie immer noch eine Reise von mehr als 38 Millionen Kilometern.

Interessanterweise sind die Entfernungen zwischen Galaxien relativ überschaubar im Vergleich zu den Abgründen zwischen den Sternen innerhalb einer Galaxie. Das heißt, der durchschnittliche Abstand zwischen einer Galaxie und der nächsten ist nur einige zehnmal so weit, wie eine Galaxie groß ist, während die Distanz zwischen Sternen einige Hunderttausend oder Millionen Sterndurchmesser beträgt. »Das ist der Grund, warum Sterne im Gegensatz zu Galaxien nicht zusammenstoßen«, erklärte Robert Mathieu, Astronomieprofessor an der University of Wisconsin. Allgemein wird erwartet, dass die Milchstraße eines Tages mit ihrem nächsten Nachbarn M31 – besser als Andromeda-Galaxie bekannt – zusammenstößt, aber wir reden hier von einem extrem verspäteten Zugunglück, das wohl noch vier Milliarden Jahre auf sich warten lässt. Angesichts der Lückenhaftigkeit der Beteiligten, des Umstands, dass zwischen den Sternen beider Galaxien so riesige Leeren klaffen, wird es auch kein besonders heftiger Zusammenstoß sein.

Großenteils bleibt die kosmologische Metrik tragisch, andächtig, fast unverzeihlich. Mit geschätzten 100 Milliarden Galaxien im Universum, jede mit etwa 100 bis 200 Milliarden Sternen ausgestattet, haben wir einen Sternenbestand von $10^{22}$ weit auseinanderliegenden Sonnen: eine Menge Sterne zum Sehen, eine Menge Möglichkeiten, sich im Dunkeln zu verirren. Die Entfernungen zwischen ihnen sind ungeheuerlich; selbst wenn es im Universum nur so wimmeln würde von intelligentem Leben, wäre die Wahrscheinlichkeit, dass wir Nachricht von einer außerirdischen Zivilisation empfingen, geringer als diejenige, dass Eltern etwas von ihren studierenden Kindern hörten. Doch bevor wir uns in einen Beckett'schen Zustand pränataler Düsternis zusammenrollen, könnten wir uns die Sichtweise Maarten Schmidts zu eigen machen, eines der astrophysikalischen Großmeister. Schmidt vertrat die Auffassung, das Universum sei keinesfalls eine riesige Ödnis von entmutigenden Ausmaßen, sondern ein überraschend kompaktes, ja heimeliges Gebilde. Schmidt, ein liebenswürdiger Holländer mit weißem Haar und tiefblauen Augen, hielt, während er mit ruhiger, aber lebhafter Stimme sprach, seine langen Arme um ein Knie seiner übereinandergeschlagenen Beine gefaltet.

»Wenn Sie nachts bei klarem Himmel hinausgehen«, sagte er, »und Sie weit weg von einer Großstadt sind, können Sie Andromeda sehen, unseren galaktischen Nachbarn, mit dem wir eines Tages zusammenstoßen sollen.

Um von Andromeda zu der Grenze zu gelangen, die wir als den Rand des beobachtbaren Universums bezeichnen, brauchen Sie nur eine Strecke zurückzulegen, die um einen Faktor dreitausend länger ist. Der Rand des bekannten Universums ist also der fernste Punkt, von dem uns Licht erreichen kann, und der ist nur dreitausend Mal so weit entfernt wie die nächstgelegene Galaxie.

Nehmen Sie nun an, Sie schauen auf das hundert Meter entfernte Haus Ihres nächsten Nachbarn. Wenn Sie die dreitausendfache Strecke dieser Entfernung zurücklegen, hätten Sie nur dreihunderttausend Meter oder dreihundert Kilometer zurückgelegt. Wenn Sie also einen Kreis um Ihr ganzes Gemeinwesen, Ihre ganze Welt ziehen würden und dieser Kreis einen Durchmesser von dreihundert Kilometern hätte, kämen Sie dann nicht zu dem Schluss, dass Ihr Gemeinwesen sehr überschaubar angelegt ist? Wären Sie nicht überrascht darüber, wie nahe der Rand Ihrer Welt wäre? Aus diesem Grund halte ich das Universum, zumindest so weit wir es sehen können, für klein.

Natürlich weiß ich, dass meine Position vollkommen unhaltbar ist«, schloss er, bevor er sie umgehend mit einem kleinen, höflichen Lächeln verteidigte.

So ansprechend Schmidts Einfall auch ist, den Kosmos mit einer Art umzäuntem Pueblo zu vergleichen, der wissenschaftlich seriöse Begriff der Kleinheit lässt sich nur auf Moleküle und Elementarteilchen beziehen. Sie glauben, Sie leben ein normales, lebensgroßes Leben, ein Leben nach menschlichem Maß, Sie fahren in den Supermarkt, um Nüsse und Knollen zu sammeln, vielleicht auch ein paar Schweinekoteletts; tatsächlich aber hat »lebensgroß« nicht das Geringste mit Ihnen, dem Inhalt ihres Einkaufswagens oder den Füßen Karls des Großen zu tun. Die wirklichen Agenten des Lebens, die Objekte, die das Leben am Leben erhalten und die Lebensgröße definieren, sind alle unsichtbar. Sie sind zu klein, um mit bloßem Auge erkennbar zu sein – sie sind mikroskopisch klein, was natürlich heißt, dass man ein Mikroskop braucht, um sie zu sehen. Leider setzen die meisten Menschen unsichtbar mit unbedeutend gleich. Wir haben also kaum ein Gespür für die unsichtbaren Teile, aus denen wir tatsächlich bestehen. Wie groß ist eine Zelle oder ein Protein, das aus der Fettoberfläche dieser Zelle herausragt, oder das DNA-Molekül im Zentrum der Zelle? Was glauben Sie, wie viele Hautzellen Sie ungefähr sehen, wenn Sie Ihre Fingerspitze betrachten? Und wie steht es mit einer Bakterie – ist sie größer oder kleiner als eine dieser rauen Hautzellen? Oder nehmen Sie die Wassermoleküle, die sich so rasch binden, auflösen, wieder binden: Wie fügen sie sich in das Szenario des Unsichtbaren?

Um uns in diesen Größenverhältnissen zu orientieren, wollen wir uns die alte theologische Tanzdiele anschauen, den Stecknadelkopf. Ein Stecknadelkopf hat einen Durchmesser von zwei Millimetern oder zwei Tausendstelmetern. Zum Vergleich: Ein menschliches Haar ist hundert Mikron dick (ein Mikron entspricht – Sie erinnern sich – einem Millionstelmeter). Sie könnten also zwanzig Haare auf einem Nadelkopf unterbringen, wenn Sie sie dicht genug legten. Der halbe Durchmesser eines menschlichen Haars oder 50 Mikron markieren ziemlich genau die äußerste Untergrenze der natürlichen Auflösung eines menschlichen Auges; nichts, was kleiner ist – es gibt also einen guten Grund für die Redensart »um Haaresbreite«, die also so viel bedeutet wie »außerordentlich knapp nach Maßgabe des unbewaffneten Auges«. Mit anderen Worten, Sie können ohne Vergrößerungsvorrichtung kein einzelnes Körnchen Kreuzkrautpollen sehen, denn das hat einen Durchmesser von 20 Mikron. Doch wenn Sie Allergiker sind, brauchen Sie sie auch nicht zu sehen, um zu niesen, und die rund 10 000 Pollenkörner, die auf einen Stecknadelkopf passen, sind mehr als genug für ein freundliches »Gesundheit«.

Das weiße Blutkörperchen eines Menschen hat einen Durchmesser von 12 Mikron. Wäre die Oberfläche Ihres Stecknadelkopfes mit weißen Blutkörperchen gepflastert, hätten Sie 28 000 von ihnen vor Augen. Die würstchenförmige Bakterie E. *coli* ist 2 Mikron lang ein halbes Mikron breit, was zur Folge hat, dass es sich 3 Millionen von ihnen auf Ihrer Nadel bequem machen können; und wenn man bedenkt, wie allgegenwärtig E. *coli* ist, hat es wahrscheinlich genau das bereits getan. In der Regel sind Bakterien viel größer als die anderen mikroskopischen Lebewesen, die wir zu den »Keimen« rechnen – die Viren. Im Gegensatz zur Bakterie ist ein Virus keine Zelle. Ihm fehlen fast alle Bestandteile einer Zelle, vor allem die Mittel zur selbständigen Replikation. Stattdessen muss das Virus in die Zellen anderer Organismen eindringen und die dort befindlichen Reproduktionsmechanismen zum Zweck der eigenen Fortpflanzung usurpieren. Schlauheit verlangt Sparsamkeit: Selbst bei einem so großen Virus wie dem Ebola-Erreger ist das Genom zehnmal so klein wie bei E. *coli.* Ein winziges Virus wie das Rhinovirus, das die ungewöhnlich ansteckende gewöhnliche Erkältung verursacht, misst nur 3 Hundertstelmikron oder 30 Nanometer im Durchmesser, und 10 Millionen von ihnen können in einem von einem rotnäsigen Kollegen hinausgeniesten Tröpfchen durch die Luft segeln.

Wenn Sie eine menschliche Zelle aufbrechen, finden Sie die Arbeiterschaft des Lebens, die heroischen Biomoleküle, die all die Arbeit leisten, die erforderlich ist, um Sie während der 3 Milliarden Sekunden Ihres Daseins – plus/minus ein paar $10^{25}$ Attosekunden – am Leben zu erhalten. Hämoglobin, das im Blut befindliche Protein, das Sauerstoffmoleküle in der Lunge aufnimmt und sie im ganzen Körper verteilt, hat einen Durchmesser von etwa fünf Nanometern und damit ein Sechstel der Größe eines Erkältungsvirus. Kollagen, das Strukturprotein des Bindegewebes, das sowohl der Haut wie der Götterspeise ihre Elastizität verleiht, ist lang, dünn und zäh wie ein Stück Zahnseide von einigen Nanometern Dicke und mehreren hundert Nanometern Länge.

Tief im Leib praktisch jeder Zelle ist unsere DNA – das berühmte, wenn auch symbolisch überhöhte Korkenziehermolekül, das alle unsere Gene enthält. Diese Doppelhelix wird zu einem knotigen Bündel zusammengequetscht, die, je nachdem was die Zelle gerade macht, einen Durchmesser von 100 bis 1000 Nanometern aufweist. Egal, wie die DNA gepackt ist, rund 5 Millionen dieser kleinen menschlichen Genome – 5 Millionen Heilige Grals, 5 Millionen Bücher des Lebens, 5 Millionen Baupläne für ein Baby – können auf einem Stecknadelkopf hocken.

Proteine und DNA sind fette Riesengebilde im Vergleich zu anderen Molekülen der Zelle. Ein Glukosemolekül, der Einfachzucker, der die Aktivität in Ihren unermüdlichen Körperzellen speist, besitzt nur ein Sechstel der Größe eines Hämoglobinproteins, und das Sauerstoffmolekül, das vom Hämoglobin durch den Körper getragen wird, ist nur ein Drittel so groß wie dieser Zucker.

Sauerstoffmoleküle sind unsere klarsten und kürzesten Verbindungen zum Leben. Enthalten Sie irgendeinem Teil Ihres Körpers Sauerstoff vor, und das erstickende Gewebe wird binnen weniger Minuten sterben. Diese unentbehrlichen Moleküle sehen aus wie Manschettenknöpfe: zwei verbundene Sauerstoffatome – $O_2$ –, die unser Leben, die uns, die Größenskala weiter hinunter, mit den Atomen verknüpfen. Meine Damen und Herren, wir bestehen alle aus Atomen, und Atome sind winzig. Wie töricht dieser Versuch, durch besonders kleine und kaum noch leserliche Schrift Informationen zu vermitteln – dabei bin ich noch nicht einmal Verfasserin von pharmazeutischen Beipackzetteln. Atome liegen weit jenseits selbst des kleinsten Schriftgrads. Es gibt mehr als hundert verschiedene Arten von Atomen, von sehr leichten wie Wasserstoff und Helium über die Mittelgewichte wie Zinn und Jod bis hin zu solchen Unaussprechlichkeiten wie Ununpentium und Ununquadium, doch ihre Größe ist fast immer identisch, nämlich fast null. Mehr als drei Atome passen in ein Nanometer, mit anderen Worten, es wären $10^{13}$ oder 10 Billionen von ihnen erforderlich, um unseren Stecknadelkopf zu bedecken. Und das Komische daran ist, dass selbst diese exotische Kleinheit noch immer zu groß für das Atom ist: Fast die Gesamtheit seiner Subnano-Dimension wird von leerem Raum eingenommen. Die eigentliche Substanz eines Atoms ist sein Kern, der Atomkern, der mehr als 99,9 Prozent der Materie des Atoms enthält. Wenn Sie auf Ihre Badezimmerwaage steigen, wiegen Sie im Prinzip die Summe Ihrer Atomkerne. Könnten Sie sie alle aus Ihrem Körper entfernen und sich dergestalt »entkernt« wiegen, brächten Sie noch gerade 20 Gramm auf die Waage, das Gewicht von vier Fünfcentstücken. Sie könnten sich allerdings kaum daran erfreuen, mausetot, wie Sie wären.

Die verbleibenden 20 Gramm gingen auf das Konto Ihrer Elektronen, jener Elementarteilchen, die den Atomkern umkreisen. Ein Elektron hat weniger als $1/1800$ der Masse eines einfachen Atomkerns. Doch die Wolke von einem oder mehreren dieser luftig-geisterhaften Elektronen, die den Atomkern umgeben, markieren den Rand des Atoms und damit seine Größe. Und, o ja, riesig ist die Kluft zwischen dem kompakten Kern und der kreisenden Wolke. Der Durchmesser des Atomkerns umfasst gerade einmal $1/100000$ der Größe des im Subnano-Bereich angesiedelten Atoms. Unter dem gewichtigeren Blickwinkel der Trenddiät sehen wir, dass der Kern zwar fast die gesamte Atommasse stellt, doch von der fleischigen Masse, der wir mit Wiegen und Wettern beizukommen suchen, nur ein Billionstel ($10^{-12}$) ihres Volumens einnimmt.

Hier bietet sich ein letzter Rückgriff auf die Metapher an. Wäre der Kern eines Atoms ein Basketball im Erdmittelpunkt, wären die Elektronen Kirschkerne, die in den äußersten Schichten der Erdatmosphäre herumsausten. Zwischen unserem Kern-Basketball und den fliegenden Kirschkernen wäre jedoch keine Erde: kein Eisen, Nickel, Magma, Land, Meer oder Himmel. Abermals gäbe es buchstäblich nichts, worüber sich reden ließe. Innerer Raum, äußerer Raum, galaktisch, atomar, egal. Wir leben in einem Universum, das weitgehend frei von Materie ist. Trotzdem strahlt die Milchstraße, fließt unser Hämoglobin, und wenn wir unsere Freunde umarmen, versinken unsere Hände nicht in dem Vakuum, das sich in allen Atomen befindet. Wenn wir, ihre Haut berührend, die Leere berühren, warum fühlt sie sich dann so gefüllt an?

# 4 Physik

## *Aus nichts was machen*

Nehmen wir an, ein Asteroid, der eine verblüffende Ähnlichkeit mit einem *Tyrannosaurus rex*, einem riesigen Trilobiten oder Steven Spielberg hat, wird morgen in die Erde krachen, das Gros der menschlichen Zivilisation und ihrer Zivilisten vernichten. Welcher winzige Rest der menschlichen Kultur wäre es am ehesten wert, bewahrt zu werden? Welche Einsicht, welche Erkenntnis über das Wesen des Universums würde sich für die wenigen Überlebenden am nützlichsten erweisen bei ihrem Versuch, alle Erwartungen und Errungenschaften von *Homo sapiens* wiederherzustellen? Kunstliebhaber würden vielleicht die gesammelten Werke von William Shakespeare oder Johann Sebastian Bach vorschlagen. Die medizinisch Gesinnten würden sich möglicherweise für Antibiotika und Anästhesie entscheiden – und für die Einsicht, was auf keinen Fall mit dem Inhalt unseres Nachttopfs zu geschehen habe. Richard Feynman, der große Physiker, der gern in einem Atemzug als Genie und Witzbold bezeichnet wurde, nahm das Problem der postapokalyptischen Renaissance sehr ernst. »Wenn in einer Katastrophe alle wissenschaftliche Erkenntnis untergehen sollte und sich nur ein Satz an die nächste Generation der Lebewesen weitergeben ließe, welche Aussage enthielte wohl die meiste Information mit den wenigsten Wörtern?«, fragte Feynman rhetorisch bei einer seiner berühmten Vorlesungen. »Ich glaube, es ist die Atomhypothese, oder die Atomtatsache, oder wie immer Sie sie nennen möchten – die These, dass alles aus Atomen besteht.

Kleinen Teilchen, die sich in ständiger Bewegung befinden, sich gegenseitig anziehen, wenn sie ein wenig voneinander entfernt sind, sich aber abstoßen, sobald sie zu dicht zusammengequetscht werden.« Nehmen Sie diesen einen Satz, sagte er, rühren Sie »ein bisschen Phantasie und Denken hinein«, und Sie haben eine neue *Geschichte der Physik*, erstanden wie Phönix aus der Asche.

Physik ist eine jener bescheidenen Disziplinen, die, so Steven Pollock, ein Physikprofessor an der University of Colorado, in seinem populärwissenschaftlichen Buch, nicht weniger bieten als »das Studium dessen, woraus die Welt besteht, wie sie funktioniert und warum sich die Dinge in der Welt so verhalten, wie sie sich verhalten«. Und je kürzer das gesagt wird, umso besser. Die Physik schwelgt in Reduktionismus, ein Wort, das für viele Menschen »grob vereinfachend« bedeutet und »wohl kaum auf jemanden in meinem Bekanntenkreis anwendbar«. Das aber in Wirklichkeit einfach nur heißt: »Etwas Komplexes anhand seiner Bestandteile verstehen.« Das ist natürlich das, worum sich die meisten Naturwissenschaftler bemühen, doch die Physik geht dabei am weitesten, sie zerlegt die Bestandteile, bis sie nach Müster Mark schreien.* Die Physik beschäftigt sich mit jenen Dingen, mit denen alles begann, und mit den Fundamentalkräften. Daher liefert sie uns die Antwort auf viele Grundfragen. Warum ist der Himmel blau? Warum bekommen Sie einen Schlag, wenn sie durch einen mit Teppich ausgelegten Raum gehen und eine Türklinke aus Metall berühren? Warum hält Sie ein weißes T-Shirt kühler in

---

* Mitte des 20. Jahrhunderts nahm Murray Gell-Mann, ein theoretischer Physiker und durchtriebener Propagandist von *Finnegans Wake*, eine berühmte Namensgebung vor: *Quarks* nannte er die drei fundamentalen Bausteine der Materie nach einer Gedichtzeile aus James Joyces letztem lesbaren Roman: »Three quarks for Muster Mark!/Sure he hasn't got much of a bark/And sure any he has it's all beside the mark.« [In der Übersetzung von Dieter H. Stündel, Zweitausendeins 1993, S. 383: »Drei Quarks für Müster Mark!/Sein Gekläff war wohl eher karg/Und sein Besitz ist unter der Mark ...«] Obwohl nach Absicht von Joyce *quark* offensichtlich so ausgesprochen werden sollte, dass es sich auf Mark und *bark* reimte, wird das subatomare Teilchen meist *kwôrk* ausgesprochen (wie in *Kork*), was zufällig auch für das in den englischen Sprachgebrauch übernommene deutsche Wort *Quark* (den Frischkäse) gilt.

der Sonne als ein schwarzes, obwohl das schwarze Sie doch viel schlanker macht?

Da Physik die Wissenschaft von den Teilchen und Kräften ist, mit denen alles begann, spricht einiges dafür, sie an den Anfang des naturwissenschaftlichen Unterrichts zu stellen. Doch seit Langem entscheidet sich das amerikanische Schulsystem anders. An den meisten Highschools beginnen die Schüler in der zehnten Klasse mit Biologie, dann folgt Chemie und im letzten Jahr Physik – ein Lehrplan, der von der traditionellen Vorstellung geprägt ist, dass der Verstand junger Menschen von den »leichtesten« zu den »schwersten« Stoffen geleitet werden müsse. In jüngerer Zeit setzten sich jedoch viele Wissenschaftler dafür ein, zuerst Physik zu unterrichten und die Biowissenschaften zuletzt. Führend bei diesem Vorstoß für eine Veränderung ist Leon Lederman, Nobelpreisträger für Physik und emeritierter Professor an der University of Illinois, der den charakteristischen Haarschopf von fast fluoreszierendem Weiß besitzt, mit dem die großen alten Männer der Physik so häufig gesegnet sind.

Lederman und andere sind der Ansicht, dass die Physik die Grundlage sei, auf der Chemie und Biologie aufbauen, und dass es keinen Sinn habe, die Wände hochzuziehen und das Dach darauf zu setzen, bevor man das Betonfundament gegossen habe. Außerdem meinen sie, dass die Physik, richtig gelehrt, nicht »schwerer« sei als irgendein anderes Fach, das zu unterrichten sich lohne. Einige Schulen haben die empfohlene Kurskorrektur vollzogen, und andere werden sicherlich folgen. Ich bin nicht nur überzeugt von Ledermans Logik, nach der von unten nach oben gebaut werden muss, ich vertraue auch seinem populistischen Instinkt. Denn seit Langem setzt sich Lederman beim Fernsehen dafür ein, das Image der Naturwissenschaft in der Öffentlichkeit dadurch aufzupolieren, dass es eine Serie über eine Forschungsgruppe an einem Labor bringt. Ob Physiker, Chemiker, Melodram oder Sitcom, Lederman ist es egal; entscheidend ist für ihn nur eines: dass die Protagonisten mit ihren Herzensangelegenheiten und Reibereien, ihren

Motiven und Selbstzweifeln, ihren hohen Backenknochen und eleganten Schuhen die Klischees vom Science-Freak widerlegen.

Die Physik ist also das Tor zur Naturwissenschaft, die Disziplin, auf der alle anderen aufbauen, wenn auch manchmal murrend. Und wie Feynman in seinem postapokalyptischen Erneuerungsplan geltend machte, ist der fundamentalste Aspekt dieser Grundlagendisziplin das Atom.

Alles, jedes einzelne Ding, das die Bezeichnung »Ding« verdient, besteht aus Atomen. Selbst solche Dinge, die nicht offenkundig dinglich sind, lassen sich am Ende auf ihre atomaren Substrate zurückführen. Gedanken zum Beispiel. Wenn sie Ihrem Gehirn entweichen und durch die Rigipsplatten Ihrer Bürozelle schweben, erscheinen sie eklatant fließend, eindeutig immateriell. Doch die Gehirnzellen, die Ihre Gedanken hervorgebracht haben, bestehen alle aus Atomen, und wenn ein Gedanke einen anderen auslöst, gelingt ihm das durch die Übertragung von neurochemischen Stoffen entlang der synaptischen Bahnen Ihres Gehirns, die wiederum enorme Ansammlungen von Atomen sind; und wenn Sie Ihre Gedanken in einem Computer festhalten, um sie später als freundliche Spams zu verschicken, usurpieren Sie einen unschuldigen Bildschirm, indem Sie den Atomen seiner phosphorbeschichteten Oberfläche eine neue Ordnung aufzwingen.

Zum Glück sind die atomaren Legosteine, aus denen wir bestehen, ein hervorragend funktionierendes Bausystem.

»Wenn Sie etwas replizieren möchten, machen Sie weniger Fehler, wenn es aus einzelnen Teilen und nicht aus kontinuierlichem Material besteht«, sagte Ramamurti Shankar, Physikprofessor an der Princeton University. »Um einen Vergleich zu bemühen, Sie werden weniger Fehler machen, wenn Sie ein Wort buchstabieren, als wenn Sie versuchen, eine Farbe zu reproduzieren.« Gefühlsmäßig sei es eine Erleichterung, so fügt er hinzu, »dass es nur etwa hundert verschiedene Buchstaben, das heißt, verschiedene Atome gibt, um die man sich zu kümmern hat«.

Dass alle Materie aus Atomen besteht, ist eine tiefe Einsicht in das Wesen des Wirklichen, die rund zweitausend Jahre in einer Art Larvenstadium, in weitgehend spekulativer Form heranreifte, bevor im 20. Jahrhundert Physiker wie Albert Einstein und Niels Bohr schließlich experimentelle Belege für die Existenz des Atoms vorlegten. Der griechische Philosoph Demokrit vertrat um 400 v.Chr. die Ansicht, alles bestehe aus unsichtbaren, unteilbaren Teilchen, die sich nach Form, Größe und Position unterschieden und so gemischt und zusammengefügt werden könnten, dass sie jede Art von Materie ergäben. Demokrit nannte diese Teilchen *átomos* – »unzerbrechlich« oder »unteilbar«. Zu den erbittertsten Gegnern dieser Frühversion der Atomtheorie gehörte Aristoteles, der, bei aller Genialität, die kontraproduktive Gewohnheit hatte, einige wirklich hervorragende Ideen abzulehnen. Aristoteles war der Auffassung, die Welt bestehe nicht aus einzelnen Teilchen, sondern aus vier Essenzen oder Elementen – Erde, Feuer, Luft und Wasser. Der verschwommene und verschrobene, aber zugegebenermaßen faszinierende Entwurf des Aristoteles beherrschte die philosophische Szene Jahrhunderte lang und hat unter den Anhängern der Astrologie noch immer eine stattliche Fangemeinde.

Die ersten Atommodelle ähnelten unserem Sonnensystem: Der Kern war die Sonne, und er wurde von den Elektronen umkreist wie von Planeten. Vertraut ist auch die etwas abstraktere Darstellung des Atoms aus den fünfziger Jahren: eine zentrale Scheibe, die von drei oder vier Ellipsen umgeben ist. Sie ist auch das offizielle Stadtwappen von Arco in Idaho, das sich stolz beschreibt als »erste Stadt der Welt, die von Atomstrom beleuchtet wird«. Tatsächlich hat ein Atom überhaupt keine Ähnlichkeit mit einem Sonnensystem oder mit einem kitschigen Stadtlogo. Es lässt sich überhaupt nicht sagen, wie es aussieht, jedenfalls nicht in der gewöhnlichen visuell-räumlichen Bedeutung des Wortes. Nicht nur, weil das Atom für das bloße Auge unsichtbar ist.

Zellen und Bakterien sind auch »unsichtbar«, aber mit dem Mikroskop können wir eine Zelle oder einen Mikroorganismus sehr genau erkennen. Wie Brian Greene mir erläuterte, liegt das

Problem bei Atomen darin, dass sie so klein sind: Sie liegen in jenem gefährlichen Bereich, in dem Werner Heisenbergs Unschärferelation herrscht: Wer sie ansieht, verändert sie.

»Wenn wir ein Atom zur Größe, sagen wir, eines Briefbeschwerers auf Ihrem Couchtisch aufblasen könnten«, fragte ich Greene, obwohl ich sah, dass sich auf seinem Couchtisch keine Papiere befanden, die eines Briefbeschwerers bedurft hätten, »was würden wir sehen?«

»Sehen?«, wiederholte er so gedehnt, dass sich das Wort vielsilbig anhörte. »Was würden wir sehen? Ich möchte nicht wie Clinton reden, aber es hängt davon ab, wie wir Sehen definieren. Wenn wir vom Sehen in der Alltagswelt reden, reden wir über Licht«, erläuterte er. »Wir reden über Photonen, Lichtteilchen, die in unser Auge fallen und uns zu sehen erlauben. Doch wenn wir in den Größenbereich des Atoms gelangen, können diese Photonen das Wesen der Dinge, die Sie sehen, verändern.« Die Elektronen, die das Atom umgeben, könnten Photonen absorbieren und emittieren, und das veranlasse die Elektronen zu Sprüngen, die die Struktur des Atoms veränderten. »Wir wollen dem winzig kleinen Atom die Alltagserfahrung des Sehens aufzwingen, aber dazu müssen wir das Atom selbst verändern. Wir können buchstäblich nicht in diese Größenverhältnisse hineinsehen.«

In Ordnung, vergessen wir den konkreten Briefbeschwerer, sagte ich. Was würden wir denn im übertragenen, nicht wirklichen Sinne sehen?

»Eine Wolke«, sagte er. »Das Bild einer Elektronenwolke vermittelt uns eine ziemlich zutreffende Vorstellung.« »Wie eine dieser Purzelbäume schlagenden Wollmäuse, die man nie mit dem Handsauger kriegt?«, fragte ich. »Oder der verwischte Fleck auf dem Bildschirm bei einer Nachrichtensendung, wenn die Identität einer sich bewegenden Person unkenntlich gemacht werden muss?« »Ungefähr so«, erwiderte Greene. »Aber nicht wie ein Mückenschwarm. Keine Ansammlung separater Objekte. Das Bild einer Elektronenwolke ist in Wirklichkeit ein Mittel, um Wahrscheinlichkeitsverteilungen darzustellen, die angeben, mit welcher Wahrscheinlichkeit die Elektronen eines Atoms wo anzutreffen sind, und um uns zu zeigen, wie die potenziellen Positionen des Elektrons verteilt sind. Selbst bei dem einfachsten Atom, dem Wasserstoff, dessen einziges Proton im Kern nur von einem Elektron umkreist wird, gibt es so viele Punkte, an denen das Elektron anzutreffen sein könnte, dass Sie sich die gesamte Grenze des Wasserstoffatoms als eine einzige Wolke vorstellen können.«

Doch bevor wir uns von diesem hübschen Bild einer Elektronenverteilung gefangennehmen lassen, die wie eine präraffaelitische Frisur aussieht, müssen wir uns daran erinnern, dass Aristoteles irrte: Materie bildet sich nicht aus einer Reihe von Wesenheiten, die sich nahtlos miteinander vermischen. Atome können sich anziehen und tun es oft. Atome bilden Bindungen, meist, indem sie Elektronen miteinander teilen, die sich in der äußersten Schale der beteiligten Atome befinden. Durch diesen kunstvollen Austausch von Elektronen an ihren Grenzen schließen sich zwei Wasserstoffatome und ein Sauerstoffatom zu einem Wassermolekül zusammen. Aber – und das ist wichtig – weder verschmelzen die Atome miteinander, noch durchdringen sie gegenseitig die riesigen leeren Räume ihres Inneren. Die Atome bleiben separate Gebilde, eigenständige Teilchen, die im Kern aus Protonen und Neutronen bestehen, über eine Menge Hohlraum verfügen und fern, sehr fern des Kerns von einer Elektronenwolke umgeben sind. Der leere Raum ist in der Regel sakrosankt. Weder die Elektronenwolke noch die Kernteilchen eines Atoms dringen in den Innenraum eines anderen Atoms ein, um sich umzusehen, sich vielleicht sogar dem fremden Kern zu nähern, Hallo und Tschüss zu winken und sich dann wieder auf den Heimweg zu machen. Nur unter außergewöhnlichen Bedingungen, etwa in dem Hochdruckofen, der das Innere eines Sterns darstellt, können zwei Atome so zusammengepresst werden, dass ihre Kerne zum Atom eines neuen, schwereren Elements verschmelzen, das einen höheren Platz im Periodensystem einnimmt – wir kommen später darauf zurück.

Meist bewahren Atome jedoch ihre Autonomie und ihre ethnische Identität, auch wenn sie sich in einer stabilen molekularen Beziehung zu anderen Atomen befinden. Die Wasserstoff- und Sauerstoffatome, mit denen die Weltmeere gefüllt sind, bleiben bis in ihre Kerne Wasserstoff und Sauerstoff und können voneinander getrennt werden, wenn man auch Energie braucht, um die Bindungen eines Wassermoleküls oder irgendeines anderen Moleküls zu durchtrennen und die Bestandteile zu isolieren. Es ist schon ein erstaunlicher Gedanke, dass jeder Aspekt und Prospekt unseres Lebens – die milde Luft, die wir atmen, das kühle Wasser, das wir trinken, die Fahrbahnhöcker, über die wir rumpeln – aus separaten, hohlen Teilchen besteht, aus Trillionen und Abertrillionen vakuumgefüllter Atome, die sich nahe kommen, aber nie zu nahe. Wir erinnern uns an Feynman: Atome ziehen sich an, wenn sie ein wenig voneinander entfernt sind, stoßen sich aber ab, wenn es zu eng wird.

Wie kommt es, dass Atome eigenständig bleiben, dass sie ein so anal-zwanghaftes Bedürfnis nach ihrem »persönlichen Raum« haben? Und warum sitze ich hier auf einem relativ bequemen Mahagonistuhl, statt platsch-plumps durch die hohlen Atome von Möbel, Fußboden und Planet zu fallen und dem armen Commander Frank Poole bei seinem Todesflug durch die samtene Leere des Alls Gesellschaft zu leisten?

Die Antwort liefern uns die Charaktereigenschaften der subatomaren Teilchen – der Bausteine, aus denen ein Atom besteht – und die Schachzüge, Gegenmaßnahmen und Kompromisse, mit denen sie ununterbrochen beschäftigt sind. Im Kern sitzen die Schwergewichte, die Protonen und Neutronen, die mehr als 99,9 Prozent der Atommasse auf die Waage bringen, während sie nur ein Billionstel des Atomvolumens einnehmen. Natürlich sind nicht alle Atome gleich.

In unserer Welt flimmern und schimmern die Atome von Gold, Silber, Bismut, Platin, Blei, Natrium, Quecksilber, Indium, Iridium, Xenon, Kohlenstoff, Silizium und von etwa hundert weiteren jener

Urwörter des Seienden, die wir Elemente nennen. Die Elemente sind Stoffe, die sich nicht mehr durch gewöhnliche chemische oder mechanische Mittel in einfachere Stoffe zerlegen lassen. Wenn Sie eine Probe reinen Bleis haben, können Sie sie in kleinere Bleiklümpchen zerteilen oder einschmelzen, aber jedes Stück wird weiterhin aus Bleiatomen bestehen, – und nicht aus dem Gold, das Sie sich vielleicht wünschen, oder aus dem Strontium, das Sie bestimmt nicht haben wollen, wenn Sie nicht Feuerwerkskörper herzustellen beabsichtigen und deshalb seine Entflammbarkeit zu schätzen wissen. Während die verschiedenen Atome alle ungefähr die gleiche Größe haben – ein Zehntel eines Milliardstelmeters im Durchmesser –, unterscheiden sie sich hinsichtlich ihrer Masse, das heißt, der Zahl der Protonen und Neutronen, mit denen ihr Kern vollgestopft ist. Wasserstoff, das leichteste und bei Weitem häufigste Element im Universum, besitzt die absolut minimalistische Spielart eines Kerns – er besteht nur aus einem einzigen Proton; doch es gibt Varietäten des Atoms, die die wenig schmeichelhafte Bezeichnung »schwerer Wasserstoff« tragen; sie besitzen neben dem einen Proton noch ein oder sogar zwei Neutronen. Viele der vertrauteren Elemente haben weitgehend die gleiche Anzahl von Protonen und Neutronen in ihrem Zentrum: Kohlenstoff, der Eierkarton, sechs von der einen und ein halbes Dutzend von der anderen Sorte; Stickstoff, wie ein Cocktail aus den Sechzigern, Seven and Seven; Sauerstoff eine Arie als doppeltes Oktett von acht Protonen und acht Neutronen.

Doch auch von diesen Elementen gibt es verfettete Varianten, so genannte Isotope, die ihren Gewichtszuwachs zusätzlichen Neutronen verdanken. Kohlenstoff kommt beispielsweise auch in einem Acht-Neutronen-Isotop vor, das so instabil und so leicht geneigt ist, sein achtes Neutron abzustoßen, dass Archäologen und Paläontologen das Tempo der Neutronenfreisetzung oder des Zerfalls als eine Art Uhr verwenden, mit deren Hilfe sie die Schätze datieren, die ihre Ausgrabungen zutage fördern: sei es der kariöse Zahn eines prähistorischen Königs, der offenbar besonderen Gefallen an Süßem fand, oder Tierknochen, aus denen die ersten Dentalwerkzeuge geschnitzt wurden, oder die verkohlten Überreste des ersten Dentisten.

Bei den Kernen schwererer Elemente befinden sich Protonen gewöhnlich in der Minderzahl gegenüber Neutronen, manchmal in erheblichem Maße. Die 80 Protonen des Quecksilbers werden beispielsweise von den 120 Neutronen des aalglatten Metalls um 50 Prozent übertroffen, wie sich leicht nachrechnen lässt. Doch Protonen machen ihren Minderheitenstatus mehr als wett durch ihr unerschütterliches Selbstwertgefühl, denn während jedes Atom, gleich welcher Art, ein paar Neutronen mehr oder weniger haben kann, ohne seine Grundidentität einzubüßen, ist seine Protonenzahl nicht verhandelbar, sie ist das elementarste Element eines Elements. Allein der Protonengehalt unterscheidet einen Atomtyp, ein Element, vom anderen und dient daher als offizielle Ordnungszahl des Elements. Gold besitzt 79 Protonen in seinem Kern und hat daher die Ordnungszahl 79; an der Stelle 78 finden wir Platin, dem trotz seiner 117 Neutronen bildlich gesprochen ein Proton fehlt, um so gut wie Gold zu sein.

Welchem Umstand verdanken nun aber die Protonen ihren privilegierten Status? Wenn Protonen und Neutronen ähnlich verteilt und in gleicher Weise für die Ballaststoffe in Ihrem Brokkoliröschen oder den Auftrieb im Ballon Ihrer Tochter verantwortlich sind, warum unterscheidet dann allein die Protonenanzahl zwischen Selen, Ordnungszahl 34, einem essenziellen Spurenelement, das dazu beiträgt, Fette und Proteine in Energie umzuwandeln, und Arsen, Ordnungszahl 33, einem hochgiftigen Stoff, der dazu verwendet wird, Ratten, Unkraut und gelegentlich auch einen römischen Kaiser umzubringen?

Die Antwort lautet: die elektrische Ladung. Ein Proton hat sie, ein Neutron hingegen nicht. Das Neutron ist, wie sein Name sagt, ein elektrisch neutrales Teilchen. Nach einer willkürlichen Konvention, die auf Benjamin Franklin und seinen Drachen zurückgeht, wird das Proton als positiv geladenes Teilchen bezeichnet, während das andere geladene Teilchen des Atoms, das Elektron, als negativ geladen gilt. In den Begriffen »positiv« und »negativ« kommt kein Urteil zum Ausdruck – spiegelt sich nicht die Vorliebe der Physiker für eines der beiden Teilchen oder die Fähigkeit des Protons, den Wert eines Grundstücks zu erhöhen, während das Elektron rostige Autoteile über den Rasen verstreut. Man hätte die Bezeichnungen ebenso gut vertauschen, das heißt, das Proton negativ und das Elektron positiv geladen nennen können, aber man hat es nicht getan, also wollen auch wir darauf verzichten. Entscheidend ist nur, dass die Ladung des einen Teilchens die Ladung des anderen aufwiegt. Ein Elektron mag zwar mehr als tausend Mal leichter als ein Proton sein, doch seine Ladung entspricht in jeder Hinsicht der des nuklearen Riesen. Und die Entsprechung ist vollkommen, denn Protonen und Elektronen ziehen einander an, so wie das in der makroskopischen Welt schon seit Langem von Gegensätzen behauptet wird, obwohl in diesem Fall die Reaktion allzu häufig dazu führt, dass andere makroskopische Größen eingreifen müssen – so genannte Scheidungsanwälte.

Doch was genau ist diese subatomare Ladung, diese positive Ladung des Protons, die die negative Ladung des Elektrons anzieht und ausgleicht? Vermutlich denken Sie bei dem Wort Ladung an einen mit gespeicherter Energie geladenen Akku, den Sie in Ihre Digitalkamera legen können, um viele tolle Blumenbilder zu schießen. Wenn wir sagen, dass Proton und Elektron geladene Teilchen sind, das Neutron hingegen nicht, so heißt das jedoch nicht, dass die beiden im Vergleich zum Neutron kleine Akkus voller Energie sind. Die Ladung eines Teilchens ist kein Maß für seinen Energiegehalt. Vielmehr ist die Definition der Teilchenladung fast zirkulär. Ein Teilchen gilt dann als geladen, wenn es andere geladene Teilchen anziehen oder abstoßen kann. »Eine Ladung ist ein Verhalten; an sich ist sie nichts«, sagte Ramamurti Shankar. »Es ist so, als würde man sagen, jemand hat Charisma.«

Charisma lässt sich auch als »Kraft der Persönlichkeit« definieren, was uns zu der Ursache führt, warum geladene Teilchen auf andere Teilchen reagieren. Sie gehorchen den Gesetzen des Elektromagnetismus, einer der vier »Fundamentalkräfte« der Natur. Sie haben sicherlich schon von diesen vier Fundamentalkräften gehört und können Sie vielleicht sogar benennen: Elektromagnetismus, Gravitation, starke Kernkraft und schwache Kernkraft. Doch »Kraft« ist wie »Ladung« eines jener Wörter, die so häufig in Alltagsgesprächen gebraucht werden, dass ihre Bedeutung fälschlicherweise selbstverständlich zu sein scheint und sie selten erklärt werden im Kontext des physikalischen Fundamentalismus. Was unterscheidet eine Fundamentalkraft der Natur von den vertrauteren, furchterregenden Naturgewalten wie Hurrikanen, Erdbeben und Donald Trumps Toupet?

Eine Fundamentalkraft stellen wir uns am besten als eine fundamentale Wechselwirkung vor, eine Beziehung zwischen zwei Materieklümpchen. Wie sich zeigt, hat ein Materieteilchen nur vier bekannte Möglichkeiten, mit einem anderen zu kommunizieren, vier Arten, die Existenz eines anderen als des eigenen Körpers wahrzunehmen. Jede dieser Wechselwirkungen unterscheidet sich in Stärke und Reichweite, operiert nach einem eigenen Regelsatz und erzielt je eigene Ergebnisse. Allerdings schließen sie einander nicht aus. Beispielsweise üben alle Körper, egal, wie winzig sie sind, gravitative Anziehung aufeinander aus. Ob geladen oder neutral, rotierend oder ruhend, die Massen kommen in Bewegung durch den universellen Lockruf der Gravitation. Sollten Sie jemals versucht haben, sich ein Paar Flügel anzuschnallen und mit heftig schlagenden Armen vom Dach Ihres Hauses zu springen, werden Sie es kaum glauben, aber die Gravitation ist bei Weitem die schwächste der vier Fundamentalkräfte. Bemerkbar macht sich ihre Wirkung bei relativ großen Materieansammlungen wie Sternen, Planeten und Schwachköpfen, die von Dächern springen.

Wenn Sie nun zwei elektrisch geladene Teilchen nehmen, ziehen die sich natürlich auch gravitativ an. Doch als geladene Teilchen sind sie auch der elektromagnetischen Kraft unterworfen, die, nun ja, rund $10^{40}$, also mehr als eine Billion Billionen Billionen Mal stärker als die Gravitation ist. Je nachdem, ob die Teilchen gegensätzliche oder gleiche Ladung haben, ziehen sie sich an oder stoßen sich ab und scheren sich nicht im Geringsten um die Gravitation.

Größenverhältnisse und Kontext geben immer vor, mit welcher Kraft Sie es zu tun haben. Beispielsweise verdient die starke Kraft ihren prahlerischen, testosteronträchtigen Namen durchaus, denn sie ist die stärkste Wechselwirkung des Universums, mehr als hundert Mal stärker als der Elektromagnetismus. Ihr Einfluss hält Protonen und Neutronen im Kern eisern zusammen und überwindet die elektromagnetische Abstoßung, die sonst alle diese positiv geladenen Protonen weit auseinandertriebe. Doch die starke Kraft wirkt nur bei den lächerlich kurzen Abständen zwischen und innerhalb der Teilchen des Kerns. Die schwache Kernkraft – Auslöser des Neutronenzerfalls und der Dunkelmann des Kräftequartetts – bleibt in ihrer Reichweite auf den Kern beschränkt.

Nach Auffassung der Physiker sind die vier Kräfte in Wirklichkeit vier Manifestationen einer einzigen grundlegenden Superkraft; als unser Universum jung, stark und heiß war, verhielten sich diese Kräfte auch wie eine einzige; erst mit der unvermeidlichen Alterung, Abkühlung und Expansion des Kosmos zerfiel die eine Kraft in vier separate Teile. In dem Versuch der Forschung, die vier Kräfte in einer einzigen Gleichung zu vereinigen, der Großen Vereinheitlichten Theorie, die so knapp sein soll, dass sie auf ein T-Shirt passt, kommt das Bemühen zum Ausdruck, die ursprüngliche Gemeinsamkeit zu entdecken, die der heutigen Pluralität zugrunde liegt.

Egal, ob Sie es mit ihren Berechnungen zu Ruhm und Ehre bringen, wir leben in einer Welt mit vier Fundamentalkräften, vier separaten Kommunikationsweisen zwischen Materie und Materie; alle Gespräche, die zwischen Teilchen und den aus diesen Teilchen zusammengesetzten Organismen stattfinden, vollziehen sich über eine oder mehrere dieser vier. Der Ball, den Sie in die Luft werfen, reagiert auf seinem Weg nach oben und nach unten, wie wir gesehen haben, auf die Anziehung der Gravitation. Doch was ist mit der Kraft, die den Ball auf seine Reise geschickt hat? Sie als Werfer haben eine Kraft in der klassischen, Newton'schen Bedeutung des Wortes ausgeübt, das heißt, Sie ließen Ihre Muskeln spielen und haben ein ruhendes Objekt in Bewegung versetzt. Aber durch welche Fundamentalkraft haben die Teilchen in Ihrer Hand die Nachricht an den Ball weitergegeben? Und wenn Sie ein noch so guter Baseballspieler sind, tut mir leid, es handelt sich nicht um die starke Kraft.

Für die Frage nach dem Ursprung unseres sportlichen Wurfs und der vielen anderen Arten, den Tag zu ergreifen, ihn mit allen fünf Sinnen wahrzunehmen, müssen wir uns die Architektur des Atoms anschauen und all die Anziehung, Abstoßung und Grenzziehung, die es aufrechterhält.

Das Elektron, ein Minuszeichen auf die Stirn tätowiert, findet positive Protonen wahnsinnig attraktiv und sucht die Nähe eines solchen Teilchens. Nun befindet sich das Elektron aber in ständiger, wirbelnder Bewegung – wofür wir ihm äußerst dankbar sein sollten. Stellen Sie sich vor, diese entgegengesetzt geladenen Teilchen würden einander in die Arme sinken, das Elektron würde, hingerissen von dem Charme des Kerns, dem Proton entgegeneilen und nicht innehalten, bis es sein Ziel erreicht hätte. Sie glauben vielleicht, dass dann alle Atome wie angestochene Luftballons in sich zusammenfallen und uns in ihren Untergang hineinreißen würden. Aber nein! Der enorme Impuls des Elektrons schleudert es in eine Bahn um den Kern, hält es auf Abstand und in Bewegung, so wie der Drehimpuls der Planeten dafür sorgt, dass sie ihre Bahn um die sie gravitativ anziehende Sonne fortsetzen, statt in ihren flammenden Abgrund zu stürzen wie Körner in einen Getreideofen. Elektronen können niemals innehalten, um Atem zu holen. Erstens haben sie keine Lungen. Zweitens, wenn Elektronen in ihrer Bewegung innehielten, wären wir in der Lage anzugeben, wo die Teilchen wären und welche Geschwindigkeiten sie hätten – oder vielmehr keine mehr hätten. Heisenberg hat unmissverständlich festgestellt, dass Sie sich nicht gleichzeitig beide

Informationen über ein Teilchen verschaffen können – also, hopp, hopp! Die Elektronengeschwindigkeit verändert sich, je nachdem, wie angeregt die Teilchen sind: Im Labor können sie auf Lichtgeschwindigkeit gebracht werden, doch selbst an einem normalen Tag, den sie damit verbringen, das Atom zu umwölken, jagen sie mit 2200 Kilometern pro Sekunde dahin – schnell genug, um die Erde in 18 Sekunden zu umkreisen.

Doch die Elektronengeschwindigkeit ist kaum der einzige Bestimmungsfaktor einer Atomkonfiguration. Der ganze Karussellflirt zwischen Proton und Elektron wird so streng beaufsichtigt und auf so strikte Regeln festgelegt wie eine erotische Werbung im Biedermeier. Elektronen dürfen nicht rumflitzen, wo es ihnen gefällt, sondern sind auf bestimmte Zonen, Schalen, festgelegt, die das Proton, das Ziel ihrer Sehnsucht, umgeben. Diese Schalen sind ineinandergefügt und können jeweils eine bestimmte Anzahl von Elektronen aufnehmen. Die dem Kern am nächsten liegende Schale hat nur Platz für zwei Elektronen, die beiden nächsten Ringstraßen können je acht negative Teilchen verkraften, während die weiter außen liegenden Schalen achtzehn oder mehr Elektronen aufnehmen können. Sobald eine Schale gefüllt ist, könnten sich dort noch nicht einmal der amerikanische Präsident und seine Wolke gepanzerter Geländewagen Zutritt verschaffen. Außerdem kann ein Elektron nicht zwischen Schalen kreisen, so wenig, wie Sie zwischen zwei Stufen einer Treppe stehen können. Allerdings ist ein Elektron in der Lage, von einer Schale zur nächsten zu wechseln, vorausgesetzt, dort ist Platz. Manchmal, wenn man ein Atom mit einem Lichtstrahl beschießt, werden einige seiner Elektronen angeregt und springen in Leerstellen von kernferneren Schalen. Doch »springen« heißt in der merkwürdigen subatomaren Subkultur am Grund alles Seins nicht »sich in einer kontinuierlichen Bewegung von hier nach dort befinden«, sondern »vorübergehend aus der Schale verschwinden, in der ich war, und plötzlich in der Schale über mir auftauchen«. Dieses Houdini-Kunststück ist der berühmte »Quantensprung«, denn das Elektron wechselt von einer zulässigen Schale – einem zulässigen Energieniveau – zur nächsten, ohne die dazwischenliegenden Betonbarrieren zu durchbrechen. Inzwischen ist der Ausdruck »Quantensprung« längst im allgemeinen Sprachgebrauch heimisch geworden, wo er meist so viel bedeutet wie »eine enorme Veränderung« oder »ein großer Sprung nach vorn«, und obwohl einige Leute begriffen haben, dass es sich um einen sprachlichen Missgriff handelt, da der Abstand zwischen Elektronenschalen verschwindend klein ist, würde ich meinen, dass die Kritik unangebracht ist. Die Quantität einmal beiseitegelassen, ist ein echter Quantensprung qualitativ spektakulär.

Der Bedarf des Atoms an Elektronen und damit an der Zahl der den Kern umgebenden Elektronenschalen ergibt sich aus seiner Protonenzahl. Es zeigt sich, dass ein Atom wie die Schweiz ist; wenn möglich, bleibt es neutral. Dieses Bestreben verlangt, dass jedes seiner Protonen, der vergleichsweise massereichen, elektrisch geladenen und maßgeblichen Teile des Kerns, mit einem Elektron gepaart wird. Ein Atom Gold mit seinen 79 Protonen braucht 79 Elektronen, um seinen bevorzugten Zustand der Neutralität zu erreichen. Solch ein Atom Gold ist also ein reißzähniges, hundert Millionstelzentimeter langes Monster, das einen Kern mit 79 Protonen und 118 Neutronen enthält und, weit, weit vom pochenden Herzen entfernt, 6 wolkige Schalen, 6 Wahrscheinlichkeitsbahnen, auf denen 79 Elektronen kreisen.

Doch trotz aller Kompliziertheit, trotz seines wirbelnden Teilchenschwarms, ist ein Goldatom, wie alle Atome, hohl, fast nichts, leerer als ein Bierfass in einem Verbindungshaus am Sonntagmorgen. Warum fühlen sich die beiden Goldringe an meinen Fingern – einer der Ehering, der andere ein Geschenk meines Mannes zur Geburt unserer Tochter – so beruhigend fest und dauerhaft an, glatte Kreisringe, die ich nie entferne, die aber konkret und symbolisch nicht ich sind? Im Winter schrumpfen meine Finger gelegentlich, so dass die Ringe hin- und herschlenkern und drohen, über die Fingerknöchel zu rutschen und im Abfluss zu verschwinden.

Doch mögen meine Finger- und Ringatome auch noch so hohl sein, keiner der Ringe macht jemals die geringsten Anstalten, quer durch den Finger zu gleiten wie ein heißes Messer durch Butter. Also, wie kommt das?

Wieder betrifft die Antwort die Ladung, dieses Mal die Ladung der Elektronen. Alle Atomkerne sind von Wolken negativ geladener Elektronen umgeben, und gleichnamige Ladungen stoßen sich ab. Die elektromagnetische Kraft wird nur noch von der Wirkung der starken Kernkraft übertroffen, es handelt sich also um eine erhebliche Abstoßung. »Elektronen befinden sich nicht gern in der Nähe anderer Elektronen«, sagte Shankar. »Dass Atome gebührenden Abstand voneinander halten, liegt an ihren Elektronen. Die elektromagnetische Kraft ist dafür verantwortlich, dass Sie nicht durch den Fußboden fallen.«

Wie wir im nächsten Kapitel sehen werden, erklärt die Chemie, warum die Atome unserer Finger oder die eines Stück Holzes es schaffen, zusammenzubleiben und den Anschein von Stabilität aufrechtzuerhalten. »Wenn Sie die Atome in Ihren Fingern genügend vergrößern könnten«, sagte Brian Greene, »um sie mit den Atomen in diesem Tisch oder diesem Stuhl aufeinander wirken zu lassen« – nacheinander berührte er jedes Möbelstück – »könnten Sie erkennen, wie ihre äußeren Elektronen sich mit elektromagnetischer Kraft abstoßen. Jedes Mal, wenn Sie etwas berühren oder spüren, ist die elektromagnetische Kraft am Werk.

Tatsächlich bestimmt der Elektromagnetismus alle unsere Sinne«, sagte er. Sehen: Die elektromagnetischen Wellen, die wir Licht nennen, übermitteln ihre Nachricht, indem sie mit den Elektronen der Atome in unserer Netzhaut wechselwirken. Hören: Luftatome drücken gegen die Atome unseres Gehörgangs, und das dadurch ausgelöste Geplänkel der Elektronen wird vom Gehirn als Bachs Sonate für Oboe und Cembalo interpretiert. Schmecken und Riechen: Nahrungsatome stoßen mit ihren Elektronen gegen die Geschmacksknospen auf unserer Zunge oder die Geruchsrezeptoren in unserer Nase, und das spezifische Muster, das die Geschmacks-

und Geruchsrezeptoren unter diesem Einfluss angenommen haben, teilt dem Gehirn mit: Brathähnchen. He, ich hab schon seit gestern Abend keins mehr gegessen.

Obwohl Protonen und Neutronen die weit überwiegende Masse der Materie bilden – unserer Körper, des Bodens unter unseren Füßen, der fleckigen Polsterung unseres Sessels, der Reste, die wir uns zu essen anschicken – , ermöglichen uns die Elektronen, diese unruhigen Miniteilchen, die weniger als ein Zehntel von 1 Prozent der Atommasse repräsentieren, die Welt um uns her wahrzunehmen und zu begreifen. Anders gesagt, die Antipathie der Elektronen untereinander schirmt uns gegen die grundsätzliche Leere aller Dinge ab, sie ermöglicht den Protonen und Neutronen, sich groß zu tun und auf den Putz zu hauen. Woher wissen sie, dass wir, wenn wir einen Tisch oder ein anderes Objekt anblicken, nicht die prächtigen Kernteilchen sehen, sondern Licht, das von der, jedes Atom schmückenden, Elektronenmaske abprallt?

Bedenken Sie, dass die Gravitation zwar unsere Füße am Boden hält und dafür sorgt, dass unser Planet um die Sonne kreist, dass aber die Feindseligkeit unter Elektronen der Faktor ist, der diese Reise lohnend macht.

Ich hasse den Winter und seinen ganzen chirurgischen Instrumentenkoffer: das Skalpell Kälte, den Wundhaken Wind, den Trokar Nässe. Ich hasse den Schnee, ob noch flauschig-jungfräulich oder gelb von Hundenotdurft. Ich hasse die unvermeidlichen Tiraden darüber, dass wir 30, 50, 200 Prozent unserer Körperwärme über den Kopf verlieren, weil ich vor allem Winterhüte hasse und mich weigere, welche zu tragen. Was passiert mit einem Hut? Sie nehmen ihn ab, und die Hälfte Ihrer Haare stellen sich auf und wedeln wie die Zilien eines Pantoffeltierchens, während der Rest wie angeklatscht an Ihrem Schädel klebt.

Der letzte Abschnitt endete mit einem Lobgesang auf Elektronenfeindseligkeit. Dieser beginnt mit Ärger über Elektronenmobilität, die Ursache dessen, was paradoxerweise und etwas ungenau als statische Elektrizität bezeichnet wird. Der Ärger ist jedoch nicht von Dauer, weil ich das subatomare Nomadentum mag, wenn es nicht gerade seine Zeit damit vergeudet, Haare zu sträuben oder Röcke an Strümpfe zu kleben, sondern sich stattdessen nützlich macht, indem es Brötchen toastet und Mixer antreibt – oder auch dafür sorgt, dass Hirnzellen feuern oder Muskelzellen sich ausdehnen und zusammenziehen. Und raten Sie doch mal, wessen flinke Füße Sie mit der Betätigung jener Schalter in Bewegung setzen, deren Funktionieren wir im Westen für so selbstverständlich halten und von denen wir so abhängig sind, dass ein größerer Stromausfall für die Wirtschaft Milliardenverluste bedeutet? Das Elektron verdankt seinen Namen dem griechischen Wort für »Bernstein«, den versteinerten Tropfen Baumharz, die nach der griechischen Mythologie die sonnengetrockneten Tränen der Götter sind und die sich rasch aufladen, wenn man sie an Tuch reibt.

Elektronen sind außerordentlich winzig. Sie besitzen zwar Masse, doch die ist so bescheiden, dass sie sich manchmal fast wie Photonen verhalten, die masselosen Lichtteilchen. Außerdem sind Elektronen, soweit wir wissen, echte Elementarteilchen, sie können nicht in noch kleinere Teilchen zerlegt werden. Die Forscher sind heute in der Lage, die Kernteilchen, die Protonen und Neutronen, in noch kleinere – subnukleare – Teilchen zu zerlegen, die bereits erwähnten Quarks. Doch wie unbarmherzig sie den Elektronen auch unter den brutalen Bedingungen von Hochenergiebeschleunigern auf den Zahn gefühlt haben, sie haben keine Teilchen gefunden, die man als »subelektronisch« hätte bezeichnen können.

Elektronen scheinen zwar innerlich integer zu sein, doch Loyalität gegenüber dem Atom steht auf einem ganz anderen Blatt. Für Elektronen ist ein Proton so gut wie das andere, und obwohl die Anziehung zwischen negativ und positiv geladenen Teilchen ziemlich stark ist, so ist es in einigen Fällen doch überraschend einfach, die Bindung aufzulösen. Wenn Sie sich mit einem Kamm durch Ihr trockenes Haar fahren, zieht der Kamm Millionen

Elektronen aus den äußersten Schalen der Atome Ihres Haars. Dieser Kamm strotzt jetzt von zusätzlichen Elektronen und ist daher ein negativ geladenes Objekt. Bringen Sie nun den Kamm in die Nähe von einigen Papierschnipseln, werden diese einen Augenblick zögern, um dann in die Höhe zu schnellen und an den Zinken des Kamms haften zu bleiben. Dieser Levitationsakt ist ein Beweis für das Vagabundieren der Elektronen. Während des anfänglichen Zögerns wurden viele Elektronen an der Oberfläche der Papierschnipsel von den Elektronenklumpen am negativ geladenen Kamm abgestoßen, woraufhin sie zur Seite sprangen oder ganz von den Schnipseln herunter. Infolgedessen befanden sich die Papierschnipsel plötzlich in einem Zustand des Elektronendefizits; und wie ließe sich diese Krise besser überwinden, als durch einen Sprung zu der Überfülle negativer Teilchen, die sie vom Kamm über ihnen lockten? Genau, das Körperpflege-Utensil, welches das Papier eben noch in seine missliche Lage der Positivität gebracht hatte. Es ist wie mit dem unternehmerischen Kapitalismus. Halten Sie sich nicht damit auf, eine existierende Nachfrage zu suchen und zu befriedigen, schaffen Sie lieber aus dem Nichts ein neues Bedürfnis.

Der Winter-»Hat-Trick« ist ein etwas anders gelagertes Zusammenwirken von Abstoßungsreaktionen und dadurch bewirkten Anziehungseffekten. Warum stehen einige Haare zu Berge, wenn Sie Ihre Wollmütze abnehmen? Beim Abnehmen extrahiert die Wolle Elektronen aus den äußeren Schichten Ihrer Haaratome und verwandelt jede Strähne in ein elektronendezimiertes, positiv geladenes Objekt. Zwischen positiv und positiv herrscht die gleiche Abstoßung wie zwischen negativ und negativ, daher versuchen sich die Strähnen so weit wie möglich voneinander zu entfernen. Gleichzeitig werden positiv geladene Haare, die sich in größerer Nähe zu Ihrer Kopfhaut und Ihrem Gesicht befinden, ungewöhnlich attraktiv für die Elektronen in Ihrer Haut, wodurch die Haarsträhnen so nahe herangezogen werden, dass die Elektronen zwischen Haut und Haar hin- und herspringen können.

Entscheidend ist aber, dass geladene Atome bestrebt sind, die Leerstellen in ihren Schalen aufzufüllen oder ihre Überschusselektronen loszuwerden, um in den gesegneten Zustand Schweizer Neutralität zurückzugelangen und damit auch zu den Objekten, mit denen die unzufriedenen Teilchen verbandelt sind. Einige Stoffe sind besser als andere geeignet, das Ungleichgewicht elektrischer Ladungen zu beseitigen, was in der Regel eine hohe Toleranz für die Feinsten aller Stäubchen, die Elektronen, voraussetzt. Das Metall einer Türklinke ist ein ausgezeichnetes Ellis Island für Elektronen, denn wenn Metallatome sich zu Molekülen anordnen, sind die Elektronen in ihren äußeren Schalen oft nur lose gebunden und können ungehindert zwischen einem Metallatom und anderen hin und her wandern. Das nachbarliche Teilen der Elektronen dient in der Regel dazu, die Bindungen zwischen Atomen zu stärken, welchem Umstand Metalle ihre legendäre Festigkeit und traditionelle Nützlichkeit für die militärische Zunft verdanken. Die fortwährende Wanderbewegung der Metallelektronen sorgt auch dafür, dass sich immer Löcher auftun – Regionen positiver Ladung, zu denen die elektronischen Emigrantenströme hingezogen werden. Mit einem Wort, Metalle sind hervorragende Leiter des Elektronenflusses.

Trockene Luft ist ein erbärmlicher Elektronenleiter. Statisches Klebenbleiben und elektrisierendes Händeschütteln sind deshalb ein spezielles Winterproblem, weil die Heizungsluft in geschlossenen Räumen oft außerordentlich trocken ist. Daher werden alle geladenen Teilchen, die Sie möglicherweise auf sich gezogen haben, indem Sie über einen Teppichboden gegangen sind oder einen Mantel ausgezogen haben, an Ihrem Körper bleiben, bis sie irgendwoanders hin können. Sie ziehen verbleibende Kleidungsschichten zusammen oder springen von Ihnen auf die dargebotene Hand eines Neuankömmlings – vor allem wenn diese Person einen Metallring trägt. In diesem kurzen elektrisierenden Augenblick springen in der Regel eine Billion Elektronen auf den neuen Gast über und versetzen den Spender in jenen Zustand annähernder

Neutralität, die den menschlichen Körper im Normalfall charakterisiert.

An einem schwülen Sommertag dagegen tragen die Wassermoleküle in der Luft, die, wie es sich trifft, an einem Ende etwas positiv geladen sind, dafür Sorge, dass Sie die überzähligen Elektronen, die Sie sich mit Schuh oder Tuch eingefangen haben, rasch wieder loswerden und wieder in einen Zustand inneren Gleichgewichts zurückgekehrt sind, noch bevor Sie die Tür erreicht haben.

Anders in der Welt draußen. Der Linienblitz eines gewaltigen Sommergewitters liefert das spektakulärste Beispiel der Natur dafür, wie sich unaufhaltsame Ladungsunterschiede – zwischen aneinander vorbeigleitenden Luftmassen oder zwischen atmosphärischen Turbulenzen oben und unerschütterlichen Terrasphären unten – durch die plötzliche Leitung negativer und positiver Ladungen von der Wolke zum Boden und umgekehrt gelöst werden, und zwar dank der freundlichen Mitwirkung der Eimerkette von Wassertröpfchen des intervenierenden Himmels. Eigentlich ist der Blitz also ein Türgrifffunke in sehr großem Maßstab. Wenn man wollte, könnte man es als eine Art Räumungsverkauf statischer Elektrizität bezeichnen. Aber man täte es auf eigene Gefahr: Das Wort »Elektrizität« bedeutet wie »Kraft« und »Ladung« Verschiedenes für verschiedene Menschen oder für dieselben Menschen in verschiedenen Stimmungen und Zuständen. Und einige Wissenschaftler und Ingenieure macht die fortwährende, gedankenlose Verwendung des Wortes »Elektrizität« so WÜTEND, dass ihnen fast die SICHERUNG DURCHBRENNT. William J. Beaty, ein Elektroingenieur, der eine Versalien-lastige Website herausgibt, auf der er versucht, den Elektromagnetismus zu erklären und die vielen ihn betreffenden Mythen und Irrtümer zu beseitigen, beklagt, dass Elektrizität ein »Allerweltswort« sei, in das alle Welt hineinlege, was ihr gerade passe: Elektroenergie, Strom, Elektroladung, Stromrechnung. Aus Gründen der Klarheit, so meint er, führen wir besser, wenn wir uns auf eine Grundtatsache einigen könnten: »EIGENTLICH GIBT ES ›ELEKTRIZITÄT‹ GAR NICHT!«

Beaty hat in zweierlei Hinsicht weitgehend Recht. Erstens, der Begriff ist entsetzlich verschwommen, in weit höherem Maße als andere Allerweltswörter. Während »Kraft« und »Ladung« spezifische wissenschaftliche Bedeutungen neben ihren Alltagskonnotationen bewahren konnten, ist das bei »Elektrizität« nicht der Fall. Unter Wissenschaftlern lebt sie vor allem als volkstümlicher Begriff fort, so wie Herpetologen öffentlich immer noch von »Reptilien« sprechen, obwohl sie den Begriff intern schon vor Jahren als überholt und ungenau verworfen haben.

Zweitens scheint es für die meisten Menschen die Sache, die sie am häufigsten als »Elektrizität« bezeichnen, kaum zu geben, bis es sie TATSÄCHLICH nicht mehr GIBT! Das heißt, bis sie, während sie am Schreibtisch sitzen und sich eifrig an ihrem Computer zu schaffen machen – zu eifrig, um daran zu denken, ihre Arbeit hin und wieder zu speichern –, plötzlich entsetzt ausrufen: »Beim heiligen Helmholtz, was ist mit der Elektrizität los?!!« Für viele von uns ist Elektrizität die unsichtbare Energie, von der wir erwarten, dass sie unbegrenzt aus Wandsteckdosen oder Alkalibatterien rinnt, unsere Lampen leuchten lässt, unsere Zimmer wärmt, unsere Lebensmittel kühlt, unsere Kleidung wäscht und die kleinen Digitaluhren speist, die in mindestens 74 Haushaltsgeräten, einschließlich der Katzenbox, eingebaut sind. »Elektrizität« ist das, wovor wir unsere Kleinkinder zu schützen suchen, indem wir leere Steckdosen mit gezackten Plastikteilen stopfen. Wenn Elektrizität das falsche Wort ist, welches ist dann das richtige? Viel wichtiger, was verbirgt sich hinter der falschen Bezeichnung, die wir all diese Jahre verwendeten?

Das ist der Punkt, an dem wohl viele Forscher Beatys großbuchstabige Ablehnung des Wortes in Frage stellen dürften. Nach ihrer Auffassung bietet die Darstellung der Elektrizität und ihrer Funktionen eine ideale Gelegenheit, viele Grundprinzipien der Physik mit einem Schlag zu vermitteln. Zwar wird »Elektrizität« häufig willkürlich und ohne wirkliches Verständnis gebraucht, um eine Reihe höchst verschiedener physikalischer Ereignisse zu beschreiben, doch wenn Sie jeden dieser Effekte nacheinander betrachten und überlegen, wie er sich in den gewöhnlich-ungewöhnlichen Akt fügt, ein Zimmer mit einer Handvoll künstlicher Sonne zu füllen, überwinden Sie vielleicht die Überzeugung, dass Sie immer im Dunkeln tappen.

Wie erwähnt, ist ein Gewitter eine Art Wagner-Inszenierung statischer Elektrizität, obwohl Wissenschaftler wie Beaty, wiederum zu Recht, protestieren würden, dass nichts Statisches an dem Vorgang sei.

Trotzdem unterscheiden Leute unterschiedlichen Kenntnisgrads schon lange einerseits zwischen fliegenden Funken und Blitzen, die sie nicht kontrollieren können, und dem elektrischen Strom, den sie im Allgemeinen im Griff haben (wenn sie nicht gerade bei meinem Stromversorger beschäftigt sind). Ein elektrischer Strom entsteht wie statische Anziehung durch das Vagabundieren geladener Teilchen, doch in einem elektrischen Strom ist der Teilchenfluss kontinuierlich, zielgerichtet und teuer; statische Anziehung ist episodisch und nicht steuerbar, wie eine Zugabe beim Einkauf, die man nicht gut ablehnen kann.

Die Erklärung und Zähmung der Elektrizität zur Erhöhung des Lebensstandards des besserverdienenden Teils der Menschheit dauerte Jahrhunderte und beschäftigte eine lange Reihe von Wissenschaftlern, deren Namen es auf beneidenswerte Weise zu Unsterblichkeit gebracht haben: Schüler müssen sie für ihre Abschlussprüfungen auswendig lernen, weil sie zum Internationalen Einheitensystem gehören. Da gab es Graf Alessandro Volta, einen italienischen Physiker, der die chemische Batterie erfand; James Prescott Joule, einen britischen Chemiker, der zeigte, dass Wärme eine Form von Energie ist; Charles Augustin de Coulomb, einen französischen Physiker, der bahnbrechende Untersuchungen an Magneten und Abstoßungskräften vornahm; James Watt, einen britischen Ingenieur und Erfinder, der eine sehr gute Dampfmaschine konstruierte und patentieren ließ, aber nie als Innenminister für die Reagan-Regierung tätig war; André Marie Ampère, einen französischen Mathematiker und Physiker, der die Beziehung zwischen Magnetkraft und elektrischem Strom entdeckte und dem zu Ehren die Stromstärke als Ampère oder A bezeichnet wird; Luigi Galvani, der entdeckte, dass elektrischer Strom Nerven reizt und Muskeln kontrahiert, und dessen Name Pate stand für das vor allem im englischen Sprachgebrauch strapazierte Fremdwort »galvanisieren« *(galvanize)*; und schließlich Georg Simon Ohm, einen deutschen Physiker, der die Beziehung zwischen Spannung, Strom und Widerstand bestimmte und von dem das Gerücht ging, er habe Yoga praktiziert, wenn niemand zugegen war.

Von Ohm haben wir die gleichnamige Einheit (Einheitszeichen $\Omega$), mit der der Widerstand in einem Stromkreis oder Gerät gemessen wird. Und obwohl niemand von Ihnen erwartet, dass Sie alle Einzelheiten dieser Einheiten oder ihrer Namensvetter kennen (ausgenommen, dass Sie sich erinnern, welcher Watt sich hinter Watt verbirgt und was dieser Watt nicht war), ist das Ohm doch ein guter Ausgangspunkt, um über die Elektrizität zu sprechen, die durch Ihre Kabel fließt, und was das über uns alle aussagt.

Widerstand in der allgemeinen, Newtonschen Bedeutung des Wortes ist, wie die Reibung, eine Kraft, die entgegengesetzt zur Richtung eines bewegten Körpers arbeitet und bestrebt ist, diesen Körper abzubremsen. Beim elektrischen Strom ist der Widerstand ein Maß dafür, wie sehr ein Stoff den freien Fluss der Elektronen von der Quelle zum Haushaltsgerät behindert. Je höher der Widerstand, desto höher der Ohm-Wert und desto langsamer der Elektronenfluss. Wie erwähnt, setzt trockene Luft diesem Fluss einen außerordentlich hohen Widerstand entgegen. Metalle haben in der Regel einen niedrigen Widerstand und leiten den Elektronenfluss bereitwillig weiter. Einige Metalle sind bessere Leiter als andere, weil sie vergleichsweise mehr Lücken in ihren Schalen haben, die Platz für den Elektronentausch bieten. Besonders löchrig sind beispielsweise die Schalen von Kupfer und Wolfram, weil sie nicht nur in ihrer äußersten, sondern auch in ihrer vorletzten Schale Leerstellen aufweisen. Daher finden wir in elektrischen Kabeln häufig Kupfer, während das seltenere Wolfram für die extrem dünnen Fäden der Glühlampe reserviert ist.

Natürlich möchten Sie nicht, dass Elektronen unkontrolliert durch Ihr Haus sausen – nackte Kabel, die einen Teil ihrer knisternden Fracht an Sie weitergeben. Die metallischen Leiter eines gewöhnlichen Kabels sind mit Schichten aus Isoliermaterial umwickelt, das einen beruhigend hohen Ohm-Wert hat, etwa Gummi oder Kunststoff; dort haben die Atome ihre Elektronen fest im Griff und sind nicht geneigt, vagabundierende Teilchen auf der Durchreise zu begrüßen oder zu dulden. Elektronen können sich zwar rasch auf der Oberfläche eines Ballons sammeln, aber das Gummi hindert sie an der Durchquerung der Außenhaut – wie es beim Gummi oder einem ähnlichen Isoliermaterial der Fall ist, das um einen stromdurchflossenen Leiter gewickelt wird.

Doch was heißt es, über einen Elektronenfluss oder einen elektrischen Strom zu sprechen? Es heißt, dass geladene Teilchen auf einer bestimmten Bahn entlanggeführt werden, etwa durch einen Draht und gewöhnlich auf ein bestimmtes Ziel hin, wo sie Arbeit verrichten sollen. Nicht alle und noch nicht einmal die meisten dieser angeregten Elektronen legen die ganze Länge der Leitungsbahn zurück. Einige fließen zwar den ganzen Weg entlang, doch die Mehrheit stößt irgendwo unterwegs mit einem Atom zusammen, schlägt ein Elektron heraus, schiebt es vorwärts und nimmt selbst die Leerstelle ein. Entscheidend ist hier, dass ein großer Strom von Billionen Elektronen entweder von hinten gestoßen oder von vorne gezogen wird, so dass sie angeregt, ruhelos, getrieben sind.

Nun sind Elektronen immer in Bewegung, unter allen Umständen. Wenn sie als Wolke ein Atom umgeben, können sie nicht innehalten. Die Elektronen in einem weggeworfenen Stück Kupferdraht befinden sich ständig in einem unruhigen Hin und Her, springen von einem Metallatom zum nächsten, um bei dem geringsten Hinweis auf andere Elektronen mit der territorialen Empörung von Katern zurückzuspringen. Doch das sind gewöhnliche Elektronenbewegungen, heftig genug, um den Anforderungen ihrer Atome zu genügen, aber nicht genug, um mehr zu leisten, nicht genug, um einen Schalter zu betätigen oder ein Getriebe zu bewegen. Um irgendwelche organisierten, außerplanmäßigen Aktivitäten an den Tag zu legen, brauchen die Elektronen Inspiration und Anregung. Sie müssen essen.

Elektronen haben eine Masse, die zwar außergewöhnlich gering, aber trotzdem eine Masse ist. Elektronen sind also eine Form von Materie. Sie sind kondensierte Bruchstücke des Kosmos, die einen Grund brauchen, um morgens aus dem Bett zu kommen und abends von der Couch. Sie sind nicht selbstmotiviert, das heißt, sie sind keine Form von Energie, zumindest nicht nützlicher Energie.

Das riesige, zersplitterte Tal unseres Universums ist, soweit wir wissen, mit zwei grundlegenden Opfergaben versehen, zwei Ohrfeigen für Seine nichtswürdige Heiligkeit, das Absolute Nichts, das sonst herrschen würde – Materie und Energie. Trotz der relativen Leere dort draußen und hier drinnen haben wir immer noch unsere Amulette des Etwas. Wir haben immerhin Materie und Energie. Gewiss, Albert Einstein hat mit seiner berühmten Formel bewiesen, dass Materie und Energie nur die beiden Seiten einer Medaille sind und dass Materie »gefrorene Energie« ist, wie der Wissenschaftsjournalist Timothy Ferris schreibt. Aus winzigsten Massen können wir enorme Mengen Energie gewinnen, wie die Atombomben, die Hiroshima und Nagasaki zerstörten, auf das Schrecklichste bewiesen. Auch unsere Sonne scheint nur, weil sie die Materie in ihrem Kern in reine Licht- und Wärmeenergie umwandelt; doch da sie enorm viel Strahlung aus enorm wenig Sonnenmasse herausquetschen kann, scheint sie nun schon seit 5 Milliarden Jahren und wird mindestens noch weitere 5 Milliarden brennen.

Trotzdem richten sich Materie und Energie in unserer Alltagswelt – wie die vier Fundmentalkräfte – nach ganz verschiedenen Bedienungsanleitungen und sind stolz auf ihre speziellen Fähigkeiten. Materie ist unentbehrlich für die Entstehung aller Dinge – die

Planeten, den Krebsnebel, die mehr als 100 000 Pilzarten, die vier Pilzköpfe. Materie umfasst die etwa hundert Elemente in einer schier endlosen Zahl von Mischungen, Entsprechungen, festen, flüssigen oder gasförmigen Zuständen. Doch Masse kann nichts Nennenswertes ohne Energie verrichten. Die formale Definition von Energie ist »die Fähigkeit, Arbeit zu verrichten«; das klingt nach Schweiß und Tränen. Hast du deine Algebra schon fertig? Gut, dann wird es Zeit zum Klavierüben! Stellen wir uns Energie doch als das Gegenteil elterlicher oder pedantischer Ermahnungen vor. Seien wir doch ein bisschen romantisch. Stellen wir uns Energie als einen Liebhaber vor, die Idee des Liebhabers, als den Funken, der der Materie Bedeutung verleiht. Sie möchten das Licht einschalten. Sie möchten, dass Elektronen durch Ihre Stromkreise rauschen. Sie werden sich nicht aus eigenem Antrieb in Bewegung setzen. Sie müssen sie anregen. Sie müssen ihnen eine Energiequelle liefern, die die Elektronen in den Stromkreisen anregen und sie auf die Reise schicken, damit sie flink und fleißig tun, was Sie verlangen.

Vergessen Sie bei dem Gedanken an Energie einen Augenblick lang die bedrückende Vorstellung riesiger Ölbohrtürme, die in den wenigen noch verbliebenen Regionen unberührter Natur mit ihren schweren Maschinerien die Landschaft so schädigen, dass das Ökosystem noch lange gestört ist, wenn die darunterliegenden fossilen Brennstoffe längst abgebaut und verbraucht sind. Denken Sie an schönere Arten, Energie zu gewinnen. Sie können eine Schüssel Kirschen essen, die Ihrem Körper komplexe Kohlehydrate anbieten, die er in kleinere Stücke zerlegen kann, so dass die so genannte chemische Energie freigesetzt wird, die die Kohlehydratketten zusammengehalten hat. Sie können eine Windmühle aufstellen, die den Luftstrom nutzt, um einen Propellerflügel anzutreiben, der eine Kurbel dreht, die eine Pumpe in Bewegung setzt, die einen elektrischen Strom erzeugt. Sie können aber auch die Segel Ihres Bootes hissen und sich der mechanischen Kraft des Windes überlassen, der Sie von einem Freizeitspaß zum nächsten trägt. Sie und

Ihre Liebste können sich vor einen Kamin kuscheln und an der »Wärmeenergie« erfreuen, die durch die Verbrennung ausgesuchter und getrockneter Eichen- oder Buchenscheite erzeugt wird – ein Feuer, das vielleicht mit zusammengeknülltem Zeitungspapier entfacht wurde oder mit den Liebesbriefen untreuer Ex-Partner. Wenn Sie eine Kakerlake sehen, die zu groß und eklig ist, um sie mit Ihrem Tennisschuh zu zertreten, können Sie sie mit der »Gravitationsenergie« zerquetschen, die Sie dadurch freisetzen, dass Sie den Ziegelstein aus Ihrer Hand auf den Boden fallen lassen.

Alle diese verschiedenen Energieformen, die wir als chemisch, mechanisch, thermisch, gravitativ oder hysterisch bezeichnen, sind Spielarten zweier Hauptkategorien: der gespeicherten Energie, besser unter dem Namen potenzielle Energie bekannt, und der Bewegungsenergie oder kinetischen Energie. Eine reife Kirsche enthält potenzielle Energie in ihren Kohlehydratbindungen. Wenn diese Bindungen von Stoffwechselenzymen in Ihren Zellen systematisch aufgelöst werden, wird die potenzielle Energie der Frucht teilweise in kinetische Energie umgewandelt, die Sie dann nutzen können, um noch mehr Kirschen zu kaufen. Ein zugefrorener See im Gebirge ist ein Reservoir potenzieller Energie, die, wenn das Eis im Frühjahr taut und beginnt, zu Tal zu schießen, zu kinetischer Energie von beträchtlichem touristischen Wert wird. Ein entzündetes Streichholz verwandelt die potenzielle Energie des Holzes in die kinetische Energie einer heißen, tanzenden Flamme. Heben Sie einen Ziegelstein auf, und Sie statten ihn mit potenzieller Energie aus. Lassen Sie den Stein fallen, und die potenzielle Energie manifestiert sich umgehend als kinetisches *Platsch* auf dem fettig-braunen Exoskelett einer unglücklichen *Periplaneta americana*.

Auch die Energie, die wir elektrisch nennen, hat ihre potenziellen und kinetischen Erscheinungsformen. Ein grundsätzliches Merkmal unserer atomaren Welt ist der Umstand, dass Elektronen und Protonen unwiderstehlich voneinander angezogen werden. Werden sie getrennt, zwingt die elektromagnetische Kraft sie, nach irgendeiner Möglichkeit zur Beseitigung des Ungleichgewichts

Ausschau zu halten. Such ein Proton! Füll das Loch! Was glaubst du, wer du bist, ein Neutron? Die elektromagnetische Kraft veranlasst Teilchen mit gleichnamiger Ladung, einen gewissen Abstand von ihresgleichen zu halten. Drängt man zwei gleichnamige Ladungen unnatürlich nah zusammen, fühlen sie sich eingeengt, nervös, bestrebt, fortzuspringen. Die elektrische Energie, von der wir so abhängig sind, macht sich diese Teilchenimpulse auf verschiedenste Weise zunutze. Es gibt Batterien, in denen eine Folge von chemischen Reaktionen zur Bildung eines Elektronenüberschusses am einen Ende führt, während eine andere Folge von chemischen Reaktionen am anderen Ende eine Vorherrschaft von positiv geladenen Teilchen oder Ionen erzeugt. Erhalten die ungleichnamigen Ladungen eine Möglichkeit, sich zu mischen, könnte der daraus resultierende Energieausbruch Ihr Zimmer erhellen.

Doch damit der elektrische Strom fließen kann, braucht er eine Bahn, einen Stromkreis, einen Leiter, genauso wie die Überschusselektronen, die Sie vom Teppichboden aufnahmen, die Brücke Ihrer Finger auf der Türklinke oder auf der Nase des Haustiers brauchten, um in positivere Weidegründe zu gelangen. Diese Bahn wird von einem Stück Metalldraht geliefert, der den negativen und positiven Pol der Batterie miteinander verbindet. Die Überschusselektronen am einen Ende spüren den Sog der positiven Ionen dort drüben und gleichzeitig die Abstoßung der Typen rundherum. Sie beginnen, die Atome im Draht anzustoßen, die daraufhin einige ihrer äußeren Elektronen freisetzen, die ihrerseits ein Stück weiter gegen dort befindliche Atome prallen, und so wird, wie in einer Reihe klappernd ineinander fallender Dominosteine, die Ladung vorwärtsgetrieben. Die potenzielle Energie der Chemikalien in der Batterie wird zur kinetischen Energie drängelnder Atome und Elektronen, eine Energie, mit der wir beispielsweise einen Motor antreiben oder die Fäden einer Glühlampe erhitzen, bis sie Licht abstrahlt, das wundersame Licht eines (von William Blake erdachten) willfährigen Tigers mit seiner Feuerpracht in des Dschungels dunkler Nacht.

Auch der Strom, der mit freundlicher Genehmigung Ihres Stromversorgers aus der Steckdose kommt, beruht auf dem Stoßen und Ziehen elektrischer Ladungen entlang willfähriger Kanäle. Die anfängliche Erzeugung positiver und negativer Ladungen ist nicht leicht. Es muss Arbeit aufgewendet werden, um Protonen und Elektronen voneinander fernzuhalten, und für Arbeit muss Energie eingesetzt werden. Ein Obstbaum braucht die verschwenderische Strahlenpracht der Sonne, um zu blühen, und ein Kraftwerk braucht eine Energiequelle, um die vom Kunden verlangte bequeme Elektrizitätsform liefern zu können. Die meisten Kraftwerke in den Vereinigten Staaten verbrennen Kohle, wodurch sie erhebliche Mengen potenzieller Energie, die in diesen versteinerten Relikten uralter Wälder gespeichert ist, allmählich in Ströme geladener Teilchen verwandeln, die ihrerseits in wilder Jagd vorwärtsstürzen, ihrem Ladungspendant entgegen. Unter anderem vollzieht sich diese Verwandlung aus Kohle in funkensprühende Elektrizität durch die andere Hälfte jener Kraft, die für Ladungszustände zuständig ist: den Magnetismus.

Wie Michael Faraday und James Clerk Maxwell vor mehr als einem Jahrhundert herausfanden, herrscht eine äußerst enge Verwandtschaft zwischen elektrischer und magnetischer Kraft – eine mathematische Beziehung. Beide Physiker waren brillante Forscher, die Bahnbrechendes für die Vereinheitlichung der fundamentalen Naturkräfte leisteten – ein blühender Forschungszweig, dem bis auf den heutigen Tag Tausende von theoretischen Physikern Lohn und Brot verdanken. Für seine Leistung wurde Faraday nicht nur mit einer, sondern gleich mit zwei Maßeinheiten geehrt – dem Farad (F) und dem Faraday (Fd). Und Maxwells gedenken wir jedes Mal, wenn wir den zusammengesetzten Begriff verwenden, den er geprägt hat: Elektromagnetismus.

Doch was ist Magnetismus, und warum haben Sie zu viel davon an Ihrer Kühlschranktür? Welche Beziehung besteht zwischen Elektrizität und Magnetismus? Wie sich herausstellt, sind beide sehr gut in der Feldarbeit. Sie erzeugen eigene Felder – magnetische und elektrische Felder –, und das Feld der einen Kraft kann das Verhalten der anderen Kraft beeinflussen. Von einem »Feld« zu sprechen ist eine andere Art, »Fernwirkung« zu sagen oder »die Anziehung hört hier nicht auf«. Die Erde hat ein Gravitationsfeld, dort zieht sie andere Körper auf sich zu, und dieses Feld wird umso schwächer, je weiter diese Körper sich von der Erde entfernen. Ganz ähnlich ist ein geladenes Teilchen wie ein Elektron oder ein Proton von einem elektrischen Feld umgeben, eine persönliche Einflusssphäre, die sich in den Raum erstreckt und die andere geladene Teilchen entweder abstößt oder anzieht. Wie ein Gravitationsfeld wird ein elektrisches Feld umso schwächer, je größer der Abstand zwischen Ihnen und der Quelle wird. Und wie jeder weiß, der je mit zwei Stabmagneten oder mit der Dampflok Thomas und dessen Freunden gespielt hat, haben auch Magneten eindeutige Felder, Kraftregionen, die von jedem Ende des Magneten nach außen reichen und die Enden des anderen Magneten entweder abweisen oder näher heranziehen. Woher kommt diese so exakte magnetische Ausstrahlung? Egal, ob es sich um einen Stabmagneten handelt, einen klassischen, rotsilbernen Hufeisenmagneten, einen Magnetstein im Naturkundemuseum oder die biegsame schwarze Versteifung, die es Ihrem Tierarzt ermöglicht, seine Geschäftskarte für jedermann sichtbar zu tragen – die Objekte, die wir Magneten nennen, besitzen die ungewöhnliche Eigenschaft der Spinsynchronisation. Während Elektronen ein Atom umkreisen, rotieren sie um ihre Achse, eine Bewegung, die mit dem englischen Wort »spin« bezeichnet wird, allerdings hat der Spin im eigenartigen Kontext der Quantentheorie keine Ähnlichkeit mit der Rotation einer Discokugel oder eines Planeten; so braucht ein Elektron beispielsweise zwei vollständige Drehungen, um wieder in seine Ausgangsstellung zurückzukehren. Trotzdem bilden Elektronen Wolken um den Atomkern und drehen sich auf ihren Zehen, wobei jedes durch seinen Spin ein winziges Magnetfeld erzeugt. Manche drehen sich in eine Richtung, manche in eine andere, was dazu führt, dass sich in den meisten Atomen die magnetischen Effekte dieser Bewegungen aufheben. Doch in einigen Metallen, etwa Eisen, Kobalt und Nickel, können die Elektronenspins synchron werden, entweder vorübergehend oder dauerhaft, dann verstärken sich diese kleinen Magnetfelder gegenseitig zu einem großen. Damit haben Sie einen Magneten, ein Objekt, das neben anderen Eigenschaften die Fähigkeit besitzt, ein Magnetfeld zu erzeugen, Eisen und Stahl anzuziehen, und das sehr stark auf Elektrizität reagiert.

Wenn Sie einen elektrischen Strom durch einen Draht schicken, können Sie dadurch, je nachdem in welche Richtung die Elektronen hineinfließen, einen Magneten entmagnetisieren, einen entmagnetisierten Magneten erneut magnetisieren oder ein nichtmagnetisches Metall in einen temporären Magneten verwandeln. Der Elektronenfluss des elektrischen Stroms wirkt sich auf die Verteilung der Atome im Magneten oder im werdenden Magneten aus, indem er in einigen Fällen Atome gleichen Spins aufreiht und damit den Stoff magnetisiert oder in anderen Teilchen mit Spins im Uhrzeigersinn und mit entgegengesetzten Spins durchmischt und den Stoff entmagnetisiert.

Diese Vorgänge sind wechselseitig, das heißt, ein Magnet kann auch dafür sorgen, dass ein elektrischer Strom mit kardiovaskulärem Elan durch einen Draht schießt. Wird ein Kupferdraht rasch um einen Magneten gedreht, stößt das Magnetfeld die Elektronen im Kupfer an und lässt sie von Schale zu Schale, von Atom zu Atom tanzen. Platzieren Sie noch einen positiven Anreiz an einem Ende des Drahtes, und der Elektronenstrom ist nicht mehr aufzuhalten. In Kraftwerken wird der elektrische Strom häufig dadurch gewonnen, dass sich große Kupferspulen mit hoher Geschwindigkeit im Inneren von Riesenmagneten drehen, wobei die Rotation von einer Kohleturbine erzeugt wird. Der Dominoeffekt der extrem angeregten Elektronen in der Spule wird dann über ein weitgespanntes Netz von Hochspannungsleitungen übertragen, einige von ihnen unterirdisch, andere auf Gittermasten, Gebilden, die wie eine Prozession riesiger Michelin-Männer mit Armen aus Aluminiumlitze neben unseren Fernstraßen emporragen.

Wenn Sie Ihren PC einschalten, zweigen Sie ein wenig von dem Strom ab, der fröhlich durch die Leitungen an dem Strommast außerhalb Ihres Wohnortes zwitschert, holen ihn über die Anschlussleitung in die Verkabelung Ihres Hauses, so dass er die Elektronen im Netzkabel Ihres Computers anregen kann. Die kinetische Energie, die in das Kabel gelenkt wird, kann verschiedene Aufgaben ausführen, etwa den winzigen Motor in der Festplatte Ihres Computers antreiben. Oder sie trennt die positiven und negativen Ladungen im Akku Ihres Laptops, ein Vorgang, den wir »Laden« des Akkus nennen, abermals zum Ärger der elektrotechnischen Puristen, die darauf verweisen, dass keine neuen Ladungen hinzugefügt, sondern nur die vorhandenen voneinander getrennt und weit genug auseinandergehalten werden, dass ihre Wiedervereinigung sich mit dem nötigen Schwung vollzieht. Wenn Sie genügend potenzielle Energie in Ihrem Akku und zu Ihrer Verfügung haben, brauchen Sie nicht zu weinen, wenn eine gewaltige statische Fehlzündung im Himmel einen Baum auf Ihren Lichtmast krachen lässt. Mögen die Lichter ruhig ausgehen, der Bildschirm leuchtet noch, und Sie können herausfinden, ob im Dunkeln nicht nur gut munkeln, sondern auch gut arbeiten ist.

Für die Stromübertragung ist ein Stromkreis notwendig, eine Bahn, deren Atome dazu bewogen werden können, geladene Teilchen auszutauschen, die dabei in einen angeregten Zustand geraten und eine Welle kinetischer Energie vorwärtstreiben. Doch elektromagnetische Energie, das heißt, elektromagnetische Strahlung, braucht nichts, um sich von hier nach dort auszubreiten. Elektromagnetische Wellen können sich mühelos durch ein Vakuum bewegen, was ein Glück für uns ist, würden wir doch sonst vor Kälte, Hunger und der unstillbaren Sehnsucht nach Sonne sterben. Der Begriff »Elektromagnetismus« bezeichnet so viele verschiedene Aspekte – die Anziehung zwischen Elektronen und Protonen in einem Atom, aber auch zwischen Socken und Servietten in einem Trockner, den Fluss geladener Teilchen durch einen Draht und das grelle Licht einer Leuchtstofflampe –, dass wir unter Umständen die besondere Schönheit der elektromagnetischen Strahlung und des Lichts übersehen oder missverstehen.

Fast alle Energie, auf die wir Erdlinge bauen, beginnt mit den Wellen elektromagnetischer Strahlung, die uns in unvorstellbarer Fülle von der Sonne zufließen. Ob wir Kohle verbrennen, um Dampf zum Antrieb der Turbinen zu erzeugen, die Kupferspulen drehen, so dass ein elektrischer Strom entsteht, mit dem wir in einer Winternacht unser Haus erwärmen, oder ob wir das Rohöl, das wir aus dicken Schichten von Tonstein, Kalkstein und Kalziumsulfat unter der saudiarabischen Wüste zutage fördern, chemisch und pyrotechnisch zu den Kraftstoffen »raffinieren«, die unsere Fahrzeuge antreiben – es handelt sich stets um »fossile Brennstoffe«, das heißt Vorkommen archaischer pflanzlicher Stoffe, die im Laufe von 300 Millionen Jahren unterirdisch zu dichten Energiepaketen verfestigt wurden, also um Stoffe, die ihre gespeicherte Energie ursprünglich aus dem Sonnenlicht bezogen. Pflanzen haben molekulare Mechanismen, die Sonnenstrahlung einfangen und nutzen können. Dann werden die Pflanzen zur Nahrung für andere – Fast Food, schnelles Essen, für die Kirschenpflücker von heute, oder Slow Food, langsames Essen, als fossile Brennstoffe der Zukunft. Egal: Die wirkliche Heldin, die Urheberin aller Geschichten und Inhaberin aller Koch-Sterne, ist die Sonne. »Wenn Sie eine grüne Blattpflanze verspeisen, essen Sie Photonen der Sonnenenergie«, sagte Daniel Nocera vom MIT. »Sie beißen in Sonnenlicht.«

In der Regel denken wir uns Sonnenlicht als das Licht, das wir sehen können, das die Zellen unserer Netzhaut einfangen und zur Interpretation an das Gehirn weiterleiten können. Mit anderen Worten, wir stellen uns Sonnenlicht als das Licht vor, das wir »sichtbar« nennen, den winzig kleinen Ausschnitt aus dem elektromagnetischen Spektrum, den unsere menschlichen Augen wahrnehmen können. Doch der größte Teil des Sonnenlichts ist, bildlich gesprochen, dunkel. Wäre die Sonne eine Eisdiele mit 100 Milliarden verschiedenen Geschmacksrichtungen, könnten wir nur fünf von ihnen schmecken. Von einigen unsichtbaren Energieformen der Sonne wissen wir: von der Wärmestrahlung, die unsere Haut wärmt, von der ultravioletten Strahlung, mit der die Falten beginnen. Es gibt allerdings noch viele andere Arten im elektromagnetischen Spektrum. Hören wir ein kleines Rätsel, das Bob Mathieu von der University of Wisconsin in Madison jedem aufgibt, ob er es hören will oder nicht: » Was haben die folgenden Dinge gemeinsam: Radiowellen, Mikrowellen, Infrarot, optische Strahlung, UV-Strahlen, Röntgenstrahlen und Gammastrahlen?«, lautet seine rhetorische Frage. »Sie sind alle Licht.«

Na schön, sie sind alle Licht. Sie sind alle elektromagnetische Strahlung. Sie sind alle – was? Elektromagnetische Strahlung besteht im Grunde aus zwei großen Feldern, einem elektrischen und einem magnetischen, die sich rechtwinklig zueinander bewegen. Schwer zu vergegenwärtigen, zugegeben, aber stellen Sie sich einmal Folgendes vor: Ein Elektron ist von einem elektrischen Feld umgeben – der charismatischen Ausstrahlung oder Kraft der Persönlichkeit –, auf das andere geladene Teilchen reagieren. Wenn Sie einen Elektronenfluss entlang eines Metallleiters rasch hin und her bewegen, erzeugt das Zippeln und Zappeln Ihrer elektrischen Felder ein Magnetfeld, das sich um den Leiter legt, wie sich Ihre Hände um einen Fahrradlenker schließen. Das neu entstandene Magnetfeld stößt seinerseits die Bildung eines weiteren elektrischen Felds an, das dann die Herausforderung annimmt und ein neues Magnetfeld hervorbringt. Fortsetzung folgt, die unendliche Wiederholung, die elektrischen und magnetischen Felder fabrizieren ständig neue Zweitausfertigungen ihrer selbst. Und jedes neugeborene Feld kann die vorhandenen Felder verstärken, schwächen oder auf andere Weise verändern, je nachdem, ob die Gipfel und die Täler der Felder synchron sind oder interferieren. Diese schwingende Feldervielfalt beginnt als elektromagnetische Strahlung – als Licht – nach außen zu dringen. Die Elektronen mögen sich ja fest auf den Schienen ihrer Leitungen bewegen, doch die elektromagnetischen Felder, die von ihnen hervorgebracht werden, können sich lösen und sich durch die Luft oder auch die Luftleere mit 300 000 Kilometern pro Sekunde bewegen, jener universellen Höchstgeschwindigkeit, die dem Licht gestattet ist.

Alle Arten elektromagnetischer Strahlung können mit Lichtgeschwindigkeit reisen, aber sie tun es auf ihre je eigene Art. Je nachdem, wie ihre wechselwirkenden und sich ausbreitenden Felder aufeinander einwirken, können Lichtwellen in langen, sanften Wellen, in nervösen, gezackten Wellen oder in beliebigen Zwischenformen unterwegs sein. Sie können ein reines Signal gleichgesinnter Wellen empfangen oder einen Sampler von kurzen, mittleren und XXL-Wellen. Es ähnelt dem, was Sie sehen, wenn Sie die Hand im Badewasser hin und her bewegen. Geschieht es zufällig, bilden sich Kämme, Täler und Strudel unterschiedlicher Größe. Wenn Sie jedoch einen gleichmäßigen Rhythmus finden, können Sie eine glatte, ebenmäßig geschwungene Welle hervorrufen, die Ihr Quietschentchen sicherlich weit durch Raum und Zeit und Himmelssphären tragen würde, würde sie nicht durch die Wände der Badewanne daran gehindert.

Unsere vielseitig begabte Sonne unterbreitet ein vielseitiges Angebot von elektromagnetischen Feldern und verteilt ihr Licht auf ein breites Strahlenspektrum. Doch da sie ein Stern von mittlerer Größe und mittlerem Alter ist, der nach stellaren Maßstäben nur einen mittleren Druck in seinem Kern – der Quelle seines elektromagnetischen Glanzes – erzeugt, besitzt ein nützlicher Anteil ihres Lichts eine kräftige, aber nicht spektakuläre Energie und durchquert den Raum mit anmutigen, kompakten Wellenlängen. Wie es der Zufall will, liegen diese Wellenlängen in oder nahe der sichtbaren Zone des elektromagnetischen Spektrums – obwohl der »Zufall« natürlich nichts damit zu tun hat. Denn im Laufe der Evolution haben wir Augen erworben, die ideal auf das Umgebungslicht reagieren, und wie gesagt, ein nicht unbeträchtlicher Anteil des Sonnenlichts weist Wellenlängen zwischen 38 und 78 Millionstelzentimeter (380 und 780 nm) auf. Das ist der Bereich des Lichts, den wir als Exemplare der anmaßenden Spezies *Homo taxonomicus* als sichtbares, optisches oder Tageslicht bezeichnen. Doch die Begriffe sind schrecklich einseitig. Andere Tiere können Licht sehen, das weit außerhalb des so genannten sichtbaren Bereichs liegt – im Ultraviolett-, Infrarot-, Radarbereich. Bienen sehen beispielsweise ganz wunderbar im ultravioletten Spektrum, und viele Blumen locken ihre Bestäuber mit ultravioletten Streifen, während die Grubenorgane der Grubenottern infrarotes Licht erfassen, die verräterische Wärmestrahlung, die von Fraß und Feind gleichermaßen ausgeht.

Verschiedene Wellenlängen des Lichts eignen sich für verschiedene Funktionen. Da Funkwellen sehr lang sind, können sie sich ausbreiten, ohne von Luftmolekülen absorbiert oder gestreut zu werden, und die längsten biegen sich mit der Erdkrümmung. Daher eignen sie sich ausgezeichnet zur Übermittlung der Signale von weit entfernten Rundfunk- und Fernsehsendern an Ihr empfangsbereites Gerät zu Hause, im Auto oder, wie manche Leute beschwören, an Ihre Zahnfüllungen.

Als Nächstes im elektromagnetischen Spektrum folgt die falsch benannte leichte Brigade, die Mikrowellenstrahlung. Mikrowellen sind keineswegs mikro, sondern ziemlich umfangreich: Sie haben eine Längenausdehnung von einem Zentimeter bis zu einem Meter. Wie Funkwellen sind sie lang genug, um Signale unverzerrt durch die Luft zu transportieren. Doch anders als Funkwellen können sie zu einem präzisen Richtstrahl gebündelt werden und damit Signale mit einem relativ hohen Maß an Sicherheit und von einer Hornantenne zur nächsten übermitteln. Radar ist eine Form der Mikrowellenstrahlung, ein Mikrowellen-Richtstrahl, der von festen Körpern reflektiert und zu einem Empfänger zurückgeworfen wird und dadurch die Position erfasster Objekte mit außergewöhnlicher Genauigkeit angibt. Ein erstklassiges Radargerät kann den Aufenthaltsort einer zwei Kilometer entfernten Stubenfliege angeben, wenn wir in diesem Fall auch davon ausgehen können, dass der Radargast viel zu viel Zeit hat.

Am anderen Ende des Spektrums haben wir die Röntgenstrahlen, die außerordentlich kurz sind – etwa ein zehn Millionstel-millimeter lang, was ungefähr dem Durchmesser eines Atoms entspricht. Röntgenstrahlen sind energiereich genug, um glatt durch die meisten Körperteile hindurchzugehen, werden aber von sehr dichten Geweben wie Knochen absorbiert. Obwohl sie inzwischen längst ihre Nützlichkeit in der Medizin, Biologie und Astronomie unter Beweis gestellt haben, müssen sie im englischen Sprachraum eigentlich noch ihren geheimdienstlich anmutenden Decknamen *X-rays*, »X-Strahlen«, ablegen, den ihnen ihr Entdecker Wilhelm Röntgen 1892 gab, weil er keine Ahnung hatte, worum es sich bei ihnen handelte. In vielen Ländern werden sie inzwischen, wie wir alle wissen, nach ihrem Entdecker benannt.

Wenn wir die Röntgenstrahlen hinter uns lassen, gelangen wir zu den Gammastrahlen, deren Wellenlängen so winzig sind, dass wir sie gerade noch messen können. Gammastrahlen sind zwar kürzer als die Frackschleife eines Protons, aber sie schultern riesige Rucksäcke voll Energie. Die Gammastrahlen der Sonne werden auf dem Weg durch unsere dichte Atmosphäre von den dort befindlichen Luftmolekülen geschluckt. Trotzdem geht von dieser Strahlung eine potenzielle Gefahr für die Gesundheit des Menschen und für seine technischen Einrichtungen aus. Menschen, die auf Langstreckenflügen häufig die durchlässige Stratosphäre in 10 000 oder 13 000 Metern Höhe durchqueren, können zunehmend unerwünschten Mengen solarer Gammastrahlung ausgesetzt sein. Und sollte irgendwo ein Stern, der nicht weiter als 25 000 Lichtjahre von der Erde entfernt ist, in einer Supernova-Explosion enden, könnte der dabei stattfindende Gammastrahlen-Ausbruch durchaus alle unsere Telekommunikationssysteme lahmlegen. Handys, Blogs, E-Mail, E-Dating, o E-lend: ein Blitz, und das Leben wie wir es kennen, wäre E-rledigt.

Oberflächlich betrachtet, verhält sich die Natur nicht gerade wie ein Geizhals. Wenn der Frühling zu Ende geht, finden wir auf dem Waldboden hundert Mal mehr abgefallene Blüten, als jemals hätten zu Früchten werden können, und im Herbst Heerscharen von Eicheln, die verfaulen, lange bevor sie keimen können, und die Gebeine von Jungvögeln, die zu viel waren und aus dem Nest gedrängt wurden. Wenn das Gehirn eines menschlichen Fötus wächst, kommen auf jede Gehirnzelle, die ihren Platz findet und synaptische Verbindung zu ihren Nachbarn aufnimmt, einhundert Neuronen, die absterben müssen; ganz ähnlich müssen sich die Finger und Zehen des ungeborenen Kindes erst einmal aus den Flossen entwickeln, die ursprünglich fächerförmig an den Gliedmaßen des Fötus sitzen.

Bei seiner täglich sechzehnstündigen Nahrungsaufnahme frisst ein Elefant Mengen, die dem Gewicht seines Rüssels entsprechen: 150 Kilogramm Gras, Blätter, Wurzeln, Rinde, Zweige, Bambus, Beeren, Mais, Datteln, Kokosnüsse, Pflaumen, Zuckerrohr und, wie ich in meiner Jugend entdecken musste, selbstgebastelten Schmuck. Der Elefantendarm entzieht dieser ungewöhnlichen Tagesportion nur einen kleinen Anteil der Nährstoffe, des Restes entledigt er sich in Gestalt einer ebenso beeindruckenden Ausscheidung: rund 100 Kilo Kot pro Tag.

Doch hinter dem verschwenderischen Busen der Natur verbirgt sich ein schmallippiger Erbsenzähler, der nicht nur jede Erbse, sondern auch jede Bohne, jede Gehirnzelle, jeden Grashalm verzeichnet. Unermüdlich recycelt die Natur. Jeder Dunghaufen, jeder umgestürzte Redwoodbaum ist eine wimmelnde Gemeinschaft von Saprophyten, die dem Toten und Weggeworfenen wieder Leben abgewinnen, als wüssten sie intuitiv, dass es nichts Neues unter der Sonne gibt. Überall in der physischen Welt, vom Kosmisch-Gigantischen bis zum Subatomar-Winzigen ist dieser Refrain zu vernehmen. Naturschutz, Erhaltung: Das ist nicht nur eine gute Idee, sondern ein ehernes Gesetz. Isaac Newton entdeckte einige der Erhaltungsgesetze. Wenn ein Geländewagen von zweieinhalb Tonnen mit 50 Stundenkilometern frontal in einen fünfeinhalb Tonnen schweren Elefanten kracht, der ihm mit 40 Stundenkilometern entgegenkommt, besagt das Impulserhaltungsgesetz beispielsweise, dass der größere Impuls des Elefanten, das Produkt aus seiner Masse und Geschwindigkeit, nur teilweise durch den entgegengesetzten, aber kleineren Impuls des bewegten Fahrzeugs aufgehoben würde, so dass sich die Wut des Elefanten zu erheblichen Teilen auf das Fahrzeug übertrüge und es rücklings in den nächsten Affenbrotbaum schleuderte.

Der Ladungserhaltungssatz besagt, dass es für jede hier erzeugte positive Ladung irgendwo anders eine entsprechende negative Ladung geben muss: Wenn Sie sich beispielsweise kämmen und dabei einige Haarsträhnen in einander abstoßende positive Objekte verwandeln, müssen Sie Ihren Kamm mit zusätzlichen Elektronen aufgeladen haben. Sie können die naturgegebene Ladung eines Teilchens nicht auslöschen oder neutralisieren; soweit der Forschung bekannt, ist das Universum elektrisch im Gleichgewicht: Für jedes Elektron gibt es ein Proton. Sie können kein negativ geladenes Atom – kein negatives Ion – fabrizieren, ohne gleichzeitig ein positives Ion zu haben.

Der wohl grundsätzlichste aller Erhaltungssätze – und eines von zweien dieser Gesetze, die viele Wissenschaftler, wie sie mir versicherten, besonders gerne von der Öffentlichkeit verstanden wüssten – ist das Energieerhaltungsgesetz, auch als Erster Hauptsatz der Thermodynamik bezeichnet. Ich habe seit Langem eine Vorliebe für das Wort »Thermodynamik«; zum einen, weil es so schön klingt, und zum anderen, weil es die Vorstellung von Wärme in Bewegung vermittelt. Die Thermodynamik ist die Lehre von der Beziehung zwischen kinetischer und potenzieller Energie und Wärme. Die wichtigste Prämisse der Disziplin lautet: In einem geschlossenen System bleibt die Gesamtenergie, einschließlich der Wärme, stets erhalten. Energie kann nicht geschaffen, reproduziert oder aus anderen Dimensionen bezogen werden. Energie kann nicht zerstört, redigiert oder zur Frühpensionierung gezwungen werden. Energie kann nur in andere Hände übergehen oder von einer Form in eine andere verwandelt werden. Entscheidend ist hier die Wendung »in einem geschlossenen System«. Viele Systeme, mit denen wir im Alltag zu tun haben, sind nicht geschlossen. Wenn

Sie Wasser auf dem Herd kochen, können Sie dem System – das heißt dem Kochtopf – ständig neue Energie zuführen, indem Sie einfach die Flamme anlassen. Die kinetische Energie, die durch längere Verbrennung von Erdgas auf die Wassermoleküle übertragen wird, veranlasst sie, immer schneller umherzuschießen, bis es zum Phasenübergang kommt und sich das flüssige Medium in Gas verwandelt. Auch wenn das Wasser vollständig verkocht ist, kann die Energie der Gasflamme noch auf das System einwirken, indem sie die Metalllegierungen des Kochtopfs oxidieren lässt, ihre Bindungen auflöst und die Harzpolymere des Henkels zum Schmelzen bringt, bis schließlich der unachtsame Koch – Sie – ein anderes System öffnen muss – die Fenster und Türen Ihres Hauses, um den Gestank Ihres ruinierten Lieblingstopfs aus der Küche zu vertreiben.

Andere vertraute Systeme sind jedoch praktisch geschlossen – beispielsweise ein Kind auf einer Rutsche. Während das Kind auf das Gerät klettert, sammelt es potenzielle Energie. Dann sitzt es oben auf der Rutsche, holt tief Atem, vergewissert sich, dass die Mama oder die Kindergärtnerin auch mit der erforderlichen Mischung aus Besorgnis und Bewunderung schaut, und beginnt seine Talfahrt, wobei es die gespeicherte Gravitationsenergie gegen den Kick der kinetischen Energie einlöst, einschließlich einer Zugabe an Wärmeenergie in Form der unvermeidlichen Hosenbodenerhitzung. Wenn Sie die kinetische Energie des Runterrutschens und die als Wärme an die Rutsche, die Sitzfläche und die umgebenden Luftmoleküle abgegebene Energie addierten, entspräche die Summe der Gravitationsenergie, mit der das Ganze begann.

Sonne und Erde bilden ein weiteres Energiesystem, was wir uns als isoliert vorstellen können, es sei denn, wir erfinden eine Art Warp-Antrieb, wie wir ihn aus *Star-Trek* kennen, und können neues Leben und neue saudi-arabische Ölvorkommen entdecken. Bis dahin müssen wir uns mit der Energie zufriedengeben, die aus der Sonnenstrahlung stammt, oder mit ihren chemischen, kompostierten oder meteorologischen Produkten – Kohle, Holz,

Wind – beziehungsweise mit der Bearbeitung der auf der Erde befindlichen Materie in Kernkraftwerken oder in den noch lange nicht spruchreifen Fusionsanlagen.

Das System jedoch, das alle Systeme zu geschlossenen macht, ist das Universum selbst. Der Erste Hauptsatz der Thermodynamik gilt für den gesamten Kosmos. Was wir haben, ist alles, was wir bekommen haben und immer haben werden. Die Energie, die vor 13,7 Milliarden Jahren im Augenblick des Urknalls freigesetzt wurde, ist unsere erste und letzte Energiespende, unsere einzige Hoffnung und Mitgift. Keine anderen Vorkommen, keine Erträge, keine spontane Erzeugung – nur der Eintausch im Rahmen des Warenbestands. Das ist eigentlich kein schlechtes Gesetz, in gewisser Weise sogar Balsam für die Seele. Ist doch genug Energie vorhanden, um die Milliarden Billionen Sterne der 100 Milliarden Galaxien des elektromagnetisch sichtbaren Universums zu versorgen, dazu die gigantischen Mengen dunkler Materie und dunkler Energie, die zwar lichtlos und unsichtbar sind, von denen wir aber wissen, dass es sie dort draußen gibt. Unser Universum ist wie ein Blätterteiggebäck: voller Luft, aber unsäglich gehaltvoll – und meinen Sie nicht, dass Sie es mit einem genug sein lassen sollten?

Für die Menschen, die keinen Gott haben, an den sie glauben, kann der Energieerhaltungssatz die Rolle einer spirituellen Schmusedecke übernehmen, etwas, woran sie sich in jenen nächtlichen Augenblicken stummen Schreckens klammern können, wenn sie an Tod und Vergessen denken, an das endgültige Verlöschen des Ich. Der Energieerhaltungssatz ist im Grunde ein Versprechen auf ewige Existenz. Praktisch gesehen, ist das Universum ein geschlossenes System. Seine Gesamtenergie bleibt erhalten. Mehr wird nicht geschaffen, keine wird beseitigt. Ihre private Energiesumme, die Energie in Ihren Atomen und in den Bindungen zwischen ihnen, wird nicht vernichtet, nicht getilgt, nicht aufgehoben werden. Die Masse und Energie, aus der Sie bestehen, wird Form und Aufenthaltsort verändern, aber Sie werden hierbleiben, in dieser Schleife von Leben und Licht, auf dieser ständigen Party, die mit einem Knall begann. »Nichts wird vernichtet, nichts geht jemals verloren, die ganze Maschinerie arbeitet, so kompliziert sie auch ist, reibungslos und harmonisch … und bewahrt stets ihre vollkommene Regelmäßigkeit«, schwärmte der britische Physiker Joule vom Ersten Thermodynamischen Hauptsatz. Das erzähle ich meiner Tochter immer, wenn sie Angst vor der Dunkelheit hat, und obwohl sie eine persönlichere Form der Verewigung vorzöge, findet sie doch einen gewissen Trost in dieser thermodynamischen Wahrheit. Als sie sich an einem kalten Morgen auf den Schulweg machen musste, warf sie einen sehnsüchtigen Blick auf Manny, ein wohlgenährtes, schnurrendes Fellbündel, das sich behaglich an eine Sofalehne schmiegte. »Wenn ich sterbe«, sagte meine Tochter, »hoffe ich, dass ein paar Atome von mir in eine Katze gelangen.«

Wie der »Erste Weltkrieg« darauf schließen lässt, dass es noch andere gab, und die römische Ziffer I, an »Königin Elisabeth« oder König Philipp« angehängt, bedeutet, dass andere gleichen Namens danach zumindest nominell noch Staatsoberhäupter wurden, so hört sich auch der *Erste* Hauptsatz der Thermodynamik danach an, dass er nur der Anfang ist. Tatsächlich gibt es vier Hauptsätze – einer von ihnen, nach dem Ersten formuliert, erhielt den lustigen Namen »Nullter Hauptsatz der Thermodynamik« –, doch die beiden bei Weitem wichtigsten sind der erste und der zweite. Genau wie bei den amerikanischen Verfassungszusätzen. Der erste garantiert die Freiheit der Rede, der Presse und der Religion. Der zweite schützt das Recht freier Bürger, eine Waffe zu tragen. Was braucht der Mensch mehr?

Zufälligerweise sehen die Forscher den Zweiten Hauptsatz der Thermodynamik auch als eine Art Feuerwaffe, die ihre Kugeln wahllos im Haus verstreut, Bilder von den Wänden holt, den Flachbildfernseher in tausend Stücke schießt und Konfetti aus den Möbeln macht. Wenn der Erste Hauptsatz der Thermodynamik die »gute Nachricht« ist, wie Robert Hazen und James Trefil geschrieben haben, weil dieses »Naturgesetz der Unsterblichkeit der

Seele entspricht«, dann ist der Zweite Hauptsatz die »schlechte Nachricht«, weil dieses Naturgesetz erklärt, warum der Körper altert. Man könnte den Zweiten Hauptsatz auch das »Porzellanladen-Gesetz« nennen: Sobald der Elefant sein Werk getan hat, lässt sich nichts mehr kitten. Der Zweite Hauptsatz ist der Grund, warum Sie oder eine bezahlte Reinigungskraft erhebliche Mühe aufwenden müssen, um Ihr Haus zu putzen, und warum es andererseits, wenn Sie es zwei Wochen lang sich selbst überlassen, während Sie im Urlaub sind, ganz von allein schmutzig wird. Er erklärt, warum einige Getränke kalt schmecken, andere heiß und die meisten bei Raumtemperatur miserabel – Rotwein natürlich ausgenommen. Der Zweite Hauptsatz garantiert ein gewisses Maß an Chaos und Missgeschick in Ihrem Leben, egal, wie zwanghaft Sie Ihren Terminkalender planen und wie oft Sie jeden Bericht überprüfen. Irren ist nicht nur menschlich, es ist Fügung.

Das sind einige philosophische Implikationen und kleingedruckte Klauseln des Zweiten Hauptsatzes. Welche physikalischen Prinzipien liegen ihm zugrunde? Die erste, täuschend einfache Prämisse besagt, dass Wärme nicht spontan von einem kalten zu einem warmen Körper fließt. Wenn Sie an einem heißen Tag mit einer Eistüte spazieren gehen, fängt das Eis zu schmelzen an. Tragen Sie sie noch länger herum, schmilzt es stärker, so dass das Eis an der Tüte herunterläuft, über Ihre Finger kriecht und auf den Boden tropft. Es wird nicht anderen Sinnes werden und wieder gefrieren. Wenn Sie bei umgekehrten Wetterverhältnissen, im Winter, Ihren heißen Kaffee mit nach draußen nehmen und keinen gut isolierten Becher haben, wird der Kaffee rasch kalt. Er findet keine Möglichkeit, die Reste von Wärme, die in der Luft ringsherum noch sein mögen, zu extrahieren und zu konzentrieren. In unserem Universum verläuft der spontane Wärmefluss nur in eine Richtung, das heißt, er bewegt sich von einem wärmeren zu einem kälteren Körper. Immer und immer wieder wird die Wärme der Sommerluft Ihre Eiskrem aufsuchen, wird sich die Hitze Ihres Kaffees in der Winterluft verlieren, und sollten Sie plötzlich feststellen, dass es sich doch anders verhält, ist es vielleicht an der Zeit, professionelle Hilfe in Anspruch zu nehmen.

Auf molekularer Ebene ist der Wärmepfeil durchaus sinnvoll. Die Moleküle eines warmen Objekts bewegen sich schneller als die eines kühlen Objekts. Wenn die energiereichen Teilchen auf die behäbigeren treffen, übertragen sie einen Anteil ihrer Energie auf die lahmen Enten und verlieren dabei selbst natürlich etwas von ihrer Energie. Die heißen Moleküle der Sommerluft schlagen gegen die Kristalle Ihrer Eiskrem, die Kristalle beginnen zu hüpfen und zerfallen; und obwohl die Luftmoleküle rings um die Eistüte etwas abkühlen, während sie ihren Schwung auf die Eiskrem übertragen, lässt sich der Zeitpunkt schwer bestimmen, weil es so viel heiße Luft gibt. In Ihrem heißen Kaffee teilen die extrem beweglichen Moleküle an der Oberfläche ihre Energie mit der kalten Luft unmittelbar über ihnen. Diese erwärmten Luftmoleküle stoßen an die Luft darüber, während die Wärme, die aus den unteren Schichten der Tasse aufsteigt, die langsamer gewordenen Kaffeemoleküle an der Oberfläche anstößt. Dieser Energietransfer von Warm zu Kalt könnte nur dann ausbleiben, wenn die kalten, langsamen Moleküle dem vergleichsweise größeren Einfluss der raschen, erhitzten Moleküle widerstehen könnten, doch aus eigenem Antrieb sind sie nicht imstande, sich diesen Bodychecks zu widersetzen.

Das Ergebnis der natürlichen Kältetendenz der Wärme ist eine allgemeine Angleichung und Harmonisierung, eine Diffusion der Energie in eine lockere und weniger organisierte Form. Die Eiswürfel in einem Glas Zitronenlimonade auf einem Tresen verlieren ihre Struktur. Wenn die Wärme in einer Tasse Kaffee sich in die Umgebung verteilt, werden auch die molekularen Reaktionen langsamer, die für den gehaltvollen, aromatischen Geschmack des Getränks sorgen, und der Kaffee wird schal. Um die Struktur zu bewahren, um ein Temperaturgefälle aufrechtzuerhalten, das der spontanen Flucht der Wärme zur Kälte standhält, ist eine Energiespritze erforderlich. Sie können das Eis in der Kühltruhe lassen, doch die komplizierten Kühlmechanismen eines Kühlschranks oder einer Kühltruhe arbeiten elektrisch, genau wie die Kühlschlangen einer Klimaanlage. Sie können Ihr Haus im Winter erwärmen und damit dem allmählichen Verlust der Wärme an die kalte Luft draußen entgegenwirken, doch auch in diesem Fall brauchen Sie Energie: einen Holzofen, eine Öl- oder Erdgasheizung. Egal, wie gut die Wärmedämmung Ihres Hauses ist, Sie werden den allmählichen Wärmeverlust an die Straße nicht verhindern können – und folglich auch den Ruf nach frischem Futter nicht.

Das führt uns zur zweiten Prämisse des Zweiten Hauptsatzes, die sich sehr einfach formulieren lässt: Nichts ist vollkommen. Technischer ausgedrückt: Man kann keine Maschine mit einem Wirkungsgrad von 100 Prozent konstruieren, die, mit anderen Worten, jedes zugeführte Gramm Treibstoff in nützliche, ehrliche, der protestantischen Arbeitsethik genügende Arbeit umwandeln könnte. Man kann kein Perpetuum mobile bauen, keine Konstruktion, die ohne regelmäßige Hilfe von außen endlos rattern und stampfen würde, – was aber viele tausend erfindungsreiche Konstrukteure seit Leonardo da Vinci nicht daran gehindert hat, es trotzdem zu versuchen. Sie haben den Kampf mit dem Zweiten Hauptsatz aufgenommen – und verloren. Egal, wie gut die Maschine geschmiert ist, wie vollkommen und reibungslos ihre Mechanik arbeitet, ein Teil der Energie, die sie antreibt, geht als Wärme verloren, steigt gen Himmel, statt für die anstehende Arbeit verwendet zu werden. Ein Teil der kinetischen Energie würde verbraucht, um die Luftmoleküle in der Umgebung der Maschine anzuregen oder die Atome des Sockels für die beweglichen Teile oder der Bolzen, die die Teile zusammenhalten. Irgendwo wird irgendetwas die Wärme nehmen und vergeuden. Die meisten Maschinen, darunter all die kleinen, organischen Mechanismen in den Zellen unseres Körpers, haben einen weit geringeren Wirkungsgrad als 100 oder auch nur 50 Prozent. Viele Pflanzenarten schaffen es beispielsweise nicht, mehr als 5 Prozent der ihnen zufließenden Sonnenenergie in gespeicherte, zum Wachstum verwendbare Energie umzuwandeln.

Um die Zwangsläufigkeit dieser Ineffizienz zu verstehen, denken Sie einmal an ein einfaches Teil eines Automotors, das Auf und Ab, das Rein und Raus der Kolben in den Zylindern, das die Kurbelwelle bewegt. Jedes Mal, wenn ein Kolben in seinen Zylinder gedrückt wird, presst und erwärmt er die Luft darin. Infolgedessen wird ein Teil der Energie nicht nur von dem Verbrennungsvorgang für eine unnötige Anregung der Luftmoleküle im Zylinder abgezweigt, sondern diese heiße aggressive Luft muss auch aus dem Zylinder entfernt werden, bevor der Verbrennungszyklus von Neuem beginnen kann. Andernfalls überhitzt der Motor, dann knallt ihm die Sicherung durch, platzt ihm der Kragen, fliegt ihm die CPU davon, oder er geht irgendwie anders kaputt. Deshalb muss ein Auslassventil geöffnet werden, um die heiße Luft in die Atmosphäre zu entsorgen, wo sie alles Streben nach verantwortungsvollem, steuerzahlendem Bürgersinn über Bord wirft und sich stattdessen mit anderen hitzköpfigen Gasen mischt, die nichts Besseres zu tun haben, als das globale Klima zu ruinieren.

Kurzum, zuerst müssen Sie für etwas bezahlen, das Sie eigentlich nicht brauchen, dann müssen Sie dafür bezahlen, dass Sie es wieder loswerden. Kommt öfter vor, oder? Süßspeisen und Fitnessstudio, die Verletzung, die Sie sich im Fitnessstudio zugezogen haben, als Sie sich eine Hantel auf den Finger fallen ließen, und die Arztrechnung, weil der Finger wieder zusammengenäht werden musste, die Anschaffung des afrikanischen Ochsenfroschs als Haustier für Ihre Tochter und die Beseitigung eines unter den Fußbodendielen ihres Zimmers verwesenden afrikanischen Ochsenfroschs. Nichts ist vollkommen, niemand ist vollkommen, und wer klug ist, vergeudet nicht zu viel Zeit mit dem Versuch, es zu sein.

Was uns zur dritten und möglicherweise niederschmetterndsten Prämisse des Zweiten Hauptsatzes bringt: *Jedes* isolierte System wird mit der Zeit unordentlicher. Oder, um es mit dem Schild zu sagen, das mein Chefredakteur an seine Tür gehängt hat: IRGENDWANN KRIEGT DIE ENTROPIE EUCH ALLE.

Der Ausdruck »Entropie« ist in Mode gekommen und wird oft als Synonym für Chaos verwendet, doch die beiden Begriffe bedeuten Verschiedenes. In der Physik und Mathematik bezeichnet Chaos Systeme, die – wie das Wetter oder eine Volkswirtschaft – zufällig und unvorhersehbar erscheinen, häufig aber regelmäßige, wiederholte Muster haben, die ihnen zugrunde liegen – bestimmte Wolkengebilde, die Börsennachrichten im Fernsehen. Entropie dagegen ist ein Maß dafür, wie viel Energie in einem System »nicht zur Arbeit herangezogen werden kann«. Die Energie ist vorhanden, aber sie nützt nichts – wie ein Taxi, das in einer regnerischen Nacht an Ihnen vorbeifährt, ohne anzuhalten, oder ein Stuhl im Museum mit einem Seil von Armlehne zu Armlehne oder ein Teenager. Rudolf Clausius, ein deutscher Physiker und Pionier der Thermodynamik, prägte den Begriff »Entropie« nach dem griechischen Wort für »Umkehr, Wendung«, wobei es ihm darum ging, ein Wort zu finden, das größtmögliche Klangähnlichkeit mit »Energie« hatte. Überall, wo es Energie gibt, sagte Clausius, folgt irgendwann die Entropie mit der Brechstange in der Hand.

Der Erste Hauptsatz der Thermodynamik besagt, dass Energie weder geschaffen noch vernichtet werden kann. Der Zweite Hauptsatz erwidert: Na gut, dann muss ich mich damit zufrieden geben, ihr die Beine zu brechen.

In einem geschlossenen System nimmt die Entropie unaufhaltsam zu und die Ordnung langsam ab. Das ist eine kalte, bittere, ernüchternde, unspektakuläre, probabilistische Wahrheit. Wenn Sie einen Topf Wasser zum Kochen bringen, ein Ei hineingeben, den Topf mit einem fest schließenden Deckel bedecken und die Flamme abstellen, haben Sie ein weitgehend isoliertes System. Das Wasser ist heiß genug, um Ihnen noch ein weich- oder einigermaßen hartgekochtes Frühstücksei zu bescheren. Doch irgendwann, bevor das Ei den kinderfreundlichen Zustand höchster Härte erreicht, büßt das System seine kulinarische Kraft ein. Ein Großteil der kinetischen Energie, die das Wassermolekül durch das Erhitzen gewonnen hat, geht als Wärme an die Luft unter dem

Deckel verloren. In ihrem weniger lebhaften Zustand können die Wassermoleküle, die gegen die Eierschale stoßen, nicht mehr damit fortfahren, die Eierproteine und Cholesterinketten im Inneren des Eis zu modifizieren und mit Kreuz- und Querverbindungen zu versorgen. Die Gesamtenergie des Systems mag genauso groß sein wie zu dem Zeitpunkt, als der Deckel auf den Topf gesetzt wurde, aber sie ist diffus und stumpf geworden – ihr ist, buchstäblich, das Gas abgedreht worden.

Leider hat der Zweite Hauptsatz die Wahrscheinlichkeit ganz auf seiner Seite. Wenn Physiker von einem geordneten System sprechen, dann meinen sie eines, dessen Elemente zu einem regelmäßigen, vorhersagbaren Muster angeordnet sind: so säuberlich wie die Natrium- und Chloratome in einem Salzkristall oder wie Bücher in einer vorbildlich geführten Bibliothek – nach Themen und Alphabet geordnet. Aber stellen Sie sich einmal vor, wie leicht es ist, die Ordnung dieser Bücherei durcheinanderzubringen. Dazu müssen Sie nicht den ganzen Bestand auf den Fußboden werfen; ein einziges falsch eingeordnetes Buch genügt, um einem Forscher einen ganzen Morgen zu stehlen. Tatsächlich gibt es nur eine Möglichkeit, die Bücher auf den Regalen fehlerfrei nach der Dewey-Dezimalklassifikation zu ordnen, aber Tausende und Abertausende von Arten, die Bücher falsch einzustellen. Das ist die Triebkraft der Entropie. Ordnung hat definitionsgemäß Einschränkungen, während Unordnung keine Grenzen kennt. Die Wahrscheinlichkeit, dass das kochende Wasser in unserem Topf seine Wärme behält, weil die heftig bewegten Moleküle an seiner Oberfläche nur an die anderen Wassermoleküle unter und neben ihnen stoßen, ohne mit den Luftmolekülen über ihnen zu kollidieren, ist unendlich klein. Theoretisch wäre es möglich, genauso wie es prinzipiell möglich wäre, die Augen zu schließen und ein paar hundert Ziegelsteine in eine Ecke zu werfen, um beim Öffnen der Augen festzustellen, dass Sie sie, perfekt ausgerichtet, zu genau der Kaminwand flämischen Stils geschichtet haben, von der Sie schon immer geträumt haben. In der von der Wahrscheinlichkeit bestimmten Wirklichkeit würden Sie einen wahllos aufgetürmten Haufen halb zerbrochener Ziegelsteine und eine Wolke aus Tonstaub erblicken, während der Lärm draußen Ihnen verriete, dass die Polizei gerade dabei wäre, Ihre Haustür mit schwerem Gerät aufzubrechen.

Nein, wenn Sie den Wunsch haben, besagte Ziegelsteine in einen einigermaßen vorzeigbaren Kaminmantel zu verwandeln, müssen Sie sich Kelle, Eimer und Mörtel nehmen und einen Teil Ihrer gespeicherten chemischen Energie darauf verwenden, die Ziegelsteine sorgfältig anzuordnen, auszurichten und über die Unebenheiten hinweg zu putzen, ganz so, wie die Evolution es mit uns gemacht hat. Sie müssen sich auch darauf einstellen, dass Sie in gewissen Abständen Ausbesserungen und Neuverfugungen vornehmen müssen, weil die Einwirkung von Wärme, Schwerkraft, Feuchtigkeit, Kälte, Fett, Kienteer, Schimmel, die Erschütterungen vorbeifahrender Müllwagen, die zusätzlichen Kaminkehrungen, da Sie vergessen haben, das zu öffnen, was man wohl als »Fuchs« bezeichnet – weil all das, sage ich, die Anordnung der Ziegel- und Zementmoleküle in der Kaminwand nachhaltig beeinträchtigt. Schließlich werden Sie oder einer Ihrer Nachkommen zu dem Schluss kommen, dass die Mauer an so vielen Stellen gerissen und abgesackt ist, dass es einfacher ist, den Vorschlaghammer zu nehmen und von vorn zu beginnen.

Nach dem Zweiten Hauptsatz der Thermodynamik kann die Energie eines Systems quantitativ gleich bleiben, während sie qualitativ ständig abnimmt. Die konzentrierte Energie des Erdöls ist äußerst nützlich; die diffuse Energie der angeregten Kohlendioxid- und Stickstoffoxide, die dem Auspuff eines Autos entweichen, ist es nicht. Die düsterste Lesart des Zweiten Hauptsatzes legt nahe, dass selbst das Universum schon am Morphiumtropf hängt, dass Glanz und Kraft und Möglichkeiten unaufhaltsam verkommen. Nach dieser Version der Apokalypse steigt die universelle Entropie und fällt die produktive Energie, bis das Ganze in kühler Bedeutungslosigkeit versinkt. Heute kann der explosive Tod eines

Sterns einer nahen Gaswolke so viel Energie und Materie zuführen, das sie zu einem Baby-Stern zusammenstürzt und der stellare Lebenszyklus von Neuem beginnt. In dem größeren und stark veränderten Kosmos einer fernen Zukunft gibt es möglicherweise keine Sonnen mehr mit dem Bestreben zu explodieren und keine stellaren Kindergärten, die für solche Energie- und Lichthinterlassenschaften Verwendung hätten.

Doch bevor wir uns von solch formaldehydtriefendem Pessimismus überwältigen lassen, wollen wir uns daran erinnern, dass dem Universum, gleich, wie sein endgültiges Schicksal aussehen wird, immer noch ungeheuer viel Zeit zum Spielen bleibt – und dass es ein humorbegabtes Genie sein muss, ein Ästhet, überwindet es doch seine angeborene Trägheit, seinen entropischen Hang mit fortwährenden Symphonien disziplinierter Schönheit. Das Universum liebt Schönheit, es scheint nicht umhin zu können, Licht und Gestalten in immer neuen Erscheinungsweisen hervorzubringen, einfach, weil es ihm Freude macht, und es fragt nicht, ob die Formen praktisch oder unpraktisch sind. Aus der Formlosigkeit entstand die glorreiche Wolke, die wir Atom nennen, aus Asche und Staub entstanden die Sterne, die so exakten Formgesetzen gehorchen, dass wir an ihrem Licht ablesen können, wie lange sie leuchten und wann und wie sie sterben werden. Die verschiedenen Atome gaben sich nicht damit zufrieden, unter sich, in ihrem Element zu bleiben, sondern verbrüderten sich mit anderen Elementen, wurden zu den Molekülen, aus denen unsere Welt gefügt ist, und die Chemie hatte Recht, dem Gesetz ins Gesicht zu lachen und zu verkünden: Kommt, bringen wir Leben in die Bude.

# 5 Chemie

*Feuer, Eis, Spione und Leben*

Wenn Sie das nächste Mal glauben, man verspotte, ärgere oder mobbe Sie, gehen Sie nicht in die Defensive. Machen Sie Ihren Quälgeistern nicht das Vergnügen einzuschnappen. Wählen Sie doch stattdessen die chemische Lösung und bekämpfen Sie Feuer mit ... einem Party-Trick.

Viele Chemiker geben zu, dass sie von Zeit zu Zeit einem Verfolgungswahn verfallen. Sie fühlen sich von der Öffentlichkeit verteufelt und von anderen Wissenschaftlern zu Außenseitern abgestempelt. Chemie ist das Fach, von dem mindestens 6 von 6,0225 Amerikanern bekennen, sie seien »darin in der Highschool durchgerasselt«. Das Hollywood-Klischee vom bösen Wissenschaftler ist oft eine Art Chemiker, ein Weißkittel, der sich finster kichernd über seine kochenden Reagenzgläser und knisternden Apparaturen beugt. Die Menschen schimpfen auf all die »Chemikalien« in der Umwelt, als wäre das Wort gleichbedeutend mit »Giften«. Die Umwelt, so halten die Chemiker dagegen, bestehe aus nichts anderem als Chemikalien, und das Gleiche lasse sich von uns sagen. »Wir sind lediglich selbstreplizierende Kohlenstoffeinheiten, und nichts anderes«, sagte Donald Sadoway, Professor für Stoffchemie am MIT. »Wir unterscheiden uns nicht die Bohne von der Kohlenstoff-basierten Faser in einem Stahlgürtelreifen, daher sollten wir uns vielleicht nicht so ernst nehmen.«

Wird die Chemie nicht als Gefahr für Luft, Wasser, Fisch und Fleisch empfunden, wird sie als bürokratische Disziplin abgetan, die weder Fisch noch Fleisch ist. Roald Hoffmann, seines Zeichens Chemiker, Poet und Dramatiker an der Cornell University, meinte, die Chemie werde, da sie »zwischen dem physikalischen und dem biologischen Universum angesiedelt« sei und »sich nicht mit dem unendlich Kleinen oder Großen befasst«, für pedantisch und langweilig gehalten, »so wie es Dinge in der Mitte häufig sind«. Einige der Leute, die der Chemie besonders gedankenlos ihren Platz streitig machen, sind ihre nächsten Nachbarn zur Rechten und zur Linken. »Chemie ist die Kernwissenschaft, die zentrale Wissenschaft, doch ihre Beiträge werden häufig übersehen, auch von vielen Biologen, Physikern, medizinischen Forschern und anderen, die es eigentlich besser wissen müssten«, sagte Rick Danheiser, ein Chemieprofessor vom MIT. Selbst das viel diskutierte Buch *The End of Science*, nach dem die wichtigsten naturwissenschaftlichen Disziplinen die Grenzen ihres Erklärungsvermögens erreicht haben und bald in der Bedeutungslosigkeit versinken werden, hielt es nicht für nötig, die Chemie auch nur zu erwähnen. Danheiser stieß einen theatralischen Seufzer aus. »Ich nehme an, wir waren nicht sexy genug für einen Nachruf«, sagte er.

Zeit für den versprochenen Party-Trick. Danheiser, ein jungenhaft aussehender Babyboomer, den man weder als besonders klein noch besonders groß bezeichnen würde und der die nachlässige Verwilderung seines Bartes mit dem nachlässigen Schick eines Polohemds und einer modischen Khakihose austarierte, stieß seinen Stuhl zurück und begann, die Schubladen seines Schreibtischs zu durchwühlen. Ohne Erfolg. Er ging zu seiner Bücherwand, sah auf den Regalen nach und fuhr mit den Händen über die Kanten, die sich über Augenhöhe befanden. Immer noch nichts. Schließlich fragte er mich, ob ich zufällig Streichhölzer bei mir hätte. Nein, sagte ich, ich rauche nicht.

»Das ist gut, soweit es Ihre Gesundheit betrifft«, erwiderte er. »Aber schlecht für das, was ich Ihnen zeigen möchte, sehr schlecht.« Da blieb nur noch, so zu tun, als ob.

Danheiser nahm einen jener Plastikstäbe, mit denen Chemiker

Stabmodelle von Molekülen konstruieren. »Nehmen wir an, dies wäre ein Streichholz«, sagte er, ich nickte. »Das«, fuhr er fort«, und hielt das Stäbchen hoch, »ist Physik.« Er ließ es auf den Schreibtisch fallen. Plink. »Und das«, er strich das virtuelle Phosphorende des Stäbchens an einer virtuellen Streichholzschachtel in seiner Hand an, »ist Chemie.« Triumphierend hielt er das Stäbchen hoch, damit ich die fiktive Flamme erblicken konnte. Zum Glück hatten mir schon zwei andere Chemiker diese feuerfreie Trockenübung vorgeführt, um mir das Wesen ihrer Disziplin klarzumachen; so konnte ich mir das Bild der Verbrennung hinreichend vergegenwärtigen, um zu lächeln und anerkennend zu nicken. Chemiker mögen das Gefühl haben, nicht genügend anerkannt zu werden. Sie mögen bei vielen erwachsenen Überlebenden des Schulunterrichts in dem Ruf stehen, den Sexappeal einer Lippenherpes zu haben. Doch Chemiker wissen, dass sie dessen ungeachtet Prometheus als ihren Propheten reklamieren können – und wenn sie kein Streichholz finden können, bleibt immer noch ihr inneres Feuer.

Wenn wir schon im Reich der Mythologie und Phantasie sind, sei erwähnt, dass noch zwei andere Sagengestalten für die besondere Alchimie der Chemie von Bedeutung sind: Die eine ist Goldlöckchen, das kleine Mädchen, das sich in die Hütte einer Bärenfamilie verirrt und von drei Schüsseln Brei diejenige wählt, die nicht zu heiß und nicht zu kalt ist. Ihre Geschichte ist ein spektakulärer Gegenentwurf zum Klischee, nach dem die Mittelstellung der Chemie langweilig und uninteressant ist. Goldlöckchen empfindet die Extreme als steif und humorlos; die Extreme können niemals genügen. Zu heiß pellt Ihnen die Haut von der Zunge, die Elektronen von Ihren Atomen; zu kalt, und Sie können nichts mehr schmecken. Zu hart, und Sie sind nicht am Leben; zu weich, und Sie sind schon tot. Goldlöckchens bevorzugtes Habitat, ihr optimales Kulturmedium, ist das des harmonischen Kompromisses, die Welt, die sie »gerade richtig« nennt. Es ist eine ideale Welt für Kinder, Menschen und Bären, eine Welt, die sich für Wachstum eignet, für die allmähliche Vereinigung von Atomen zu Molekülen, von Molekülen zu Verbindungen, Einheiten zu Ketten, Ketten zu Faltungen, Geweben, Organen, Augen, Tatzen und Schnauzen, die maunzen. Eine Welt, die für Kinder sicher ist, ist eine Welt von immenser molekularer Vielfalt, wo es von Millionen Molekülen und Verbindungen wimmelt und wo kein Molekül sehr lange ungenutzt bleibt. Die Welt des Chemikers ist die Welt, die uns umgibt, ein Verwöhn-Ambiente mit relativ milden Temperaturen, erträglichem atmosphärischen Druck und reichlich flüssigem Wasser, das die Moleküle zusammenbringt und ihren Verkehr erleichtert.

Roald Hoffmann sagte: »Auf der Oberfläche der Sonne kann keine Rede von Chemie sein. Da gibt es nur Atome und Ionen – Atome, die auseinandergeschlagen wurden.«

Unter den Bedingungen auf der Erde gibt es eine Menge Chemie. Wir haben Temperaturbedingungen, unter denen Moleküle in drei verschiedenen Zuständen vorkommen können – fest, flüssig und gasförmig – und unter denen sich diese Moleküle, wenn Energie durch Sonnenlicht oder die Wärme eines Feuers zugeführt wird, in andere Moleküle verwandeln können, in andere komplexe Atomansammlungen. »Was für eine öde Welt wäre es, wenn es nur 115 von uns gäbe, und was für eine öde Welt wäre es, wenn es nichts als diese 115 Elemente, diese 115 Atomarten gäbe, und damit aus«, meinte Hoffmann. »Doch so funktioniert unsere Welt nicht. Aus den 115 Elementen lassen sich fast unendlich viele Moleküle bilden, was immer Sie brauchen, eine schier unerschöpfliche strukturelle und funktionelle Vielfalt. Im menschlichen Körper gibt es mindestens 100 000 verschiedene Moleküle. Rund 900 flüchtige Aromakomponenten hat man im Wein gefunden. Chemie, das sind die Moleküle. Wir sind Moleküle. Chemie ist eine wahrhaft anthropische Wissenschaft.«

An der Oberfläche der Sonne herrschen Temperaturen von über 5000 Grad Celsius, die Atome befinden sich im Schockzustand, sind aber nicht allein. Um sie herum befinden sich andere Atome, überwiegend Wasserstoffatome, doch auch eine beträchtliche Zahl von Heliumatomen, dazu auch Spuren von Kohlenstoff, Stickstoff, Sauerstoff und Neon, um nur einige wenige zu nennen. Welchen Unterschied gibt es zwischen den Atomen, die sich auf dem Antlitz der Sonne versammeln, und denen, die das Gesicht unserer Tochter zusammensetzen? Was müssen Atome im Ganzen tun, um sich als Bausteine für Moleküle zu qualifizieren, was für ein Passwort müssen sie nennen?

»Der Name ist Bond, James Bond«, sagte Donald Sadoway. »In der Chemie geht es ausschließlich darum, Bindungen herzustellen und zu lösen.« Mit seinem elegant geschnittenen italienischen Anzug, dem blendend weißen Hemd und dem dezent-farbenfrohen Schlips in perfektem Windsorknoten umgibt ihn selbst ein unverkennbares Bond-Flair. Moleküle, erläutert er geduldig, und die umfassendere Kategorie der Verbindungen und Gemische sind mehr als Ansammlungen von Atomen, die zufällig an einem Ort zusammengekommen sind, wie Reisende in einem Zug oder Murmeln in einer Schachtel. Um sich die Bezeichnung Moleküle oder chemische Verbindung zu verdienen, müssen die konstituierenden Atome mittels einer Art elektromagnetischem Klebstoff aneinander haften. Die Atome müssen ihre äußeren Elektronen miteinander teilen oder die permanente Anziehung eines entgegengesetzt geladenen Atoms an ihrer Seite spüren. In der Chemie geht es um Moleküle, um die Herstellung von Bindungen und um die Auflösung von Bindungen. Chemische Bindungen kommen durch elektromagnetische Kräfte zustande, durch die naturgegebene Anziehung zwischen Elektronen und Protonen und durch den Wankelmut dieser negativ geladenen Teilchen, der sie veranlasst, ihre Gunst in dem einen Augenblick diesem Proton zu schenken und im nächstem jenem. Die Chemie macht sich diese Ruhelosigkeit der Elektronen zunutze, indem sie die gut hundert Elemente des Periodensystems in Hunderttausende von Konfigurationen bringt, die Bindungen immer wieder löst, die Bruchstücke anders zusammenfügt und die Verkaufsregale mit immer neuen und verbesserten molekularen Waren füllt. Helleres Weiß! Dunkleres

Schwarz! Süßere Aromen, stärkeres Laminat, längere Polymeren, flotteres Design. Ganz gleich, was Sie sich von der Chemie wünschen, was für eine Form oder Eigenschaft Ihr Molekül besitzen soll, die Chancen stehen gut, dass Sie es irgendwo im gut bestückten Spielzeugkasten unserer Goldlöckchen-Welt finden – wenn die Natur es nicht schon vorfabriziert hat, wird es im Labor maßgeschneidert. Roald Hoffmann hat die Chemie die »imaginierte Wissenschaft« genannt; der große französische Chemiker Claude Berthollet hat sie im 19. Jahrhundert zur Kunst erklärt. »Die Chemie nimmt praktisch eine Sonderstellung ein durch ihre Fähigkeit, neue Dinge zu erschaffen«, sagte Stephen Lippard, Chemieprofessor am MIT. »Abgesehen davon, dass wir die Welt erforschen, wie sie ist, können wir auch Molekülkombinationen zusammenstellen, die sich noch niemand hat träumen lassen.« Beispielsweise einen Computerschirm, der so biegsam ist, dass man ihn wie eine Zeitung zusammenrollen und in die Tasche stecken kann; eine Windschutzscheibe, die sich selbst reinigt; künstliche Blutgefäße, die nicht verstopfen und die vom Immunsystem nicht angegriffen werden; Antidepressiva, die die Melancholie bekämpfen, ohne die üblichen Kollateralschäden von Fettleibigkeit und Frigidität. Das ist der Stoff, aus dem die Träume von Chemikern sind.

Und wie im Schlaf und in der Kunst ist nicht immer klar, wer der Träumer ist und wer der Traum. »Mein Forschungsfeld ist die Stoffchemie, und dort hüten wir uns, den Studienanfängern mitzuteilen, wie ahnungslos wir eigentlich sind«, gestand Frank DiSalvo, Chemieprofessor an der Cornell University. »Viele unserer Ergebnisse erzielen wir durch Versuch und Irrtum, und wir können nicht vorhersagen, was dabei herauskommt. Wir kennen die Spielregeln nur für eine Handvoll von Elementen, mit denen wir arbeiten.« Theoretisch sei alles erforderliche Material zur Konstruktion jedes vorstellbaren Apparats – eines Warp-Antriebs, eines Transporters, des vollkommenen Toupets – bereits irgendwo im Periodensystem vorhanden. Die Frage, wo es ist, mit wem oder was es unter welchen Bedingungen zusammengebracht werden sollte – das alles, so DiSalvo, lasse die Bunsenbrenner nachts nicht ausgehen: »Wenn jeder Mensch auf der Erde ein Stoffchemiker wäre, würde es immer noch ein Jahrtausend oder länger dauern, um alle Dinge herzustellen, die wir uns wünschen.«

Die Grundthemen der Chemie sind Moleküle und die Bindungen, die sie zusammenhalten und definieren. Wie der liebenswerte Engländer mit der Lizenz zum Töten in seinen gut zwanzig Filmen zeigt, gibt es mehr als eine Möglichkeit, ein Bond zu sein. Das gilt auch für die andere Bedeutung von *Bond*, die Bindung. Es gibt die leichte, sanfte, zarte Bindung, es gibt die hartleibige Bindung und die flüchtige, fast nicht vorhandene Bindung. Die Art der Bindung, die Atome in einem Molekül oder Moleküle untereinander zusammenhält, erklärt, warum die Kohlenstoffgitter in einem Diamanten hart genug sind, um auf ewig *a girl's best friend* zu sein, während die Kohlenstoffketten in unserer Nahrung schon bei mäßigem metabolischen Bemühen aufgelöst werden und die Kohlenstoffmoleküle in der Graphitspitze eines Bleistifts sich mit federleichten Strichen aufs Papier bringen lassen. Bindungen werden gerührt, Bindungen werden geschüttelt, Bindungen sind, wie Regeln, zum Brechen da.

Die stärkste und einfachste, aber keineswegs simpelste Bindung in der Natur ist die kovalente Bindung. Dabei tun sich zwei Atome zusammen, indem sie aus reinem Spaß an der Sache zwei oder mehr Elektronen miteinander teilen. Die Bindung entsteht zwischen Partnern, deren Wunsch nicht aus der Not geboren ist: Ihre äußersten Schalen brauchen eigentlich keine zusätzlichen Elektronen, aber sie haben nun einmal Platz für weitere. Die einzelnen Atome sind theoretisch zur elektromagnetischen Autarkie fähig, das heißt, die Zahl der kreisenden, negativ geladenen Elektronen entspricht der Zahl der positiv geladenen Protonen im Kern. Doch die Bahnen oder Schalen, in denen sich die Elektronen auf ihrem Weg um den Kern bewegen, können, ungeachtet der besonderen Bedürfnisse, die die Protonen des Atoms haben, jeweils eine bestimmte Zahl von negativen Teilchen beherbergen. Mit anderen

Worten, Elektronenschalen haben große Ähnlichkeit mit Schränken: Sie sind am glücklichsten, wenn sie gefüllt sind.

Atome mit einem gewissen Maß von Leerstellen in ihren Schalen tun sich häufig zusammen, um ihre heftigen Schrankbedürfnisse gegenseitig zu befriedigen, indem sie äußerste Elektronen fortwährend hin und her tauschen. Auf diese Weise verschaffen sie sich das Gefühl der Schalensättigung, ohne im eigentlichen Sinne elektrisch geladen zu werden, was der Fall wäre, wenn sie auf Dauer ein Elektron zu viel aufnähmen oder wenn sie die Mitglieder ihrer teilweise gefüllten äußeren Schale ganz verlören. Die gemeinsamen Elektronen sind manchmal näher an der äußeren Schale des einen Atoms und manchmal näher an der Wolke des anderen anzutreffen, doch meist bewegen sie sich irgendwo dazwischen.

»Einerseits möchten die beiden Atome zusammenkommen, weil ihre gemeinsamen Elektronen bestrebt sind, die Anziehung beider positiver Kerne zu spüren«, sagte Roald Hoffmann. »Andererseits wollen die Kerne einander nicht zu nahe rücken. Die Kompromissentfernung ist die Bindungslänge, wie eine Art Feder bindet sie die Atome aneinander.« Hallo? Tu, was ich dir sage: Komm näher, geh weg.

Die Beteiligten dieser kovalent-komplizierten Beziehungskiste können Atome des gleichen Elements sein. Zwei Wasserstoffatome beispielsweise, jedes mit einem einsamen Elektron in einer Schale, die für zwei vorgesehen ist, können ihre Teilchen kovalent zusammenschmeißen, um ein Molekül $H_2$ zu bilden, während der Sauerstoff, den wir atmen, überwiegend aus $O_2$ besteht, Gaswolken aus kovalent verschwisterten Sauerstoffatomen, die nicht ein, sondern zwei Paar Elektronen pro Partnerschaft teilen.

Eine solche kovalente Liaison kann aber auch zwei vollkommen verschiedene Elemente zu einer so genannten Verbindung zusammenfassen. Wasserstoff und sein Einzel-Elektron kann mit Chlor verkuppelt werden, das sieben seiner insgesamt siebzehn Elektronen in seiner äußeren Schale hat, die eigentlich für acht gedacht ist, dann entsteht der allbekannte Chlorwasserstoff, ein farbloses, stechend riechendes und ätzendes Gas, das zur Herstellung von Kunststoffen und vielen anderen Industrieprodukten verwendet wird und in Wasser gelöst Salzsäure ergibt. Stickstoff, mit fünf Elektronen in der äußeren Schale, und Sauerstoff, mit sechs, können in dieser äußersten Schale aber acht Elektronen aufnehmen, können also in wechselnden Konfigurationen gemeinsame Sache machen. Ein Stickstoffatom in kovalenter Bindung mit einem Sauerstoffatom ergibt Stickstoffmonoxid – NO –, ein unsichtbares, hochwirksames Gas, das in großen Mengen sehr giftig ist, das der Körper aber umsichtig dazu nutzt, Muskeln zu entspannen, Krankheitserreger abzuwehren, Signale ans Gehirn zu senden und die Geschlechtsorgane bei sexueller Erregung anschwellen zu lassen. Eine weitere magische Verschmelzung von Stickstoff und Sauerstoff – ein kovalent zusammengefasstes Paar Stickstoffatome in kovalenter Verbrüderung mit einem Sauerstoffatom – ergibt Distickstoffmonoxid, $N_2O$, ein süß schmeckendes, psychoaktives Gas, dafür verantwortlich, dass Zahnarztbesuche erträglicher werden, wenn sie auch nie wirklich zum Lachen sind. Die Kohlehydrate in unserem Essen sind kovalent gebundene Heerscharen von Kohlenstoff-, Wasserstoff- und Sauerstoffatomen – Kohlenstoff und Wasser –, wobei die genauen Anteile und Anordnungen jedes Elements in einer gegebenen Gruppierung entscheiden, ob das Kohlehydrat komplex und damit nahrhaft ist oder zuckerhaltig und damit verdächtig.

Grundsätzlich sind Elemente stabiler und weniger reaktiv, wenn sie sich in einer Bindung befinden – aus dem gleichen Grund, warum verheiratete Leute von der Gesellschaft als Stützen vernünftiger, gutbürgerlicher Verlässlichkeit geschätzt werden. Wenn Sie verheiratet sind, ist Ihre Paarbildungsfähigkeit mehr oder minder erschöpft, und Sie gelten als »besetzt«. Nicht umsonst ist das Symbol der Heirat, der Ehering, ein geschlossener Kreis. Das Gleiche gilt für chemische Partner in einer Bindung: Ihre reaktiven Komponenten sind bereits beschäftigt und stehen daher nicht für andere Beziehungen zur Verfügung.

Allerdings verlangt die molekulare Ehe keine Monogamie. Viele Elemente haben mehr als eine Reaktionsoption, mehr als ein Elektron, das sich in einer halb vollen Schale befindet und daher in der Lage ist, sich kovalent mit einem anderen Atom zu verbinden. So sind viele Elemente von Natur aus polygam, wobei allerdings die Liebesfähigkeit eines jeden ihre Grenze hat: die Höchstzahl der Partner, mit denen es sich gleichzeitig vereinigen kann. Wir bezeichnen sie als die Wertigkeit des Elements. Je vollständiger es einem Element gelingt, alle seine Leerstellen zu füllen, desto stabiler, desto gebremster in seinem chemischen Jagdtrieb wird es. Stickstoffmonoxid ist ein so flatterhafter chemischer Stoff, weil seine Stickstoff- und Sauerstoffkomponenten zwar kovalent verbandelt sind, beide aber noch genügend Platz für weitere Elektronen haben und bereit zu weiteren Affären oder unverhohlenem Diebstahl sind. Stickstoffmonoxid versteht sich besonders gut darauf, Elektronen von den Eisenatomen im Herzen der Hämoglobinmoleküle zu stehlen und damit die Fähigkeit des Hämoglobins zu beeinträchtigen, Sauerstoff durch den ganzen Körper zu befördern.

Im Fall des Distickstoffmonoxids sind alle drei in der äußeren Schale verfügbaren Elektronen des Stickstoffs völlig vereinnahmt von kovalenten Liaisons und nicht mehr offen für irgendwelche chemischen Seitensprünge, was zur Folge hat, dass Lachgas eine relativ harmlose Verbindung ist, wenn es in Maßen verwendet wird. Trotzdem bedeutet der Fortbestand von Reaktionsbestrebungen am Sauerstoffende der Verbindung, dass sich auch Distickstoffmonoxid negativ auf die Hämoglobinleistung auswirken kann, so dass Sie, wenn Sie das Gas zu lange einatmen, unter zunehmendem Sauerstoffmangel leiden und leicht Ihren letzten Lacher tun könnten.

Stickstoff allein kann extrem stabil sein. Wenn kein Zwang zu interkultureller Bindung mit Sauerstoff, Wasserstoff oder Ähnlichem vorliegt, erfüllen die beiden Stickstoffatome ihre wechselseitigen Bedürfnisse mühelos, indem sie alle drei Paare ihrer verfügbaren Elektronen miteinander teilen. Dieses dreifach gebundene Stickstoff-Duo bildet ein außergewöhnlich zähes und reaktionsträges Molekül von extremer Lebensdauer, weshalb Flüssigstickstoff ein bevorzugtes Medium für die langfristige Konservierung von biomedizinischen Kostbarkeiten wie Blut, Sperma, in-vitro-fertilisierten Embryonen, Beweismitteln von Tatorten ist. Rund 78 Prozent unserer Atmosphäre bestehen aus dreifach gebundenem Stickstoffgas, dagegen nur 21 Prozent aus Sauerstoff; doch während unsere Lunge imstande ist, den Sauerstoff aus der Luft herauszufiltern und in jeder Zelle unseres Körpers zu nutzen, so dass wir nicht in der Lage sind, mehr als ein paar Minuten ohne Sauerstoff zu leben, ist der Stickstoff, den wir einatmen, ohne physiologischen Nutzen für uns, entweder atmen wir ihn sofort wieder aus oder entledigen uns seiner später mit unseren Ausscheidungen. Den Sauerstoff, den wir für unsere Zellen und unsere DNA brauchen, beziehen wir aus der Nahrung, in der er entgegenkommenderweise von Mikroorganismen in der Erde bereits »fixiert« – Sauerstoff und Wasserstoff verbunden – und damit in eine Form gebracht wurde, die uns zuträglich ist; diese Kleinstlebewesen haben den Stickstoff aus der Luft »fixiert« und an Pflanzen weitergegeben, die ihn ihrerseits an uns oder die Tiere, die wir essen, weitergeben. Egal, an welcher Stelle der Nahrungskette wir ihn uns beschaffen, diese molekular domestizierte Form des Stickstoffs ist lebenswichtig für uns, daher können wir alle von uns sagen, dass wir eine Stickstoff-Fixierung haben.

Doch was am Leben erhält, kann auch Vernichtung bringen. Dreifach gebundener Stickstoff ist im Allgemeinen reaktionsträge, und seine drei kovalenten Bindungen sind sehr schwer aufzulösen, aber mit den richtigen chemischen oder pyrotechnischen Manövern können sie gebrochen werden; und bei ihrer Auflösung setzen sie enorme Energiemengen in ihre Umgebung frei – kurzum, sie fliegen uns um die Ohren. Aus diesem Grund enthalten die meisten Sprengstoffe wie Dynamit, Schießpulver und das Zeug in unseren gewöhnlichen konventionellen Bomben dreifach gebundenen Stickstoff in der einen oder anderen Form.

In der Chemie geht es um Moleküle, und das Wort »Molekül« hat wie so viele wissenschaftliche Termini eine exakte und eine verschwommene Bedeutung. Seine exakte Definition lautet: eine Gruppe von Atomen, die durch kovalente Bindungen, durch gemeinsame Elektronenpaare, zusammenhängen. Doch selbst Chemiker verzichten manchmal auf solche Formalien und bezeichnen jeden chemisch verbundenen Stoff als Molekül, wenn sie etwa salopp von Molekülen des Kochsalzes oder des Magnesiumbromids in einer Flasche mit Magnesiummilch sprechen. Tatsächlich sind Natriumchlorid, Magnesiumbromid, Calziumchlorid und ähnliche Stoffe keine Moleküle, sondern ionische Verbindungen, und obwohl der Held hier immer noch ein *Bond* – eine Bindung – ist, handelt es sich nicht mehr um Sean Connery. Die ionische Bindung, der wir Gewürze, Kieselsteine, Eierschalen, Alka-Seltzer, viele Haushaltsreiniger und ein erstaunliches Angebot an Psychopharmaka verdanken, ist rigider und strenger als eine kovalente Bindung, weniger flexibel, vorhersagbarer. Ein Ziegel, ein Stein, das Salz der Erde. Der ionische *Bond* ist Roger Moore.

Im Gegensatz zur kovalenten Bindung, die Atome gleicher oder verschiedener Elemente zusammenzufügen fähig ist, kann eine ionische Bindung nur Ungleichartiges vereinigen. Den Grund dafür gibt der Name an: Eine ionische Bindung ist eine Bindung zwischen Ionen oder elektrisch geladenen Atomen. Sie beruht auf der Anziehungskraft, die ein negativ geladenes Atom, also eines, das ein oder mehrere Elektronen mehr hat, als seine Protonen verlangen, auf ein positiv geladenes Atom ausübt, eines, das nicht genügend Elektronen hat, um den Ansprüchen seines Kerns zu genügen. Einige Elemente haben einen natürlichen Hang, negative Ionen zu werden, andere, sich ein Elektron abschwatzen zu lassen und positiv zu werden, doch kein Element läuft Gefahr, beide Ionisierungsschicksale zu erleiden. Wenn Ion Plus Ion Minus anbaggert, dürfen Sie gewiss sein, dass kein Inzest droht.

Das größte Risiko eines Elektronenverlustes liegt bei den Elementen vor, die nur ein einziges oder zwei Elektronen in einer für weit mehr bestimmten äußeren Schale haben. Mehrere innere Elektronenschalen trennen die marginalen Elektronen von den positiven Ladungen im Kern. Ein flüchtiger Schlag, eine frische Brise, ein winkender Nachbar, und –, schwups, ist das Elektron weg.

Dagegen werden am ehesten die Elemente negativ, deren äußere Schalen weitgehend gefüllt sind, die aber noch Platz für ein Elektron haben. Gewiss, das Element hat – die häufig genutzte – Möglichkeit eines kovalenten Timesharings, doch leider, leider ist da auch die Versuchung, einen Schritt weiter zu gehen: Nur ein Elektron mehr, eine kleine Extraladung, und das ganze Haus wäre wirklich besetzt, wie angenehm, wie ästhetisch befriedigend wäre das! Nur ein kleines After-Eight-Täfelchen nach dem Essen...

Und betrachten Sie die wunderbare Symmetrie des Kochsalzes. Auf der einen Seite haben wir Natrium, ein Weichmetall mit dem Silberglanz von Heringsschuppen. Natrium hat elf Elektronen, zwei in der innersten Schale, acht in der nächsten und in Schale Nummer drei einen Einzelgänger mit einem unverkennbaren Hang zur Fahnenflucht. Auf der anderen Seite sehen wir das Chlor, ein ätzendes grüngelbes Gas. Der äußeren Schale des Chlors fehlt, ich sagte es schon, ein Elektron zur Sättigung, daher hat das Atom die verwerfliche Neigung, Elektronen zu stehlen, wo es kann. Sie können kein reines Natrium essen, und Sie sollten sich hüten, reines Chlor einzuatmen: Beide sind giftig. Doch bringen Sie die beiden zusammen und genießen Sie den spektakulären Vereinigungsprozess. In einer heftigen Reaktion entledigen sich die Natriumatome ihrer überzähligen Elektronen und überlassen sie den Chloratomen. Die Natriumatome in unserer Probe haben jetzt ein Elektronendefizit und sind positiv ionisiert, während die Chloratome durch die Auffüllung ihrer Schalen negativ geworden sind (was ihnen auch eine Namensänderung in »Chlorid« eingetragen hat). Jetzt steigert sich das Verlangen der beiden Element-Stämme nacheinander. Jetzt werden die Natrium- und Chloridionen nicht durch den maßvollen Wunsch, ihre Schalen auszugleichen, angezogen, sondern durch den weit stärkeren Sog der elektromagnetischen Anziehungskraft.

Gleichzeitig haben wir zwei konkurrierende Kräfte: die Anziehung, die die Gegensätze füreinander empfinden, und die Abstoßung zwischen Ionen mit gleicher Ladung. Infolgedessen ordnen sich die Atome rasch zu einem regelmäßig wechselnden Muster von Chlor- und Natriumatomen. Sie stapeln sich regelmäßig zu einer ausgewogenen Komposition von Orangen und Grapefruits. Diese eleganten Atomanordnungen mit ihren repetitiven geometrischen Mustern sind Kristalle – Salzkristalle. Was eben noch zwei Substanzen waren, die Sie noch nicht einmal Ihrer alten Hauswirtschaftslehrerin vorgesetzt hätten, obwohl sie Ihnen ein Mangelhaft für die umgekehrt aufgenähte Schürzentasche gab, hat sich jetzt zu einem Gewürz gemausert, das einst so kostbar war, dass seinetwegen Kriege geführt wurden und Soldaten einen Teil ihres Solds speziell zum Salzkauf bekamen – daher das Wort »Salär«, vom lateinischen *salarium*, Lohn für Salz. Sollten Sie einmal Kochsalz unter einem Mikroskop betrachten, würden Sie sehen, was für hinreißend pythagoreische Gebilde diese Körnchen sind, wie Glasbausteine im Stil des Art déco. Halten Sie sich vor Augen, dass jedes der Kristalle aus einer Milliarde Milliarden Chlorid- und Natriumionen besteht – mehr Atome pro Körnchen, als es Sterne in der Milchstraße gibt. Könnten Sie mir bitte das Salz reichen?

Wieder eine andere Art der Bindung ist die Metallbindung, bei der sich viele Atome ihre Elektronen fast sozialistisch teilen – etwa in einem Stück Kupferdraht, dem Gold eines Eherings oder der weichen Natriumprobe, bevor sie mit dem Chlor zusammenkommt. In einem metallisch gebundenen Stoff schwimmen die äußeren Elektronen in einem Medium, das häufig als »Elektronenmeer« bezeichnet wird – erst werden sie von einem Atom angezogen, dann von einem anderen, wobei ihre Fluidität erklärt, warum Metalle elektrischen Strom leiten können.

Die Bindungen, die Atome und Ionen zusammenhalten, sind alle ziemlich starke Haftmittel, was dazu führt, wie Roald Hoffmann schrieb, dass unter normalen, nicht solaren Bedingungen »die Atome zusammenhalten und sich als Gruppe bewegen«. Sie kohärieren kovalent als Moleküle, ionisch als Salze oder ehern als Metalle. Jenseits der kohärenten Cliquen gibt es umfangreiche Gruppierungen, locker-flockige Zusammenballungen, die durch zwei Bindungen besonderer Art zusammengehalten werden. Diese Großgruppen-Bindungen sind schwächer als diejenigen, die Atome zu Molekülen zusammenschließen, aber, wie sich gezeigt hat, sind sie unentbehrlich für das Leben, für Schiffe und Siegellack, und sie lassen den Bleistift schwerelos gleiten.

Eine entscheidende Querverbindung ist die Wasserstoffbindung. Der Name ist unglücklich, nicht nur weil man unwillkürlich an »Wasserstoffbombe« denkt, sondern weil er auf eine Bindung schließen lässt, die Wasserstoff mit anderen Atomen zusammenschließt – etwa mit Sauerstoff in $H_2O$ oder mit Chlor in Chlorwasserstoff. Die Bindungen sind in diesen Fällen jedoch kovalent und daher sehr viel stärker als die Wasserstoffbindung. Tatsächlich lässt sich diese Bindung am besten mit dem eklatant unseriösen Bild von Mickymaus vergleichen: ein großer runder Kopf mit zwei runden Ohren obendrauf. Mickymaus ist hier ein Wassermolekül, wobei der Kopf das Sauerstoffatom darstellt und die Ohren die beiden kovalent mit dem Sauerstoff verbundenen Wasserstoffatome. Glücklicherweise können wir auf weitere physiognomische Einzelheiten verzichten und die Gefahr einer Urheberrechtsverletzung vermeiden.

Es zeigt sich, dass die Elektronenpaare, die jedes Wasserstoffohr mit dem Sauerstoffschädel verbinden, nicht ganz redlich, genau und glücklich geteilt werden. In der Regel verbringen sie etwas mehr Zeit in der Nähe des Sauerstoffkerns als bei den Protonen der beiden Wasserstoffatome. Infolgedessen haben die Ohren des Mickymoleküls eine etwas positive Ladung: Ihre Protonen werden nie ganz aufgewogen von der Wolke negativer Ladung. Da das Sauerstoffmolekül die Aufmerksamkeit der gemeinsamen Elektronen etwas zu sehr in Anspruch nimmt, liegt die untere Hälfte des Mausgesichts gleichzeitig im Nachmittagsschatten einer geringfügig negativen Ladung. Das Molekül ist polarisiert; seine Ladungsverteilung richtet es in bestimmter Weise aus, verleiht ihm ein Oben und ein Unten.

Was geschieht, wenn eine große Anzahl polarisierter Mickymäuse an einem Ort zusammenkommen – wie es etwa beim Bodensee der Fall ist? Die Kinne der einen Moleküle werden sanft zu den Ohren anderer gezogen, was dem Wasser eine allgemeine Form und Festigkeit gibt, so dass Micky Macht bekommt. Durch diese puzzleartige Verschmelzung von oberem und unterem Ende sorgt die Wasserstoffbindung für die außergewöhnliche Haftkraft, die Adhäsion, des Wassers, das heißt, das Bestreben der Wassertropfen, zusammenzubleiben und einander loyal mitzuziehen, egal, wohin es den Fähnleinführer treibt. Wasserstoffbindungen sind nur ein Zehntel so stark wie kovalente Bindungen, aber was ihnen an Stärke fehlt, machen sie durch Elastizität wett. Infolge der Wasserstoffbindungen können Pflanzen Wasser trinken; selbst die Kronen riesiger Redwoods können auf diese Weise ihren Durst löschen. Dünne Wasserfäden schlängeln sich von der Erde durch das Gefäßsystem der Pflanze empor und entweichen als Wasserdampf über die Poren der Blätter. In dem Maße, wie die Spitze der Wassersäule in die Luft verdunstet, ziehen die Wasserstoffbindungen mehr Flüssigkeit von unten nach.

Doch die Wasserstoffbindungen des Wassers sind geschmeidig und gleiten zur Seite, wenn sich ihnen ein Hindernis in den Weg stellt. Wasser wird als universelles Lösungsmittel bezeichnet, weil es nur ganz wenige Stoffe gibt, die sich nicht in seiner Umarmung auflösen. Rühren Sie einen Löffel Salz ins Wasser, und die tüchtigen, flüchtigen Mäuse schieben sich flink zwischen die einzelnen Kristalle, die positiven Ohren locken die negativen Chloratome, und die negativen Kiefer zanken sich um das Natrium, bis die Salzkörnchen zu einem feinen Dunst geworden sind. Lässt man polarisierten Wassermolekülen rund 6 Millionen Jahre Zeit, meißeln sie blutrote Schönheit aus dem Fels, indem sie sich durch

Kalkstein, Sandstein und eisenreichen Schiefer 1800 Meter tief und 450 Kilometer breit in Arizonas Nordplateau graben, bis ein Canyon entsteht, den die ganze Welt grandios, *Grand*, nennen kann.

Wasserstoffbindungen sind allerdings kein Privileg des Wassers. Sie entstehen auch in anderen Fällen, in denen Wasserstoff, das leichteste Element, sich kovalent mit einem massigeren Element, wie etwa dem Stickstoff, zusammenschließt, und die gemeinsamen Elektronen ihre Sympathien dem Kern des Wasserstoffpartners schenken. Infolge dieser Asymmetrie sammelt ein Molekül, das insgesamt elektrisch neutral ist, kleine Micky-artige Ladungs-wolken um Ohren und Kinn.

Einen weiteren Beitrag zur intermolekularen Vereinigung leistet die Van-der-Waals-Kraft, benannt nach dem holländischen Physi-ker, der sie Ende des 19. Jahrhunderts entdeckte und mathema-tisch beschrieb. Trotz der einschüchternden Länge ihres Namens ist die Van-der-Waals-Kraft die schwächste der Bindungskräfte, wie jeder bezeugen kann, der sich nach einem Töpferkurs wun-derte, dass der trocknende Ton abfiel, die fettigen Reste aber auf der Haut zurückblieben; sie ist nur ein Viertel so stark wie die Wasserstoffbindung. Doch auch die sanfte Art hat ihre Vorteile, und die Kraft van der Waals' ist entscheidend für den Zusam-menhalt vieler fester und flüssiger Körper und der Eigenschaften einer großen Mannigfaltigkeit von Stoffen, auf die wir angewiesen sind. Während die Elektronen in anderen Bindungen – auch der Wasserstoffbindung – meist wissen, wohin sie gehören und dem entstandenen Molekül oder der Verbindung eine ziemlich feste Anordnung von negativen und positiven Ladungen verleihen, de-monstriert die Van-der-Waals-Kraft die Improvisationsfähigkeiten des Elektrons.

Elektronen mögen die Nähe anderer Elektronen natürlich nicht, und diese Antipathie erklärt, warum wir Gegenstände, die aus dem Fast-Nichts von Atomen bestehen, berühren können, statt einfach hindurchzufassen. Gleichzeitig werden Elektronen zu Protonen gezogen – den positiven Teilchen ihres eigenen Kerns oder irgendeines Kerns in der Nähe. Die gleichen Prädispositionen gelten für die Elektronen im Kollektiv eines flüssigen oder festen Körpers, wenn sie zu einem molekularen oder ionischen Verband gehören. Kernprotonen, gut; andere Elektronen, schlecht. Diese fundamentale Präferenz hat zur Folge, dass Elektronen von Atomen und Molekülen, die sich sehr nahe kommen, bestrebt sind, sich zur einen oder anderen Seite ihrer eigenen Wolke zu verlagern, um nahe Regionen der Elektronensättigung zu meiden und solche mit erhöhter Protonenanziehung zu suchen. So werden die Moleküle leicht polarisiert oder asymmetrisch geladen, und diese geringfügigen Schichten negativer und positiver Ladung tragen zur Bindung vieler Stoffe bei. Ein zarter Zusammenhalt. Die Elektronen werden weder wirklich zwischen den Atomen geteilt, wie es in Molekülen und Ionen der Fall ist, noch befinden sie sich in ungleichgewichtigen Bahnen, wie es die Disney-Version des Wassermoleküls veranschaulicht.

Dennoch ist die Van-der-Waals-Kraft manchmal der einzige Zusammenhalt für große Marieklumpen. Töpferton beispielsweise besteht aus Schichten verschiedener Atome – Silizium, Aluminium, Sauerstoff, Wasserstoff, Kalzium, Stickstoff, Eisen, möglicherweise auch Spuren von Kobalt, Kupfer, Mangan und Zink. Innerhalb jeder Schicht sind die Atome durch starke kovalente und ionische Bindungen zusammengeschlossen. Doch zwischen den Schichten liegt nur die Van-der-Waals-Kraft vor. Daher kann man sich so leicht etwas von dem Zeug an die Fingerspitzen schmieren; dabei unterbricht man nämlich nur die leichte Anziehungskraft zwischen den Schichten geringfügig polarisierter Tonteilchen. Wie fest die molekularen Bindungen sind, zeigt sich jedoch, wenn Sie versuchen, die feine Tonschicht von Ihren Fingerspitzen zu reiben. Manchmal spüren Sie noch Stunden später fettige Reste, die an jeder Pore kleben – diese hartnäckigen Tonmoleküle lassen sich endgültig nur entfernen, indem Sie ihre kovalenten Bindungen mit kräftigen Reinigungsmitteln oder chemischen Lösungsmitteln brechen.

Ihr gewöhnlicher, genormter und testgeeigneter Bleistift ist ein weiteres Beispiel für die Van-der-Waals-Wirkung. Das »Blei« des Bleistifts ist keineswegs Blei, sondern Graphit (doch als die Chemiker den Irrtum erkannten, war der Ausdruck »Bleistift« schon zu tief im Wortschatz des Schulbetriebs verwurzelt) – unzählige gestapelte Schichten von Kohlenstoffatomen, ungefähr so wie die dünnen Schichten eines Baumkuchens. Innerhalb jeder Graphitschicht haken sich die Kohlenstoffatome kovalent zu repetitiven Kristallmustern ein, doch für den Zusammenhalt zwischen den übereinanderliegenden Schichten sorgt allein die Van-der-Waals-Kraft. Wenn Sie die Bleistiftspitze auf das Papier pressen, um Ihr Multiple-Choice-Kreuzchen zu machen, streifen Sie ein oder zwei Schichten Kohlenstoffkristalle von dem großen Stapel ab.

Mit Hilfe dieser flexiblen Bindungsvielfalt lässt sich alles Leben und Nicht-Leben weben. Ionische Bindungen sind für einen Großteil der prächtigen Landschaft kennzeichnend, auf der wir uns und unsere Gürtelreifen bewegen – die Gebirge, Hügel, Felsen, Sandstrände, die zerbrochenen Muscheln an den Küsten, die bleichenden Korallenriffe darunter. Feste Körper ionischen Ursprungs sind meist starr, das heißt, ihre ionischen Bindungen so steif, dass sie sich nicht leicht zur Seite drängen lassen. Dank dieser Starrheit sind ionische Festkörper ideal zum Tragen von Lasten: Lässt sich der Bau einer Brücke besser beginnen als mit einigen ionisch gebundenen Betonpfeilern und ein Bürgersteig besser pflastern als mit einer Verbindung wie Zement? Auch unser knöchernes Skelett besteht zu Teilen aus ionischen Festkörpern, eng verflochtenen Ketten aus Kalzium, Phosphor und anderen Atomen. Durch die Knochen haben wir uns aus dem Sumpf befreit; wir tragen unsere Trittsteine in uns.

Doch ionische Festkörper haben ihre Grenzen, ihre Stärke kann brüchig werden. Druck halten sie eisern stand, doch ein paar Drehungen und vielleicht ein plötzlicher Schlag mit dem Hammer, und ihre Ionenbindungen brechen, und der Kristallpalast stürzt ein. Aus diesem Grund werden die Pfeiler eingegraben, das verleiht ihnen Stabilität. Eine vorwitzige Baumwurzel kann die Zementdecke eines Bürgersteigs aufbrechen, und eine Verdrehung des Knöchels kann mit einem Knochenbruch enden. Zum Glück für uns sind unsere Knochen mit einem weichen Mörtel aus Proteinen durchzogen, der sie elastischer und widerstandsfähiger gegen Scherkräfte macht. Ohne diese Proteine wären unsere Knochen lediglich ionische Säulen. Ein Glücksfall ist ferner, dass unter der brüchigen äußeren Schicht unserer Knochen ein regeneratives Gewebe liegt, das in der Lage ist, neue Knochenzellen hervorzubringen, Risse zu versiegeln und Brüche zu heilen, mithin für das Skelett der Wirbeltiere leisten kann, was es für den ionischen Festkörper einer Eierschale nicht könnte: es wieder zusammenzusetzen.

Der größte Teil unsere Körpergewebes besteht aus kovalenten und nicht aus ionischen Verbindungen – aus Molekülen und nicht aus Salzen. Wir sind selbstverständlich in hohem Maße hydratisiert und können für mindestens 60 Prozent unseres Körpergewichts Wassermoleküle verantwortlich machen – noch mehr, wenn wir uns als Fußgänger in Manhattan scheuen, uns, wenn der Kellner nicht guckt, unter Missachtung des NUR-FÜR-GÄSTE-Schilds auf die Toilette zu schleichen. Man wringe uns aus, und erst das Gros der Restbestände wird das Science-Fiction-Klischee vom Menschen als selbstreplizierender Kohlenstoffeinheit erklären: Rund zwei Drittel unseres Trockengewichts besteht aus Kohlenstoff. Wasser mag das Lösungsmittel des Universums sein, doch Kohlenstoff ist das Klebeband des Lebens. Jede Zelle, jeder Bestandteil der Zelle ist Kohlenstoff-basiert. Wenn Sie irgendwo auf dem Baum des Lebens sitzen oder der Baum des Lebens selbst sind, enthalten Sie automatisch Kohlenstoff – das gilt für Bakterien, Amöben, Flechten, Staubmilben, Madenwürmer, Kreationisten. Sogar Viren, denen von vielen Menschen Leben im herkömmlichen Sinne abgesprochen wird, enthalten nichtsdestoweniger Kohlenstoff als Teil jener genetischen Grundausrüstung, die sie von Wirt zu Wirt schleppen. Wir sind Kohlenstoff-basierte Einheiten, weil Kohlenstoff für genau die richtige Klasse von Molekülen gut ist. Kohlenstoff ist stark, findig, flexibel, gesellig. Mit seiner äußeren Schale, die vier Elektronen und vier Leerstellen zur freien Verfügung aufweist, ist Kohlenstoff extrem offen für molekulare Bindungen. Er lässt sich fröhlich mit fast jedem Repräsentanten des Periodensystems ein, ausgenommen Helium, Neon und die vier anderen Edelgase*, so genannt wegen ihrer snobistischen Weigerung, sich mit irgendwem chemisch einzulassen. Außerdem nimmt Kohlenstoff unter den Elementen eine Sonderstellung ein durch seine Fähigkeit, sich fast unendlich mit sich selbst zu verbinden und auf diese Weise Kohlenstoffketten, Kohlenstoffringe, Kohlenstoffverzweigungen, Kohlenstoffebenen und pralle Fußballmoleküle zu bilden. Ganz gleich, was für eine Form Sie brauchen, um irgendein Zellteil oder Enzym zu bekommen, Ihre Aussichten sind am besten, wenn Sie von einem Kohlenstoffgefüge ausgehen. Hinzu kommt, dass die Bindung zwischen zwei Kohlenstoffatomen zu den stärksten bekannten Bindungen gehört, weit stärker als die zwischen zwei Atomen Silizium, einem Element, das ansonsten viel gemein hat mit Kohlenstoff. Die Stärke dieser Bindung erklärt unter anderem, warum Kohlenstoff die Grundlage des Lebens ist: Wir brauchen die molekulare Stabilität heute, und wir brauchten sie vor allem, als das Leben noch neu und die Welt wesentlich unfreundlicher als heute war. Gleichzeitig aber kann sich die Kohlenstoffbindung unter normalen Bedingungen biegen, verwerfen und winden, daher die Fähigkeit von Kohlenstoffmolekülen, sich zu Ringen, Käfigen und Spiralen anzuordnen. Kohlenstoff ist ebenso zuträglich wie Goldlöckchen für die Entstehung des spiral- oder achterbahnförmigen Moleküls namens DNA und das zuckerhaltige Gerüst der Doppelhelix; auch die individuellen chemischen Buchstaben, aus denen sich der genetische Code zusammensetzt, bestehen durch und durch aus diesem ubiquitären Stoff.

Es mag zwar reiner Zufall sein, aber es hat schon etwas Tiefsinniges, dass wir Kohlenstoffgefäße uns unter allen Edelsteinen

---

* Argon, Krypton, Xenon und Radon.

ausgerechnet für den Diamanten entscheiden, um unser Versprechen feierlich zu besiegeln, bevor wir einige Kohlenstoffkopien von uns selbst in die Welt setzen. Wohl nichts unterstreicht das chemische Genie des Kohlenstoffs augenfälliger als die Breite seiner Erscheinungsformen – von dem dunklen, weichen, abfärbenden Graphit bis hin zum versteinerten Sternenlicht: durchscheinend, faszinierend, unzerstörbar, der härteste bekannte Stoff, abgesehen von einem erkalteten menschlichen Herzen.

Was macht den Unterschied zwischen Graphit als Schmiermittel für bockige Schlösser und Kohlenstoff von Tiffany aus? Im Graphit ist jedes Kohlenstoffatom kovalent mit drei anderen Kohlenstoffatomen verbunden, wobei sie alle in derselben zweidimensionalen Ebene liegen; es gibt nach oben und unten keine Elektronenmischung, sondern nur den blassen Charme der Van-der-Waals-Kraft, die die einzelnen Stockwerke zusammenhält, aber nicht so fest, dass sie nicht seitwärts wegrutschen könnten.

Im Diamanten dagegen sind die Bindungen in jede Richtung vollständig ausgebildet. Hier ist jedes Kohlenstoffatom kovalent mit vier anderen verbunden, der Höchstzahl, die möglich ist, und zwar in alle Richtungen des dreidimensionalen Raums: nach rechts, nach links, nach oben und nach unten; egal, wohin ein Kohlenstoffatom blickt, es sieht ein anderes, das mit ihm verbunden ist. Sie sind so dicht und mit so großer kristalliner Homogenität gepackt, dass das Licht bei seinem Durchgang kaum behindert wird; nur ganz wenige Fehler, an denen es reflektiert und der Blick beeinträchtigt werden könnte: Der Diamant erstrahlt in vollkommener Durchsichtigkeit. Und da jeder, der versucht, den Diamanten irgendwo zu durchschneiden, auf ein Dickicht verbissen festhaltender Kohlenstoff-Kohlenstoff-Bindungen trifft, erweckt der Diamant den Eindruck, für die Ewigkeit gemacht zu sein; um einen Diamanten zu zerschneiden, greift ein Diamantschleifer zu einem anderen Diamanten.

Diese kompakte und präzise Anordnung der Kohlenstoffatome

ist extrem schwer zu erreichen. Um jedes Atom genau dorthin zu bekommen, wo es hingehört, damit es sich mit anderen zu einem eng verschwisterten dreidimensionalen Mosaik, Millionen und Abermillionen makellos angeordneten Ringen von vierflächigen Tetraedern verbinden kann, ist Zeit und ungeheurer Druck erforderlich. Bis vor Kurzem waren Diamantenfabriken nur viele hundert Kilometer tief im Erdmantel zu finden, wo Kohlenstoffvorkommen Jahrmillionen oder Jahrmilliarden enormen Temperaturen und Drücken unterworfen waren, bis sie sich schließlich zu beständigen Strukturen zusammenfügten. Hin und wieder spie ein Vulkanausbruch eine Fontäne dieser Diamanten an die Erdoberfläche, woraufhin ein Monarch sein Diadem oder Marilyn einen birnenförmigen Freund bekam. Auch die Industrie begann sich auf Diamanten zu verlassen, um mit ihrer unvergleichlichen Härte Maschinenteilen den letzten Schliff zu geben oder um durch ihren Einbau in Mikrochips die eingebetteten Schaltkreise vor Überhitzung zu schützen. Diamanten sind ausgezeichnete Wärmeableiter, weshalb sich Diamantenschmuck selbst bei Raumtemperatur kühl anfühlt. Legen Sie Ihre Fingerspitzen oder gespitzten Lippen an einen Diamanten, und der Edelstein entzieht Ihnen Wärme, eine Temperaturübertragung, die Ihr Gehirn als Berührung mit etwas Kaltem interpretiert; dieser hohen Wärmeleitfähigkeit – und nicht ihrer kristallinen Klarheit – verdanken Diamanten im Englischen die umgangssprachliche Bezeichnung *Ice*.

Vom Slang einmal abgesehen, waren Diamanten einfach zu nützlich, um ihre Beschaffung dem Zufall einer Magma-Connection zu überlassen. Mitte des 20. Jahrhunderts entwickelten Wissenschaftler Verfahren, in denen sie die Bedingungen im Bauch der Erde nachahmten und begannen, Industriediamanten herzustellen. Seit Neuestem ist es den Forschern gelungen, auch Diamanten in Schmuckqualität zu fabrizieren, obwohl der Herstellungsprozess so kostspielig ist, dass ein Tiffany-Kunde unter Umständen für einen künstlichen Stein mehr ausgeben müsste als für einen Naturdiamanten aus einer Mine in Namibia.

Kohlenstoffbindungen, die weniger eng sind als in Diamanten, halten uns selbst zusammen, und wieder andere Kohlenstoffbindungen halten uns am Leben. Die meiste Nahrung, die wir zu uns nehmen – Kohlehydrate, Fette, Proteine und Ballaststoffe – sind Kohlenstoffverbindungen, die sich zu einer durchschnittlichen Aufnahme von 300 Gramm reinem Kohlenstoff – ungefähr so viel, wie ein Nierenpaar wiegt – pro Bauch pro Tag summieren. Ein Teil des konsumierten Kohlenstoffs wird unmittelbar verwertet, für die Reparatur geschädigter Zellen oder zur Synthese von Hormonen. Doch meist knackt der Körper einfach die Kohlenstoffbindungen, um die in ihnen gespeicherten Energien zu extrahieren, und scheidet anschließend die Kohlenstoffatome in Form von ausgeatmetem Kohlendioxid aus. Doch was die eine Art als Abfallprodukt von sich gibt, ist für die andere eine Delikatesse. Pflanzen stellen aus Kohlendioxid und Wasser Zucker her – und scheiden dabei als segensreiches Nebenprodukt den Sauerstoff aus, den wir brauchen. Der Kohlenstoffzyklus ist nur einer der Grundprozesse des Lebens, auf die wir angewiesen sind und mit denen wir trotzdem unverantwortlich herumspielen. Kohlenstoffbindungen sind stark, Kohlenstoffbindungen sind kompakte Energiepakete, und wir können nicht genug von ihnen kriegen. Die gewaltigen Energiemengen, die die Motoren unserer Volkswirtschaft und unserer Fahrzeuge antreiben, resultieren aus der Auflösung der Kohlenstoffbindungen in Kohle, Erdgas und Erdöl. Unsere Autos eignen sich wie unsere Körper die Bindungsenergie an und scheiden den Kohlenstoff in Form von Kohlendioxid aus. Die Erdbevölkerung verbrennt rund 7 Milliarden Tonnen fossile Brennstoffe pro Jahr, und so werden die Kohlenstoffvorkommen, die sonst wohl noch Jahrtausende in der Erde geschlummert hätten, in die Atmosphäre geblasen, wo sie einen Kohlenstoffzyklus ankurbeln, der bereits mit schwindelerregendem Tempo kreist.

Die geschmeidige Kraft der Molekülbindung, die uns mit genießbarer Kohlenstoffkost und inhalierbaren Sauerstoffpaaren versorgt, ist lebenswichtig, doch eine kovalente Verklammerung kann viel zu schwerfällig sein, wenn das Leben einen Nijinsky braucht. Hier kommen die sekundären Bindungen ins Spiel, und Schwäche wird zu einem Quell der Stärke. Das Rückgrat der DNA wird zwar durch Kohlenstoffbindungen zusammengehalten, doch die Doppelhelix ist wie ein Reißverschluss, dessen »Krampen« so gebildet sind, dass sie sich je nach Bedarf verklammern oder lösen. Wenn eine Ihrer Körperzellen beispielsweise im Begriff ist, sich zu teilen, müssen sich die beiden Hälften des DNA-Moleküls trennen, damit eine Kopie, ein »Kohledurchschlag«, gemacht werden kann. Wenn sich die Zelle nicht teilt, sondern nur eine neue Partie eines unerlässlichen Proteins wie Hämoglobin oder Insulin produzieren will, muss sich die DNA ebenfalls auftrennen, aber nur ein bisschen, um die Stelle freizulegen, wo das Rezept in die Nukleinsäuren eingeschrieben ist. Öffnen, schließen, entflechten, eindrehen. Träge windet sich das Lebensmolekül. Das Leben entstand im Wasser, und die DNA, die Hüterin der Erbanlage, hat ihre Wurzeln nicht vergessen. Die Bindung, die die beiden Hälften der Helix zusammenhält, die jeden Krampen oder chemischen Buchstaben verknüpft, einen Strang mit dem entsprechenden Krampen des anderen Strangs verwindet, ist die Wasserstoffbindung, die gleiche Bindung, die das Wasser in der kummervollen Rundung einer Träne zusammenhält. Die attraktive Instabilität, die ein Molekül annimmt, wenn ein Wasserstoffatom seine Elektronen mit einem größeren, stärkeren und besitzergreifenderen Element wie Sauerstoff, Stickstoff oder Kohlenstoff teilt, ist ideal geeignet für die Bedürfnisse unseres genetischen Codes. Eine Wasserstoffbindung ist kräftig genug, um die schlangengleiche Formschönheit der DNA während ihrer Ruhezeit im Kern aufrechtzuerhalten, lässt sich aber leicht auflösen, um neue Proteine oder einen neuen Chromosomensatz herzustellen.

Gleiches gilt für die Proteinmoleküle selbst. Proteine müssen bestimmte Formen haben, um ihre Aufgaben in der Zelle zu erfüllen, aber sie müssen auch flexibel, geschmeidig, formbar sein. Die Wasserstoffbindungen sind mitverantwortlich dafür, dass Proteine ihre Konturen wie Knetgummifiguren verändern können – mal hier eine Ausbuchtung, mal dort eine Delle. Dank der Sauerstoffbindung kann ein Hämoglobinmolekül sich verknäulen, bis es wie ein Teller Spaghetti mit Fleischklößchen aussieht, wobei jedes Klößchen ein Eisenbröckchen ist, das den Sauerstoff festhält, den wir so dringend brauchen. Ein Antikörper-Protein des Immunsystems kann seine vier schlaff hängenden Ketten zu einer Zwangsjacke anordnen, die sich eng um jeden unbefugt eingedrungenen Mikroorganismus legt.

Manchmal, wenn Sie eine Wasserstoffbindung unwiderruflich zerstören, können Sie erleben, wie das Leben vor Ihren Augen härter wird. Die klare Flüssigkeit in einem frisch gelegten Ei ist eine exakt abgestimmte Mischung aus etwa 40 Proteinen, die für die gesunde Entwicklung eines Hühnerfötus sorgen sollen, und die dreidimensionalen Konturen dieser Proteine kommen durch Wasserstoffbindungen zustande. Braten Sie das Ei, und Sie zerstören diese Bindungen, so dass sich die Proteinkomponenten beliebig anordnen können. Der zukunftsträchtige, transparente Sirup erstarrt zu einer undurchsichtigen, festen Masse, die jetzt den Namen Eiweiß zu Recht führt.

Während die Wasserstoffbindung bei Betrachtung der mikroskopischen Seite des Lebens die Erste unter den Zweitrangigen ist, sollten wir organischen Geschöpfe doch nicht unsere Van-der-Waals-Kraft geringschätzen, die im Reich unserer Weichteile herrscht. Die Schichten unserer inneren Organe und die schwabbeligen Windungen unseres Hirnpuddings werden großenteils durch Van-der-Waals-Bindungen zusammengehalten. Insbesondere unsere Fettdepots verdanken ihren Zusammenhalt diesem denkbar schwachen Klebstoff, weshalb es so leicht ist, mit einem Steakmesser oder Skalpell hindurchzufahren – leichter jedenfalls, als die konstituierenden Fettmoleküle durch sportliche Betätigung abzubauen, denn sie sind energiereiche Speicher von Kohlenstoffbindungen. Auch Pflanzen brauchen die Van-der-Waals-Anziehung ihrer Zellulosewände, um zu überleben. Die Innenwände von Pflanzenwurzeln und -stängeln sind etwas geladen, wodurch sie Wassermoleküle aus dem Boden ziehen und veranlassen, nach oben zu kriechen, wie Wasser in einem Papierhandtuch nach oben steigt, wenn man eine Ecke in eine Lache taucht. Wasserstoffbindungen sorgen anschließend dafür, dass weitere Wassermoleküle ihren Vorgängern auf der Zellulosestraße folgen. Leben ist gleichbedeutend mit Bindungen, allen Bindungen, einer ökumenischen Gruppe von Bindungen, deren jede mit ihren Fähigkeiten zur Aufrechterhaltung von Ordnung und Moral beiträgt und zum Widerstand gegen den kosmischen Hang zu Verfall und Fäulnis beiträgt, zumindest einen weiteren Tag lang.

In der Chemie geht es um Moleküle und Bindungen, aber auch darum, dass man ein Zündholz findet, triumphierend schwingt und schließlich entzündet. »Chemie ist die Wissenschaft von der Veränderung, die Lehre von der Verwandlung«, sagte Rick Danheiser. Ihre Ursprünge liegen in der Alchimie, dem uralten Bemühen, Blei in Gold zu verwandeln, das Schlichte in das Glanzvolle, das Tote in das Wiedergeborene; das Wort »Alchimie« – vom Griechischen *chymeia* – bedeutet »Schwarze Erde«, die die Griechen mit dem alten Ägypten und dessen elaboriertem Totenkult assoziierten, dem Bestreben, der Pharaonenkaste ein gutes Leben im Leben nach dem Tod zu sichern. Die chinesischen Wörter für »Chemie« und »Wandlung« weisen ein gemeinsames Ideogramm auf, das eine einfache, aber unmissverständliche Haltungsveränderung zeigt – von einer stehenden Person zu einer sitzenden.

Die unmissverständlichste chemische Verwandlung ist die Zustandsveränderung eines Stoffes – ein fester Körper wird flüssig, eine Flüssigkeit verdunstet, Dunst kondensiert zu Regen. Bei den Objekten unseres Alltags assoziieren wir einen Stoff meist nur mit einem dieser drei Zustände. Holz, Stahl und Stein – feste Stoffe. Sauerstoff und Helium – Gas. Alkoholische Getränke – Flüssigkeit (Sie können eine Flasche London Dry in der Tiefkühltruhe aufbewahren und trotzdem für einen anständigen Gin Tonic verwenden). Auch hier unterstreicht das Wasser seine Ausnahmestellung und scheint sich in allen drei Erscheinungsweisen gleichermaßen zu Hause zu fühlen: Eis, Dampf und Flüssigkeit. Tatsächlich ist die Erde einzigartig darin, dass sie das Wasser in allen drei Zuständen beherbergt. Der Mars hat viel Wasser, aber es befindet sich in gefrorenem Zustand unter der Oberfläche. Auch Jupiter und Saturn weisen Spuren von Wasser auf, aber als kreisende Eiskristalle oder als ein Gas unter giftigen Gasen. Nur auf der Erde gibt es die ganze Palette: Weiher, Wolken und Winterzauber; nur der Goldlöckchen-Planet hat Wasser, um jedem Bären gerecht zu werden.

Wie erklärt sich der Unterschied zwischen einem festen, flüssigen und gasförmigen Körper? Und warum wollen manche Festkörper einfach nicht schmelzen, während andere schon aus der Tasche sickern, bevor das Picknick begonnen hat? Ein Parameter, dessen Einfluss sich anbietet, um einen Phasenübergang in Ihrer Probe zu bewirken, ist die Temperatur. Braten Sie einen Eiswürfel, und er schmilzt. Durch Hinzufügung von Wärme verstärken Sie die molekulare Hektik. Gewiss, Moleküle sind von Anfang an in Bewegung. Jedes Stück Materie, und mag es noch so gelassen erscheinen, zittert und bebt in seinem Innersten; Protonen müssen rotieren, Elektronen fliegen. Doch in einem Festkörper – das heißt, einem Stoff mit weitgehend unveränderlichem Äußeren und Volumen – können sich die einzelnen Moleküle nur insoweit bewegen, wie es die Festigkeit ihrer Bindungen zulässt. Solange, wie Temperaturen (und Drücke) relativ konstant bleiben, begnügen sich die Teilchen mit ein paar isometrischen Übungen und Auf-der-Stelle-Laufen.

Doch bei Erwärmung des Festkörpers beschleunigen sich die molekularen Oszillationen. Die angeregten Teilchen ziehen und zerren an ihren Bindungen und schlagen nach ihrem Fitnesstrainer, bis lauter winzige Risse in der dreidimensionalen Anordnung auftreten. Jetzt haben die Teilchen Platz, um übereinanderzugleiten. Mehr Gleiten hier bedeutet mehr Lücken dort und damit mehr Möglichkeiten für die oszillierenden Teilchen, aus ihrer festen Anordnung auszubrechen. Wenn das letzte Hindernis für den intermolekularen Gleitspaß beseitigt ist, haben Sie eine Flüssigkeit, einen schwappenden Stoff, der ein messbares Volumen, aber keine feste Form hat. Wird die Flüssigkeit weiter erhitzt, gewinnen die Teilchen genügend kinetische Energie, um die Anziehungskräfte zu überwinden, die die Moleküle aneinanderhaften lässt: Sie springen von der Oberfläche fort und bilden ein Gas. Die Bestandteile eines Gases bewahren ihre intakte molekulare Gestalt; die einzelnen Wassermoleküle, die aus Ihrem pfeifenden Wasserkessel strömen, besitzen noch immer ihre kovalent gebundene $H_2O$-Konfiguration; aber sie haben keinerlei Einfluss mehr auf das Volumen und verteilen sich frei im Raum.

In der Regel sind ionische Festkörper wie Steine und Knochen sehr widerstandsfähig gegen Schmelzen und Kochen. Die starren Bindungen, die Ion an Ion fesseln, lassen sich nicht so leicht lockern und zur Seite schieben – der erste Schritt zur Verflüssigung. Viele Kriminalromane drehen sich um verräterische Kamine, in denen sich die knöchernen Überreste des Opfers weigerten, sich in Rauch und Vergessen aufzulösen. Ein gewöhnliches Holzfeuer brennt mit rund 350 Grad Celsius, zu wenig, um Zähnen oder Knochen viel anhaben zu können; selbst die höllischen 1000 Grad Celsius eines Krematoriums brauchen zwei oder drei Stunden, um die Knochen des Verstorbenen weitgehend einzuäschern, und selbst dann können sich noch Knochenfragmente in der Asche finden. Auch Metalle besitzen eine mephistophelische Hitze-Unempfindlichkeit und schmelzen erst bei sehr hohen Temperaturen. Das liegt nicht nur daran, dass die Metallbindung sehr stark ist, weil mehrere Atome ihre Elektronen teilen, sondern weil auch das Prinzip des Elektronentauschs die Atome veranlasst, in den drei Dimensionen möglichst dicht zusammenzurücken. Allerdings unterscheiden sich Festigkeit und Schmelzresistenz von Metall zu Metall erheblich. Eisenatome haben bis zu drei Elektronen, die sie mit ihresgleichen teilen können; daher rücken sie so dicht zusammen, dass jedes Atom zwölf seiner Nachbarn berührt; so schmilzt Eisen erst bei 1535 Grad Celsius. Natrium dagegen, weich wie ein Hering, kann nur ein

Elektron mit anderen Natriumatomen teilen, daher ist ein Natrium-Natrium-Zusammenschluss vergleichsweise locker und schmilzt schon bei 100 Grad Celsius. Silber, Kupfer und Gold besitzen ähnliche Schalen-Architekturen und beginnen alle bei gut 1000 Grad Celsius flüssig zu werden.

Und dann gibt es noch das Quecksilber, wohl das verrückteste aller Elemente. Quecksilber ist bei Zimmertemperatur flüssig und leitet Wärme und Elektrizität so schlecht, dass es die Aufnahme ins Reich der Metalle kaum verdient. Der Grund für das ungewöhnliche Verhalten des Quecksilbers ist sein massiver Kern und die starke Anziehungskraft seiner achtzig Protonen. Die positive Masse im Quecksilberkern übt einen so mächtigen Sog auf die umgebenden Elektronen aus, dass die Elektronen dieses Elements, obwohl es theoretisch zwei negative Teilchen zum Elektronenmeer beisteuern könnte, lieber in der Nähe ihrer Kernfamilie verweilen; so bleiben die Metallbindungen, die die Quecksilberatome untereinander verbinden, schwach und sind leicht aufzulösen.

Doch obwohl der Gesellungstrieb des Quecksilbers unterentwickelt und sprunghaft ist, geht es bereitwillig weiche Amalgame mit anderen Metallen, unter anderem Silber und Gold, ein. Die Bergleute im alten Ägypten und in Griechenland gewannen mit Hilfe von Quecksilber Gold aus Erz, und die Alchimisten waren überzeugt davon, dass, wenn überhaupt etwas Blei in Gold verwandeln konnte, es dieses hüpfende Metall sein müsse, das sie »chaotisches Wasser« oder »lebendiges Silber« (Quecksilber) nannten. Der ruhmreiche Sir Isaac Newton, ein leidenschaftlicher, wenn auch nur gelegentlicher Alchimist, hielt Quecksilber weniger für ein eigenes Element als für ein Grundprinzip, das Wesen aller Metalle, und begehrte es in seiner edelsten und »philosophischsten« Erscheinungsform. In seinem Cambridger Labor hantierte und experimentierte Newton mit Quecksilbertröpfchen und atmete ihre flüchtigen Dämpfe so lange ein, bis er verrückt wie ein Hutmacher und närrisch wie ein Kürschner war – Handwerker, die ihre Werkstoffe traditionell mit Quecksilber imprägnierten und unsäglich unter der neurotoxischen Wirkung des Metalls litten. Einige erhaltene Locken von Newtons Haar zeigen hohe Quecksilberkonzentrationen, und nach zeitgenössischen Berichten ist er im Laufe der Zeit immer feindseliger und cholerischer geworden. Der Mann, der die allgemeinen Gesetze der Gravitation, Bewegung und Optik entdeckt und die Infinitesimalrechnung entwickelt hatte und den James Gleick den »Chefarchitekten der modernen Welt« genannt hatte, zeigte gegen Ende seines Lebens kaum noch Interesse an etwas anderem als dem phantastischsten aller Evangelien, der Offenbarung des Johannes.

Im Gegensatz zu ionischen Festkörpern und den weniger quecksilbrigen Metallen sind molekulare Festkörper häufig beunruhigend leicht zu schmelzen und zu kochen. Das gilt in besonderem Maße für Festkörper, die eine Mischung aus verschiedenen, aber eng verwandten Molekülen enthalten, wie es häufig bei den weichen Organen unseres Körpers der Fall ist. In der Regel beruht die Grobmorphologie solcher Festkörper vor allem auf der Van-der-Waals-Kraft, dem Versprechen, das am leichtesten gebrochen wird. Ein Stück Butter beispielsweise, das zu etwa 80 Prozent aus Fett und zu 20 Prozent aus Protein, Milchzuckern und anderen Milchkomponenten besteht, schmilzt schon bei der Temperatur im Mund – eine Eigenheit, die gut erklärt, warum Butter so sehr »mundet« und so vielen Gerichten, die als köstlich gelten, zugesetzt wird.

Nicht jeder erwärmte Stoff schreitet in forschem Stechschritt vom festen zum flüssigen und zum gasförmigen Zustand voran. Nehmen Sie gefrorenes Kohlendioxid oder Trockeneis, Grundlage vieler denkwürdiger Kindergeburtstage und mancher *Macbeth*-Inszenierung, die man besser vergisst. Bei Zimmertemperatur überspringt ein Block Trockeneis das flüssige Stadium gänzlich und verdunstet unmittelbar in wallenden weißen Rauchfahnen, eine Verleugnung des Phasenübergangs, die man als Sublimation bezeichnet. Diesen wolkigen Charakter verdankt Trockeneis der relativen Zerbrechlichkeit der Bindungen zwischen den Kohlendioxidmolekülen und der Knappheit von Kohlendioxid in der unteren Atmosphäre. Ohne Umwege: Die intermolekularen Bindungen im Trockeneis beginnen sich rasch aufzulösen, und die umgebende Luft saugt die freigesetzte Rarität gierig auf und verlangt nach mehr. Auch gewöhnliches $H_2O$-Eis kann direkt zu Dampf sublimieren, ohne die flüssige Phase zu durchlaufen, obwohl das weit weniger dramatisch geschieht. Das ist der Grund, warum in einer Tiefkühltruhe Eiswürfel in einer Form allmählich schrumpfen, obwohl sie ständig ausreichend gekühlt werden. Die zirkulierende Luft streift gelegentlich Wassermoleküle von den oberen Eisschichten ab, um sie als Reifschicht an den Seiten der Kühltruhe abzulagern oder die Würfel, wenn sie lose in einem Behälter liegen, mit einer Art Klebschicht zu überziehen und alles in eine Art Antonio-Gaudí-Bauwerk aus Eis zu verwandeln.

Schmelzen, Gefrieren, Kochen, Kondensieren – all diese Vorgänge stehen für physikalische Veränderungen des Zustands der Materie, aber nicht ihrer Zusammensetzung. Die molekularen Bausteine mögen anarchisches oder militärisches Verhalten an den Tag legen, aber sie behalten ihre molekulare Identität. Das Blütenblatt einer Rose bleibt das Blütenblatt einer Rose, ob sie samtweich auf dem Boden eines Hochzeitszimmers liegt oder starr wie ein Eiszapfen in einem flüssigen Stickstoffbad steht. Wenn Sie etwas wirklich Neues haben wollen, müssen Sie die Substanz chemisch verändern, müssen Sie das vorhandene Molekül zerlegen und die Untereinheiten zu neuen molekularen Konfigurationen zusammensetzen. Wenn Sie möchten, dass Ihr Teig aufgeht oder Ihr Fruchtsaft gärt, wird Sie kein Kochen, Einfrieren oder Pressen weiterbringen. Sie müssen auf die Methode jener *Schwarzen Kunst* zurückgreifen, die der Wissenschaft von der Veränderung zugrunde liegt. Sie brauchen eine chemische Reaktion. Und gibt es eine bessere Methode, um den Geist der Veränderung zu beschwören, als einen Toast auf den Hefepilz auszubringen?

Vieles spricht dafür, dass Gärung das älteste chemische Experiment in der menschlichen Geschichte ist. Niemand weiß, wie oder wann das erste alkoholische Getränk hergestellt, gekostet und beschrieben wurde: »Samten, geschmeidig und spritzig, mit einer Note von schwarzer Johannisbeere und Anklängen von Sassafras, Kakao, Zimt, Fleisch, Mineralien, Waldboden, Tigris, Euphrat, T'ang und Tang. Sollte nach Möglichkeit vor dem Bau der ersten Stufentempel getrunken werden.« Sehr wahrscheinlich war es ein reiner Zufall: Ein paar Hefesporen, die in einen Topf Kompott geweht wurden, den ein nachlässiges Kind oder ein depressiver Sklave auf dem Tisch vergessen hatte. Wie immer die Winzerkunst entstanden ist, sie entwickelte sich kurz nach der landwirtschaftlichen Revolution. Chemische Rückstände an 9000 Jahre alten Keramikscherben lassen darauf schließen, dass die Bewohner von Jiahu, einem Dorf in der nordchinesischen Provinz Henan, einen Wein aus Reis, Weintrauben und Honig herstellten, eine Rezeptur, die vielleicht erklärt, warum man beim Chinesen lieber Bier zum Essen trinken sollte. Während der Alkohol zweifellos seine dunklen Seiten hat und Millionen mordete oder zu Mördern machte, hat er auch Millionen das Leben gerettet. In den Jahrtausenden, bevor öffentliche sanitäre Einrichtungen geschaffen wurden und wo das Wasser bekanntermaßen ungenießbar war, haben Menschen jedes Alters, zumindest im Westen, ihren Durst häufig mit alkoholischen Getränken gelöscht; dank seiner leicht antiseptischen Eigenschaften und seines Säuregehalts war im Alkohol die Gefahr des Auftretens von Parasiten weit geringer als im Wasser. Die Leute mögen meist etwas beschwipst gewesen sein, aber lieber tipsy als typhuskrank.

Wein, Bier und andere staatlich kontrollierte alkoholische Getränke entstehen durch Fressgelage von Hefezellen, und Essen zieht immer chemische Umwandlung nach sich: die Zerlegung der Moleküle, die vorgefunden werden, und Nutzung der Teile und Energieträger zur Herstellung der erforderlichen Moleküle. Hefe ist ein Pilz, und während es im Pilzreich ungewöhnlich vorurteilsfreie Geschmackspräferenzen gibt, die sich nicht immer mit den unseren decken, will es der Zufall, dass der Hefestamm, der für die alkoholische Gärung verantwortlich ist, unsere Vorliebe für Zucker teilt. Wenn Sie Zellen der Bierhefe in ein Fass mit Gerstenmaische oder gut gepressten Weintrauben geben, klammert sich die Hefe an die so genannten einfachen Zucker in dem Gemisch, wobei »einfach« hier bedeutet, dass die Kohlehydratmoleküle nicht mehr in noch einfachere Kohlehydrate zerlegt werden können. Einfache Zucker sind diejenigen, die auf der Zunge süß schmecken, die Glukose (jenen Zucker, der in Ihrem Blut fließt und jeder Zelle als Brennstoff dient) sowie Fruktose, den wichtigsten Zucker im Obst, enthalten. (Glukose und Fruktose zusammen ergeben Saccharose, den Rohr- oder Rübenzucker, den Sie in Ihren Kaffee rühren.) Die beiden Simpel haben die gleiche chemische Ausstattung, die gleiche Zahl von Kohlenstoff-, Wasserstoff- und Sauerstoffatomen, und unterscheiden sich nur dadurch, wie die Atome im dreidimensionalen Raum angeordnet sind. Was gleichgültig ist, da die Hefe beide verputzt und Energie aus dem Zucker gewinnt, indem sie ihn in zwei Teile Kohlendioxid und zwei Teile Äthylalkohol oder Äthanol spaltet. Das Kohlendioxid ist das Derivat, das dem Getränk die Schaumkrone aufsetzt oder, wenn die Hefe statt Maische einem Brotteig zugesetzt wird, den klebrigen Stoff zu einem aufgequollenen, backfertigen Laib reifen lässt. Das Äthanol ist natürlich das, was den Alkohol zum Alkohol macht – zu einem Stimmungsheber und einer Vernunftbremse. Äthanol ist nur ein Mitglied in einer großen Klasse von organischen Verbindungen, die wir Alkohole nennen, farblose, leicht entzündliche Substanzen, die in der Natur vielfältig vorkommen. Auch ohne Hefe-Hilfe erzeugen Ihre Körperzellen immer dann Spuren von Alkohol, wenn sie gezwungen sind, Energie anaerob zu verbrennen, das heißt, ohne die Unterstützung von Sauerstoff, was bei Kraftübungen wie Gewichtheben passiert, weshalb es in Umkleideräumen manchmal wie in einer Kneipe riecht.

Unabhängig von ihrem Ursprung besitzen alle Alkohole eine charakteristische Hydroxylgruppe, einen chemisch reaktiven Dorn aus Sauerstoff und Wasserstoff, der dem Alkohol gestattet, sich zwischen massige Moleküle zu schieben und zu ihrer Spaltung beizutragen. Alkohol wird daher vielfach als Lösungsmittel bei der Herstellung von Parfüms, Färbemitteln, Pharmazeutika, sogar Hustensaft für Kinder verwendet, außerdem ist er ein ganz gutes Reinigungsmittel. Alkohol hat einen niedrigen Gefrier- und Siedepunkt, weshalb Sie Ihren Edel-Aquavit aus dem Tiefkühlschrank holen und sich sofort einen ordentlichen Schuss einschenken können und kein schlechtes Gewissen haben müssen, wenn Sie Ihren unmündigen Kindern oder einer Guttemplerin Coq au Vin vorsetzen: Zu dem Zeitpunkt, da Sie den Topf vom Herd nehmen, ist der Alkohol in der Weinsauce längst verkocht.

Alkoholmoleküle können chemisch zur Nüchternheit bekehrt werden. Wenn Sie eine Flasche Wein der Luft und einem entsprechenden aeroben Bakterienstamm aussetzen – Bakterien, die Sauerstoff zur Ernährung und zum Leben brauchen –, machen die Bakterien dort weiter, wo die Hefe aufgehört hat, das heißt, sie spalten den Alkohol in Wasser und Essigsäure auf. Als ein Molekül, das gut mit Speiseöl harmoniert, hat der Essig es an der Salatbar zu einigem Ruhm gebracht; doch ungeachtet seiner Säure fehlt dem Essig der Elan der alkoholischen Hydroxylgruppe, daher könnte er noch nicht einmal einem Häschen zu Kopf steigen.

Gärung ist nur ein einziger Tropfen in dem riesigen Bottich von Reaktionsmöglichkeiten, die uns umgeben. Einige chemische Reaktionen erfolgen leicht und spontan, während andere erst in die Hufe kommen, wenn man ihnen Feuer unterm Hintern macht oder ihre Urbestandteile in der Erde vergräbt und sich eine halbe Milliarde Jahre nicht um sie kümmert. Wenn Sie Natrium und Chlor zusammenbringen, dann reagieren sie augenblicklich und hitzig mit einem Puff: Sodom trifft Gomorrha, und zurück bleibt eine Salzsäule. Während die Elektronen der beteiligten Ionen ihre Position im Kristall einnehmen, geben sie etwas von ihrem Schwung, ihrer kinetischen und potenziellen Energie auf. Die Gesamtenergie der Natrium-Chlorid-Energie ist etwas geringer als die der Natrium- und Chloratome vor der Vereinigung. Daher ist die Reaktion, die sie vereinigt, exotherm, sie setzt Energie frei – in diesem Fall Wärme, Licht und den aufregenden Knall einer Mini-Explosion.

Wenn Sie dagegen Eier, Butter, Mehl, Zucker und andere Bestandteile für einen Geburtstagskuchen zusammenrühren, den Teig in eine Form füllen und, nachdem die Feier schon begonnen hat, merken, dass sie den Ofen nicht angestellt haben – nun, in diesem Fall gibt es immer noch den Bäcker im Supermarkt. Damit die Zutaten im Teig chemisch reagieren und sich ihre Bindungen umbilden zu der leichten, festen, feuchten, federnden Konfiguration von Kohlehydraten, Fetten und Proteinen, die wir von einem gelungenen Kuchen erwarten, ist Energie erforderlich. Kuchenbacken ist eine endotherme Reaktion, eine, die Wärme verbraucht und keine freisetzt.

Dann gibt es aber auch die chemischen Konfrontationen, die endotherm beginnen und mit einem Ausstoß heißer Luft enden. Der Sauerstoff, den wir atmen, das Gas, das ein Fünftel unserer Atmosphäre ausmacht, mag ja lebensspendend sein, er kann aber auch ein reaktionswütiger Eiferer sein. Sauerstoff verbindet sich mit jedem Stoff, der sich anbietet, und stiehlt seinem Partner bei der Verschmelzung Elektronen, wodurch er ihn verändert, beeinträchtigt und schwächt. Sauerstoff ist ein so brillanter Dieb, dass dieser Akt der Elektronenpiraterie Oxidation genannt wird, obwohl auch andere Atome und Moleküle als Oxidatoren dienen können. Die Oxidation kann langsam und stetig verlaufen, was der Fall ist, wenn eine Eisenbrücke mit Sauerstoff reagiert und zu rosten beginnt. Sie kann sich aber auch in Millisekunden vollziehen: Sauerstoff trifft im Zylinder eines Automotors auf Benzin, die Mischung explodiert, und Sie sind unterwegs. Oxidationsreaktionen sind weitgehend exotherm. Eine rostende Brücke setzt kleine Wärmemengen frei, während die von einem Verbrennungsmotor abgegebene Hitze groß genug ist, um eine Katze auf der Motorhaube noch Stunden nach Abstellen des Motors zu wärmen. Die Verbrennung verlangt aber in der Regel einen anfänglichen Energie-Input, bevor sie zu einer selbständigen, exothermen Reaktion wird. Ein Funke muss als Ehestifter die explosive Hochzeit von Sauerstoff und Benzin in die Wege leiten. Ein Zündholz muss angestrichen werden, wenn es anders als nur imaginär brennen soll. Indem Sie mit dem Streichholzkopf über die dafür vorgesehene Fläche streichen, erwärmen Sie ihn durch Reibung. Genau diese Wärme brauchen der Schwefel, der Phosphor und die anderen Bestandteile des Streichholzkopfes, um unübersehbar exotherm zu reagieren. Die Wärme aus der Schwefel-Phosphor-Kollision genügt wiederum, um die oxidative Verbrennung auszulösen, die chemische Konfrontation zwischen Sauerstoff und einer Kohlenstoff-basierten Substanz – in diesem Fall dem Schaft eines Zündholzes. Die Verbrennung verwandelt das Substrat in Wärme, Licht, Kohlendioxid und Wasserdampf und setzt sich ohne Umschweife fort, bis der Hunger des Sauerstoffs keine Kohlenstoffnahrung mehr findet.

Leben ist auch eine Mischung aus endothermen und exothermen Reaktionen, aus Brennstoffsammeln und -entzünden, aus dem Schichten der Scheite mit Pfadfindereifer, dem Anreißen des Streichholzes und – autsch, doch wieder die Finger verbrannt. Nun kann unser Körper aber nicht warten, bis der Zufall die geeigneten chemischen Verhältnisse schafft. Er kann sich nicht den Luxus leisten, mehrere Jahrmillionen lang die Hände in den Schoß zu legen, wie das Aluminiumoxid, und darauf zu warten, dass das perfekte Zusammenwirken geochemischer Ereignisse ihn als Saphir neu erfindet. Vielmehr muss der Körper die Reaktionen katalysieren, die er braucht, er muss die Moleküle zusammenführen, die sonst möglicherweise nie zueinander fänden, um sich dann an den energetischen Resultaten der chemischen Paarung zu wärmen. Unsere Zellen sind mit Enzymen gesättigt, das heißt, mit Proteinen, die dafür sorgen, dass Reaktionen in vorhersagbarer Weise ablaufen, so wie die Zündkerzen in einem Motor das Gas in den Zylindern fortwährend zur Verbrennung animieren. Verdauungsenzyme setzen die Energie in der Nahrung frei, Leberenzyme neutralisieren

Gifte, Enzyme des Immunsystems schalten Mikroorganismen aus. Wir nehmen Brennstoff auf, um unsere Katalysatoren zu produzieren: Die Enzymherstellung ist ein endothermes Unterfangen. Viele dieser Enzyme katalysieren dann exotherme Reaktionen, kümmern sich täglich um Zehntausende, zehn Millionen winziger Feuerchen und sorgen dafür, dass sie auf genau die richtige Weise brennen.

Im Leben und in der Liebe ist Timing alles, und selbst wer kein Handgelenk hat, trägt Uhren bei sich. Pflanzen, die die Mobilität der Fauna in den Dienst floraler Verbreitung stellen, müssen dafür Sorge tragen, dass ihre Angebote dann besonders süß und saftig sind, wenn die Samen reif sind. Sie möchten, dass Sie, der Fruchtfresser, das Obst genau zu diesem Zeitpunkt verschlingen, die Verpackung per Stoffwechsel beseitigen und anschließend davonschlendern, um die unverdaulichen Samen auf einem fernen Flecken jungfräulichen Bodens auszuscheiden. Das strategische Reifen eines Apfels liefert also ein schönes Beispiel für den kontrollierten Einsatz sinnlicher Reize, die allmähliche Inszenierung winziger chemischer Signale, die als Farbe, Wohlgeruch und saftige Rundung in Erscheinung treten und Ihnen alle ans Herz legen, kräftig hineinzubeißen.

Kurz nachdem die Frühlingsblüten die Bestäuberinsekten dazu verlockt haben, zur Befruchtung der neuen Saat beizutragen, beginnen sich die Äpfel zu entwickeln. Die Blütenblätter fallen ab, und in einem großen, endothermen Prozess – der von den photosynthetisierenden Blättern gespeist wird – beginnt sich eine Frucht um fünf Taschen – oder Fruchtblätter – mit den Samenanlagen zu bilden. Die Samen brauchen jedoch Zeit zum Reifen, bevor sie die schützende Hülle verlassen und zu neuen Apfelbäumen werden können. Daher ist ein unreifer Apfel eine verbotene Frucht, seine Zellwände sind dick und undurchdringlich, sein Fleisch stärkehaltig, faserreich und sauer, die Schale plastilingrün – was in der Obst-Sprache so viel heißt wie BAUSTELLE, BETRETEN VERBOTEN.

Doch wenn Sie dem Apfel und seinen Samen Zeit lassen, beginnt er Reifungshormone, vor allem Äthylen, freizusetzen. Äthylen ist ein kompaktes Molekülbündel aus Wasserstoff- und Kohlenstoffatomen – ein Kohlenwasserstoff –, doch seine Wirkung ist massiv und nützlich. Wenn sich die Äthylenmoleküle wie ein Gas im Apfel verteilen, regen sie die Aktivität anderer Enzyme an, eine Schar von Obst-Gentrifizierern, Trainern, Zimmerleuten, Ghostwritern, Imageberatern. Einige Enzyme zerlegen die stärkehaltigen, komplexen Kohlehydrate in einfache Zucker; andere arbeiten an der Neutralisierung der Säuren, während wieder andere den Pektinklebstoff zwischen den Fruchtzellen aufspalten und so die Frucht weicher machen. In dem Maße, wie die Zellen lockerer, süßer und durchlässiger werden, beginnt die Frucht fast wie ein Tier zu atmen: Sauerstoff ein und Kohlendioxid aus. Der steigende Zuckergehalt saugt Wasser vom Stängel an, so dass der Apfel saftiger wird. Seine abgebauten Moleküle sind jetzt klein genug, um in die Luft zu entweichen und jenen unverkennbaren Duft zu verströmen, den wir mit Äpfeln assoziieren. Enzyme in der Schale tragen das Chlorophyll ab und erzeugen stattdessen die strahlenden, betörenden Pigmente jenes Rots oder Gelbs, die schon von Weitem ins Auge fallen und für fruchtfressende Vögel oder Säugetiere wie eine Tischglocke wirken. Die meisten dieser Reaktionen sind exotherm: Die reifende Frucht fühlt sich an und sieht aus, als würde sie glühen. Schließlich können Sie den Apfel pflücken und probieren und seine Wärme mit jemandem teilen, den Sie lieben.

# 6 Evolutionsbiologie

*Die Theorie von allem (was lebt)*

Als wir im Begriff waren, sein Büro im Museum of Vertebrate Zoology an der University of California in Berkeley zu betreten, blickte Professor David Wake kurz zur Seite und blieb unvermittelt stehen. »Einen Augenblick«, sagte er. »Ich muss Ihnen etwas zeigen. Das wird Ihnen ganz außerordentlich gefallen.« Er eilte zu einen Regal in der Nähe und entnahm ihm einen weißen Kunststoffeimer mit einem Deckel, der zahlreiche Löcher aufwies. Professor Wake nahm den Deckel ab und ließ mich hineinblicken.

»Was zum …?«, stammelte ich verwirrt, während ich in den Eimer starrte. Am Boden befand sich eine ungewöhnliche, eidechsenförmige Puppe, die allerdings keine Ähnlichkeit mit den Stofftieren hatte, die man in den Andenkenläden von Zoos bekommt, den Schleich- und Steiff- und Plüsch-Tieren. Der acht Zentimeter lange Körper im Eimer war hell und glänzend, wie ein halb durchsichtiger Pudding, und offenbar aus einem gelartigen Polymer geformt. Der Kopf war blaugrün, die zierlichen Beine und die Nase hatten einen Anflug von Flieder, während der Rücken und der dicke Schwanz mit kupfer- und lilafarbenen Flecken übersät war. Ich konnte meine Augen nicht losreißen. War es die Nachbildung eines alten Reptils, das wegen seiner unerträglichen Zusammenstellung von Pastellfarben ausgestorben war? War es eine Art optischer Scherz, ersonnen von einem künstlerisch begabten Forscher, der auf diese Weise die ganze Disziplin der Herpetologie kommentierte? Konnte man es kaufen, oder musste ich es stehlen, wenn

Professor Wake nicht aufpasste? Und, hallo, wie bekam er das Ding dazu, zu blinzeln und mit dem Schwanz zu schlagen, ohne auf irgendwelche Knöpfe zu drücken?

»Ist es nicht das schönste Lebewesen, das Sie je gesehen haben?«, fragte Wake. »Es ist ein Gecko. Ein Kollege hat ihn gerade aus dem Mittleren Osten mitgebracht.«

»Moment mal«, sagte oder vielmehr piepste ich. »Wollen Sie damit sagen, dass das ein echter, lebendiger Gecko ist?«

»Live und in Farbe«, bestätigte Wake. »Er wirkt irgendwie unwirklich, komisch, nicht wahr? Als hätte ihn Dr. Seuss erfunden. Finden Sie nicht, dass es ein ideales Modell für die Computeranimatoren dort drüben in den, wie war der Name doch gleich, Pixar Studios wäre? Sie brauchten gar nichts zu ändern.« Er deckte den Eimer wieder zu und stellte ihn ins Regal zurück.

Nein, dachte ich. Der Gecko ist prachtvoll. Der Gecko fasziniert auf Anhieb. Doch dieser Gecko, im Englischen sehr passend als *Wonder Lizard,* Wunder-Eidechse, bezeichnet, sieht viel zu unecht aus, um als Vorlage für Comics dienen zu können.

Die vorgetäuschte Vortäuschung ist hier der entscheidende Punkt. In der Biologie dürfen Sie Ihrem Unglauben niemals glauben. Es gibt so viele Arten, die einem verdächtig vorkommen, die »zu zu« aussehen: zu theatralisch, zu dämlich, zu schaurig, zu unecht, zu elegant, zu imponierend, zu vollkommen. Jedes Mal, wenn ich einen Tukan sehe, kommen mir Zweifel. Sein klotziger gelber Schnabel scheint in keinem Verhältnis zum Rest seines Körpers zu stehen und kaum mit seinem Gesicht verbunden zu sein, als hätte der Vogel seinen Schnabel in eine Riesenbanane gesteckt und fände nun, dass sie ihm ausgezeichnet steht. Oder denken wir an all die unmöglichen Riechorgane, etwa das des Sternmulls, eines semiaquatisch lebenden Maulwurfs, der im Osten Nordamerikas verbreitet ist. Seine Schnauze ist von zweiundzwanzig rosaroten, äußerst tastempfindlichen Fühlern umgeben, die, wenn sie ganz ausgefahren sind und sich auf der Suche nach Futter ringeln, aussehen wie ein Windrädchen aus Regenwürmern oder wie Kinderfinger, die in einem billigen, aber überraschend unheimlichen Horrorstreifen von unten nach oben greifen. Den Sternmull kann es einfach nicht geben; den muss irgendein verärgerter Angestellter in einem feuchten Kellerbüro erfunden haben.

Als europäische Naturforscher im 19. Jahrhundert in Australien und Neuseeland erstmals das Schnabeltier erblickten – seinen schleppenden, eidechsenartigen Gang, die kleinen Knopfaugen und die Schlitze anstelle von Ohren, die Schwimmfüße und den ruderförmigen Schwanz, dazu das außerirdische, gummiartige, blauschwarze Monstrum von einem Schnabel, das noch nicht einmal den Anstand besaß zu quaken –, waren sie überzeugt, dass es sich bei dem Tier um einen Schwindel handelt. Erst als man mehrere Schnabeltiere erlegt und seziert hatte, waren die Skeptiker überzeugt.

Auch *Amazing Grace* – »wunderbare Anmut« – kann unecht aussehen: zwei Trompeterschwäne, einander zugewandt, die Köpfe gesenkt, Stirn an Stirn, die Hälse in tänzerischer Anmut je zur Hälfte eines Herzens gebogen. Wir schauen, wie sie sich bewegen, und könnten schwören, dass sie sich der Macht ihrer Schönheit bewusst sind, als lebten sie, um uns wehmütig, demütig und ehrfürchtig angesichts des Göttlichen zu stimmen. Oder ein Papstfink-Männchen: roter Bürzel und Hals, blauer Kopf, grüner Rücken – ein Fürst der Farben, eine Handvoll Matisse. Einmal sah ich einen Papstfinken auf einem Baumstumpf, und ich konnte nicht glauben, dass ein solcher Winzling meinen ganzen Horizont ausfüllen konnte.

An seinem Schreibtisch, inmitten des typischen Biologen-Biotops – turmhohe Stapel von Druckerzeugnissen und pantheistische Nippes: eine Uhr mit Fröschen statt Zahlen, eine hübsche Sammlung echter unechter Reptilien- und Amphibienfiguren, eine alte Ofenkachel mit dem Wort SALAMANDER, Porträts von Charles Darwin, Ernst Haeckel, Richard Owen und Homer Simpson – sprach David Wake von seinen beruflichen Passionen und seiner persönlichen Berufung. Er sprach von Baumfröschen, Skinken,

Stichlingen, Salamandern und ihren Schleuderzungen. Er schilderte seine untypische Biographie, eine Familienemulsion zweier Geisteshaltungen, der theologischen und naturwissenschaftlichen, die normalerweise so gut miteinander auskommen wie die Montagues und Capulets, wie republikanische und demokratische Bundesstaaten; und er spricht davon, warum dieser hybride Hintergrund schuld an der rigorosen Strenge seiner Auffassungen ist. Wake erinnerte mich an einen methodistischen Geistlichen, den ich in der Grundschulzeit kannte, den Vater einer meiner besten Freundinnen – das gleiche weiß werdende Haar, die gleichen bebrillten, sanften blauen Augen, der gleiche offene, herzensgute Charme. Doch während Mr. Hill mit missionarischem Eifer für Offenbarung und Evangelium eintrat, hält sich David Wake lieber an Beweise und ein wirklich gutes Fossil.

»Ich bin in einer konservativen christlichen Gemeinde aufgewachsen«, erzählte Wake mir. »Mein Großvater war ein lutherischer Pastor, meine Eltern waren sehr fromm. Ich selbst habe das Pacific Lutheran College besucht. Zwei Vettern von mir haben in Theologie promoviert. Einer war Präsident eines lutherischen Colleges in Alberta und der andere ein Bischof in Kanada. Wie Sie sehen, wimmelt es in meiner Familie von Frommen und Theologen.

Gleichzeitig kann meine Familie eine Menge Wissenschaftler vorweisen. Ein Cousin war Kurator am Field Museum in Chicago. Ein anderer Verwandter ist Kurator des Naturkundemuseums in Oslo. Mein Großvater, der Pastor, war Hobby-Naturforscher. Er hat eine Zeit lang bei uns gewohnt und ist neunundneunzig geworden, deshalb kenne ich ihn gut. Und er hat in seinem langen, reichen Leben nie den geringsten Widerspruch zwischen seinen religiösen Überzeugungen und seinen naturwissenschaftlichen Kenntnissen empfunden. Das tat niemand in meiner Familie. Mein Großvater hat mir als Erster von der Evolution erzählt. Er lehrte mich, Beweise zu achten, und machte mir klar, dass sich die Religion immer der Wirklichkeit anzupassen habe. »Wir leben in einer wirklichen Welt«, sagte er, »und wir müssen die Welt anhand ihrer empirischen Gegebenheiten verstehen.«

Wake hat eine Botschaft, die bei fast allen Forschern, mit denen ich gesprochen hatte, ganz oben auf der Liste der Dinge rangierte, die sie gerne von der Öffentlichkeit verstanden wüssten. Die Botschaft ist das A und O, die Quintessenz der Biowissenschaften. Theodosius Dobzhansky, der große russische Genetiker, brachte sie auf den Punkt: »In der Biologie ergibt nichts einen Sinn, ausgenommen im Licht der Evolution.«

Evolution. *Evolution.* EVOLUTION! Es spielt keine Rolle, ob Sie Atheist, Kirchgänger oder ein ängstlicher Faust im Schützengraben sind. Sie mögen Katholik, Muslim, Hindu, Jude, Druide, ein wiedergeborener Baptist, ein ewig wiedergeborener Buddhist sein. Es spielt keine Rolle, was Sie für unsere Bestimmung hier auf Erden halten oder im Jenseits zu finden hoffen, ob Sie an ein höheres Wesen glauben oder die Stones vorziehen. Es spielt keine Rolle, welche Speicherkarte Sie in das geistige Modul mit der Aufschrift »Gott« schieben. Keiner dieser Aspekte wird Schaden erleiden, wenn Sie das Prinzip erkennen, das alles irdische Leben begründet und verknüpft. Das Leben, das wir um uns her sehen, das wir das unsere nennen, hat sich aus früheren Lebensformen entwickelt, und die wiederum stammten von Urformen vor ihnen ab. Neuere Arten entwickelten sich aus früheren kraft des majestätischen Vermögens der natürlichen Selektion, einer Kraft, die in Ausmaß und Wirkung fast allmächtig ist, so dass sie ohne nähere Bestimmung, Ergänzung, weiteren Ballast und ohne Apologeten auskommt. Evolution durch natürliche Selektion, auch als Darwin'sche Evolution oder Darwinismus bezeichnet, erklärt das Leben in seiner maßlosen Gesamtheit, alle 30 bis 100 Millionen heute existierenden Arten – viele müssen noch in die Zählung und Taxonomie aufgenommen werden, von der Mitwirkung im nächsten Hollywood-Knüller ganz abgesehen – und die vielen hundert Millionen Geschöpfe, die in den Jahrmilliarden seit dem ersten Auftreten des Lebens entstanden und wieder verschwunden sind.

Für viele Biologen gehört die Evolution zur Definition des Lebens. »Was ist Leben?«, wie ein Forscher einmal fragte. »Das, was frisst, das, was sich fortpflanzt, das, was matschig ist, und das, was sich entwickelt.«

Der Darwinismus ist so wesentlich für das Verständnis auch des letzten Attogramms Biomasse, dass sich sogar Physiker darin einig sind, er müsse mit den Naturgesetzen rechtlich gleichgestellt werden. »Die Leute denken oft, die Physik sei der Ursprung aller fundamentalen wissenschaftlichen Gesetze«, sagte der MIT-Physiker Robert Jaffe. »Doch es gibt ein grundlegendes Gesetz, das aus den Biowissenschaften kommt, und das ist genau so prinzipiell und universell wie irgendein Gesetz aus dem Pantheon der Physik. Evolution durch natürliche Selektion ist ein absolutes Naturprinzip, es gilt überall und ist verblüffend. Doch die Evolutionstheorie wird in ihrer Bedeutung nicht anerkannt und, was mich weit mehr bekümmert, sie wird sogar angegriffen.«

Darwinismus wird keineswegs allgemein unterschätzt oder abgelehnt. Im Gegenteil, die Evolutionstheorie hat eine ziemlich große Fangemeinde, und sie hat, wie David Denby vor einigen Jahren im *New Yorker* schrieb, die Freud'sche Psychoanalyse als bevorzugte Basis der Mutmaßungen über die Gründe für das Fehlverhalten dieses oder jenes Freundes abgelöst. Charles Darwins unverkennbares Erscheinungsbild, der lange weiße Bart, der viktorianische Gehrock, dürfte in Hinblick auf den Wiedererkennungswert beim Laienpublikum nur von Einstein übertroffen werden. In vielen Teilen Europas, Asiens und Lateinamerikas ist die Evolutionstheorie ein Grundpfeiler des naturwissenschaftlichen Unterrichts und gibt nicht mehr Anlass zu soziokultureller Angst und Empörung als die heliozentrische Lehre des Kopernikus. Doch in den Vereinigten Staaten, in denen es viele bedeutende Forschungsuniversitäten und mehr Nobelpreisträger als in irgendeinem anderen Land gibt, geht der Kampf gegen die Evolution manisch, militant und obsessiv weiter. Die Uniform mag mottenzerfressen und der Krieg um die empirischen Beweise schon seit einem Jahrhundert verloren sein, doch hol's der Teufel, noch tut's der Schießprügel, und so geht der Guerillakrieg gegen die Affen-Liebhaber weiter!

Immer wieder ist es den Evolutionsgegnern gelungen, den Unterricht in Evolutionstheorie verbieten zu lassen, oder durchzusetzen, dass in Biologiebüchern auch »alternative Standpunkte« zur Evolutionstheorie berücksichtigt werden, darunter nichtwissenschaftliche, unbewiesene Ideologien wie Kreationismus und Intelligent Design. Die Kampagne gegen den Darwinismus war erfolgreich genug, um in vielen Köpfen Zweifel zu stiften. In einer Umfrage ergaben sich kürzlich wieder die Ergebnisse, die seit zwanzig Jahren ermittelt werden: Nur 35 Prozent der amerikanischen Erwachsenen bejahten die Aussage »Die Evolution ist eine empirisch belegte wissenschaftliche Theorie«. Mit dem Ausbildungsniveau nimmt auch die Zustimmung für Darwin zu: 52 Prozent der College-Absolventen und 65 Prozent der Befragten mit einem höheren Universitätsabschluss votierten für die Evolutionstheorie. Da bleiben aber immerhin 35 Prozent der Amerikaner in der Gruppe mit dem höchsten Bildungsniveau, die einen der Grundpfeiler der Naturwissenschaften mit Vorbehalten betrachten.

Ich bin immer wieder überrascht, wie häufig ich bei ansonsten vernünftigen Menschen auf Widerstand gegen oder Zweifel am Darwinismus stoße. Als ich beispielsweise mit dem Gedanken spielte, ein Kinderbuch über die Evolution zu schreiben, und meine Kusine, eine Malerin, fragte, ob sie es illustrieren würde, sagte sie zwar zu, meinte aber, sie könne nicht wirklich an diese ganze Vom-Affen-zum-Menschen-Geschichte glauben. Ein andermal unterhielt ich mich auf der Hochzeit einer Freundin bei Sacramento mit einem ausgesprochen netten Ehepaar – er Jurist, sie Geschäftsfrau – und erwähnte die Evolution als Ausgangspunkt zu einem anderen Thema, auf das ich eigentlich hinauswollte. Doch meine Gesprächspartner fielen mir ins Wort. »Ach«, sagte der Jurist, »darf ich das so verstehen, dass Sie keine Zweifel an der Gültigkeit der Evolutionstheorie haben?«

»Na ja«, erwiderte ich, und starrte in die kristallenen Tiefen meines Champagnerglases, das in diesem Augenblick tragischerweise leer war. »Ungefähr so viele Zweifel wie daran, dass dieses Glas, sollte ich es loslassen, von der Schwerkraft zu Boden gezogen, in tausend Stücke zerspringen und die Braut ziemlich ärgerlich sein würde, weil es ein Waterford-Stück ist.«

Das Paar lächelte höflich und bemerkte dann, dass ein lieber Freund am anderen Ende des Raums sie gerufen hatte oder hätte rufen sollen.

Mag sein, dass ich deshalb nicht auf viele Partys eingeladen werde. Trotzdem gilt die Sache unter Wissenschaftlern als ausgemacht und so glasklar, wie ich sie dargestellt hatte. Sie lassen Ihr Glas los, es fällt zu Boden. Sie schauen in die Natur, die Evolution ist überall.

»Die Beweise für die Evolution?«, fragte Tim White, ein Paläontologe an der University of California in Berkeley. »Überwältigend und unstrittig.«

David Wake, der in Berkeley seit dreißig Jahre einen Kurs in fortgeschrittener Evolutionstheorie gibt, bestätigte: »Die Beweise sind hundertprozentig, eindeutig und unerschütterlich.« Wenn man ein Arzneimittel nehme, so führte er aus, sei es wahrscheinlich zunächst an Labortieren erprobt worden, bevor es Menschen verordnet werde. Sie mögen ja glauben, dass die Erde nur 6000 Jahre alt ist und dort jede Kreatur vom Herrgott an ihren Platz gestellt wurde; trotzdem dürften Sie sich ein bisschen sicherer fühlen, wenn Sie wissen, dass Ihr aufopferungsvolles Versuchskaninchen ein Nager und keine, sagen wir, Spinne oder Schnecke war. »Warum bringen Experimente an Mäusen mehr als an Spinnen, wenn nicht deswegen, weil, wie wir alle instinktiv wissen, Mäuse mehr Ähnlichkeit mit uns haben als Spinnen?«, fragte Wake. »Ob es am Ende etwas mit der Evolution zu tun haben könnte?«

Richard Dawkins, ein Evolutionswissenschaftler an der Universität Oxford, nimmermüder Verfechter des Darwinismus und Autor der Bücher *Das egoistische Gen, Der blinde Uhrmacher* und anderer brillanter Schriften, machte sich auch in einem In-

terview mit einem Journalisten des Online-Magazins *Salon.com*
eloquent wie immer für die Sache der Evolution stark: »Oft kann
man hören, dass es keine unmittelbaren Beweise für die Evolution gebe, weil sie in der Vergangenheit passiert sei und wir nicht
gesehen hätten, wie sie sich vollzog. Das ist natürlich blanker
Unsinn. Die Situation ähnelt eher der eines Detektivs, der einen
Tatort betritt – selbstverständlich, nachdem das Verbrechen be-
gangen wurde – und das Geschehen rekonstruiert, indem er sich
die vorhandenen Indizien anschaut. Im Falle der Evolution gibt es
Milliarden von Indizien.«

Durch die Genverteilung kommen solche Hinweise überall im
Tier- und Pflanzenreich vor, betonte er, und durch eine eingehende
Vergleichsanalyse einer Vielzahl physischer und biochemischer
Merkmale. »Die Verteilung der Arten auf Inseln und Kontinenten
ist überall auf der Erde genauso, wie wir erwarten könnten, wenn
die Evolution eine Tatsache wäre«, fuhr er fort. »Die Verteilung
der Fossilien in Raum und Zeit ist genau so, wie wir erwarten
könnten, wenn die Evolution eine Tatsache wäre. Es gibt Millionen von Fakten, die alle in die gleiche Richtung deuten, und
kein einziges Faktum, das in die falsche Richtung weist. Als der
britische Wissenschaftler J. B. S. Haldane gefragt wurde, wie denn
ein Beweis gegen die Evolution aussehen würde, gab er eine berühmt gewordene Antwort: »Versteinerte Kaninchen aus dem
Präkambrium: Sie sind nie gefunden worden. Nichts dergleichen
ist jemals gefunden worden. Die Evolution könnte durch solche
Fakten widerlegt werden. Doch alle Fossilien, die jemals entdeckt
wurden, sind an der richtigen Stelle.«

Sie können Bugs Bunny nicht aus einem Milliarden Jahre alten
Hut ziehen, und nie haben Flugsaurier an Raquel Welchs Tanga
gezupft. »Man muss schon verteufelt blind sein«, so Wake, »um
die Evolution nicht in allem zu sehen, was wir tun.«

Ein großer Teil des Problems ergibt sich aus dem kleinen Wörtchen »Theorie«. Dass der Darwinismus »die *Theorie* der Evolution durch natürliche Selektion« genannt wird, stiftet Verwirrung

in der Öffentlichkeit und macht sie angreifbar für entschlossene Gegner. Schaut doch!, sagen die Kritiker. Die Forscher selbst sprechen von der Evolution als Theorie statt als Tatsache. Offenbar haben sie Zweifel. Warum dann nicht auch wir anderen? Weshalb sollen wir ihrer Theorie Glauben schenken, ihrem »Schöpfungsmythos«, und nicht dem eines anderen? Wie es auf dem Autoaufkleber hieß, den ich neulich sah: DIE EVOLUTIONSTHEORIE: EIN MÄRCHEN FÜR ERWACHSENE. In einigen Bundesstaaten haben die Evolutionsgegner verlangt, man solle auf den Highschool-Biologiebüchern Aufkleber anbringen, die darauf hinwiesen, dass die Evolution »nur eine Theorie« sei und keine »Tatsache«.

Schande über die Wissenschaftler, dass sie hier ein Wort wie »Theorie« verwenden, das umgangssprachlich ein bisschen nach »Vermutung«, »Spekulation« oder »Annahme« klingt. Eine ziemlich gute Annahme, vielleicht auch eine fundierte Annahme – trotzdem bleibt eine »Theorie« ein »Könnte-Sein« und keine »bewiesene Tatsache«. Im Allgemeinen habe ich keine besondere Vorliebe für den Fachjargon, aber in diesem Fall wäre es mir doch lieb, wenn die Forscher ein besonderes Wort dafür hätten, was sie unter »Theorie« verstehen. Einen soliden, imposanten, unverkennbar wissenschaftlichen Terminus wie »Ribosom« oder »Annihilation«. Einen Ausdruck, der resistent ist gegen versehentliche oder beabsichtigte Fehldeutungen und gegen die Gewalt der Gerechten.

Manchmal ist eine Zigarre nur eine Zigarre und ein Ausflug auf den Flügeln des Gesangs einfach eine hübsche Geschichte. Doch eine wissenschaftliche Theorie ist niemals nur eine hübsche Geschichte. In den Naturwissenschaften wird eine Idee, die noch empirisch überprüft oder veredelt werden muss, als Hypothese bezeichnet. Ihnen fällt ein Aspekt der Welt auf, und Sie schlagen einen Mechanismus vor, der die Beobachtung erklären könnte. Das ist Ihre Hypothese. Die Hypothese könnte das Ergebnis eines einfachen Analogieschlusses sein, eine Übertragung früherer Ergebnisse auf eine ähnliche, aber nicht identische Fallstudie; es könnten aber auch freischwebende Spekulationen sein. Wie vernünftig oder verwegen die Vermutung auch sein mag, sie ist keine Theorie, sondern eine Hypothese, *nur* eine Hypothese. Um sie zu überprüfen, entwerfen Sie ein Experiment oder sammeln eine Reihe von Felddaten, außerdem entwickeln Sie ein gesteigertes Interesse an Kontrollgruppen. Sie analysieren Ihre Ergebnisse und würzen sie mit Statistik. Jetzt haben Sie ein Ergebnis. Wenn das Ergebnis Ihre ursprüngliche Hypothese bestätigt, können Sie sich auf den Misthaufen stellen und krähen. Wenn nicht, dann lassen Sie sich am besten eine neue, verbesserte Hypothese einfallen, um rückwirkend die gefundenen Ergebnisse zu erklären; dafür ist der Diskussionsteil einer wissenschaftlichen Zeitschrift da. Wie dem auch sei, es bleibt die verifizierbare, unwiderlegliche Tatsache, dass Sie noch keine Theorie haben, die Ihren Namen tragen könnte.

Eine wissenschaftliche Theorie wie Einsteins allgemeine Relativitätstheorie, wie die Theorie der Plattentektonik, wie Darwins Evolutionstheorie, ist ein schlüssiges System von Prinzipien oder Aussagen, die eine Reihe von Beobachtungen oder Ergebnissen erklären. Diese konstituierenden Daten sind das Resultat wissenschaftlicher Forschungsarbeiten und Experimente; diese Ergebnisse sind, mit anderen Worten, bereits verifiziert, oft viele Male, und fast schon »Fakten«, wie es in der Wissenschaft heißt. Nehmen wir ein einfaches Beispiel: Entomologen entdecken ständig bislang unbekannte Insektenarten. Man wandert in den Adirondacks, so berichten sie, stochert auf einer Wiese des New Yorker Central Parks herum, und schon hat man eine neue Käferart zutage gefördert, für die man den Namen des Polizeibeamten vorschlagen darf, der einem eine Geldstrafe wegen Beschädigung öffentlichen Eigentums angedroht hat. Es gibt zig Millionen Insektenarten, die auf ihre Entdeckung warten – Insekten, die nicht verschiedener sein könnten in Größe, Aussehen, Geräuscherzeugung und Verhalten. Doch bei aller Mannigfaltigkeit wissen die Entomologen, dass jedes neue Insekt, auf das sie stoßen, die folgenden Merkmale aufweisen wird: drei Körperabschnitte – Kopf, Brust und Hinterleib; drei Beinpaare; und eine harte Außenschale, das so genannte Exoskelett oder Außenskelett. Diese Tatsachen des Insektenreichs sind so gründlich bewiesen, dass sie Teil eines spanischen Lieds sind, das meine Tochter im Kindergarten gelernt hat: »*i soy insecto, a veces pequenito! i seis piernas para caminar, cabeza, torax, abdomen, abdomen, abdomen!*«(*Ich bin ein Insekt, bisweilen winzig klein! Habe sechs Beine zum Gehen, Kopf, Brust, Hinterleib, Hinterleib, Hinterleib.*) Die Merkmale sind universelle, taxonomisch definierte Erkennungszeichen der Insektenklasse und resultieren daraus, dass alle Insekten von einem gemeinsamen Vorfahren abstammen. Da haben wir also ein bescheidenes Faktum, eines unter unzähligen, das sich am besten unter dem großen Dach, dem großen Erklärungssystem der Evolutionstheorie, betrachten und verstehen lässt. Warum haben so viele Lebewesen auf der Erde sechs Beine, drei Körperabschnitte und eine starre Außenhaut? Da die etwa 30 Millionen heute lebenden Insektenarten von einer Urart abstammen, die diese durchsetzungsfähige Kombination aufwies, einem wahrhaften *pequenito* von einem Urahn, der irgendwann im Devon, vor rund 400 Millionen Jahren, lebte. Doch warum sehen dann Grillen, Mistkäfer, Libellen, Kopfläuse, Hornissen, Termiten, Gottesanbeterinnen und der Rest der wimmelnden Heerschar so verschieden voneinander aus? Das liegt an den Veränderungen ihrer Nachkommenschaft. Als die Insekten ausschwärmten und anfingen, die verschiedensten ökologischen Nischen zu besetzen, entwickelten sie sich so, dass sie in ihr Habitat passten. Die natürliche Selektion griff ein, schwang drohend eine Fliegenklatsche und … He, das ist sicherlich nicht schlecht, dass ich jetzt, durch mutationsbedingte Veränderung, dem Blatt gleiche, auf dem ich sitze.

Egal, was Sie ins Auge fassen, die Vielfalt der Insekten oder die Merkmale, die ihnen gemeinsam sind, ergeben nur im Licht der Evolution einen Sinn. Der Evolutions-*Theorie*.

Oder vergleichen Sie das folgende Quartett von vorderen Gliedmaßen – einen Fledermausflügel, eine Pinguinflosse, ein Eidechsenbein, einen Menschenarm. Oberflächlich betrachtet, sehen sie sehr verschieden aus, und sie erfüllen ganz unterschiedliche Aufgaben: Fliegen, Schwimmen, Springen und Freisprechanlagen (um die Hände nicht gebrauchen zu müssen). Doch hinter der Vielfalt verbirgt sich die gleiche Skelettmorphologie, denn jede vordere Gliedmaße besitzt den gleichen Satz von vier Knochen: Oberarmknochen, Speiche, Elle und Handwurzel. Diese Knochen sind im Fledermausflügel gespreizt, laufen in der Pinguinflosse zu einem spitzen V zusammen, sind aber im Röntgenbild unschwer als anatomische Entsprechungen zu erkennen. Die embryonale Entwicklung liefert noch eine weitere Bestätigung dieses Zusammenhangs. Wenn Sie in einem Zeitraffer-Video verfolgen, wie die verschiedenen Föten wachsen – die kleine Eidechse und der Pinguin in ihren Eiern, die Fledermaus und der Mensch in den Gebärmuttern –, können Sie sehen, wie die vier vorderen Extremitäten sich an genau denselben Stellen des Embryos auszubilden beginnen. Diese morphologische und ontogenetische Vetternwirtschaft outet uns alle als Abkömmlinge der ersten Tetrapoden – jener mutigen vierfüßigen Wirbeltiere, die das Meer mit dem Land vertauschten. Der Grundriss ihrer Skelettmorphologie erwies sich als so geeignet für die Anforderungen des Lebens an Land, dass alle vorderen Gliedmaßen der Wirbeltiere Variationen über das Thema Oberarmknochen-Speiche-Elle-Handwurzel blieben; wir haben alle diese Tetrapoden-Kokarde am Ärmel.

Haldanes amüsante Bemerkung darüber, dass versteinerte Kaninchen in der zeitlichen Ordnung der Dinge nie an der falschen Stelle auftauchen, ist ein weiteres vielfach bestätigtes Resultat, das wir zur Kenntnis nehmen müssen. Sie werden keine Kaninchenfossilien in einer Schicht mit Trilobitenresten entdecken. Trilobiten, diese vertrauten Paläo-Petroglyphen, die teils wie Königskrabben und teils wie Kakerlaken oder Game-Boy-Figuren aussehen, waren 200 Millionen Jahre die vorherrschende Lebensform in den Ozeanen der Erde. Es gab mehr als 10 000 Trilobitenarten, die in der Größe von einem Millimeter – das Komma, das Sie eben überlesen haben – bis zu Geschöpfen von Armeslänge reichten. Trilobiten waren Gründler, Algenfresser, Trilobitenfresser. Sie atmeten durch ihre Kiemen und schwammen mit ihnen, und sie hatten unvergleichliche Augen. Während die Linse eines normalen Auges aus Proteinmolekülen besteht, glich die Trilobitenlinse einem Marmorsplitter, war also aus Kalkspat. Doch vor etwa 250 Millionen Jahren ging die Zeit dieser kleinen scharfen Augen zu Ende. Die Trilobiten starben Ende des Perms zusammen mit 90 Prozent der damals lebenden Meerestiere aus. Der letzte Trilobit verewigte sich vermutlich rund 20 Millionen Jahre, bevor Überreste der frühesten Säugetiere sich in dokumentierten fossilen Funden finden, gar nicht zu reden vom ersten Kaninchen, das nicht mehr als rund 57 Millionen Jahre zurückreicht. Die Paläontologen haben es immer wieder gesehen und nachgewiesen: Fossilien werden am richtigen Ort gefunden und stammen aus der richtigen Zeit, neuere Fossilien befinden sich in Schichten über älteren Fossilien. Trilobiten gab es in Hülle und Fülle überall auf der Erde. Ob man auf den Osterinseln, in Österreich oder Cincinnati gräbt, ihre Fossilien befinden sich immer in genau der Tiefe und relativen Position der Sedimentschichten, die von einem Lebewesen zu erwarten sind, das vor einer halben Milliarde Jahren lebte. Gleiches gilt für die Dinosaurierfossilien und die Knochen all der archaischen, grotesken Säugetiere aus dem Oligozän, vor rund 35 Millionen Jahren, beispielsweise das *Indricotherium* oder »Giraffennashorn«, das größte je existierende Landsäugetier, ein verhinderter Brontosaurus; *Archaeotherium*, ein Wildeber-artiges Untier von der Größe eines Bullen, das Sensen besaß, wo es normale Hauer auch getan hätten; und *Cainotherium*, ein ferner behufter Verwandter des Kamels, aber mit dem Gesicht, den Ohren und Vorderbeinen von Haldanes Maskottchen, dem Kaninchen. Überall, wo Fossilien gefunden werden, passen sie ins Bild. Das Giraffennashorn beispielsweise wird in Schichten gefunden, die sich dem Oligozän zuordnen lassen, und diese Fossilien befinden sich über dem Jura und Trias. Die Schlüssigkeit und Reihenfolge der fossilen Funde sind Tatsachen, dicke fette Tatsachen, an denen niemand vorbeikommt.

Das ist eine wissenschaftliche »Theorie«: Kein Indiz, noch nicht einmal eine Indizienkette, sondern eine große Synthese, die »Fakten« oder robuste Befunde mit winzigen p-Werten zusammenfasst und sie mit Bedeutung füllt. Eine wissenschaftliche Theorie hat auch Vorhersagekraft. Unter ihrem Schirm und Einfluss können Sie neue Vorstellungen über die Welt entwickeln und diese dann überprüfen. Durch evolutionstheoretische Schlussfolgerungen können Sie beispielsweise zu bestimmten Hypothesen über die Beziehung zwischen verschiedenen Organismen kommen. Lange bevor die Forscher irgendwelche Erkenntnisse über den genetischen Code hatten, das Füllhorn DNA, das vermeintlich die Ingredienzen lieferte, hatten sie die Organismen anhand von Anatomie und Verhalten in Verwandtschaftsgruppen unterteilt. Danach waren Mäuse und Menschen Säugetiere, weil Mäuse mehr mit uns gemein haben als Spinnen: Organe, Gehirn, Herzkreislaufsystem, chemische Beschaffenheit, Immunsystem, Fortpflanzungsverhalten, Gliedmaßen- und Augenzahl – sie alle entsprachen den unseren weit mehr als denen von Spinnen oder Fliegen. Daher konnten die Genetiker unschwer vorhersagen, dass die Verwandtschaft von Mäusen und Menschen sich bis hinab zu den Fäden unserer Gene erstrecken musste – den einzelnen Basen, den chemischen Untereinheiten, aus denen unsere DNA besteht. Und als die Forscher dann die genetischen Codes einer Vielzahl von Organismen entschlüsselten, dass eine Art, je ähnlicher sie dem Menschen makroskopisch war, ihm auch umso stärker alphabetisch glich, das heißt, nach den Buchstaben ihres genetischen Codes. Mäuse-DNA weist eine 70-prozentige Übereinstimmung mit der unseren auf, während es bei der Taufliege nur 47 Prozent sind.

Die Forscher konnten mit ihren Vorhersagen über die molekulare Genealogie noch einen Schritt weiter gehen. Zwar stehen wir Mäusen genetisch näher als Fliegen, doch wie ist es möglich, dass noch fast die Hälfte unserer DNA der Rezeptur für ein Lebewesen ähnelt, das Komplexaugen, Beine, die sich nach hinten beugen, und eine Vorliebe für den Aufenthalt in Mobiltoiletten hat? Außerdem teilen wir ein Fünftel unseres genetischen Codes mit dem Hefepilz, einem Organismus, der weder *cabeza*, *abdomen* noch irgendwelche anderen Bestandteile besitzt, die auf Mehrzelligkeit angewiesen wären. Was für Gene könnten uns also mit dem Pilz verbinden?

Nun, es gibt viele Grundaufgaben, die jede Zelle können muss. Ob Gnu, Backhefe, menschlicher Oberarmknochen oder Fliegenglomerulum, eine Zelle muss in der Lage sein, Nährstoffe aufzunehmen, Abfallstoffe auszuscheiden, ihre Form zu bewahren und sich zu teilen, wenn es ihr aufgetragen wird. Es lässt sich also vorhersagen, dass die Gene, die solche grundlegenden Aufgaben verschlüsseln, auch diejenigen sind, die sich im Laufe der evolutionären Zeit am wenigsten verändern, egal, wer sie erbt – und genau das haben die Genetiker herausgefunden. Die Zellinstandhaltungs- und Zellteilungsgene gehören zu den beständigsten, die die Natur zu bieten hat. Wir sollten nach einer halben Milliarde Jahren Versuch und Irrtum alle so taufrisch und unverändert aussehen wie die genetischen Anweisungen, die einer Zelle vorschreiben, sich zu teilen. Tatsächlich hat die Forschung aus den zeitlosen Arbeitscodes der DNA spektakulären Nutzen gezogen. Durch Untersuchung der Gene im Hefepilz, die für die Zellteilung zuständig sind, hat man weit mehr über den menschlichen Krebs in Erfahrung gebracht, als es anhand der Tumore selbst möglich wäre. Tumorzellen sind hässlich, chaotisch, schwer zu handhaben. Hefezellen sind fügsam und großzügig. (Sie erinnern sich, wir verdanken ihnen den Wein.) Sollten wir jemals in dem zermürbenden »Krieg gegen den Krebs« siegreich sein, darf die Evolution für sich in Anspruch nehmen, dass sie die Speere geschärft hat.

Ein weiterer Grund, warum die Evolutionstheorie manchmal weniger gesichert erscheinen könnte, als sie ist, sind die internen Auseinandersetzungen der Evolutionsbiologen über Einzelheiten – Kabbeleien jener Art, wie sie in fast jeder anderen Disziplin nur die Streithähne und ihre Internetgemeinden interessieren würden; doch mit dem Darwinismus verhält es sich wie mit bestimmten Sportarten: Jeder will dabei sein. Der Streit von Evolutionsbiologen geht um die Mechanismen evolutionärer Veränderung, wie rasch sie sich vollzieht, wie sich ihr Tempo messen lässt, ob Umwandlungen allmählich und kumulativ stattfinden: Ob da gewurschtelt und gebastelt wird, Generation um Generation, immer in dem Bemühen, eine Nasenlänge voraus zu bleiben, bis man, wer weiß, eine Chiquita über dem Schnabel trägt, oder ob lange Zeiträume vergehen, in denen nicht viel passiert, in denen die meisten Arten sich in einem bequemen Entwicklungsstillstand befinden, bis eine Krise eintritt – ein Asteroid auf die Erde prallt oder Vulkane dem Himmel einen Flanellpyjama aus Schwefel und Asche überziehen –, was dann sehr rasch zu massiven evolutionären Veränderungen führen könnte.* Sie debattieren darüber, was eine Art konstituiert, wo man zwischen zwei wirklich verschiedenen Arten unterscheiden kann, die beide die formelle Kodifizierung im Linné'schen System verdienen, und wo es sich einfach um zwei verschiedene Subpopulationen derselben Art handelt. Sie diskutieren darüber, welche Verbindung zwischen Evolution und Liebe besteht: ob ein Weibchen sich zur Paarung mit einem Männchen entschließt, nachdem es dessen genetische Qualitäten sorgfältig geprüft hat oder weil die Dame bemerkt hat, dass alle anderen Weiber hinter dem Kerl her waren, und glaubte, dass die etwas wissen, was sie nicht weiß; oder weil seine Nase sie an ihr Lieblingsessen erinnerte und sie gerade Hunger hatte.

Doch egal, wie die Evolutionswissenschaftler zu den Einzelheiten stehen, die Grundsätze stellen sie nicht in Frage. Sie streiten

---

\* Der verstorbene Stephen Jay Gould favorisierte letzteres Szenario, das er *durchbrochenes Gleichgewicht* nannte: evolutionäre Stabilität als Norm, aber hin und wieder durchbrochen von Massenaussterben und evolutionären Korrekturen; da Gould als Wissenschaftler, Essayist und Bestsellerautor mehr als irgendjemand sonst für die Verbreitung des Darwinismus beim Laienpublikum geleistet hat, ist seine Auffassung heute natürlich weithin verbreitet.

sich nicht darüber, ob es die Evolution wirklich gibt oder ob die vorhandenen Arten sich aus früheren entwickelten. Und sie stellen nicht in Frage, dass die evolutionäre Veränderung durch den Mechanismus vorangetrieben wird, den Charles Darwin und Alfred Wallace vor 150 Jahren so glänzend erklärt haben: die natürliche Selektion. Die natürliche Selektion ist die Kraft, die Ziellosigkeit und Zufall in Pracht und Luxus verwandelt. Sie nimmt die doktrinäre Trägheit des Zweiten Hauptsatzes der Thermodynamik, die Neigung jedes Systems, mit der Zeit immer schlampiger zu werden, und macht daraus eine magische zweckdienliche Allzweckmaschine, die die Entropie in die Knie zwingt.

Die Grundvoraussetzung der natürlichen Selektion ist einfach. Eltern bringen viele Nachkommen zur Welt – in der Regel mehr Nachkommen, als überleben können. Diese Nachkommen ähneln ihren Eltern, sind aber nicht haargenau so wie sie. Die DNA jedes Kindes ist die einzigartig durchgemischte, gestutzte und umgeschriebene Version der elterlichen DNA. Gene, die in der Mutter latent schlummerten, kommen in den Kindern zum Ausdruck, während ein dominantes Merkmal des Vaters im Sohn unterdrückt wird. Es kann aber auch etwas vollkommen Neues in der Mischung vorkommen. Eine neue Mutation, eine winzige Veränderung in der chemischen Orthographie eines Gens, während es vom Elternteil an die Nachkommen weitergegeben wird: Was erwarten Sie, wenn Sie Ihre DNA kopieren, einen Satz, der 3 Milliarden Buchstaben lang ist? Wie jeder andere macht das Leben Fehler, und Mutationen sind ein Teil des Vergnügens. Unübertrefflich hat es Yogi Berra gesagt: »Wäre die Welt vollkommen, gäbe es sie nicht.« Und gäbe es nicht die thermodynamisch unvermeidlichen Fehler im DNA-Kopierprogramm, wären wir auch nicht wir, sondern Winzlinge ganz anderer Art: einzellige, genetisch identische Archaebakterien, die fröhlich in heißen Quellen plätschern würden, wie es einst die Alten taten.

Durch Mutationen und DNA-Mischung entstehen im Genpool Unterschiede, die der Natur Ansatzpunkte zur Selektion liefern.

Jetzt kann sie zwischen einer Fülle von Nachkommen wählen; trennen wir die Spreu vom Weizen. Ein Mikroorganismus wird mit einer Stoffwechselmutation geboren, die ihm erlaubt, mehr zu verdauen und größer zu werden als seine Artgenossen auf Stromolithen-Diät. Der Mikroorganismus frisst alles, was er mit seiner fettsäurehaltigen Membran umschließen kann, einschließlich – *hoppla!* – der armen Mutter-Bakterie, die ihn in die Welt gesetzt hat. Schon bald beginnt der hyperphagische Jugendliche selbst Sporen auszubilden, davon viele Träger der vorteilhaften Stoffwechselmutation, woraufhin die trägeren Einzeller in dem Bakterienstamm mehr und mehr in Vergessenheit geraten. Es vergehen einige hundert oder hunderttausend Generationen, und es kommt zu einem weiteren glücklichen Fehltritt, dieses Mal in einem Gen, das für einen Bestandteil der Membran des Mikroorganismus codiert. Infolgedessen erweist sich der Organismus ungewöhnlich empfänglich für Hinweisreize seiner Nachbarn, eine Fähigkeit, dank der er erkennen kann, was sie tun und wie er von ihrer Tätigkeit profitieren kann. Im Handumdrehen hatte diese anzestrale Wanze eine zahlreiche Nachkommenschaft von Lauschern hervorgebracht, und die Welt des einzelligen, unkooperativen, unsozialen Narzissmus wurde von einem mehrzelligen, interaktiven, gemeinschaftlich orientierten Narzissmus abgelöst. Nach dieser wunderbaren Innovation mussten Feudalismus, Monarchie, Demokratie, Plutokratie, die postmoderne Aktiengesellschaft, Monopoly und Cluedo einfach folgen.

Die natürliche Selektion ist also ein zweistufiger Vorgang von fast unbegrenzten Möglichkeiten. Zunächst entstehen in einer Population durch Zufall kleinere ererbte Veränderungen. Ein Froschmädchen wird mit einer Mutation geboren, die ihrem Kopf eine merkwürdige, rhomboide Form verleiht. Andere Frösche starren sie an und geben hässliche Rülpslaute von sich, als sie vorbeihüpft. Das Quaken schadet nur ihnen: Es zeigt sich nämlich, dass das kleine Braque-Mädel einem abgefallenen Laubblatt genügend ähnelt, um mit dem Waldboden zu verschmelzen, wenn ein amphibienfressender Vogel erscheint; auf diese Weise überlebt sie ihre Spötter. Weitere Zufallsmutationen bei ihrer Nachkommenschaft verstärken den Tarneffekt, und jedes Mal, wenn auf diese Weise eine bessere Schutzanpassung zustande kommt, begünstigt die natürliche Selektion ihre Träger gerade ausreichend, um die Mutation bald zur Norm werden zu lassen. Heute hat der bekannte Salomonen-Zipfelfrosch so große Ähnlichkeit mit einem Blatt, dass man nicht umhin kann, ungläubig den Kopf zu schütteln. Lächerlich! Wie kann eine Mutation den Körper eines Frosches »zufällig« mit ein paar Ecken – »Zipfeln« – ausstatten? Wie kann die Deviation eines gewöhnlichen Amphibiengens etwas so Groteskes hervorbringen, das sich dann auch noch als nützlich erweist? Gar nicht zu reden von einer Reihe zufälliger genetischer Veränderungen, die den Tarneffekt der vorausgegangenen Mutationen verstärkt. Wie groß ist die Wahrscheinlichkeit, dass eine Reihe von ziellosen Ereignissen am Ende eine perfekte Mimikry ergeben?

Tatsächlich ziemlich hoch. Frösche sehen sich dem ständigen Druck einer großen Zahl von Fressfeinden ausgesetzt. Vögeln, Schlangen, Schildkröten, Säugetieren, anderen Fröschen, Skorpionen, Taranteln, französischen Köchen – alle sind sie hinter den kompakten, knackigen Energiepaketen her, die sich in Fröschen und ihren Beinen finden. Ein paar fleißige Vipern können bei einem einzigen Jagdausflug in der Dämmerung mehr als hundert Fröschen den Garaus machen.

Doch Frösche machen ihre extreme Schutzlosigkeit wie einige andere hüpfende Beute-Arten durch ihr Fortpflanzungsverhalten wett. Um sicherzustellen, dass wenigstens einige Frösche bis ins Fortpflanzungsalter überleben, wird die evolutionäre Entfaltungsmöglichkeit durch Fruchtbarkeit gewährleistet. Angesichts der großen Zahl von Jungfröschen, die in einer einzigen Generation hervorgebracht werden, ist das gelegentliche Auftreten eines höchst vorteilhaften Fehlers zu erwarten; und jeder Fortschritt der Schutzmechanismen wird rasch selektiert. Schon bald wird der

Zufall zum Normalfall, zum artspezifischen Standard, der durch neue Mutationen revidiert wird oder nicht.

Auch Insekten besitzen genügend Gründe und Mechanismen, um sich vollkommen unsichtbar zu machen. Alle Welt verspeist Insekten – entweder absichtlich oder zwischen zwei Besuchen der Beamten vom Gesundheitsamt. Insekten begegnen dem Stachel rascher Vergänglichkeit mit verblüffender Fruchtbarkeit. Zu meinen Lieblingsbeispielen für die staunenswerte Reproduktionsfähigkeit von Insekten gehört *Blatella germanica*, die deutsche Schabe. Unbehelligt von Feinden kann ein einziges Weibchen in den etwa zwölf Monaten ihrer Lebenszeit etwa 40 Millionen Nachkommen zur Welt bringen. Eine sichere Bank, angesichts der Chancen eines Insekts. Die mausgraue Farbe der deutschen Schabe entspricht ihrem städtischen Habitat, doch Insekten finden für jede Gelegenheit das passende Outfit. Die Gespensterschrecke *Phyllium giganteum* (Wandelndes Blatt) weist nicht nur die Mittelrippe und die zu den Seiten ausstrahlenden Adern eines Blattes auf, sondern auch kleine Löcher und ausgefranste Ränder, wie wir sie von einem Blatt erwarten, das zur Hälfte … von Insekten aufgefressen wurde. Eine Stabheuschrecke sieht aus wie ein Stöckchen und verhält sich wie ein Stöckchen, das heißt, nicht zu steif oder verdächtig statisch. Wie sich ein echter Zweig im Wind bewegt, so achtet auch eine sitzende Stabheuschrecke darauf, hin und wieder – hölzern – hin- und herzuschwingen: Tier ahmt Pflanze nach, die Baumnymphe bei Nacht nachahmt. Doch den Preis für die ausgefallenste und kreativste Tarnung würde ich der Raupe des Schwalbenschwanzes geben, die aussieht wie frischer Vogelkot.

In dem riesigen Clan der Insekten und ihrer gliederfüßigen Verwandtschaft sind alle nur denkbaren Strategien erprobt, alle Waffen zusammengetragen worden. Nachahmung, Verschleierung, Drohung mit Tod oder Fressen – nennen Sie Ihr Gift, und es gibt einen gliederfüßigen Barkeeper, der es Ihnen serviert. Der Geißelskorpion versprüht einen Zwei-Komponenten-Cocktail: ölige Caprylsäure, um selbst den härtesten Panzer eines Angreifer zu durchdringen, und eine verdünnte Essigsäure, um die weichen Gewebe darunter zu verbrennen. Die Zweistreifen-Stabheuschrecke (*Anisomorpha buprestoides*) unterstützt ihre Tarnung durch eine chemische Artillerie: Sie schießt Ströme von Terpenen ab, hochwirksamen chemischen Stoffen, ähnlich denen, die Katzenminze für alle Lebewesen ungenießbar machen – Katzen unerklärlicherweise ausgenommen; und einen Blauhäher zu sehen, der vom Wehrsekret einer Zweistreifen-Stabheuschrecke ins Gesicht getroffen wird, heißt, einen Blauhäher zu sehen, der nie wieder Zweifel an einem Zweig hegen wird. Einige Tausendfüßer enthalten hohe Dosen einer Progesteron-ähnlichen Verbindung, die eine langfristige Verteidigungsstrategie sein könnte, da sie nämlich die Fruchtbarkeit der Tausendfüßer-Fressfeinde beeinträchtigt. Die Wirkung wird dem verspeisten Exemplar zwar kaum etwas nützen, doch da es die Zahl künftiger Fressfeinde verringert, hilft es unter Umständen seiner überlebenden Tausendfüßer-Verwandtschaft.

Insekten haben die Mittel und Motive, mehr Wehrsekrete herzustellen, als wir Menschen in der uns zur Verfügung stehenden Zeit taxieren oder testen können. Sie sind auch in der Lage, uns auszutricksen, wenn wir unsere chemischen Waffen gegen sie richten. Wenn wir an die traurige Geschichte des DDT denken, fallen uns Frühjahre ein, in denen der Vogelgesang verstummt war und keine Weißköpfigen Seeadler mehr zu sehen waren. Doch der eigentliche Fehlschlag des Insektiziden-Feldzugs gegen Moskitos und die von ihnen übertragenen Krankheiten lag darin, dass die schwirrenden Blutsauger unsere Sprays im Handumdrehen abgeschüttelt hatten. 1972, als DDT in den Vereinigten Staaten verboten wurde, waren neunzehn Moskito-Arten – darunter ein Drittel der bekannten Malaria-Überträger – immun gegen DDT. Haben Ihre unmündigen Kinder vielleicht in letzter Zeit mit Kopfläusen zu tun gehabt? Wenn nicht, dann werden Ihre Kleinen entweder zu Hause unterrichtet oder sind nicht sehr beliebt. In den letzten Jahren hat sich *Pediculus capitis*, ein blutsaugender

Parasit mit einer ausgeprägten Vorliebe für die vergleichsweise weiche Kopfhaut von Kindern, zusammen mit den fünfzigprozentigen Stundenausfällen und der Fünfzehn-Kilo-Schultasche zu einem festen Bestandteil des Schulalltags entwickelt. Der Grund ist einfach: Kopfläuse sind mörderisch schwer umzubringen. Sie sind praktisch immun gegen weiche Gifte wie Pyrethrine – die Wirkstoffe, die in den rezeptfreien Läuseshampoos enthalten sind –, und Kinderärzte scheuen sich verständlicherweise, stärkere Gifte zur Anwendung in Sickerweite der bildsamen jungen Gehirne zu verschreiben. Da bleibt den Eltern als Erste Hilfe nur das mühsame und wirkungslose Läuseknacken, bei dem mit Sicherheit irgendwo ein Parasitentummelplatz übersehen wird, von wo aus der Befall neuer Köpfe in die Wege geleitet werden kann.

Das Tempo, mit dem Insekten resistent gegen unsere Gifte und Bakterien gegen unsere Antibiotika werden, ist häufig sehr rasch zu beobachten. Ein Jahr lang lösten beköderte Fallen mein Ameisenproblem; im nächsten Jahr sah ich sie mit Entsetzen mitten durch die kleinen, wie Eishockeypucks aussehenden Scheiben marschieren, ohne eine einzige auszulassen, unbeirrbar auf ihrem Weg zum Hauptgericht, der Schale mit Katzenfutter. Oder die Grillen, die unseren Keller bevölkern und fröhlich ihren Kot hinterlassen: In jedem Frühjahr sprühte mein Mann Gift in alle ihre Lieblingsrisse und Brutplätze. Bis zum letzten Frühjahr wirkte die Behandlung, die Grillen gingen ein. In diesem Jahr wirkte die Behandlung entweder nicht mehr, oder sie wirkte so, wie die Strahlung den Ameisen in dem Science-Fiction-Klassiker *Formicula* aus den fünfziger Jahren bekam. Sollten Sie zweifeln, dass es die Evolution tatsächlich gibt, dann schauen Sie doch mal in unserem Keller vorbei. Da sehen die Grillen jetzt wie Kängurus aus.

Egal, um welche Schädlingspest es geht, die Evolution der Pestizidresistenz entspricht dem Darwin'schen Modell. Zufällige genetische Veränderungen treten fortwährend in einer Population auf, besonders unter schnellen Brütern. Die meisten dieser Variationen haben entweder kaum Konsequenzen oder sind äußerst kontraproduktiv, weshalb sie vom Selektionsdruck entweder nicht zur Kenntnis genommen oder rasch aus dem Genpool entfernt werden. Doch gelegentlich kommt es zu einer Mutation von enormer Nützlichkeit wie eben Giftresistenz, woraufhin das neue Merkmal zur artspezifischen Norm wird.

Genetische Eigenheit kann auch für Artenvielfalt sorgen. Wenn eine Mutation zufällig ein Schlüssel-Gen betrifft, das die grundlegende Entwicklung eines Tiers steuert, können die resultierenden ästhetischen oder behavioralen Veränderungen so weitgehend sein, dass der Nutznießer der Mutation aussieht oder sich verhält, als gehöre er einer ganz neuen Art an. Und wenn dieser getunte Organismus und seine Nachkommen durch irgendwelche Umstände von ihren nichtmutierten Verwandten getrennt werden – etwa durch einen Anstieg des Meeresspiegels, der eine Halbinsel in eine Insel verwandelt –, kann sich die veränderte Gruppe in der Tat zu einer eigenen Art entwickeln, die sich mit den einstigen Artgenossen nicht mehr fortpflanzen kann. So haben Forscher an der Stanford University beispielsweise die Evolution der Familie der Stichlinge zu einer Handvoll vergleichsweise einfacher genetischer Veränderungen zurückverfolgt. Es gibt ungefähr fünfzig Stichling-Arten in der nördlichen Hemisphäre. Einige leben im Meer und sind gegen Fressfeinde durch einen Ganzkörperpanzer aus fünfunddreißig Knochenplatten geschützt. Andere schwimmen durch Süßwasserseen und -flüsse, ohne die hinderlichen Kettenpanzer ihrer Salzwasservettern und sind daher in der Lage, sich blitzschnell zu bewegen und sich bei der Futtersuche zu behaupten. Die Forscher sind zu dem Ergebnis gekommen, dass einige wenige Mutationen in einem einzigen Gen den spektakulären Unterschieden in der Stichlingsanatomie zugrunde liegen, indem sie bei den Meeresfischen das maximale Plattenwachstum festlegen und es bei den Süßwasserverwandten mehr oder weniger unterdrücken. Die Leichtigkeit, mit der größere Veränderungen an der Stichlingsgestalt vorgenommen werden können, ist eine Erklärung dafür, warum es der Familie gelang, so rasch eine solche Vielfalt von Erscheinungsformen hervorzubringen: Süßwasser-Stichlinge brauchten nur etwa 10 000 Jahre – ab dem Ende der letzten Eiszeit –, um sich von ihren Meerwasser-Verwandten abzugrenzen, und waren in jedem neuen Gewässer, in dem sie sich ansiedelten, zu weiterer Artenbildung und Spezialisierung in der Lage.

Es wimmelt von Beweisen für die Evolution – in uns, unter uns, über uns und um uns herum. Die Evolutionsgegner verweisen auf die »Lücken« in den Fossilfunden, und diese Lücken gibt es in der Tat. Mehrere hunderttausend Fossilarten sind bislang dokumentiert und benannt worden, doch die Forscher argwöhnen, dass die heute bekannten Knochen nur ein Tausendstelprozent aller jemals existierenden Arten repräsentieren. »Natürlich gibt es eine Menge Lücken in den Fossilfunden«, sagte Dawkins. »Das ist völlig in Ordnung. Warum sollte es sie nicht geben? Wir sind froh, überhaupt Fossilien zu haben.« Stellen Sie sich all die Hindernisse vor, die ein Kadaver auf dem Weg zur Unsterblichkeit überwinden muss. Zuerst muss er das Schicksal vermeiden, das auf die meisten toten Organismen wartet: von Aasfressern zerrissen und in alle Winde zerstreut zu werden; von Würmern, Schimmelpilzen und anderen Mikroorganismen zersetzt zu werden; von den Elementen gehäutet und geschunden zu werden; eines oder alle dieser Schicksale zu erleiden. Die beste Maßnahme gegen das multiprozessuale Recyclingprogramm der Natur ist eine rasche Beerdigung, die in der Regel voraussetzt, dass man an einem Ort verendet, wo der Kadaver bald nach dem Tod mit einer gewissen Wahrscheinlichkeit von einer dicken Sedimentschicht bedeckt wird: beispielsweise in oder an Seen, Flüssen, Sümpfen und Lagunen, oder auf dem Meeresboden in der Nähe der Küste und ihrer sandigen, schlickigen Einträge. Das sedimentäre Leichentuch verhindert die Verwesung, zumindest der härtesten Gewebe des Organismus – der Knochen, Zähne, Schalen, Stoßzähne, verholzten Stängel. Im Laufe der Zeit werden die Sand- und Schlicksedimente zu Stein, genauso wie die Knochen und die anderen Bioreste in dieser Schicht: Stück für Stück werden die ursprünglichen organischen Moleküle durch mineralische Teilchen ersetzt, während Form und Lage unverändert bleiben.

Doch selbst dann ist der Erhalt des Fossils noch nicht gesichert. Unter Umständen wird sein sedimentärer Friedhof unter so vielen nachfolgenden Gesteinsschichten begraben, dass Sedimentschicht und Fossilien zur Unkenntlichkeit zusammengepresst werden, oder sie werden durch ständige Verschiebungen der Kontinental-platten auseinandergerissen oder bei einem Vulkanausbruch zu Asche verbrannt. Schließlich bleibt noch das nicht unbeträchtliche Problem der Entdeckung. Nachdem ein solches Fossil einige zehn-tausend bis zehn Millionen Jahre geduldig damit verbracht hat, zu versteinern, muss es sich an die Erdoberfläche zurückkämpfen, damit die Informationen, die es trägt, gelesen werden können. Es muss eine Mitfahrgelegenheit auf dem Rand einer sich hebenden Platte ergattern, um an der exponierten Flanke eines Hügels oder Berges zutage zu treten.

Oder es muss eine aus Sedimenten bestehende Hochebene sein, die Wind und Wasser in langer, mühseliger Arbeit tief eingekerbt haben, woraufhin ein hochgeschichtetes Sandwich mit Gestein an-stelle des Fleisches zutage trat – ein fossiles Festmahl. Paläontolo-gen gehen vorwiegend auf Hügelflanken und in Canyons auf Jagd, wo das zufällige Zusammenspiel von Geologie und Meteorologie Proben uralter Sedimente freigelegt hat, Einblicke in die Frühzeit der Erde, die ansonsten tief vergraben sind.

Der Schwierigkeitsgrad der paläontologischen Altersbestim-mung von Gesteinsschichten und darin eingebetteten Fossilien unterscheidet sich von Fundstätte zu Fundstätte, ist aber fast immer zu bewerkstelligen. Fossilien, die jünger als 55 000 Jahre sind, lassen sich sehr genau datieren, indem man das Verhältnis zweier Kohlenstoffisotope – Kohlenstoff 14 ($^{14}C$) und Kohlen-stoff 12 ($^{12}C$) – misst, die noch in den Überresten des Organismus vorhanden sind; je weniger $^{14}C$ im Verhältnis zu $^{12}C$ vorhanden ist, desto älter ist das Fossil. Bei der Bestimmung älterer Fossilien müssen sich die Forscher an die Gesteinsschicht halten, in der der

Knochen liegt. Wenn sich Gesteine bilden, werden sie häufig mit so genannten radioaktiven Isotopen durchsetzt, instabilen Spielarten atomarer Elemente wie Uran 238, Kalium 40 und Rubidium 87, die bestrebt sind, größere Ruhe zu finden, indem sie periodisch und methodisch überschüssige Teilchen aus ihren sperrigen Kernen ausstoßen. Da die Forschung das Tempo bestimmt hat, mit dem diese radioaktiven Atome in einen stabilen Zustand zerfallen – eine Rate, die man als Halbwertzeit des Elements bezeichnet, –, können sie diese wankelmütigen Isotope als geologische Uhren verwenden. Mit klickenden Geigerzählern vergleichen die Forscher den Anteil noch aktiver mit dem Anteil zur Ruhe gekommener Isotope in ihrem ausgegrabenen Schatz; auf diese Weise können sie bei Zeiträumen bis zu mehreren hundert Millionen Jahren recht genau einschätzen, wie lange die Gesteinsschicht und die darin gefangenen Fossilien schon unter der Erde liegen.

Ja, es ist schwer, ein Fossil zu werden, noch schwerer ein gefundenes Fossil mit einem verlässlichen isotopischen Geburtsschein. Natürlich klaffen Lücken in den fossilen Dokumenten, sind sie doch darauf angewiesen, dem unermüdlichen Kompostierungseifer der Natur ein Schnippchen zu schlagen und auf den blinden Glücksfall zu vertrauen, dass sich der Boden irgendwann vor Jahrmillionen gehoben hat. Würden Sie nicht misstrauisch werden, wenn die Lücken zu spärlich wären?

Im Übrigen werden Lücken ständig zumindest teilweise gefüllt. Als Forscher 2001 Grabungen in den flachen Hügeln Nordpakistans vornahmen, einer Stelle, die einst von dem warmen, seichten Wasser des Tethysmeeres überspült wurde, entdeckten sie zwei herrliche Lagerstätten mit Walfossilien, die zur Klärung der Frage beitragen, wie sich die kühne Rückkehr dieses Säugers von der *Terra firma* zur *Aqua primordia* vollzog. Biologen nahmen lange an, dass Wale – die mit ihrem stromlinienförmigen Körperbau und ihrer Wasseraffinität so fischartig erscheinen, dass Herman Melville sie den *Pisces* zurechnete, obwohl sie wie andere Säugetiere Luft atmen, ihre Jungen säugen und Haarfollikel besitzen –

Nachkommen von Landtieren waren, die vor etwa 50 Millionen Jahren ins Meer zurückkehrten. Die fossilen Spuren des Wals waren jedoch so bruchstückhaft, dass die Biologen nur mutmaßen konnten, wie der prä-marine Wal ausgesehen haben könnte. Heute gibt es überzeugende Belege dafür, dass der Vorfahr von Moby Dick aussah und lief wie ein Wolf und fraß wie ein Schwein, denn er war eng verwandt mit den urzeitlichen Paarhufern, einer Ordnung, zu der unter anderem Schweine, Kamele, Rinder und Flusspferde gehören. Der neue Fossilfund zeigt, dass die Proto-Cetaceae, noch bevor sie sich ins Wasser trauten, bereits spezialisierte Ohrknochen besaßen, die wir heute nur noch bei Walen und Delfinen finden. Was wiederum darauf schließen lässt, dass sich die eindrucksvollen Hörfertigkeiten des Wals – seine Fähigkeit, den befreiten Willy einen halben Ozean entfernt klagen hören zu können – möglicherweise entwickelt haben, um den Lautspuren an Land folgen zu können. Stattdessen lauschte er dem Gesang der Sirenen und folgte ihnen ins Meer.

Außerdem gibt es einige schöne Fossilreihen, die in überzeugender Weise den Übergang von einer Art zur nächsten zeigen. Bekannt, weil besonders vollständig, sind die Fossilfunde für das Pferd. Laut der Sequenz, die bislang ausgegraben wurde, war die erste pferdeartige Gattung *Eohippus* oder *Hyracotherium,* eine bewegliche, vierzehige Kreatur von der Größe eines Labrador Retrievers, die sich vor 53 Millionen Jahren von den schmackhaften Schösslingen, Beeren und Blättern des eozänen Waldlands Nordamerikas ernährte. Aus dem Urpferdchen *Eohippus* entwickelten sich mehrere Abstammungslinien, Pferde von verschiedener Größe, Zehenzahl, Zahnleisten und – sicherlich – Farbe, obwohl die bei der Versteinerung nicht recht erhalten bleibt, so dass wir in Sachen Farbe wohl nie Genaueres wissen werden. Einige Arten waren für das Leben im dichten Wald geeignet, andere fühlten sich im offenen Grasland wohl. Ein erfolgreicher Savannenspezialist *Hipparion,* wanderte vor rund 10 Millionen Jahren über die Beringbrücke in die Alte Welt aus, um sich rasch über den südlichen Teil Eurasiens und Afrikas zu verbreiten. Derweilen starben in Nordamerika alle Nachkommen von *Eohippus* allmählich aus, so dass zu Beginn des Pliozäns, vor 5 Millionen Jahren, nur noch das Pferd *Dinohippus* übrig war. *Dinohippus* war groß und robust, hatte lange Beine, nur einen Zeh, ballenlose Hufe, ideal, um über die offenen Ebenen zu galoppieren, die sich ausbreiteten, als das Klima kühler und trockener wurde. Er hatte große, dick mit Zahnschmelz überzogene Zähne, mit denen sich ein Leben lang das zähe Gras und die zwangsläufig anhaftende, noch zähere Kieselerde zermalmen ließ. *Dinohippus* brachte eine etwas elegantere Version seiner selbst hervor, *Equus*, die moderne Gattung des Pferdes. Irgendwann kreuzten sich die Wege von *Equus* und dem eleganten, langbeinigen *Hipparion*, woraufhin es *Equus* aus welchen Gründen auch immer – größere Fruchtbarkeit, glückbringende Hufeisen? – gelang, seine Vettern zu verdrängen. Alle heutigen Pferde, vom schwarzen Zugpferd vor Touristenkutschen bis zum feingliedrigen Vollbluthengst, gehören derselben Gattung an. Das gilt auch für die existierenden Arten von Zebras und Wildeseln. Ihr unveräußerliches evolutionäres Erbe ist der Galopp.

Eine weitere Gruppe, für die die Fossilfunde überraschend vollständig sind, ist – unsere eigene. Wenn Sie ein höheres Wesen an der Geschichte der menschlichen Evolution beteiligen möchten, wäre dies vielleicht der richtige Anlass, um es als den lenkenden Geist hinter all den Zufällen einzuführen, die eine Fülle von vormenschlichen Relikten an Orten zutage förderten, an denen normalerweise keine Fossilien zu erwarten sind. Ein höchst vernünftiges Wesen, das nur sicherstellen möchte, dass den Lebewesen, die fähig sind, über ihre Wurzeln nachzudenken, ein Blick auf ihren Stammbaum ermöglicht wird. Wir haben Fossilien von Urahnen der Primaten, die 80 Millionen Jahre alt sind, spitzmausartige Säugetiere, die damit begannen, mehr Zeit auf Büschen und Bäumen als auf dem Boden zu verbringen, was dazu führte, dass sie große, nach vorne gerichtete Augen entwickelten, die sich gut dazu eigneten, Insekten zu erspähen, und geschickte Finger bekamen, um entdeckte Insekten von den Blättern zu pflücken. Wir haben Fossilien aus der Zeit vor 50 Millionen Jahren, als die frühzeitlichen Baumbewohner eine größere Vielfalt zu entwickeln begannen, das heißt, kleinere und größere Affenarten hervorbrachten. Diese Fossilien bildeten sich in den subtropischen Wäldern Afrikas, wo sich Feuchtigkeit und Heerscharen von Fäulnisorganismen im Allgemeinen aller Bioabfälle bemächtigen, bevor diese die geringste Chance haben, im Sediment archiviert zu werden. Wir haben Souvenirs von Ur-affen wie *Dendropithecus, Proconsul, Kenyapithecus.* »Aus dem Zeitraum, der mehr als 12 Millionen Jahre zurückliegt, scheinen wir mehr potenzielle Vorfahren zu haben, als wir brauchen kön-nen«, schreibt der Stanford-Biologe Paul Ehrlich in seinem Buch *Human Natures.* »Wir haben eigentlich viel zu viele Fossilien.«

Daher haben wir auch eine stattliche Kette von *Missing Links:* Fossilien mit einer bunten Mischung von Merkmalen, die wir entweder als »menschenähnlich« oder »affenähnlich« bezeich-nen. Da ist die liebliche Lucy, das kleine weibliche Exemplar des *Australopithecus afarensis* – benannt nach dem Beatles-Song *Lucy in the Sky with Diamonds,* der an dem Tag im Zelt erklang, als Donald Johanson sie entdeckte. Sie ging zweifellos aufrecht, aber ihr Schädel war nur ein Viertel so groß wie der unsere. Und da sind solche frühen Hominiden wie der halbwegs gescheite *Homo habi-lis,* der vermutlich als einer der Ersten Steinwerkzeuge verwendet hat, der pferdezähnige *Homo ergaster,* der hohlwangige *Homo rudolfensis, Homo erectus,* dessen fliehender Schädel aussieht, als trüge er eine Duschhaube, der archaische *Homo sapiens,* der frühe moderne *Homo sapiens,* der moderne *Homo sapiens* und der eigentliche Höhlenmensch, der *Homo neanderthalensis,* der heute Neandertaler heißt, weil man das frühere *h* hat fallenlassen, doch früher wie heute ist man sich darin einig, dass er zu Unrecht verleumdet wurde als »außerordentlich primitiv, unhygienisch, zum Grunzen neigend«. Die Neandertaler koexistierten mindes-tens 100 000 Jahre lang in ganz Europa mit *Homo sapiens,* bevor sie plötzlich, kataklysmisch, vor rund 28 000 Jahren ausstarben.

Die Gründe für das Verschwinden der Neandertaler sind nach wie vor unklar. Ihre Gehirne waren im Durschnitt genauso groß wie die von *H. sapiens*, obwohl ihr Schädel etwas anders geformt war, flacher, mit ausgeprägteren Brauenwülsten, was darauf schließen lässt, dass sie einen kleineren Stirnlappen hatten, die Gehirnregion, die wir als Sitz unserer Intelligenz rühmen. Neandertaler fertigten wie *Homo sapiens* schöne Steinwerkzeuge mit scharfen, abgesplitterten Schneiden, schienen aber weniger an Kunst und Ornamentik interessiert gewesen zu sein; sie bemalten keine Höhlenwände und schnitzten keine weiblichen Statuetten mit unvernünftigen Body-Mass-Indizes. Einige Knochenfunde legen den Schluss nahe, dass Neandertaler weit eher zu Verletzungen, Arthritis und anderen entkräftenden Erkrankungen neigten als *H. sapiens*. Vielleicht konnten unsere Vorfahren auch den Anblick dieser niedrigen Stirnen nicht mehr ertragen und löschten sie aus. Genetische Studien lassen keinerlei Anzeichen dafür erkennen, dass es irgendwelche Liebeshändel zwischen den beiden Hominidenarten gegeben hat, keinen Anhaltspunkt dafür, dass wir Spuren der Neandertalergene in uns tragen. Als die Neandertaler – warum auch immer – von der Bildfläche verschwanden, blieb nur ein Mitglied der *Homo*-Gattung übrig: Wir, die selbsternannten Namensgeber mit unseren hohen, stolzen Stirnen und Drei-Pfund-Gehirnen. *Homo sapiens sapiens*, so weise, dass es zweimal gesagt werden muss. Wie kann ein fühlender und denkender *Sapiens* eine Sequenz von Hominiden- und Prähominidenschädeln in einem Naturkundemuseum betrachten und nicht beeindruckt sein angesichts der Merkmale, die uns mit ihnen verbinden und von ihnen trennen? Abstammung von einem gemeinsamen Vorfahren, Abänderungen durch natürliche Selektion.

Die fossilen Funde mögen stellenweise auch lückenhaft sein, in ihrer Folge sind sie jedoch stets schlüssig, egal, wo die Grabungen vorgenommen werden. Auch die molekularbiologischen Befunde offenbaren die Verwandtschaft aller Lebewesen, und entsprechen, wie nicht anders zu erwarten, den evolutionären Verzweigungsmustern der bedeutenderen organismischen Stämme. Unsere Gene sind denen der Maus sehr viel ähnlicher als denen der Fliege und gleichen in noch höherem Maße den Genen eines Schimpansen, unseren nächsten lebenden Verwandten. Wenn Sie einen Strang einer Doppelhelix aus einer menschlichen Zelle nehmen und ihn neben den Helixstrang aus einer Schimpansenzelle legen, haften die beiden Stränge aneinander – sie finden die chemischen Entsprechungen, die sie erwarten –, bis auf 2 bis 4 Prozent ihrer Gesamtlänge. Die rund 3 Milliarden Buchstaben, die unsere DNA bilden, sind zu 96 Prozent mit denen eines Schimpansen identisch. Anders betrachtet: 120 Millionen kleine DNA-Basen, gerade genug, um eine der wurstförmigen Chromosomen zu füllen, die Sie sehen, wenn Sie die durch Amniozentese gewonnene DNA Ihres Fötus betrachten, ist alles, was die Besucher von den Bewohnern eines Zoos unterscheidet. Was durchaus zu erwarten ist von zwei Arten, die vor lediglich 5 Millionen Jahren einen gemeinsamen Vorfahren hatten. Das sind nur 250 000 Generationen zurück, eine Viertelmillion Urururs; ein Ahn so fern und doch so nah, dass ich nicht umhin kann, ihn Opa Silas zu nennen.

Einen weiteren gewichtigen Beleg für die Evolutionstheorie finden wir auf dem Gebiet der Biogeographie, der Lehre von der Verbreitung der Arten auf der Erde – zumindest bis zu der Zeit, da wir Menschen bei unseren Wanderungen begannen, eine Neuverteilung vorzunehmen. Darwin war tief beeindruckt von der räumlichen Häufung dessen, was er »eng verwandte« Organismen nannte Arten mit ähnlichen Bauplänen und Merkmalen. Beispielsweise gibt es in Lateinamerika eine prächtige, stark gefährdete und unerklärlich unbekannte Familie der Vögel, die Hokkohühner *(Cradicae)*, fünfzig Arten großer, fleischiger Vögel, die hinsichtlich ihres Kopfschmucks eine bemerkenswerte Vielfalt an den Tag legen: der affige Mohawk-Kamm des Rotkehlguans, die hellblaue [!] Protuberanz des passend benannten Hornhokkos, die wie eine Kaugummiblase zwischen den Augen sitzt. Hokkohühner sind von der Grenze zwischen Texas und Mexiko im Norden bis zur Provinz Buenos Aires im Süden beheimatet – obwohl Überjagung und Lebensraumvernichtung ihre Zahl drastisch verringert hat –, doch da sie nicht gut fliegen können, haben sie keine Ozeane überquert. Sie werden keinen Lappenguan im laotischen Regenwald antreffen und keinen Mitu beim Sonnenbaden auf den Salomon-Inseln erwischen. Genauso wenig wie ein wild lebender Pinguin im Maul eines Eisbären enden kann. Alle achtzehn Pinguinarten leben auf der südlichen Erdhalbkugel, viele von ihnen in der Antarktis, während der Eisbär, wie sein naher Verwandter, der Grizzly, ausschließlich im Norden anzutreffen ist. Seit Darwin lässt sich nach Ansicht der Biologen die Übereinstimmung zwischen Geographie und Biologie, die Häufung »eng verwandter« Arten auf den gleichen Landmassen und die Unterschiede zwischen den Bewohnern verschiedener Kontinente auf einen eleganten Erklärungsmechanismus zurückführen. »Wir erkennen in diesen Tatsachen eine tiefe organische Verbindung, die in Zeit und Raum vorherrscht«, schrieb Darwin. »Diese Verbindung ist nach meiner Theorie einfache Vererbung.« Die Nachkommen eines gemeinsamen Vorfahren, die sich ein gemeinsames Gebiet teilen.

Eine andere Argumentation lässt sich am besten mit einem Merkvers verdeutlichen: »Rosa Schweinchen kämpfen ohne Furcht gegen Alligatoren.« Auf diese Weise kann man sich das taxonomische System zur Klassifizierung der Arten am besten einprägen. Es beginnt mit dem Reich, dann kommen der Stamm, die Klasse, die Ordnung, die Familie, die Gattung und schließlich die Art. Es ist eine Folge einander umgreifender Kategorien – vom weithin herrschenden Souverän bis zur artigen kleinen Schwester. Je kleiner die Schublade, desto mehr Merkmale werden ihre Mitglieder teilen; je größer die Kategorie, desto größer die Zahl und die Verschiedenheit ihrer Mitglieder. Doch egal, wie buntscheckig irgendeine zusammengefasste Gruppe wird, die Geschöpfe, die in einer Rubrik enthalten sind, werden mehr miteinander als mit den Mitgliedern irgendeiner entsprechend gebildeten Gruppe gemein haben. Werfen wir einen kurzen Blick auf uns selbst. Wir *Sapiens* sind die einzig lebende Art unserer Gattung *Homo*, obwohl die Fossilfunde zeigen, dass es vor uns andere *Homo*-Arten gab, etwa *Neanderthalensis* und *Erectus*. Unsere Familie sind die Hominiden, und wir teilen sie mit vier lebenden Affenarten – Schimpansen, Bonobos, Gorillas und Orang-Utans – sowie einem Dutzend ausgestorbener Vorfahren mit unterschiedlichen affen- und menschenartigen Merkmalen.

Wir hominiden Affen gehören mit etwa 200 Arten von Affen, Lemuren, Maki, Loris und anderen zur Ordnung der Primaten; und mit weiteren rund 4600 Arten zur Klasse der Säugetiere, eine Rubrik, der wir dank unserer Haare, vierteiligen Herzen, zweiteiligen Ohren und mütterlichen Eutern angehören; sogar die eierlegenden Außenseiter der Säugerklasse, das Schnabeltier und der Ameisenigel, tröpfeln Milch aus ihren Brustdrüsen, die ihre Jungen auflecken. Unser Stamm, die Chordatiere, Unterstamm Wirbeltiere, preist unser Rückgrat und fasst uns mit mehr als 50 000 anderen Wirbeltieren wie Reptilien, Vögeln, Fischen und Amphibien zusammen. Unser Reich ist das der Tiere, und hier stoßen wir zu den umfangreichen Gruppen der Gliederfüßer und anderer rückgratloser Tiere: der Insekten, Spinnen, Skorpione, Tausendfüßer, Hummer, Langusten und Krebse, der Austern, Kraken; dazu die Farbenhersteller aus dem Stamm der Weichtiere, die Würmer und Schwämme, Korallen, Seefedern, Seegurken; viele Millionen Lebewesen mit weit offenen Mäulern und Mündern, definiert durch unser gemeinsames Bedürfnis, uns irgendwie von irgendjemandem zu ernähren. Anders die 260 000 Arten des Pflanzenreichs, diese standortgebundenen Rumpelstilzchen, die Sonne zu Gold spinnen, ja, selbst die Venusfliegenfalle kann, wenn kein Insekt vorbeischaut, ihr Chlorophyll mobilisieren und sich mit dem Verzehr von Licht über Wasser halten.

Wenn wir jedoch den Baum des Lebens weiter hinaufklettern, kommen wir in eine ziemlich junge Ergänzung des Klassifikationsschemas, die noch in unseren Merksatz aufgenommen werden müsste. Dort sind wir zusammen mit Bäumen und anderen

Pflanzen, mit Algen und Hefepilzen, denn über den Reichen gibt es zwei »Domänen«, die Eukaryoten und Prokaryoten, wobei die Besonderheit von uns Eukaryoten Zellen mit Kern sind, in dem die Doppelhelix verstaut ist, während bei den Prokaryoten, etwa den Bakterien, die DNA ungebunden in dem zähflüssigen Zellbauch schwimmt, was eine mühelose, zwanzig Minuten dauernde Teilung ermöglicht. Steigen wir noch höher in den Baum hinein, um uns den Code anzusehen, mit dessen Hilfe das Leben weitergegeben wird, werden auch Eukaryoten und Prokaryoten zu einer Gruppe. Im Inneren jeder Zelle und jedes viralen Parasiten einer Zelle finden Sie das gleiche chemische Alphabet, die gleichen Buchstaben aus Nukleinbasen, die eine einzige epische Geschichte auf eine Milliarde verschiedene Weisen erzählen. Über Stamm, Reich und Domäne haben wir die Gaia der Gene.

Wie der Autor und Naturforscher David Quammen schrieb, entspricht dieses phylogenetische Ordnungssystem, diese Verschachtelung der Kategorien ineinander und das gestaffelte Ähnlichkeitsmuster, das immer mehr Arten einbezieht und schließlich in einem einzigen urzeitlichen Supermerkmal gipfelt – der gemeinsamen Chemie unserer Gene –, nicht unserer üblichen Methode, Sammlungen zu ordnen. Ich habe zum Beispiel eine große Sammlung von Lesezeichen aus aller Welt, die teilweise aus dem 19. Jahrhundert stammen. Die älteren habe ich thematisch geordnet – Lesezeichen, die für Klaviere werben, Pears Seife, Schokoladesorten, Reifen, Smokey the Bear oder den Schottischen Witwenfonds –, doch es gibt keine systematische Methode, um das Reifen-Lesezeichen mit dem Parfüm-Lesezeichen und dieses mit dem Gedenk-Lesezeichen der Weltausstellung von 1939 zu verknüpfen. Das Gleiche gilt für die Schachtelsammlung meiner Tochter. Sie ordnet sie gerne in ästhetisch ansprechender Form an, aber es gibt keine erkennbare morphologische Hierarchie, keinen Grund für die Behauptung, dass die mit Schmucksteinen besetzte Schachtel mehr Ähnlichkeit mit der bemalten Holzschachtel als mit der geschnitzten Holzschachtel hat. Warum können wir

Lesezeichen und Schachteln oder Steine oder Ohrringe nicht systematisieren wie russische Puppen? Weil, so Quammen: »In Gesteinsarten und Schmuckstilen kommt keine ungebrochene Abstammung von gemeinsamen Vorfahren zum Ausdruck. Wohl aber in biologischer Vielfalt.« Und die Zahl der Merkmale, die zwei Arten teilen, oder das Ausmaß, in dem sich ihre DNA-Stränge fröhlich-klebrig verschlingen können, lässt häufig erkennen, wie lange es her ist, dass die beiden Arten von einem gemeinsamen Vorfahren aus eigene Wege gingen.

Doch nicht immer ist in der Natur Ähnlichkeit ein Beweis für enge Verwandtschaft. Manchmal gleichen Organismen auf einem Kontinent auf verblüffende Weise Arten, die durch den halben Globus von ihnen getrennt sind, obwohl der Verwandtschaftsgrad zwischen ihnen sehr entfernt ist. So sind die amerikanischen Kakteen nur sehr schwer von einer Gruppe afrikanischer Sukkulenten zu unterscheiden, den so genannten Euphorbien. In beiden Familien gibt es Arten, die wie etwas zusammengequetschte Klöße aussehen, und andere, die hoch und gerade wachsen, wie ehrgeizige Totempfähle. Manche Euphorbien und Kakteen bilden beide lieber Stacheln oder Dornen als Blätter aus, sie sind mit einer dicken Wachshaut überzogen, und sie speichern Wasser in ihrem hohlen Inneren. Würden Sie eine Euphorbie kaufen und sie Saguaro nennen, würde Ihre Tante aus Tucson unter Umständen keinen Grund sehen, Sie zu korrigieren. Doch die Kaktus- und die Wolfsmilchfamilie stehen sich verwandtschaftlich so fern, wie es zwei Pflanzengruppen überhaupt können, und beide haben weit nähere Verwandte ohne Dornen.

Gleiches gilt für den australischen Ameisenigel, das ameisenfressende Pangolin Afrikas und den Großen Ameisenbären in Mittel- und Südamerika. Die drei Säugetiere haben mehr miteinander gemein als nur ihre Vorliebe für Ameisen und Termiten. Alle haben eine längliche, haarlose Schnauze, eine wurmartige Zunge, pralle Speicheldrüsen, einen Magen, der robust wie ein Zementmischer ist, rudimentäre Zähne und kräftige Krallen an den Füßen. Doch der letzte gemeinsame Vorfahr des Trios flitzte wahrscheinlich unter Dinosauriern umher. Wir erinnern uns, der australische Ameisenigel legt noch Eier, und sein nächster Verwandter, das Schnabeltier, sieht wie ein Muppet aus.

Entscheidend ist, dass das Trio der Ameisenfresser, die bikontinentalen Sukkulenten und eine Vielzahl von anderen Fällen, in denen die Anatomie Erwartungen weckt, die die Taxonomie nicht halten kann, die aber einmal mehr Darwins herausragende Bedeutung unter Beweis stellen. Alle sind Beispiele für das Phänomen der konvergenten Evolution, das heißt, wenn kaum oder so gut wie nicht verwandte Gruppen vor ähnlichen Problemen stehen und durch die lenkende Hand oder die knallende Neunschwänzige der natürlichen Selektion dazu gebracht werden, unabhängig voneinander die gleichen grundlegenden Lösungen zu entwickeln, die gleichen Werkzeuge zu wählen, um die anspruchsvolle Aufgabe zu bewältigen. Sowohl die Euphorbien im subsaharischen Afrika als auch die Kakteen auf der Sonora-Hochebene Nordamerikas haben sich in einem besonders kargen, trockenen und heißen Habitat entwickelt, und es gibt für sie als Pflanzen nur eine begrenzte Zahl von Möglichkeiten, unter solch extremen Bedingungen zu überleben. Sie können eine runde Gestalt annehmen, um im Verhältnis zu Ihrem Volumen eine möglichst geringe Oberfläche zu haben: Auf diese Weise bieten Sie der erbarmungslosen Sonne und den trockenen Winden ein Minimum an Haut, besitzen aber einen relativ großen Zentraltank, um zu speichern, was während eines kurzen Wüstenschauers an Wasser vom Himmel fällt. Alternativ können Sie hoch und aufrecht wachsen, damit nur ein geringer Teil Ihrer Oberfläche direkt unter der sengenden Mittagssonne liegt, während Sie Ihren Innenraum wiederum als persönlichen Vorratsspeicher nutzen können. Blätter würden Ihre Oberfläche vergrößern und Ihnen die innere Feuchtigkeit entziehen, daher verzichten Sie am besten ganz auf Blätter und überlassen die Photosynthese dem Stamm. Eine dicke Wachshaut behindert die Verdunstung und schreckt die scharfen Schneidezähne durstiger Wüstennager

ab, während Dornen nicht nur die Verteidigung gegen Wasser-
diebe unterstützen, sondern auch dazu beitragen, Tautropfen und
Regenwasser nach unten zu den flachen Wurzeln der Pflanze zu
leiten. Ja, wenn Sie unter diesen Umständen bestehen wollen, dann
legen Sie sich lieber ein dickes Fell und starke Stacheln zu.

Ein anderes riskantes Geschäft ist die Myrmekophagie, der
Verzehr von Ameisen, und es bringt auch nichts, wenn Sie als
Beilage Termiten bestellen. Ameisen und Termiten gehören zu den
erfolgreichsten Gliederfüßern. In jedem Habitat, das sie besiedeln,
spielen sie eine so beherrschende Rolle, dass andere Insekten wie
Käfer und Schaben gezwungen sind, sich mit den Randbezirken
zufrieden zu geben. Edward O. Wilson hat geschätzt, dass Ameisen allein wenigstens die Hälfte der irdischen Insektenbiomasse
ausmachen. Großenteils verdanken Ameisen und Termiten diesen
Erfolg ihrer Sozialkompetenz, ihrer Fähigkeit, reibungslos als
hochspezialisierte, aber ihrer Individualität beraubte Mitglieder
ihres Kollektivs zusammenzuarbeiten – sich als rücksichtsloser
»Superorganismus« zu verhalten, und als Vorbild für die Rote
Gefahr McCarthys und die in Spandex gewandeten Borg aus *Star
Treck* zu dienen. Nirgends zeigt sich der militante Nationalismus
deutlicher als in ihrem Engagement für den Heimatschutz. Bei
einem Angriff sammeln sich Ameisen und Termiten in großen
Massen zur Verteidigung, sie stechen, beißen, schießen Ströme von
Ameisensäure ab und schwärmen aus in Augen, Ohren, Nüstern,
Hosen. Obwohl doch ein Ameisenhaufen oder Termitenbau für
fast jede vorbeikommende Speiseröhre ein unwiderstehliches Objekt der Begierde darstellen müsste, tun viele Lebewesen gut daran,
der Versuchung zu widerstehen. Wenn Sie vorhaben sollten, Ihren
Lebensunterhalt mit diesem schwierigen Geschäft zu bestreiten,
müssen Sie sich klarmachen, dass Sie es nicht als Amateur oder
Teilzeitkraft betreiben können. Ein Hammer tut es nicht, Sie brauchen Spezialwerkzeug.

Infolge der Aufgabe, sich eine wehrhaft geschützte Ressource
nutzbar zu machen, hat die Evolution beim australischen Amei-

senigel, Pangolin und Großen Ameisenbären übereinstimmend – konvergent – die gleichen Safeknackerwerkzeuge ausgebildet: große, sichelförmige Klauen, um in das Nest graben zu können, eine Zunge, die wie ein langes Klebeband ist, um sie tief in die gegrabenen Löcher stecken und jedes Mal Hunderte von Insekten herauszuholen, eine längliche Schnauze, um die Zunge präzise abfeuern zu können; nackte Haut rund um die Schnauze, damit Ameisen und Termiten keinen Pelz finden, um sich festzuhalten und zum Gegenangriff überzugehen; vergrößerte Speicheldrüsen, um die Zunge klebrig zu halten und die Ameisen hinunterspülen zu können, und ein robuster Magen, um all den Sand zu vertragen, der jede Zunge voll Ameisen begleitet. Pferde haben große Zähne, um die Kieselerde an den Graswurzeln zu verkraften. Doch da die Ameisenfresser ihre winzige Beute nicht zerkauen müssen, um sie hinunterzuschlucken, haben sie sich dazu entschlossen, der Angst vor dem Zahnarzt dadurch vorzubeugen, dass sie die Zähne gar nicht erst herauswachsen lassen. Kent Redford, ein Biologe der Wildlife Conservation Society in der Bronx, der sich intensiv mit Ameisenfressern beschäftigt hat, gibt zu, dass es ein »verrückter Bioplan« ist, aber ein erfolgreicher. Wenn Sie sehen, sagte er, dass mehrere Gruppen unabhängig voneinander eine ähnliche Morphologie entwickeln, müssen Sie davon ausgehen, dass der immer wieder auftretende Bauplan die naheliegende Option ist, die natürlichste Selektion.

Konvergenz, Tarnung, Donald Schnabeltier und Tukan Superschnabel. Egal, wo Sie des Kaisers phyletisches Kuriositätenkabinett durchstöbern, Sie werden feststellen, wie nichtzufällig, wie zielbewusst die Darwin'sche Evolution wirken kann. Wenn ein Großteil der Natur geplant aussieht, so liegt das daran, dass sie geplant ist. Nicht von außen, sondern von innen, durch das nie erlahmende Bestreben des Lebens, die ihm innewohnende Prophezeiung zu erfüllen und hier auf der Erde um jeden Preis und mit allen Mitteln am Leben zu bleiben. Evolutionskritiker beklagen, dass uns eine rein darwinistische – »mechanistische« – Erklärung des Lebens zu einer Existenz ohne Sinn verurteile, in einer Welt, die von Zufallskräften, Notwendigkeiten und zwecklosen Amoralitäten bestimmt werde. Gregg Easterbrook, ein Autor, den man als »liberalen Christen« bezeichnet hat, schrieb, dass »der Streit letztlich stattfinden wird zwischen Menschen, die an etwas glauben, das größer ist als sie selbst«, also tiefgläubigen Menschen, »und solchen, die glauben, dass alles ein chemischer Zufall ist«. Doch diese dichotomische Formulierung ist unnötig agitatorisch und viel zu schlicht. Was ist das »Alles«, das als »chemischer Zufall« erklärt werden soll? Das Alles an biologischer Vielfalt, von der die Welt überfließt? Das Leben als Verkörperung des Zufalls zu beschreiben, ist außerordentlich irreführend, egal, wie Ihre spirituelle Ausrichtung ist. Leben ist Anti-Zufall, ein thermodynamisch verschwenderischer Kraftakt, den man anschließend erweiterte, kommentierte, erklärte, reinwusch, erneuerte … Sie haben verstanden. Wir wissen nicht, wie das Leben begann, doch selbst die erste Replikation eines unbekannten Moleküls war nicht wirklich ein Zufall. Es war vielleicht Glück, dass die Bedingungen die Replikation erlaubten, doch der eigentliche Akt der Selbstkopie war auf seine Weise ein gewollter Akt. Die inhärente Tautologie der Definition des Lebens – dass das, was lebt, sich Dauer zu verschaffen sucht – streicht bereits den Zufall aus der Gleichung. Tatsächlich vertreten einige Forscher, die sich mit dem Ursprung des Lebens beschäftigen, die Auffassung, dass Leben unter bestimmten Bedingungen praktisch unvermeidlich ist. Sind diese Bedingungen so selten, dass man sie als echte chemische Zufälle bezeichnen kann? Oder gibt es sie im Universum in Hülle und Fülle, da Wasserstoff und Sauerstoff zu den häufigsten Elementen gehören und damit Wasser, der Quell des Lebens, eines der häufigsten Moleküle ist? Das wissen wir noch nicht, aber die große Mehrheit der Astrophysiker ist, wie ich mit Sicherheit weiß, davon überzeugt, dass wir Erdlinge keineswegs allein sind – eine Frage, auf die ich im letzten Kapitel des Buchs zurückkommen werde.

Doch gleich, wie zufällig oder zwangsläufig die Anfänge des

Lebens auch gewesen sein mögen, sein Erblühen zu dem »Alles«, das uns umgibt, war keineswegs zufällig oder unwillkürlich. »Die natürliche Selektion ist die am wenigstens zufällige Kraft, die man sich vorstellen kann«, sagte Richard Dawkins. Was nicht heißt, dass die natürliche Selektion bestimmte Ziele vor Augen hätte oder dass sie unaufhaltsam voranschritte, um immer komplexere und intelligentere Organismen zu fabrizieren, ein Bemühen, auf dem wir natürlich das Sahnehäubchen sind. Die natürliche Selektion ist bestrebt, nur das zu selektieren, was am besten zu leben weiß, und manchmal ist, wie der Erzmodernist Adolf Loos sagte, Ornament ein Verbrechen. Beispielsweise ist die Seescheide im Larvenstadium ein mobiler Jäger und besitzt daher ein kleines Gehirn, das ihr bei der Beutesuche hilft. Doch wenn sie das Reifestadium erreicht und sich dauerhaft in einer sicheren Nische einrichtet, von der aus sie sich filtrierend von allem ernährt, was vorbeikommt, entledigt sich die Seescheide des Gehirns, das sie nicht mehr braucht. »Gehirne sind enorme Energiefresser«, schreibt Peter Atkins, Chemieprofessor an der Universität Oxford, »und es ist eine gute Idee, sich von ihm zu befreien, wenn man es nicht mehr braucht.«

Die Evolution ist weder organisiert noch weitsichtig, und Sie würden sie kaum mit der Planung der jährlichen Aufsichtsratsitzung Ihres Unternehmens betrauen oder ihr auch nur die Vorbereitung der Geburtstagsparty Ihres Kindes überlassen. Wie Biologen gerne betonen, behilft sich die Evolution damit, zu basteln, zu improvisieren, Notlösungen zu entwickeln. Sie arbeitet mit dem, was sie zur Hand, nicht mit dem, was sie im Sinn hat. Einige ihrer Lösungen erweisen sich als elegant, während man bei anderen noch die Nähte und Leimspuren sieht. »Häufig wird angenommen, dass Organismen optimiert sind«, sagte Bob Full, ein Materialwissenschaftler an der University of California in Berkeley. »Sind sie nicht. Organismen tragen den Ballast ihrer Geschichte mit sich herum, und die natürliche Selektion ist gezwungen, mit den vorhandenen, von einem Vorfahren geerbten Materialien zu arbeiten. Delfine haben nicht noch einmal Kiemen entwickelt, in Schildkrötenpanzern hat man kein Titan gefunden, und bei einer Neuentwicklung würde man niemals eine Fledermaus konstruieren.«

Warum hängen in jedem amerikanischen Restaurant Plakate, die den Heimlich-Handgriff (mit dem ein Fremdkörper-Verschluss der Atemwege beseitigt werden kann) zeigen, und warum erstickt man so leicht an einer Brezel? Die Evolution der menschlichen Sprache wurde dadurch ermöglicht, dass unser Kehlkopf von seiner ursprünglichen Primatenposition nach unten wanderte und dadurch einen erweiterten Rachenraum für die komplexe Lauterzeugung schuf. Außerdem veränderte sich die Position der Zunge. Während sich die Schimpansenzunge vollständig im Mund befindet, bildet der Rücken der menschlichen Zunge den oberen Rand des Vokaltrakts, dem sie bei der Bildung und Artikulation von Lauten Flexibilität verleiht. Diese Doppelveränderung brachte unsere Speise- und unsere Luftröhre sehr viel dichter zusammen, als sie es bei unseren subhumanen Vorfahren waren oder heute bei unserer Primatenverwandtschaft sind – eine Veränderung, die das unter Umständen tödliche Risiko mit sich bringt, dass ein Stück Gewürzgurke in die Luft- statt in die Speiseröhre gelangt, wohin sie gehört. An sich wären die Kehlkopfmutationen rasch aus dem Genpool entfernt worden, hätten sie uns nicht mit der neuen Fähigkeit ausgestattet, Reden zu halten, zu belehren, die Wahrheit zu verdrehen, einzuschüchtern, Verrat zu begehen, Obstruktion zu betreiben, unter der Dusche die Werbeliedchen für Produkte zu singen, die Sie noch nicht einmal leiden können – und so kommt es, dass Sie heute sprechen können.

Außerdem ist nicht jedes Merkmal, das ein Lebewesen aufweist, ein Ergebnis der natürlichen Selektion. In einigen Fällen kann es sich um Relikte von Merkmalen handeln, die nicht mehr erforderlich oder funktional sind, aber keinen Schaden anrichten, so dass kein selektiver Druck darauf hinwirkt, sich ihrer zu entledigen wie des überflüssigen Seescheidengehirns. Wenn uns beispielsweise kalt ist oder wir Angst haben, bekommen wir eine Gänsehaut, die niedlich aussehen mag, wenn Kinder aus einem Schwimmbecken kommen, aber ihnen nicht annähernd so viel nützt, als wenn sie noch ein Haarkleid hätten. Die Reaktion geht zurück auf unsere bepelzte Vergangenheit, als das Aufrichten des dichten Körperhaars die Wärme festhielt, wenn es kalt war, oder dabei half, massiger auszusehen, wenn man einem Feind gegenüberstand. Andere Merkmale treten bei einem Geschlecht auf, nicht weil sie dort einen bestimmten Zweck erfüllen, sondern weil sie das andere Geschlecht braucht und weil der Bauplan der embryonalen Entwicklung zufälligerweise bisexuell ist. Betrachten Sie die kompakten, milchlosen Brustwarzen männlicher Säugetiere, sie haben im Allgemeinen die gleiche Zahl wie bei ihren laktationsfähigen Partnerinnen – zwei beim Mann, beim Schimpansenmännchen, bei der männlichen Fledermaus, zehn beim Rüden und acht beim Kater.

Eine noch größere Triebkraft für Pomp, Pathos und Posse, für flamboyante Merkmale, die vielleicht nicht dazu beitragen, die Lebensdauer eines Individuums zu erhöhen, sie in einigen Fällen sogar verringern, ist die evolutionäre Kraft, die man als sexuelle Selektion bezeichnet. Schon Darwin hat diese beeindruckende Ergänzung der natürlichen Selektion beschrieben und mit einer Fülle von Beispielen belegt, dass sich die Notwendigkeit, einen Paarungspartner anzulocken und die Rivalen auszustechen, tiefgreifend auf Aussehen und Verhalten eines Tiers auswirkt. Selbst Merkmale, die die Fähigkeit eines Tieres beeinträchtigen, einem Fressfeind zu entkommen oder sicher mit dem Hintergrund zu verschmelzen – die übliche Hinterlassenschaft der Evolution –, werden dann evolutionär begünstigt, wenn sie die sexuelle Attraktivität seines Trägers so erhöhen, dass er der Konkurrenz im Genpool den Rang abläuft. Wenn Sie lange genug überleben, um sich fortzupflanzen, und wenn Sie einen rauschhaften Frühling lang auf dem Feld der Liebe ordentlich oder gar orgiastisch punkten, wen kümmert es dann, dass Sie im Sommer vielleicht schon ein Staubwedel sind. Ihre Nachkommen werden dann an Ihrer Stelle herumprotzen. Das klassische Beispiel für das Wirken der sexuellen Selektion ist der Schwanz des Pfauhahns, seine »Schleppe«. Eine Pfauhenne ist ein reiz- und farbloses Vogelgeschöpf, steckt aber augenscheinlich voll ausgefallener Gelüste. Viele Generationen von Pfauhennen, die Männchen mit prahlerischem Schwanzgefieder vorzogen, haben bei Pfauhähnen eine Evolution von Schwanzfedern bewirkt, die so hinderlich sind, dass die Tiere kaum auf die niedrigsten Äste eines Baums flattern können – vermutlich ein potenzielles Handikap für einen Vogel, der aus dem Land der Leoparden stammt, einer Tierart, die für ihre Kletterkünste berühmt ist. Niemand weiß, woher die Vorliebe der Pfauhennen für diese Art von Schwanzfedern kommt. Wird dem Weibchen durch die Intensität und Reinheit der schillernden Farbenpracht der genetische Wert des Männchens signalisiert? Oder richten die Pfauhennen ihr Augenmerk vielmehr auf die Quantität und Symmetrie der dunklen Augen auf dem Gefieder, Flecken, die vor einem Hintergrund aus glänzendem Smaragdgrün und Türkis besonders auffällig sind? Könnte es die Fähigkeit und Bereitschaft des Männchens sein, das Gewicht der Schleppe zu tragen und sie jedes Mal aufzufächern, wenn Hennen vorbeikommen, was diese so attraktiv finden? Gleich, welche Botschaft der Schwanz vermittelt, ganz offensichtlich ist sie von einer Art, auf die kein stolzer Pfauhahn verzichten kann.

Der grimmige Kampf nicht nur um die Aufmerksamkeit einer Paarungspartnerin, sondern auch zur Abwehr rivalisierender Bewerber kann die erfolgreichen Männchen auch ins Fadenkreuz anderer Gefahren bringen. In jeder Paarungszeit beschäftigen sich Hirsche fast ausschließlich damit, ihre Geweihe ineinanderzurammen, bis der Klügere nachgibt und der Siegreiche zum Platzhirsch wird. Diese jährlichen Turniere haben den Besitz von großen kräftigen Geweihen hoch in Kurs gebracht – von Geweihen, die einen kräftigen Stoß vertragen können, ohne zu brechen, und eine Vielzahl Verzweigungen aufweisen, mit denen man sich in den Kopfschmuck des Gegners verhaken kann, um ihn umzuwerfen. So kam es im Laufe der Zeit dazu, dass immer prachtvollere Gebilde die Köpfe der stolzen Tiere schmückten – und oft genug auch die Kamineinfassungen nicht minder stolzer Weidmänner. Umgekehrt sind die Männchen einiger Spinnenarten winzig, nur einen Bruchteil so groß wie die Weibchen. Sie braucht ihr Gewicht dringend: um Beute zu fangen, Seide zu spinnen, Eier zu legen. Das Spinnenmännchen braucht nur Geschwindigkeit, um die empfängnisbereite Partnerin vor allen anderen achtbeinigen Spermagefäßen zu erreichen. Doch infolge seiner geringen Größe ist das Männchen dem Weibchen schutzlos ausgeliefert, wenn sie Appetit auf einen postkoitalen Imbiss hat. Es ist, wie es ist: Liebe tut weh.

William Saletan meinte einmal trocken in dem Online-Magazin *Slate*, dass sich die Evolutionszweifler wie jede andere Gruppe von Organismen taxonomisch einteilen ließen. Die Urväter des Stammbaums sind Kreationisten aus echtem Schrot und Korn, die die Genesis wörtlich auslegen, glauben, dass die Erde erst 6000 Jahre alt ist, und felsenfest davon überzeugt sind, dass Gott alle Arten, auch die Menschen geschaffen habe, wie sie sind, *in toto* – das gilt auch für Dorothy, das Mädchen aus Oz, und ihren kleinen Hund. Kein Darwinismus, keine natürliche Selektion, kein *Eohippus* begegnet *Dinohippus* und spricht zu Dr. Doolittle, keine hirnrissig heiklen Pfauhennen, kein Perm, keine Evolution, basta.

Dieser Hardcorekreationismus der Gründerzeit herrschte viele, viele Jahrzehnte vor – er war der Anlass zu dem berühmten Scopes-Affenprozess von 1925 –, und es sieht nicht so aus, als würde er aussterben. In den letzten Jahren ist es den Bibelgläubigen gelungen, den Souvenirladen des Nationalparkamtes am Grand Canyon zu bewegen, ihren Bildband *Grand Canyon: A Different View* zu führen, in dem prachtvolle Fotografien von Sonnenuntergängen mit Begründungen der These abwechseln, dass der Canyon durch Noahs Sintflut entstanden sei. Ein verschwenderisches neues Museum für Erdgeschichte in Eureka Springs, Arkansas, zeigt wunderbar detaillierte Modelle, angefertigt nach Abgüssen echter Fossilien von *Tyrannosaurus*, *Thescelosaurus* und anderen

Dinosauriern, stellt sie aber neben Adam und Eva und führt das Aussterben der Dinosauriern weitgehend auf dieses explanatorische Passepartout, die Sintflut, zurück.

Allerdings hat der Zwang, die Berge und Täler in Zweifel zu ziehen, die das Alter der Erde und die fast endlos zurückreichende Evolution der Arten bezeugen, eine ganz eigene, kreationistische Artenbildung bewirkt. Der strenge Kreationismus hat neue Arten hervorgebracht, neue Versuche, den Einfluss der Darwin'schen Theorie der Evolution durch natürliche Selektion zu beschneiden. Der berüchtigtste Ableger dieser Art ist wohl Intelligent Design, und obwohl die Formulierung als Hommage an einen mutmaßlich göttlichen Planer – »Designer« – gemeint ist, schadet es nie, zu Beginn einer Auseinandersetzung das Wörtchen »intelligent« für die eigene Seite zu reklamieren.

Grundsätzlich wehren sich die Kreationisten gegen die evolutionsbiologischen Ergebnisse zu den Entstehungszeiten der Arten und zu den Gründen für die rasant voranschreitende biologische Vielfalt, auf die die menschliche Gesundheit und alle künftigen Naturschutzkalender angewiesen sind. Kreationisten haben keine Einwände gegen ein Museumsdiorama, in dem Dinosaurier neben Wollmammuts grasen, weil sie von der Schichtung der Fossilfunde nicht überzeugt sind, die die Tiere durch mindestens 60 Millionen Jahre trennen würde – eine Zahl, die die kreationistische Schätzung des Erdalters um einen Faktor 10 000 übertrifft.

Die Vertreter des Intelligent Design (ID) hingegen sind durchaus bereit, die geologischen Belege zu akzeptieren, die auf ein Erdalter von rund 4,5 Milliarden Jahre schließen lassen, und sie decken sich mit der herrschenden biologischen Auffassung, die ebenfalls eine Zeitleiste von einigen Milliarden Jahren annimmt. Die ID-Anhänger haben keine Probleme mit der Feststellung, dass die Menschen von affenähnlichen Vorfahren abstammen oder dass ganze Organismen die Fähigkeit besitzen, sich im Laufe der Zeit zu verändern und neue Arten entstehen zu lassen. Eine Anzahl wichtiger ID-Sprecher sind Naturwissenschaftler, besonders laut und vernehmbar unter ihnen Michael J. Behe, Professor für Biowissenschaften an der Lehigh University in Bethlehem, Pennsylvania. »Vertreter des Intelligent Design«, schrieb er in einem Kommentar für die *New York Times*, »zweifeln nicht daran, dass die Evolution stattgefunden hat.«

Anderer Meinung als das Gros der Naturwissenschaftler sind die ID-Ideologen in der Frage, wie die kleinsten Bausteine des Lebens entstanden sind – unsere Zellen sowie die Enzyme und »Proteinmaschinen«, die dafür sorgen, dass unsere Zellen und Ichs funktionieren. Behe und seine Parteigänger halten Zellen und deren Mikroschaltkreise fast für zu gut, zu perfekt konstruiert, zu schön, um wahr zu sein. Viele lebensnotwendige Proteinkomplexe arbeiten nur, sagen sie, wenn alle Teile vorhanden sind und ihren Beitrag leisten. Fällt eine Komponente dieser molekularen Baugruppe aus, kommt der gesamte Mechanismus zum Erliegen. Mit anderen Worten, wenn wir die makroskopische Ebene des Körpers verlassen, die weichen, feuchten Organe, und uns den fundamentalen Einheiten des Körpers zuwenden, stoßen wir, so die ID-Leute, auf Eleganz, Schönheit, etwas, das sie »nicht reduzierbare Komplexität« nennen. Die Proteinpartnerschaften, die das Ganze in Schwung halten, können nicht allmählich entstanden sein, sagen sie, nicht durch Zufallsmutationen und Modifikationen vorhandener Strukturen. Die molekularen Bestandteile der Zelle stehen in zu enger Wechselbeziehung, sind zu überlegt angeordnet, um das Ergebnis der gewöhnlichen natürlichen Selektion sein zu können. Die natürliche Selektion verlangt, dass Zwischenstufen einer sich entwickelnden Struktur ihrem Träger einen Vorteil gegenüber den Inhabern der vorausgehenden Strukturen verleihen. Wenn Sie ein Frosch sind, der ein bisschen wie ein Blatt aussieht, haben Sie einen winzigen Überlebensvorteil gegenüber einem anderen Frosch, der nur wie ein Frosch aussieht, und so kann sich im Zuge der Evolution eine Tarnung als Blatt schrittweise entwickeln. Eine leichte Ausdehnung der Haut an den Vorderbeinen, die einem auf Bäumen lebenden Säugetier ermöglicht, beim Sprung von einem

Zweig zum anderen ein bisschen Auftrieb zu erhalten, dank dem es einem Fressfeind entkommt – und schon können Sie sich das allmähliche Trizepswachstum vorstellen, das zur geflügelten Fledermaus führt. Doch bei diesen molekularen Baugruppen, so die IDler, gibt es keine Zwischenstufen. Die Teile müssen alle an Ort und Stelle, die Uhren synchronisiert sein, oder das ganze System funktioniert nicht. Die natürliche Selektion kann die Entstehung komplexer, interdependenter Mechanismen nicht erklären, sagen sie. Wenn sich bestimmte Entwürfe eines Produkts als vollständige Flops erweisen, werden sie nicht selektiert, und Sie bleiben auf Ihrem Baum hocken.

Zu den Beispielen, die die ID-Anhänger oft zitieren, um die nicht reduzierbare Komplexität der Ursprungselemente des Lebens zu verdeutlichen, gehören die winzigen, haarähnlichen Zilien, mit denen die Pantoffeltierchen und Bakterien sich durchs Wasser treiben; die Proteinkette, die Lichtsignale vom Auge ans Gehirn leitet; und der komplizierte Blutgerinnungsmechanismus, der verhindert, dass wir jedes Mal zu verbluten drohen, wenn wir uns an einer Umschlagkante ritzen. In jedem dieser Fälle schließen sich verschiedene Proteine zu einer Einheit zusammen und handeln in patriotischer Treue, eine Nation, unteilbar. Wenn Sie eines der rund sechzig Proteine zerstören, aus denen die Zilie eines Pantoffeltierchens besteht, schlägt die Wimper nicht etwa schwächer oder stärker als vorher, sondern gar nicht mehr, und damit endet dem Tierchen sein Pläsierchen. Die Gerinnungsreaktion, die uns zu Hilfe kommt, wenn wir unsere Morgenrasur versauen, ist eine exakt choreographierte Kaskade aus 13 verschiedenen »Proteinfaktoren«. Wenn nur einer dieser Faktoren durch eine ererbte genetische Mutation entschärft wird, können Sie unter Hämophilie leiden, der »Bluterkrankheit«, und an der geringsten Verletzung sterben. Wie soll es möglich sein, fragt Behe, dass sich ein so komplexer und überlebenswichtiger Prozess wie die Gerinnungsreaktion durch den mühsam tastenden Darwin'schen Mechanismus, das ungeschickte Stapeln von Legosteinchen, entwickelt, wo doch ein

Defekt bei nur einem Schritt den ganzen Vorgang zum Stillstand bringt – oder, im Fall des Blutes, eben nicht zum Stillstand bringt?

Wenn die Grundmodule der Zelle und unserer Biochemie irreduzibel komplex sind, so fährt Behe fort, wenn sie sich nicht als Resultat konventioneller evolutionärer Kräfte, wie wir sie verstehen, erklären lassen und wenn sie eigentlich wie Miniaturversatzstücke eines unsterblichen Genies, eines unendlich wissenschaftlich begabten Leonardos aussehen, warum sollen wir dann die Möglichkeit ausschließen…, dass sie es tatsächlich sind? Warum nicht auf der fundamentalsten Ebene des Lebens Raum lassen für die Beiträge eines intelligenten Planers? Wenn die gewöhnliche Wissenschaft etwas so Außerordentliches wie die Lichtempfindung des Auges nicht zu erklären vermag, wie wissenschaftlich ist es dann, so Behe, die Augen zu verschließen vor alternativen Erklärungsmodellen, tieferen Wahrheiten und der Möglichkeit, dass sich nicht alles einfach so zurechtschaukelt? »Die zeitgenössische Begründung des Intelligent Design beruht auf empirischen Beweisen und der einfachen Anwendung von Logik«, unterstreicht Behe. »Solange es keine überzeugende, ohne intelligente Planung argumentierende Erklärung gibt, sind wir zu der Annahme berechtigt, dass reale intelligente Planung an der Entstehung des Lebens beteiligt war.«

ID-Fürsprecher hüten sich zu sagen, wer oder was ihr postulierter Planer sein könnte, noch ob er ein Er oder eine Sie oder ein anonymes Unternehmen in Delaware ist. »Intelligent Design selbst sagt nichts über den religiösen Begriff eines Schöpfers aus«, schreibt Behe. Viele Wissenschaftler halten diese Beteuerung für unaufrichtig. Behe wirbt nicht wirklich für größere Ehrlichkeit und Offenheit, für die eingehendere und genauere Beschäftigung mit den molekularen Grundlagen des Lebens, für einfallsreichere Experimente, für das verstärkte Bemühen um Klarheit. Die eigentliche Botschaft der Design-Schule lautet: Tut mir leid, Leute, mehr ist da nicht zu tun. In der Biologie der Moleküle und Zellen haben wir die Grenzen des wissenschaftlichen Erkenntnisvermögens erreicht. Wir sind an einen Punkt nicht reduzierbarer Komplexität gelangt, so sagen sie, und wenn ihr ein komplexes Objekt nicht in einfachere und überschaubarere Teile zerlegen könnt, dann könnt ihr doch nicht mehr viel mit ihm anstellen, oder? Die Naturwissenschaft ist auf ein gewisses Maß an Reduktionismus angewiesen, sie muss die Dinge zerlegen und sich auf eine oder zwei Variablen zur Zeit konzentrieren. Doch wenn die natürliche Selektion die Gerinnungskaskade angeblich nicht Stück für Stück zusammensetzen konnte, welche Aussicht hat dann die Wissenschaft, sie methodisch bis zu ihren Anfängen zurückzuverfolgen?

Die Molekularbiologen sind nicht nur nicht gewillt, bei irgendeinem Problem die Hände über dem Kopf zusammenzuschlagen und auszurufen: »Oh, es ist viel zu kompliziert! Ich habe nie etwas so irreduzibel Kompliziertes gesehen! Wollen wir nicht die Labornotizbücher in den Autoklav schmeißen, uns auf das Wirken »höherer Gewalt« berufen und schauen, wo wir ein paar Fajitas und Bier bekommen?« Wissenschaftler sind als Gruppe viel zu kompetitiv und arbeitsam, um die Hände in den Schoß zu legen, wenn offenkundig ist, dass noch eine Menge zu tun ist. Im Übrigen sind sie der Auffassung, dass die speziellen molekularen Baugruppen und Proteinkaskaden, die von den ID-Leuten als irreduzibel komplex und der darwinistischen Analyse unzugänglich beschrieben werden, ohne große Mühe in überschaubare Untereinheiten zerlegt und in dieser Form als Produkte der natürlichen Selektion erklärt werden können. In seinem Buch *Finding Darwin's God: A Scientist's Search for Common Ground Between God and Evolution* nimmt Kenneth Miller, ein Biologieprofessor an der Brown University in Rhode Island, viele der von ID-Anhängern häufig genannten Beispiele für irreduzible Komplexität auseinander. Besonders überzeugend ist seine Analyse der Gerinnungskaskade. Er beschreibt die einzelnen Schritte, die zu einem Blutgerinnsel führen: Wie eine Verletzung der Körperoberfläche eine Reihe bestimmter im Blut zirkulierender Enzyme oder Faktoren stimuliert, die alle durch eine römische Ziffer gekennzeichnet sind – zum

Beispiel Faktor VIII, Faktor IX, Faktor X; und wie die Aktivierung eines Faktors abhängig von der Anregung aller römischen Legionäre vor ihm ist; und wie an jedem Knotenpunkt der Kaskade die Stärke des biochemischen Signals millionenfach verstärkt wird; und wie Faktor X schließlich das Enzym Thrombin rüde auf Trab bringt, das kleine schützende Seitenketten von dem Faserprotein Fibrinogen abspaltet, woraufhin dieses klebrig wird. Dadurch haften die Fibrinogene aneinander, ballen sich zusammen – und fertig ist das Gerinnsel.

Miller gibt zu, dass das Schema kompliziert ist, ein »Rube-Goldberg-Mechanismus«, und dass »wir in Schwierigkeiten kommen, wenn wir irgendeinen Teil dieses Systems herausnehmen«. Medizinische Genetiker haben verschiedene Krankheiten entdeckt, die aus Mutationen in fast jedem Blutgerinnungsfaktor stammen – alles schwere Erkrankungen. »Kein Zweifel. Die Blutgerinnung ist eine wesentliche Funktion, und man darf ihr nicht ins Handwerk pfuschen«, schreibt Miller. »Aber heißt das auch, dass sie sich nicht evolutionär entwickelt haben könnte? Keineswegs.«

Soweit wir wissen, so erläutert Miller, sind die einzigen Tiere, die sich zur Blutgerinnung eines Proteinnetzwerks bedienen, die Wirbeltiere – wir rückgratbewehrten Säugetiere, die Vögel, Reptilien, Amphibien und Fische – und einige Gliederfüßer, vor allem einige Arten mit hartem Panzer wie Hummer und Krebse. Doch das heißt nicht, dass ein Wurm oder ein Seestern verblutet, wenn eines seiner Blutgefäße verletzt wird. Lebewesen ohne Gerinnungsproteine verlassen sich zur Reparatur solcher Schäden stattdessen auf »klebrige« weiße Blutkörperchen, die in ihrem Blut zirkulieren. Im Falle einer Verletzung haften die klebrigen Zellen an allen Proteinen, etwa den Kollagenen, die aus der Oberfläche der exponierten Haut herausragen; nach einigen Minuten haben sich genug weiße Blutkörperchen an der klaffenden Wunde versammelt, um einen Pfropfen zu bilden, der weiteren Blutverlust verhindert. Im Vergleich zur Eleganz und Geschwindigkeit, mit der unsere Gerinnungsproteine operieren, ist das Klebezell-Pflaster ziemlich primitiv und langsam. Es ist nur bei Tieren mit relativ niedrigem Blutdruck anwendbar, was auf die meisten Wirbellosen zutrifft. Trotzdem meint Miller: »Es ist genau die Art eines ›unvollkommenen und einfachen‹ Systems, das Darwin für den Ausgangspunkt der Evolution hielt.«

Damit Sie nicht denken, selbst das einfache System der wirbellosen Tiere sei zu kompliziert, um ihm evolutionäre Kraft zuzubilligen, setzt Miller seine Überlegung fort. Diese weißen Blutkörperchen dienen neben der Blutgerinnung noch einer Vielzahl anderer Zwecke, unter anderem dem Transport von Nährstoffen. Stellen Sie sich vor, meint Miller, ein Blutgefäß bekommt ein Leck und einige dieser weißen Blutkörperchen hätten zufällig eine Mutation erworben, die sie klebrig werden lässt, wenn sie der unebenen, faserigen Textur eines Hautrisses ausgesetzt sind. »Jede Veränderung… von weißen Blutkörperchen, die sie auch nur ein bisschen klebrig für die fremde Textur von Gewebeproteinen macht«, schreibt er, »würde von der natürlichen Selektion begünstigt werden, weil sie dazu beitrüge, Lecks zu schließen.« Mit anderen Worten, eine Zufallsmutation, die den weißen Blutkörperchen irgendeines urzeitlichen Wurms oder Seeigels einen Anflug von Pattex verliehe, könnte einen Bluter in einen Brüter verwandeln; die Mutation würde selektiert, in der Population verbreitet und – beim Blute Ch… – die Grundlagen eines Gerinnungssystems bilden.

Der Gerinnungsmechanismus von uns Wirbeltieren stützt sich zur Herstellung von Gerinnseln auf Blutproteine statt auf ganze Zellen, trotzdem liegt die gleiche hämatologische Logik zugrunde. Die Proteinfaktoren, die unser Blut verdicken, haben große Ähnlichkeit mit Proteinen, die in der Bauchspeicheldrüse und anderen Organen gefunden werden und nichts mit der Blutgerinnung zu tun haben, sondern eine Vielzahl biochemischer Signale schneiden und spleißen. Schneiden und Spleißen sind nun aber genau jene Nähkünste, die zur Vernetzung des Blutes an Krisenpunkten und zur Eindämmung seines Ausströmens erforderlich sind. Soweit erkennbar, wurden unsere Gerinnungsproteine aus den Reihen bereits vorhandener Enzyme mit allgemeineren Aufgaben rekrutiert, woraufhin sich die Gene, die für diese Proteine codierten, verdoppelten, um den Talent-Pool zu vergrößern. Allmählich wurde manchen dieser Enzyme, den so genannten Serinproteasen, die Aufgabe der Blutgerinnung übertragen, ihre Reflexe verbessert, ihr inneres Signalnetz gestrafft, verstärkt und zur wechselseitigen, obligatorischen Symbiose verpflichtet – Schicksal und Stärke eines jeden unauflöslich mit allen anderen verknüpft. Heute ist die Blutgerinnung wie Baseball. Wie die Yankees nicht mit acht Mann spielen können, so kann der Verlust eines einzigen Gerinnungsfaktors Ihr Leben bedrohen, Sie aus dem Wettbewerb werfen. Die gegenwärtige Interdependenz unseres Gerinnungsnetzwerks erklärt seine außergewöhnliche Geschwindigkeit und Wirksamkeit, was aber nicht heißt, dass es immer so war oder nur so sein kann. »Die Blutgerinnung ist kein Alles-oder-Nichts-Phänomen«, schreibt Miller. »Wie jedes komplexe System kann es anfangen, sich aus den Grundstoffen Blut und Gewebe zu entwickeln, unvollkommen und einfach.« Ein Seeigel behilft sich mit seinen einfachen weißen Blutkörperchen, und zwei Kinder im Park können mit einem Ball Fangen spielen.

Wir wissen nicht, wie das Leben begann. Wir wissen nicht, ob es angesichts der irdischen Geochemie und der solaren Großzügigkeit unvermeidlich war, und ganz gewiss wissen wir nicht, ob wir es in irgendeiner Weise spiritueller Inspiration zu verdanken haben – einer Manifestation göttlicher Liebe oder kosmischer Neugier, dem Wunsch des Universums, sich selbst zu verstehen. Wir wissen nicht, wie die ersten Lebensformen aussahen oder wie sie sich verhielten. Vielleicht bestanden sie aus Ribonukleinsäuren, RNA, aus Proteinen oder aus bislang unentdeckten und unverdächtigen Molekülen. Wir wissen nicht genau, wann sich das Leben nach der Entstehung der Erde vor 3,5 Milliarden Jahren zum ersten Mal zeigte. Das könnte durchaus sehr früh in der Geschichte unseres Planeten gewesen sein. Harold Urey und

Stanley Miller von der University of Chicago brachten es in den fünfziger Jahren zu internationalem Ruhm, als sie versuchten, im Labor die Verhältnisse der jungen Erde nachzuahmen, und dabei Aminosäuren erzeugten, die Bausteine der Proteine. Miller wurde einmal gefragt, wie lange das Leben nach seiner Vermutung für seine Entstehung gebraucht haben könnte. »Ein Jahrzehnt ist wahrscheinlich zu kurz, ein Jahrhundert auch«, erwiderte er. »Aber zehn- oder hunderttausend Jahre dürften hinkommen, und wenn Sie es in einer Million Jahre nicht geschafft haben, wird es wahrscheinlich nie klappen.« Doch das entscheidende Wort des Absatzes ist »Vermutung«: Die fossilen Belege für das frühe Leben weisen beklagenswert abgründige Lücken auf. Wie immer die matriarchalischen Moleküle biochemisch beschaffen waren, denen es zuerst gelang, sich zu replizieren, mit Sicherheit hatten sie noch keine harten Teile, nichts für die sedimentären Archive. Selbst nachdem es den selbstkopierenden chemischen Stoffen gelungen war, sich von ihrer Umgebung abzuscheiden – jeder markierte seine Grenze zwischen Ich und Nicht-Ich mit einer elastischen Fettmembran und erklärte sich zur Zelle –, verschwendete das junge Leben noch keinen Gedanken an das Morgen.

Egal, wie das Leben begonnen hat, eines ist klar: Das Leben legte so viel Wert darauf, lebendig zu sein, dass es seit seinen tastenden Anfängen nicht einen Augenblick aufgehört hat zu leben.

In den Jahrmilliarden seit der Entstehung der ersten Zellen, pausbäckigen Blasen, die den Code zur Bildung neuer Blasen enthielten, hat das Leben unverdrossen weitergemacht. Die Chiffre des Lebens, der Text, der im Nukleinschlüssel der DNA und RNA niedergelegt ist, ist ein Universalcode. Jedes Lebewesen besitzt ein Stück davon. Jedes parasitäre, sich verbreitende Virus besitzt ein Stück davon. »Ich lebe«, können wir nur mit den Graphemen der Nukleinsäuren ausdrücken. Wäre das Leben mehr als einmal entstanden, wäre sein Ursprung polyphyletisch und nicht monophyletisch gewesen, gäbe es heute eine Vielfalt von Codes, eine ganze Auswahl an biochemischen Anweisungen für Wachstum und Instandhaltung. Das ist jedoch nicht der Fall. Wir betrachten die Zellen von Lebewesen, die auf dem Meeresboden leben, 2400 Meter unter dem Meeresspiegel, und sich in den kochenden hydrothermalen Rauchfahnen von Tiefseespalten aalen – und wir erblicken DNA. Wir finden Bakterien, die seit mehr als einer Million Jahren im Polareis gefangen sind – und wir erblicken DNA. Arten entstehen, vervielfältigen sich, diversifizieren sich und sterben, aber die DNA, die überlebt – wenn nicht in der stachligen *Hallucigenia* des Kambriums mit ihren sieben Gruppen von klauenbewehrten Tentakeln zum Absuchen des Meeresbodens, dann in dem räuberischen Lungenfisch *Dipterus* des Devons; wenn nicht in den Trilobiten, dann in den Flugsauriern; wenn nicht in den Dodos, dann in Lewis Carroll. Die Zeitleiste des Lebens ist durch größere und kleinere Episoden des Massenaussterbens unterteilt, und durch die schlimmsten Ereignisse dieser Art wurden riesige phyletische Stränge von der Erde gefegt, wobei die Reihen der Ausgelöschten die Überlebenden in einem Verhältnis von mehr als neun zu weniger als eins übertrafen. Spielt keine Rolle. Die DNA kopierte sich einfach selbst, unter allen Bedingungen, schlug manchmal Purzelbäume, irgendwo, in irgendeiner Zelle, las sich selbst rückwärts – UND nie ging ihr die Luft aus.

Gunter Blobel, Zellbiologe an der Rockefeller University und Nobelpreisträger, sieht die eigentliche Stärke des Lebens in seiner ungebrochenen Kontinuität. »Bei Licht besehen, sind wir nicht zwanzig oder dreißig oder vierzig Jahre alt«, sagte er, »sondern 3,5 Milliarden Jahre. Einige Leute mögen ja sagen, dass die Vorstellung, wir stammten von den Affen ab, schrecklich sei. Nun, es ist viel schlimmer – oder besser, je nachdem, wie Sie es sehen. Wir stammen von Zellen ab, die vor 3,5 Milliarden Jahren lebten.

Da ist dieser phantastische Lebensfaden, der zur Entstehung der ersten Zellen zurückreicht und fortdauern wird, bis das letzte Individuum gestorben ist«, sagte er. »Das ist die Kontinuität des Lebens, die Kontinuität der Zellteilung, und wir alle sind Ableger dieser Kontinuität. Wiedergeburt und ähnliche Themen sind poetische Darstellungen biologischer Realität.

Wenn Sie sehen wollen, wie Sie wirklich sind oder wie Ihre Vorfahren waren oder wie Ihre Nachkommen sein werden«, sagte Blobel, »vergessen Sie den Spiegel. Öffnen Sie die Zelle und werfen Sie einen Blick hinein.«

# 7 Molekularbiologie
## Zellen und Pfeifen

Jeden Abend, bevor ich zu Bett gehe, führe ich einen grimmigen Krieg in meinem Mund. Zunächst verwende ich drei verschiedene Zahnseiden: normale glatte Seide für die meisten Zähne, besonders feine Zahnseide »auf einem Halter«, um zwischen die dicht zusammenstehenden Backenzähne zu kommen, und die gruselige Folge von glatten und flauschigen Segmenten, die »Superfloss« heißt und für Kronen und Brücken bestimmt ist. Dann setze ich meine Zahnbelag-beseitigende, Zahnfleisch-massierende, erotisch geformte elektrische Zahnbürste ein und bürste zwei Minuten lang, länger, wenn ich mich dazu entschließe, mit meiner freien Hand Wäsche zusammenzulegen. Schließlich spüle ich mit einem großen Schluck Listerin nach, indem ich es von Wange zu Wange rauschen lasse, bis alle bukkalen und gingivalen Decks mit Feuerwasser gewaschen sind und ich ausspucken kann.

Immer wenn ich niedergeschlagen oder faul bin und denke, vielleicht cancel ich heute Abend mal das eine oder andere, muntere ich mich auf, indem ich mich an den schrecklichen Tag erinnere, als ich zehn war und mein Zahnarzt mir sagte, dass ich zweiundzwanzig neue Löcher hätte und er das nächste halbe Jahr jeden Samstag damit verbringen würde, mir mit seinen widerlich pelzigen Unterarmen in meinem Mund herumzufummeln; oder die Erkenntnis aus jüngerer Zeit, als ich die Röntgenbilder meiner Zähne betrachtete, dass ich – beim heiligen Novocain! Konnte das sein? – neun Wurzelkanäle hatte, die der Behandlung bedurften.

Oder ich denke an das, was ich von Bonnie Bassler, der Mikrobiologin an der Princeton University, die ihren dichten Pelz, wie es sich gehört, auf dem Kopf trug, über die pflanzliche Geschichte des Zahnverfalls erfuhr.

Sie wissen wahrscheinlich, dass Löcher in Zähnen von Bakterien verursacht werden, sagte sie. Neu ist aber vielleicht für Sie, wie raffiniert, einfallsreich und ungeheuer diszipliniert diese Bakterien sein können. Es zeigt sich nämlich, dass es für diese Agenten des Verfalls, ungeachtet meiner eigenen tragischen zahnmedizinischen Geschichte, gar nicht so leicht ist, ihre Zähne in die unseren zu schlagen und dort lange genug zu verweilen, um Löcher in den schützenden Zahnschmelz zu bohren und sich an dem weichen Gewebe darunter gütlich zu tun. Zum einen sondert der Mund ständig und mit Bedacht Speichel ab: Speichel gehört zum Abwehrsystem des Körpers, eine leicht antiseptische Flüssigkeit, die dazu dient, die Bakterien von den Zähnen und in den gastrischen Mulcher hinunterzuspülen. Zum anderen ist Zahnschmelz die härteste Substanz im Körper. Härter als Knochen, härter als ein ungeschnittener Fußnagel auf einer langen Wanderung. Der Schmelz hat so manchem Zahn ermöglicht, posthum der Nachwelt erhalten zu bleiben; die Zähne seien in den Fossilfunden so zahlreich vertreten, meinte Michael Novacek vom American Museum of Natural History scherzend zu mir, dass man meinen könnte, die Geschichte des Lebens auf der Erde habe darin bestanden, dass sich Zähne mit Zähnen paarten, um neue Zähne zu zeugen.

Wie gelingt es also den Mundbakterien, sich festzuklammern und sich in weniger als einer Lebenszeit durch den Zahnschmelz zu kämpfen? Wir helfen ihnen auf die Sprünge, indem wir schlechte Ernährungsentscheidungen treffen – etwa indem wir uns für gezuckertes Kaugummi entscheiden oder aus unerklärlichen Gründen eines dieser in Zellophan eingewickelten Lutschbonbons nehmen, die unsere Großmutter seit der Ford-Regierung auf ihrem Couchtisch stehen hat. Zucker lockt nicht nur Bakterien an, sondern hilft ihnen auch, sich an Ihren Zähnen festzuhalten und den Angriff auf Ihr strahlend weißes »Perl-Harbor« zu beginnen. Der militärische Vergleich passt schon. Wie bei einem Großangriff Bomber, Hubschrauber, Panzer, *Seabees* und *SEALs* rausgeschickt werden, so nehmen hier 600 verschiedene Bakterienarten an dem Zerstörungswerk teil. Ich spreche nicht von sechshundert einzelnen Bakterien, sondern von sechshundert verschiedenen Arten – oder Stämmen, wie einige Mikrobiologen sie nennen –, jede von ihnen genetisch so verschieden von der anderen, sagte Bassler, »wie Marsianer von Menschen«. Hunderte von Arten, Hunderttausende oder Millionen Exemplare dieser Arten arbeiten Hand in Hand, um Ihre Zähne bis ins Mark zu treffen. Eine Art ist vielleicht in der Lage, die Zuckerreste an den Zähnen zu verstoffwechseln, skizziert Bassler, während eine andere die besondere Fähigkeit besitzt, sich an den Zahnschmelz zu haften, und eine dritte abrasive Art Stoffe ausschüttet, die am Schmelz zu kratzen beginnen. Sie können natürlich keinen dieser niederträchtigen Dreckskerle sehen. Wie die meisten Bakterienzellen ist auch unsere Mundflora lächerlich klein, ein Bruchteil der Größe unserer Körperzellen. Erinnern Sie sich, auf unserem Stecknadelkopf fanden 3 Millionen Platz. Aber Sie können Ihre Kariesbakterien spüren, o ja, Sie können die dünne Schicht Schleim spüren, die sie auf Ihren Zähnen hinterlassen, den Schleim, den wir Plaque oder Zahnbelag nennen. Dieser Belag ist wie Rasputin oder wie Mr. Johnsons Katze. Sie können machen, was Sie wollen, der Belag kommt immer wieder. »Sie können abends Ihre Zähne putzen, die Bakterien sind am Morgen wieder da«, sagte Bassler. »Sie sind zurück, und nicht geschwächt oder halbherzig, sondern in der gleichen strengen Schlachtordnung wie zuvor.«

Und so schlage ich jeden Tag zurück mit Zahnseide, Zahnbürste und nach Minze schmeckendem Mundwasser. Ich kenne den Feind. Ich bewundere den Feind. Ich kann ihn vielleicht nicht fernhalten, aber indem ich ihn systematisch minimiere, habe ich zumindest bei meinem Zahnarzt einen Stein im Brett.

Sie können weder Ihren Mund noch Ihre Hände oder Ihr Gesicht sterilisieren, egal, wie viele Flaschen Mundwasser und Sagrotan Sie in der Woche verbrauchen. Sie sind mit Bakterien bedeckt. Vielleicht eine halbe Million von ihnen bedecken Ihre Haut, ein wimmelndes Mikrotopolis von mehreren tausend verschiedenen Stämmen. Ein paar Milliarden mehr tummeln sich fröhlich in den feuchten Öffnungen Ihres Körpers – dem Mund natürlich, aber auch in Nase, Ohren, Vagina, Harnröhre, Anus und unterem Darmbereich. Wenn Sie atmen, gelangt stets, ob Sie es wollen oder nicht, ein Wirbelwind von Bakterien in Ihre Lungen, die zumeist harmlos sind, sich nicht in den Lungen ansiedeln und Sie nicht krank machen. Wenn Sie spazieren gehen, bewegen Sie sich durch einen wehenden Vorhang von Bakterien, wie die Christo-Inszenierung im Central Park, nur nicht so gelb. Fahren Sie mit dem Zeigefinger über diese Seite, und hoppla, schon haben Sie eine Million Mikroorganismen aufgeschreckt oder verschleppt. Achtlos stapfen wir durch all dieses Leben, wie Riesen in einem Gary-Larson-Comic, und nehmen es nur zur Kenntnis, wenn wir es umbringen wollen – die Plaque umbringen und die Streptokokken, die Verursacher der heiser bellenden Bronchitis. Doch die meisten Bakterien sind gutartig, tun uns so wenig wie wir ihnen, viele sind sogar recht nützlich und einige unentbehrlich für unser Überleben. Sie ernähren uns, sie kochen für uns, sie räumen unseren Dreck weg. Durch die »Fixierung« des Stickstoffs in einer für Pflanzen geeigneten Form geben die an den Wurzeln lebenden Bakterien den Pflanzen die Möglichkeit zu wachsen, und die Pflanzen ihrerseits geben uns alles, was wir essen – unser täglich Brot, Salat und Tomaten, sogar das gebratene Fleisch. Sobald sie verzehrt ist, wird die Nahrung mit Hilfe der Darmbakterien verdaut. Etwa 99 Zellen von 100 in unserem Dünndarm sind Bakterienzellen, die in der Wärme und Fülle unseres Gedärms prächtig gedeihen, dafür synthetisieren sie im Gegenzug Vitamine für uns und extrahieren aus unserem Essen wichtige Nährstoffe, die sonst ungenützt abgeführt würden.

Wohin Sie sich wenden, sie sind schon da, die Bakterien, und erledigen die Dreckarbeit der Welt. Nehmen Sie ein Gramm Erde auf, ein bisschen Lehm, das leicht in einen Fingerhut passt, und Sie haben Tausende von Bakterienarten vor Augen, viele von ihnen Müll-Recycler, die Abfall und Kadaver beseitigen und sie für neues Leben aufbereiten. Oder nehmen Sie die Termite, diesen wichtigsten Platzwart im tropischen Regenwald. Sie nagt sich durch abgestorbene oder verfaulende Bäume und gibt dem Waldboden viel vom Reichtum des Holzes zurück. Was ist eine Termite denn anderes als ein Paar Kiefer, die mit einer Petrischale verbunden sind? Ihre Eingeweide sind ein dichtes Mikroökosystem aus vielen hundert Mikrobenstämmen. Bakterien ermöglichen Termiten, Nahrung aus Sägemehl zu gewinnen und, wie Geppetto, totem Holz eine Stimme zu verleihen.

Einige Bakterien glitzern, da sie mit den gleichen chemischen Leuchtstoffen ausgestattet sind wie die Leuchtkäfer; und wie ein Leuchtkäfer vor Liebe glüht, so leuchten diese lumineszenten Mikroorganismen auch nur dann auf, wenn sie von ihresgleichen umgeben sind. Einige Bakterien ahmen Jackson Pollock nach, indem sie die geschichteten Kalziumausflüsse im Yellowstone National Park mit Streifen in Rosa, Blau, Grün, Bernsteinfarben und Ziegelrot überziehen – jede Farbe die Signatur eines bestimmten Bakterienstamms, der Appetit auf Kreidesoufflé hat.

Bakterien leben überall, auch noch im lebensfeindlichsten Nirgendwo. Sie leben auf dem Gipfel des Mount Everest und am Grund des Meeres; sie leben in den Eiskappen der Pole und an den kochenden hydrothermalen Tiefseespalten. Sie überleben tief im Gestein unter der Erde; sie beseitigen Schwermetalle und Ölteppiche und betrachten Giftmüll als Leckerbissen. Eine Bakterienart, die den passenden Namen *Deinococcus radiodurans* trägt, kann einen Strahlenausbruch aushalten, der 1500-mal stärker ist als die Dosis, die uns das Leben kosten würde, und 15-mal stärker als die Strahlenmenge, die den Überlebenskünstler schlechthin, die Kakerlake, grillen würde.

Doch so sehr die Bakterien auch ob ihrer globalen Fähigkeiten und ihrer unwiderstehlichen Energien zu bewundern sein mögen, letztlich verdanken sie ihre brillanten Fähigkeiten den Vorzügen eines noch großartigeren, vielseitigeren und grundlegenderen Gebildes, den beispiellosen Vorzügen jenes Gebildes, aus dem Bakterien und alle anderen Lebewesen auf der Erde bestehen: der Zelle. Die Zelle ist sicherlich die größte Erfindung in der Geschichte des Lebens auf diesem Planeten. Seit die erste Zelle entstand, drehte sich, wie Gunter Blobel sagte, alles um sie, ein nie endendes Teilen von Zellen, um mehr Zellen hervorzubringen, um das Leben auf die einzig hier bekannte Weise am Leben zu erhalten: im Kontext der Zelle, durch den Bauplan der Zelle. Bakterien sind ein schönes Beispiel für die zelluläre Natur des Lebens, weil sie einzellige Organismen sind. Jedes Bakterium ist ein Lebewesen. Es enthält die chemischen Stoffe, Komponenten und Bedingungen, die erforderlich sind, um das Leben zu erhalten, und es verkörpert die wahnwitzige Erfolgsgeschichte der Zelle, ihrer Berufung, ihrer beispiellosen Pflichtauffassung. Nie war die Zelle außer Dienst, außer Form, aus dem Tritt, nie ausgepowert, ausgebrannt, ausgetrickst, aus der Mode oder ausradiert, seit die erste ihrer Art vor rund 3 Milliarden Jahren entstand. Das ist eine wirklich erstaunliche Sache, eines der fundamentalsten Prinzipien, die die Biologie zu bieten hat: dass es, nachdem sich die erste Zelle selbst zu einem selbstgenügsamen, selbstsüchtigen Selbst zusammengefügt hatte, seither kein Zurück, nicht einen einzigen zellfreien Augenblick mehr gab. Mochte es fürchterlich lange Zeitstrecken zu überwinden geben, mühselige Passagen, in denen sich Epoche an Epoche wirkungslos reihte, Eiszeiten und Asteroideneinschläge, vulkanische Revolten, ozeanische Wutanfälle und Massensterben, denen 90 Prozent des Lebens auf der Erde zum Opfer fielen – trotzdem war die Welt nicht einen einzigen Tag, eine einzige Nano-, Pico-, Piccolo- oder Piccolinosekunde lang ohne dünne Zellschicht, die sich irgendwo gehalten hatte, ohne einen Lebensfaden, der sich, wie fadenscheinig auch immer, ans Leben klammerte. Für den als Substrat dienenden Fels mögen die hartnäckigen Zellen Plaque sein, der Abschaum der Erde, und wer weiß, ob sich der Stein nicht nach einem betriebssicheren Dezellerator, dem vollkommenen Sagrotan gesehnt hat? Glücklicherweise kam es in der Geschichte unserer Erde nicht dazu; und sind Sie nicht doch froh, dass der Belag immer wieder kommt?

Wir wissen, dass alle Zellen auf der Erde monophyletisch sind, dass sie alle von einer einzigen Gründungszelle abstammen, mit anderen Worten, dass sie nicht polyphyletisch sind, das heißt, mehrere, unabhängige Ursprünge haben. Das teilt uns die Einheitlichkeit des genetischen Codes mit. Wir können es an der Struktur der Zelle erkennen, jeder Zelle, der Zelle einer Bakterie, einer Maispflanze, eines Feldhasen, eines Angsthasen. Die Zelle hat, egal, wo sie eingesetzt wird, eine unmissverständliche Geographie, eine Reihe gemeinsamer Merkmale, die erklären, warum sie die universelle Einheit des Lebens ist und warum sie so extrem gut arbeitet. Erinnern wir uns an den kunterbunten Katalog der erörterten Bakterien: die Exemplare in Ihrem Mund, in Ihrem Darm, die Bergsteiger und die Thermophilen. In gewisser Hinsicht sind sie alle sehr verschieden voneinander, jeder Stamm ist mit einer Teilmenge von spezialisierten Genen ausgerüstet, die ihm erlauben, sich von so unglaublichen Dingen wie Benzol und Quecksilber zu ernähren und die unerträglichen Verhältnisse seiner Nische zu ertragen. Wenn Sie andererseits irgendeine dieser Bakterien öffnen würden, könnten Sie feststellen, dass sie in ihrem Inneren alle ziemlich gleich beschaffen sind: ähnliche chemische Bedingungen, ähnlich ausgewogenes Verhältnis von Säure und Base. Und das innere Milieu einer Bakterienzelle hat große Ähnlichkeit mit dem unserer Leber- oder Herzzellen oder irgendwelcher anderer Zellen irgendwelcher anderer Organismen auf der Erde. Das ist die Schönheit und die Kraft der Zelle und eine der zentralen Einsichten, die die moderne Biologie gewonnen hat: Eine Zelle nimmt es mit der Unwirtlichkeit und Instabilität der Außenwelt auf, indem sie sich zu einer sicheren Zuflucht macht. Eine Zelle enthält alle Werkzeuge, die sie braucht, um Ordnung und Stabilität innerhalb ihrer Grenzen zu bewahren, um ihre inneren Schlupfwinkel warm und feucht und chemisch ausgewogen zu erhalten. In diesem ausbalancierten, ausgeglichenen Ambiente arbeitet das umfangreiche Personal der Zelle, die Proteine und Enzyme, mit Hochdruck, um die Zelle in ihrem Zustand angenehmen Gleichmaßes zu bewahren. Es gibt nichts Natürlicheres als eine Zelle; schließlich ist die Natur voll von ihnen. Gleichzeitig ein Produkt höchster Kunstfertigkeit, eine vollklimatisierte Limousine mit weichen Sitzen und luxuriöser Bar, die durch einen tobenden Wüstensturm fährt.

Eine Zelle ist die Grundeinheit des Lebens und die kleinste Materieeinheit, die nach übereinstimmender Auffassung als lebendig angesehen werden kann. Auch ein Virus ist eine Materieeinheit, die einige lebensähnliche Eigenschaften erkennen lässt, vor allem den eifrigen Drang, sich selbst zu replizieren, und die Fähigkeit, zu mutieren und sich zu entwickeln; ein Virus, nicht mehr als ein Genpaket in einem Mantel aus Proteinen und Zuckermolekülen, ist viel kleiner als selbst die kleinsten Zellen – die Bakterienzellen. Trotzdem vertreten die meisten Wissenschaftler die Auffassung, dass ein Virus, da es nicht an so grundlegenden Ritualen des Lebens wie Fressen und Ausscheiden teilhat und da es vollkommen von dem Apparat der infizierten Wirtszelle abhängig ist, um neue Viren hervorzubringen, noch nicht wirkliches Leben ist, sondern nur Protoleben, ein Möchtegern-, ein parasitäres Paraleben, wie wir es nennen könnten. Dort wird erst der Zelle authentische Lebendigkeit bescheinigt – der Zelle als der kleinsten Einheit des Lebens und dem Überbringer aller guten Gaben.

Die Zelle lebt, atmet, schmeckt, scheidet aus und repliziert sich, wenn sie dazu aufgefordert wird. Die Zelle ist autark, darin liegt ihre funktionale Schönheit und Kraft. Doch was ist eine Zelle in einem praktischeren, biomechanischeren, eingängigeren Sinne? Wie arbeitet eine Zelle, was sind ihre Hauptbestandteile, und warum ist sie die Grundlage jedes Lebens? Wie sieht eine Zelle aus, und warum ist sie zu klein für das bloße Auge? Zunächst einmal ist darauf hinzuweisen, dass nicht jede Zelle mikroskopisch ist. Eine Zelle hat prinzipiell drei Teile: eine fettige, wasserdichte Außenmembran, die Plasmamembran, die als Grenze zwischen Zelle und Umgebung, Selbst und Nicht-Selbst, dient; einen klebrigen inneren Teil, das Zytoplasma, wo die meiste Arbeit der Zelle geleistet wird; und ein Versteck für die DNA, den genetischen Inhalt der Zelle, seine Bedienungsanleitung und Fahrkarte für die Zukunft. In unseren Zellen, den Zellen eines jeden mehrzelligen Lebewesens und auch bei einigen Einzellern ist die DNA in einem Kern verpackt, einem hübschen Raum, der von einer kleineren, aber doppelschichtigen Version der die ganze Zelle umhüllenden Plasmamembran umgeben ist. In Bakterienzellen schwimmt die DNA frei im Zytoplasma. Kein Wunder, dass die Bezeichnungen, die wir für die beiden grundlegenden Zelltypen haben, die DNA-Unterbringungsform begünstigt, die zufällig die unsere geworden ist. Zellen mit einem Kern heißen eukaryotische Zellen, wobei »eu« soviel heißt wie »gut« oder »wahr« und »karyotisch« sich auf den »Kern« oder »Nukleus« bezieht. Bakterienzellen und andere einzellige Organismen, die keinen Kern haben, bezeichnen wir als »prokaryotisch« – ein »pro« wie in »prae«, nicht »pro« in der Bedeutung von »für« und ganz bestimmt nicht wie in »professionell«. Prokaryotische Zellen sind »pränuklear«, die armen Schweine, die hier eine Milliarde Jahre lang die Stellung hielten, bevor die »guten« Zellen, die mit Kern, auftauchten. Bakterien haben sich gerächt, indem sie von Zeit zu Zeit eine höchst professionelle Pathogenizität an den Tag gelegt haben, will sagen, Bakterienerkrankungen wie Beulenpest, Milzbrand, Syphilis, Kindbettfieber und, nicht zu vergessen, Zahnfäule.

Mit oder ohne Kern, Zellen weisen diese drei wesentlichen Bestandteile auf, und so kommt es, dass eine Bio-Entität, die die Zellkriterien erfüllt, das Ei ist. Ein Ei hat eine Außenmembran, ein zähflüssiges Zytoplasma, das wir in der genießbaren Version Eigelb nennen, und einen Gensatz – nur die Hälfte der Gene, die erforderlich sind, um einen Nachkommen hervorzubringen, und die Hälfte der Gene, die in anderen Körperzellen der Eiträgerin zu finden sind, aber trotzdem ein Gensatz. Bevor eine Eizelle ihre DNA mit dem Gensatz eines Spermiums verschmilzt und sich zu einem Embryo zu entwickeln beginnt, ist sie eine einzelne Zelle, was auch für das Ei gilt, das Sie gut genug sehen, um es zu Rührei zu verarbeiten. Glauben Sie es oder nicht, ein unbefruchtetes Hühnerei, wie Sie es im Supermarkt kaufen, ist eine einzelne Zelle, obwohl das, streng genommen, für das farbenfrohe Eigelb gilt, das durch eine Plasmamembran zusammengehalten wird und sich deshalb als echte Zelle ausweist. Das durchsichtige, schlagfähige, proteinreiche »Eiweiß«, die harte Schale aus Kalziumchlorid, und die dünne, schlüpfrige Membran, die die Schale auskleidet, sind lauter Ergänzungen, die später hinzukommen, wenn das Eigelb durch die Kloake der Mutter wandert. So verhält es sich mit dem Hühnereigelb, und je mehr wir uns über die Gesundheitsrisiken des Eierverzehrs sorgen, desto größer werden die Eier. Das größte Ei der Welt, und damit die größte Zelle der Welt, ist das Straußenei, das zwanzig mal acht Zentimeter misst und mit seiner nicht mehr zur Zelle gehörigen Schale drei Pfund wiegt und ohne zwei Pfund. (Interessanterweise ist das Straußenei aber zugleich das kleinste Vogelei im Verhältnis zur Größe der Mutter, beträgt es doch nur 1 Prozent der Körpermasse des Straußenweibchens. Vogelmütter, die unser ungeteiltes Mitgefühl verdienen, sind die Kiwis und Kolibris, deren Eier 25 Prozent ihres eigenen Körpergewichts ausmachen – was bei einer Frau einem Neugeborenen von 15 Kilo entspräche.)

Es gibt noch andere Zellen, die mit bloßem Auge zu erkennen sind. Die meisten Bakterienstämme sind ausgesprochen mikrobisch, mit einem Durchmesser im Größenbereich von einem Millionstelmeter, doch *Thiomargarita namibiensis*, eine Schwefel bevorzugende Bakterie, die erstmals vor der Küste von Namibia entdeckt wurde, ist immerhin einen Millimeter breit, so groß, wie der Punkt, zu dem Sie gleich gelangen werden. Unter den so genannten Protozoen, einem bunt zusammengewürfelten Stamm von einzelligen und zumeist unsichtbaren Lebewesen, zu denen solch Laborinventar gehört wie Amöben und Pantoffeltierchen, finden wir auch eine Handvoll ganz ungewöhnlicher Giganten. Bei Weitem am größten sind die Wurzelfüßer, meeresbewohnende Protozoen, die bis zu fünf Zentimeter lang werden können; wie Vogeleier sind diese einzelligen Ehrgeizlinge von harten äußeren Schalen umschlossen, einer kristallinen Struktur aus Kalkspat, die jedes dieser Geschöpfe selbst bildet.

Doch solche makrobischen Zellen sind die Ausnahme; die weit überwiegende Mehrheit der irdischen Biomasse besteht aus stäubchenfeinen Geschöpfen. Unsere Zellen, die Zellen eines Elefanten, die Zellen des größten jemals auf der Erde lebenden Tiers – der Blauwalkuh – sind winzig, sie haben im Durchschnitt einen Durchmesser von $^1/_{2500}$ Millimeter. Was ist so groß daran, so klein zu sein? Das habe ich viele der von mir interviewten Biologen gefragt. Warum Zellen? Warum setzen sich Körper, ganz gleich, wie groß sie noch werden sollen, aus Teilen zusammen, die so winzig sind, dass man sie nicht sehen kann? Warum sollen wir nicht sehen, woraus wir sind – aus großen Lagen vereinigter Materie, übereinandergestapelten Gewebeschichten?

Klein zu sein heißt, die Kontrolle zu haben, erläuterte mir Cynthia Wolberger von der Johns Hopkins University. Klein ist überschaubar. Klein ist flexibel. Die Zelle ist von ihrer Umgebung abgeschirmt und kann daher kontrollieren, was in ihr vorgeht, und das in einer Weise, die ihr in der Außenwelt nicht möglich ist. Je kleiner der Raum ist, den es zu beaufsichtigen gilt, desto exakter, strenger und energischer kann die Kontrolle sein.

Unternehmen haben diese Lektion immer wieder gelernt: indem sie sich von dem Schwung und der Anpassungsfähigkeit kleiner, eng verbundener und halb autonomer Teams überzeugten. Solange Ihre individuellen Arbeitsgruppen kompakt und geschlossen bleiben, kann Ihr Unternehmen die Schlauheit Davids mit dem multinationalen Anspruch Goliaths verbinden. Wir vielzelligen Lebewesen können augenscheinlich ebenfalls riesig werden, während wir biochemisch beweglich und abgeschirmt gegen die

Wechselfälle unserer unberechenbaren Welt bleiben, weil wir aus überschaubaren Teilen von bescheidener Größe bestehen.

Um zu verstehen, warum eine Zelle klein ist, sagte Wolberger, sollte man einen raschen Blick in ihr Inneres werfen. Da wird das Bild allerdings, das ist zuzugeben, ein wenig hässlich. Ich fragte Wolberger, wie die Zelle aussehen würde, wenn man sie auf die Größe einer Schreibtischgarnitur aufblähen würde.

Wie aus der Pistole geschossen antwortete sie fröhlich: »Wie Rotz.«

Rotz?

»Ja, Zellen sind sehr klebrig und zähflüssig«, sagte sie. »Wir führen viele Experimente in vitro durch, in Reagenzgläsern, indem wir Elemente einer Zelle isolieren, praktisch in einem Glas Wasser mit Salz und einem chemischen Puffer. Ich erinnere meine Studenten dann gern daran, dass die Dinge in vivo, unter den realen Bedingungen der Zelle, viel dicker, sirupartiger sind. Mehr wie Rotz.«

Zu diesen unappetitlichen Vorstellungsbildern gesellt sich dann noch die abstoßende Zähigkeit der zellulären Nomenklatur. Sie mögen der stolze Besitzer von 74 Billionen Zellen sein, doch der Jargon der Zellbiologie kann dafür sorgen, dass Sie sich wie ein Fremder ohne Greencard oder Stadtplan vorkommen. Sie durchbrechen die Grenze der Plasmamembran, und, krachbumm, rennen Sie gegen das harte endoplasmatische Retikulum, eine Reihe abgeflachter Säcke, in denen Proteine hergestellt werden; oder Sie schrammen am Golgi-Apparat entlang, einem anderen Stapel abgeflachter Säcke, in denen Proteine gespeichert oder nach Bedarf chemisch angepasst werden; oder platsch, platsch, platschen Sie durch die Vesikel, die Lysosomen, die Ribosomen, die Mitochondrien. Selbst der Oberbegriff für die vielen kleinen Strukturen der Zelle, »Organellen«, wirkt unnötig steif.

Machen Sie sich nichts draus. Lassen Sie sich weder von der In-vivo-Viskosität noch von der verbalen Schaumschlägerei abschrecken. Die Welt der Zelle ist in Wirklichkeit gar nicht so verschieden von unserer eigenen. Zellen mögen klein sein – ungefähr in der Mitte zwischen der Größe eines erwachsenen Menschen und der Größe eines Atoms liegen, aber sie verhalten sich weit mehr nach der klassischen, Newton'schen, Schubst-du-mich-schubs-ich-dich-Physik als nach den wolkigen Wahrscheinlichkeitsregeln der Quantenmechanik, wo die Elektronen aus einem Orbital verschwinden und in einem anderen wieder auftauchen. Selbst die winzigsten Zellen haben eine erkennbare, dreidimensionale Form, und obwohl die einfachste Zellform den, sagen wir, Tropfen von Lavalampen ähnelt, können spezialisierte Zellen spezialisierte, elegante Formen annehmen. Durch ein Mikroskop betrachtet, sehen Hautzellen wie stapelbare Essteller, rote Blutkörperchen wie runde Kekse, Leberzellen wie seitlich nebeneinander gestellte Schuhkartons aus. Körperzellen haben in der Regel einen festen Platz und folgen den Anweisungen, die ihnen durch chemische Umgebungssignale des Organs übermittelt werden, zu dem sie gehören, doch alle Zellen sind im Grunde so eigensinnig und wendig wie Katzen. Schneiden Sie ein paar Zellen von Niere, Herz oder Zunge ab, geben Sie sie in eine Petrischale mit etwas Brühe und den richtigen Nährstoffen, und die Zellen werden wie selbständige Zootica umherkriechen, Lebewesen, die auf dem Meeresboden des Präkambriums lebten. Betrachten Sie die Zellen unter dem Mikroskop, und Sie können erkennen, wie sie ihre Ränder weit ausdehnen, ähnlich den Flügeln einer Fledermaus oder den Flossen eines Teufelsrochens, wie sie sich auf der Suche nach Nahrung vorwärtsziehen und wie sie bei der Berührung einer anderen wandernden Zelle zusammenzucken und sich zurückziehen. Zellen sind so stark, dass Sie sich fragen, wieso sich ihre Besitzer jemals schwach fühlen können. Ameisen sind berühmte Gewichtheber, fähig, Lasten zu tragen, die zehn bis zwanzig Mal so groß sind wie sie selbst; doch Zellen, so Scott Fraser, ein Bioingenieur vom Caltech, sind den Ameisen mindestens um einen Schritt voraus. In Studien, in denen die Forscher mit Hilfe von Laserpinzetten und Kunststoffperlen untersuchen, wie Zellen sich gegenseitig Signale übermitteln, ergreift eine Zelle in einer Kulturschale die Perlen, indem sie sie mit einem Teil ihrer Plasmamembran umwickelt und dann aus der Pinzette reißt, ganz ähnlich, wie ein Mensch einen kleinen Baum entwurzelt.

Zellen sind die Grundeinheit des Lebens, und das geben sie mit jeder Pore und Falte zu erkennen. Die wichtigsten Einheiten dieser Grundeinheiten des Lebens, die Moleküle, die alle Arbeit der Zelle leisten, das Bewegen, das Schütteln und Reißen, das Fressen und Ausscheiden und nicht zuletzt die Herstellung neuer Beweger und Schüttler der verschiedensten Art, sind die Proteine. Die Zelle zu verstehen heißt, die Proteine zu verstehen, und das bringt uns zu einem Punkt, den viele Biologen eingestandenermaßen als ständiges Ärgernis empfinden: die höchst begrenzte Vorstellung der Öffentlichkeit von dem, was ein Protein ist. Stephen Mayo, Professor am Caltech, leitet ein Labor am Broad Center for Biological Sciences, eines der neueren Gebäude auf dem Campus und eines der wenigen mit einem ausgeklügelten Sicherheitssystem, um den Diebstahl des einen oder anderen Hunderttausend-Dollar-Geräts zu verhindern. Er ist jung, groß, gepflegt, trägt modische Chinohosen und ein maßgeschneidertes, gestreiftes Hemd mit aufgerollten Ärmeln. Mayos Büro ist geräumig, sonnig und auf diskrete Art luxuriös, Ausdruck der ungeheuren wirtschaftlichen Möglichkeiten, die von seinen biomedizinischen Forschungen erwartet werden. Mayo versucht neue Proteine biotechnisch herzustellen, die sich in neue Medikamente einbauen lassen. Manchmal besucht er mit seiner Frau, die sich ehrenamtlich in der Junior League engagiert, eine Vielzahl von gesellschaftlichen Veranstaltungen, wo er Menschen aus allen möglichen Berufen trifft. »Wenn sie mich fragen: ›Was machen Sie beruflich?‹, hole ich tief Atem«, sagte er, »und erkläre ihnen, dass ich ein Labor an einer Universität leite und dass ich über Proteine arbeite. ›Ach‹, sagen sie, ›Sie sind Ernährungswissenschaftler?‹ Die Leute hören das Wort ›Protein‹, und das Erste, was ihnen einfällt, ist ein Hamburger.« Er erklärt ihnen dann, nein, er versuche mit Hilfe der Computertechnik neue Proteine zu entwerfen, neue biologische Moleküle zur Verwendung in medizinischen und pharmazeutischen Produkten. »Die ganze Zeit aber sehe ich ihnen an, dass sie im Stillen immer noch an Hamburger denken«, so Mayo. »Sie fragen sich: Stimmt denn was nicht mit dem Hamburger, den ich gleich bekomme?«

Natürlich gibt es einen Zusammenhang zwischen dem Protein, dem Eiweiß, in Hamburgern und den Proteinen, mit denen sich das Mayo-Team beschäftigt. Wenn Sie Fleisch essen, essen Sie Zellen, und Zellen sind voller Proteine. Wenn Sie Brokkoli essen, essen Sie ebenfalls Zellen, die voll Protein sind. Unser Körper braucht eine ständige Versorgung mit Nahrungsproteinen, um neue Zellen herzustellen, beschädigte zu reparieren, das Immunsystem aufzufüllen und alle Teile mit Energie zu versorgen. Der Grund, warum der Oberbegriff »Protein« oder »Eiweiß« so viel eher mit Hamburger verknüpft wird als mit gedünstetem Brokkoli, liegt darin, dass Fleisch, das aus Muskelzellen besteht, eine konzentriertere Proteinquelle ist und größere Ähnlichkeit mit unseren eigenen Proteinzellen hat. Daher lassen sich die Proteinkomponenten, die wesentlich für die Erhaltung unserer fleischlichen Gestalt sind, rascher und leichter beschaffen, indem wir das Fleisch eines anderen Tiers verschlingen, als dass wir nach einem Pfirsich greifen, obwohl das Pflanzenreich, wie jeder Vegetarier bezeugen kann, groß und vielfältig ist, so dass Sie, wenn Sie auf bestimmte Aspekte der Ernährung achten, alle Proteine, die Sie brauchen, aus dem Chlorophyllreich beziehen können.

Unabhängig von der Quelle sind Nahrungsproteine langweilige und leblose Dinge und vermitteln einen traurigen und schiefen Eindruck von den Proteinen, über die Mayo und andere Biologen sprechen. Was macht der Magen schließlich anderes mit den Proteinen, deren er habhaft wird, als sie in ihre kleinstmöglichen Bestandteile zu zerlegen, zu deaktivieren, zu destrukturieren und zu denaturieren, wie es ein Proteinchemiker vielleicht ausdrücken würde. Das ist die Aufgabe des Magens: Eine Mahlzeit so zu zerlegen, dass sie nach brauchbaren Ersatzteilen durchstöbert werden kann. Hören wir auf, das Steak als Synekdoche für das Molekül zu verwenden. Proteine sind so viel mehr als totes Fleisch.

Was ist denn nun ein Protein in seinem Naturzustand, auf seiner angestammten zellulären Bühne? Eigentlich ist ein Protein eine Kette von Aminosäuren, Verbindungen, die in erster Linie aus den Elementen bestehen, die am ehesten mit dem Leben assoziiert werden – Kohlenstoff, Sauerstoff, Wasserstoff und Stickstoff –, so angeordnet, dass jede Aminosäure einen kleinen Höcker positiver Ladung und einen kleinen Höcker negativer Ladung besitzt. Diese molekulare Bipolarität, die Tatsache, dass sie zwei Ladungen tragen, ermöglicht den Aminosäuren, sich zu einer enormen Vielzahl von Strukturen zusammenzuschließen, so wie die Löcher und Noppen der Legosteine erlauben, sie zu Zugbrücken, Riesenrädern, Dinosauriern und anderen Herrlichkeiten zusammenzustecken, die, wenn vielleicht auch nicht auf dem Fußboden Ihres Wohnzimmers, so doch auf dem Deckel der Legoschachtel zu bewundern sind. Zellen synthetisieren Aminosäuren entweder von Grund auf oder extrahieren sie aus der Nahrung, und dann verbinden sie diese chemischen Untereinheiten miteinander und fertigen daraus den fälligen Proteinnachschub. Diese Proteine unterscheiden sich beträchtlich in ihrer Größe; von den unscheinbaren Peptiden, die ein paar Dutzend Aminosäuren lang sind, bis hin zu unüberschaubaren, spektakulären Ketten von mehreren tausend Aminosäuren. Vergessen Sie dabei nicht, dass »klein« und »groß« hier relative Begriffe sind und dass selbst massigste Proteine es kaum auf mehr als ein Hunderttausendstel der Größe eines Sesamkörnchens bringen.

Weit wichtiger als die Größe eines Proteins ist seine Form, also wie sich seine Kette von Aminosäuren im dreidimensionalen Raum faltet, krümmt, runzelt und biegt. Häufig werden Proteine als kleine »Maschinen« in der Zelle beschrieben, doch dieser industrielle, kastige Ausdruck straft ihre Arp'schen Krümmungen und Schwarzkopf'schen Wellen Lügen. Könnten Sie Proteine über

Ihren Schreibtisch hüpfen sehen, würden sie Ihnen vielleicht wie besonders modische Nerfbälle oder wie Origami-Tiere aus Butter und Ton vorkommen. Wenn Sie ein typisches Protein berühren, es mit dem Zeigefinger drücken könnten, würde es sich, obwohl Proteine in vielen Macharten vorkommen, wegen seiner zellulären Umgebung oberflächlich weich und schleimig anfühlen, aber darunter deutlich eine gewisse Festigkeit erkennen lassen. Nichts ist unüberlegt an diesem Protein-Kitt, nichts nachlässig an seiner Form, denn aus der Form des Proteins ergibt sich seine Funktion. Die Besonderheiten einer Proteingestalt und die Art und Weise, wie sich seine positive und seine negative Ladung entlang seines Umrisses verteilen, ermöglichen dem Protein, die ihm zugewiesenen Aufgaben zu erfüllen. Eine einzelne Zelle könnte 50 000 verschiedene Proteine enthalten, einige mit tiefen Kerben, andere mit winzigen Vorsprüngen in V-Form, wieder andere mit Bändern wie Papierschlangen, dazu bestimmt, ein Zielmolekül in helikaler Umarmung zu umfangen oder mit Kombinationen dieser und anderer immer wiederkehrender Proteinmotive. Die meisten Proteine haben starre Teile und flexible Teile, Regionen, die während der Lebenszeit des Proteins relativ unverändert bleiben, und Abschnitte, die auf Anstöße von Nachbarmolekülen reagieren und entsprechend Form und Aufgabe verändern. Leben ist Wandel. Proteine leben, um zu arbeiten, und sie leben an einem Ort, der große Ähnlichkeit mit Manhattan hat, einer hektischen Stadt, die nie schläft, wo nur zählt, wie Sie aussehen und was Sie tun.

Womit sind nun aber diese Proteine so fleißig und unermüdlich beschäftigt? Die meisten von ihnen sind Enzyme, Proteine, die dazu beitragen, chemische Reaktionen in der Zelle zu aktivieren oder zu beschleunigen, indem sie ansonsten getrennte Ingredienzen zusammenbringen, oder die die Form anderer Proteine verändern und sie auf diese Weise veranlassen, aktiv zu werden und eine chemische Reaktion auszulösen. Die besondere Struktur eines Enzyms ist so beschaffen, dass sie exakt zu nur einem oder einer Handvoll Zielmolekülen in der Zelle passt, so wie Ihr Handy nur in das richtige Ladegerät passt und nicht in das Ihrer Eltern oder Ihres Partners oder sonst irgendeines anderen. Sobald sich das Enzym mit seinem Ziel, seinem Substrat verbunden hat, kann es seinen speziellen Verwandlungsauftrag ausführen. Beispielsweise gibt es Enzyme in Leberzellen, die dank ihrer Form Cholesterinringe erkennen können, und sobald sie an diesen Fettkreisen angedockt haben, helfen sie, diese zu notwendigen Geschlechtshormonen wie Testosteron oder Östrogen zusammenzufügen. Andere Leberenzyme verbinden Salze, Säuren, Cholesterin, Fette und Pigmente zu dem bitteren, gelbbraunen Gebräu, das wir Galle nennen. Dann gibt es noch das rufrettende Leberenzym, die Alkoholdehydrogenase, mit deren Hilfe die Alkoholmoleküle in Ihrem Mixgetränk in kleinere, nicht berauschende Teile gespalten werden, bevor die Gefahr besteht, dass Sie umfallen, sich übergeben oder anfangen, Peggy Lee zu imitieren.

Und das ist noch nicht alles, liebe Freunde, was uns am Laufen hält. Enzyme in weißen Blutkörperchen können Virenhüllen auflösen, Enzyme in den Zellen unserer Bauchspeicheldrüse kontrollieren, wie viel Zucker unser Blut eindickt, Enzyme in Nervenzellen stellen die chemischen Signale her, die durch unserer Gehirn strömen und uns ermöglichen, zu denken, zu fühlen, zu bedauern, dass wir bestimmte Dinge anstelle anderer tun, und Rezepte für Prozac ausfüllen.

Abgesehen von den einfachen Enzymen gibt es Strukturproteine, die das filamentöse Stütznetz der Zelle bilden, das so genannte Zytoskelett, wobei »zyto« das griechische Wort für Zelle ist. Wie Knochen verleihen die Strukturproteine der Zelle ihre Form und Festigkeit, und wie Knochengewebe sind sie alles andere als passiv und unbeweglich, vielmehr äußerst agil und bestrebt, ihre Macht zur Schau zu stellen, so dass man glauben könnte, sie wären Reste jener Leichen, die die bekannte Redensart in den Keller verbannt. Am bekanntesten unter den Strukturproteinen ist das Aktin, das in allen eukarotischen Zellen vorkommt, ein vielseitiges Molekül, das nicht nur als Material für die Balken und Träger der Zelle dient, sondern auch Transportaufgaben übernimmt, indem es andere Zellproteine von Ort zu Ort befördert, dabei hilft, den Abfall aus der Zelle zu schaffen und in den Blutkreislauf zu entsorgen, oder alle Vorbereitungen für den heikelsten und kompliziertesten Zellprozess trifft, die Teilung der Zelle in zwei neue Zellen. In Muskelzellen arbeitet Aktin mit einem anderen Strukturprotein zusammen, dem Myosin, um die Muskelzellen während einer Kontraktionsbewegung zusammenzuziehen, etwa beim Beugen des Bizeps oder beim Schlucken eines Nahrungsbissens, und um die Muskelfasern zu entspannen, wenn die Übung vorbei und der Bissen durch ist.

Da Strukturproteine ebenso geschäftig und vielseitig sind wie die Enzyme im engeren Sinn, vertreten einige Forscher die Auffassung, dass alle Proteine Enzyme sind, maßgeblich beteiligt an Veränderung, Leben und Auftrieb. Das Wort »Enzym« bedeutet »Sauerteig« oder »Hefe« und ist eine etymologische Verbeugung vor den Hefeproteinen, die dafür sorgen, dass das Brot, der Wein und Sie Auftrieb erhalten. Auch *L'chaim* soll etymologisch mit *zyme* verwandt sein. Es ist der hebräische Toast, der anlässlich eines Festessens zu einem alkoholischen Getränk ausgebracht wird und ganz einfach »auf das Leben« heißt.

In der Zelle wimmelt es von Proteinen, Enzymen, Leben. Wenn Sie bei der Zelle einen Deckel öffnen könnten, um hineinzuschauen, wäre es wie der Blick in einen Ameisenhaufen oder einen Bienenstock, sagte Tom Maniatis, Biologe an der Harvard University, aber im Zeitraffer. »Da wäre hektische Aktivität, Objekte würden in jede Richtung transportiert, und Moleküle mit blitzartiger Geschwindigkeit hin und her geschoben.« Stellen Sie sich außerdem vor, dass Protagonisten durch riesige Tore flitzen, von der Bildfläche gesaugt werden und sich in Luft auflösen. Die Membranen, die die Zelle und den Kern umhüllen, sind mit Poren und Kanälen durchsetzt, die sich öffnen und schließen, Moleküle herein- und hinauslassen; und überall im Zytoplasma gibt es blasenähnliche Gebilde, so genannte Vesikel, die auf den Aktingleisen der Zelle entlangrumpeln, sich Molekülen nähern und ihnen selbstgebastelte Zwangsjacken anlegen, sie an neue Orte bringen und dort ausspucken; es gibt noch andere, scheußlichere Vesikel, die Lysosome, kleine Mägen der Zelle, die mit ätzenden Säuren gefüllt sind und allen Zytomüll zerstören, den sie einsaugen. In dieser wimmelnden Hexenküche, diesem durchgeknallten Bienenkorb schließen sich viele Proteine zu Gruppenreisen zusammen, das heißt, sie bilden knollige Proteinkomplexe von drei, sechs, einem Dutzend Proteinen mit unterschiedlichen Talenten, die durch ihre komplementäre Struktur miteinander verklammert sind – Feder und Nut, Positivität und Negativität.

Bis in allerjüngste Zeit stellten sich Biologen Proteine meist isoliert vor, als eingefleischte Individualisten, eine Gruppe von Einzelwesen oder Monomeren, die in den Zellen monomanisch ihren Aufgaben nachgingen. Eine der wichtigsten Erkenntnisse der letzten Jahre, deren Bedeutung in dem Maße zunimmt, wie wir die Zellprozesse in vivo studieren, besagt, dass die meisten Proteine in Teams operieren, als Polyproteine, und dass das Ergebnis ihrer vereinten Talente möglicherweise ganz anders ausfällt, als sich aufgrund ihrer individuellen enzymatischen Eigenschaften vorhersagen ließe. Wichtiger noch, die Protein-Protein-Zusammengehörigkeiten sind fließend und austauschbar. Ein Protein kann sich jetzt bei einer Gruppe anbiedern, um sich im nächsten Augenblick zu lösen und seine Kräfte mit einem Protein nebenan zu vereinen und dann, ein paar Sekunden, Minuten oder Tage später, mit einem dritten zu koalieren – wobei es in jedem Team eine andere enzymatische Aufgabe erfüllt. Und nirgends zeigt sich die Teamfähigkeit der Proteine deutlicher als bei den Geschäften des Familienunternehmens: bei der Erzeugung neuer Proteine und der Erzeugung des geschäftigen, unermüdlichen und gelegentlich teilbaren Gemeinwesens, dem sie angehören.

Tom Maniatis sagte, wenn die eukaryotische Zelle einen Deckel hätte, würde man eine schwindelerregende Geschäftigkeit erblicken; jetzt wird es Zeit, durch das Tor des Kerns zu treten und einen Blick auf die geschäftigste, chaotischste aller Montagehallen zu werfen.

Wie allgemein bekannt, ist die DNA ein Riese unter den Molekülen, Trägerin vieler Namen. DNA, das sind unsere Gene, die wir halb von der Mutter und halb vom Vater erben und die wir automatisch für unsere schlechten Zähne verantwortlich machen oder unsere Unfähigkeit, helle von dunkler Wäsche zu trennen. DNA, das sind unsere Chromosomen oder die Chromosomen unseres Babys, jene 23 Paar wurstförmiger Körperchen, so gekräuselt, gebogen und akrobatisch verrenkt wie Keith Harings Zeichnungen, die in einem Amniozentesetest isoliert, gefärbt und schließlich auf Anzeichen für beunruhigende Brüche, Defekte oder Verdoppelungen untersucht werden. Die menschliche DNA wird als das menschliche Genom bezeichnet, Hauptdarsteller des nach ihm bezeichneten Humangenomprojekts, jenes multinationalen Multimilliarden-Dollar-Unternehmens, den ganzen genetischen Code des Menschen »zu kartieren und zu sequenzieren«, das heißt, jeden der 3 Milliarden chemischen Buchstaben zu identifizieren, aus denen sich die menschliche DNA zusammensetzt. Die DNA ist fast zum Götzen überhöht worden, mutierte vom heiligen Gral zum goldenen Kalb, und sieht sich nun dem gegensätzlichen Problem des Proteins gegenüber. Während ein Protein einfach als ein Bestandteil des Fleisches gesehen wird, ist die DNA viel zu berühmt für gewöhnliche Körper und viel zu groß oder gefährlich für den Verzehr. Wie sonst wäre das verbreitete Missverständnis zu erklären, dass nur die »gentechnisch veränderten« Lebensmittel Gene enthalten und dass einige Gastronomen den Verzicht auf gentechnisch veränderte Lebensmittel in ihrer Küche damit bewerben, dass sie auf den Speisekarten das rot durchkreuzte Symbol einer Doppelhelix abbilden?

Dabei essen Sie ständig DNA, vermutlich ohne darüber nachzudenken, selbst wenn Ihr Essen garantiert biologisch ist, also nur den traditionellen Methoden der genetischen Veränderung unterzogen wurde – das heißt, selektiver Pflanzen- und Tierzucht und kontrollierter Kreuzung, Techniken, die die Menschheit seit mehr als 10 000 Jahren anwendet – und garantiert frei ist von den modernen *Frankenfood*-Zusätzen, eingeschleusten Genen, die die Widerstandsfähigkeit der Pflanzen gegen Frost oder Pilze erhöhen. Doch selbst wenn Sie nur biologisch angebaute Nahrungsmittel zu sich nehmen, schlucken Sie täglich Milliarden von Genen, die auf Millionen von DNA-Molekülen aufgereiht sind. Jedes Mal, wenn Sie ein Steak essen, verspeisen Sie eine Scheibe Rindermuskel, die aus Millionen von Rinderzellen besteht, und diese Zellen sind voller Protein, Myosin und Aktin und vielen weiteren Stoffen; die Plasmamembran, die jede Zelle umgibt, und die kleine Kernhülle in jeder Zelle sind Cholesterinblasen, und in der Mitte jedes Rinderzellkerns befindet sich die Rinder-DNA, der vollständige Satz Rindergene, verteilt auf die dreißig Paar Rinderchromosomen, die das Rindergenom bilden. Aus jedem in jeder Rinderzelle inthronisierten Rindergenom ließe sich ein vollkommen neues Rind, ein Dolly-ähnlicher Klon des Spenderrinds, herstellen, was der Behauptung, man sei so hungrig, dass man »ein ganzes Rind verspeisen« könne, eine ganz neue Bedeutung verleiht. Sie essen Kartoffel-DNA und Tomatenchromosomen; wenn Sie bei Ihrer Ernährung auf gesunde Abwechslung Wert legen, haben Sie in Ihrem Leben schon die Quellcodes für Tausende von Arten verspeist. Genome sind nicht nur Gegenstand hochgestochener, hochpreisiger Projekte. Sie stecken auch in allen unseren Körperzellen, ungekürzte Kopien der DNA-Moleküle, die jeder Elternteil uns im Augenblick unserer Empfängnis zur Hälfte vererbt hat, die von den rasch sich vermehrenden Zellen während der fötalen Entwicklung repliziert und an jede Tochterzelle weitergegeben wurden, die jede erwachsene Zelle noch immer enthält und bei jeder Teilung getreulich kopiert. Die einzigen Zellen ohne DNA sind unsere zirkulierenden roten Blutkörperchen, die spezialisierten Zellen, die den Sauerstoff durch den Körper tragen. Rote Blutkörperchen entwickeln sich in unserem Knochenmark aus Vorläuferzellen, die noch DNA enthalten; doch in ihrem letzten Reifestadium, wenn sie bereit sind, uns unseren Lebensatem zu liefern, als Boten der Lunge jede noch so entfernte Zelle unseres Körpers erreichen, entledigen sich die roten Blutkörperchen des Kerns und seines DNA-Moleküls, um den Aktivitäten ihrer Hämoglobinmoleküle, die den Sauerstoff einfangen, möglichst viel Platz zu lassen.

Das ist vielleicht der wichtigste Punkt in der DNA-Geschichte: dass in fast jeder Zelle unseres Körpers eine eigene Kopie des vollständigen DNA-Moleküls zu finden ist, mit all unserer genetischen Information, allen 23 Chromosomenpaaren, allen unseren Genen, all dem übermäßig langen Füllmaterial zwischen den Genen, allen 3 Milliarden Bits, die jedes menschliche Genom bilden. Es ist vielleicht nicht *das* Humangenom, das Forscher weitgehend kartiert und sequenziert haben; diese offizielle Karte beruht auf einer Zusammenstellung genetischer Proben, die man einer Handvoll Menschen entnommen hat, darunter Patienten langjähriger wichtiger genetischer Studien und einigen Forschern mit langjährig kultiviertem Sinn für die eigene Wichtigkeit. Unsere menschlichen Genome jedoch, die schlichten, die sich in den Kernen von fast allen unseren Zellen befinden, sind dem großen Humangenom sehr ähnlich, das in den Datenbanken der National Institutes of Health und anderer Forschungszentren ausbuchstabiert wird. Wir Menschen sind untereinander zu 99 Prozent genetisch identisch. Die wenigen Stellen, an denen unsere Genome abweichen – von dem archivierten Archetyp und voneinander –, tragen zur Erklärung jener individuellen Unterschiede bei, die unsere Augen mühelos erkennen und allzu leicht vergröbern. Könnten wir die Genome sehen, die wir in uns tragen, wären wir vielleicht in der Lage zu erkennen, wie homogen und tief unsere gemeinsame menschliche Natur ist.

Trotzdem kann nichts so vertraut sein wie das Genom, das wir in uns haben, ist es doch vollständig in jeder kernhaltigen Zelle des Körpers kopiert. Unsere Leberzellen mögen Enzyme zur Alkoholentgiftung herstellen und unsere weißen Blutkörperchen sich darauf spezialisieren, Mikroorganismen zu köpfen, doch in ihren Kernen befinden sich das gleich DNA-Molekül, das gleiche Genom, die gleichen Chromosomen, die gleichen Gensätze. Wo sich die DNA einer Leberzelle von der in einer Nieren- oder Knochenzelle unterscheidet, liegt es daran, dass das Molekül von den Proteinen, mit denen es Umgang pflegt, zu sehr verwöhnt wurde.

Um die Dynamik zwischen DNA-Klonalität und Protein-Heterodoxie zu verstehen, müssen wir uns den verzärtelten Koloss auf seinem Kern-Diwan etwas genauer anschauen. Die DNA ist ein Molekül, das, ausgestreckt, so lang wie ein Vorschulkind wäre; doch selbst in seinem extrem zusammengepressten Zustand im mikroskopischen Kern ist die DNA noch immer mehrere hundert Mal so groß wie ein durchschnittliches Protein. Doch trotz ihrer Masse ist die DNA letztlich ein einfaches Molekül, tatsächlich weit einfacher als viele Proteine, die es umgeben. Während Proteine aus zwanzig verschiedenen Arten von Untereinheiten bestehen, zwanzig verschiedenen wählbaren, kombinierbaren und zum Ausbessern benutzbaren Aminosäuren, kommt die DNA erstaunlicherweise mit nur vier verschiedenen chemischen Bausteinen aus, den so genannten Basen, die ihrer Struktur zugrunde liegen. Offiziell heißen sie Cytosin, Guanin, Adenin und Thymin, doch wie bei Präsidenten und Modeschöpfern genügen gewöhnlich ihre Anfangsbuchstaben: C, G, A und T. Jede der vier Basen ist unterschiedlich, aber ziemlich einfach aus Stickstoff- und Kohlenstoffringen aufgebaut, die an einem spiralförmigen Gerüst von Zucker- und Phosphatmolekülen haften. Die Stickstoff- und Kohlenstoffringlein erstrecken sich von ihrem Gerüst aus nach außen und suchen Gesellschaft. Die DNA ist schließlich eine Doppelhelix, das heißt, sie besteht aus zwei Basensträngen, die an zwei Zucker Phosphat Rückgraten befestigt sind. Die C, G, A und T des einen Strangs liegen ihren Pendant-Basen auf dem anderen Strang gegenüber und werden in dieser Position durch den sanften Zug einer Wasserstoffbindung gehalten. Doch die Paarung der Basen zwischen den Strängen ist nicht beliebig: A ist immer mit T verknüpft, und G immer mit C. Das ist die komplementäre Zuordnung, die als richtig empfunden wird, die dem DNA-Molekül ermöglicht, zur Ruhe zu kommen und seine strukturelle Einheit und Konstanz auf ganzer Länge zu bewahren. Adenin und Guanin sind beide relativ große Basen, während Thymin und Cytosin vergleichsweise klein sind. Es werden also stämmige Partner mit zierlichen gepaart, so dass sich eine glatte vertikale Ausrichtung ergibt. Ist das nicht hübsch? Groß wie ein Männchen, klein wie ein Weibchen. Sie könnten diese komplementären Paare glatt die Planke zur Arche Noah hinauftreiben.

Die DNA ist also ein zweiseitiges Molekül, zwei korkenzieherförmige chemische Ketten, die lose, aber innig in komfortabler Komplementarität miteinander verbunden sind. Auf der einen Seite ein Strang mit 3 Milliarden Basen, Millionen und Abermillionen C, G, A, and T, angeordnet zu wechselnden Mustern, mit einer Fülle von CATs und TAGs und ACTs und TATAs und langen stotterigen Strecken von T oder A oder GC, die sich wiederholen, bis sie GAGA werden. Und auf dem gegenüberliegenden Strang die komplementäre Aufreihung von 3 Milliarden Basen, so dass Sie dort, wo ein CAT auf einem Strang ist, auf dem anderen ein GTA antreffen. Das Ziel des Humangenomprojekts bestand darin, die genaue chemische Sequenz von allen 3 Milliarden Basenpaaren der menschlichen DNA anzutreffen, und glauben Sie mir, es war eine mörderisch mühsame Arbeit, da der größte Teil des Genoms sich als erschreckend repetitiv erwies, als tristes, scheinbar sinnloses Brachland in uns. Insbesondere hat sich herausgestellt, dass es sich bei großen Regionen des menschlichen Genoms um so genannte »Junk-DNA«, nichtcodierende DNA, handelt: Füll-Basen, die kaum eine Rolle bei der wichtigsten Aufgabe des Moleküls zu spielen scheinen, nämlich die Regeln für die Herstellung neuer Proteine und neuer DNA-Stränge zu codieren. Wir wissen noch nicht, ob der scheinbare Schrott (*Junk*) wirklich Schrott ist und sich noch in der DNA befindet, weil er keinen Schaden anrichtet und die Zelle daher keinen Grund hat, ihn loszuwerden, oder ob der Schrott doch eine zwar verborgene, aber nichtsdestoweniger wichtige Rolle spielt, etwa indem er der DNA hilft, sich an der richtigen Stelle zu biegen, oder indem er als Stoff für künftige evolutionäre Versuche zur Verfügung steht. Wir wissen nur eines: Lediglich ein winziger Bruchteil der 3 Milliarden Basenpaare, etwa 5 bis 10 Prozent, gehen dem primären Biobusiness der Proteinproduktion nach. Mit anderen Worten, nur 10 Prozent unserer DNA weisen die Beschaffenheit auf, die wir als Gene bezeichnen.

Es läuft also auf eine Art Genommystik hinaus: Die Gene, von denen wir sagen, dass sie alles enthalten, sind in vielleicht 300 Millionen Basen, die sich in einer Gesamtmenge von 3 Milliarden verlieren. Diese chemischen Schlüsselelemente codieren unsere Körperproteine; sie sind die Rezepte, die Formeln für diese Proteine. Das ist die einfachste Definition eines Gens: ein Rezept für ein Protein, geschrieben in der Sprache der DNA, in Sequenzen von A, C, T und G. Der Code arbeitet mit Tripletts: Drei Basen bezeichnen eine Aminosäure. Wenn die Sequenz CAT lautet, haben Sie den Code für die Aminosäure Histidin vor sich. Wenn Sie GTT sehen, wissen Sie, aha, hier wird die Aminosäure Valin verlangt.* Und es gibt auch Interpunktionszeichen: Tripletts, die bedeuten »Protein-Rezept beginnt hier«, und Tripletts, die wie ein quadratisches Aufzählungszeichen oder ### signalisieren, dass das Ende des Rezepts erreicht ist. Andere Codes sind wie die dynamischen Notationen in einer Musicalpartitur; sie besagen: hier ein bisschen mehr Schwung, produziere eine Menge von dem Protein, oder: hier ein bisschen weniger Pedal, zwei tun's auch.

---

* Da die Menge der möglichen dreistelligen DNA-Kombinationen (64) die Zahl der zu codierenden Aminosäuren (üblicherweise 20) bei Weitem übertrifft, werden die meisten Aminosäuren durch mehrere verschiedene Tripletts von A, T, G und C codiert. Die Aminosäuren Arginin, Leucin und Serin nehmen alle die Höchstzahl von je sechs Deskriptoren in Anspruch, während Tryptophan und Methiodin sich mit je einem bescheiden müssen. Wie nicht anders zu erwarten, erweist sich Tryptophan als eine relativ seltene Untereinheit der Proteingemeinschaft, obwohl durchaus wichtig für Gesundheit und Glück des Menschen. Aus dem Tryptophan stellt der Körper Serotonin her, die bekannte neurochemische Substanz, die Medikamente wie Prozac zu aktivieren suchen.

Doch diese Protein-Rollenbücher sind nicht alle geradlinig oder linear organisiert. Verschiedene Teile eines Gens, verschiedene Schritte des Rezepts können an ganz verschiedenen Teilen des DNA-Makromoleküls eingeschrieben sein und nur dann als geschlossene Erzählung »gelesen« werden, wenn das Protein gebildet wird. Schrott und Unsinn gibt es in Hülle und Fülle, nicht nur zwischen Genen, sondern auch innerhalb der Gene.* Wissenschaftler haben die Buchstaben des menschlichen Genoms weitgehend entschlüsselt, doch die Sequenz ist erst der magere Eröffnungs-ACT, wir haben noch viel zu erwarten von diesem gnostischen Epos. Wir wissen noch nicht einmal, wie viele Gene in der menschlichen DNA enthalten sind; jedes Mal, wenn wir uns den Code etwas näher anschauen, nimmt die Gesamtzahl ab. Noch Ende der neunziger Jahre ging man allgemein von 100 000 menschlichen Genen aus. Zur Jahrtausendwende war man schon bei 80 000 angelangt. Zwei Jahre später hatte sich diese Zahl halbiert. Die neueste Schätzung stellt einen Niedrigrekord dar – um die 25 000.

Doch der Körper hat erheblich mehr als 25 000 verschiedene Proteine zu seiner Verfügung; es gibt Schätzungen, nach denen vielleicht 200 000 in unseren Zellen am Werk sind. Offenbar gilt die schöne alte Faustregel, dass ein Gen einem Protein entspricht, nicht mehr: Stattdessen sind Gene wie die Sätze *Mein Freund riet dem Polizisten nicht zu widersprechen* « oder » *Herr Schneider, der Automechaniker und ich untersuchten den Wagen* «. Wenn Sie die Interpunktion der Sätze verändern, stellen Sie ihren Sinn auf den Kopf: »Mein Freund riet, dem Polizisten nicht zu widersprechen«, oder »Herr Schneider, der Automechaniker, und ich untersuchten den Wagen«. Ähnlich können die Gene des Körpers offenbar auf viele Arten von den scharfsinnigen Aufsehern der Zelle gelesen werden – den Proteinen, die spüren, dass die Zelle neue Proteine

---

* Das gilt nicht für die DNA in Bakterien und anderen Prokaryoten, die sich früh und oft teilen und daher nicht die genetischen Entsprechungen von Ähs und Hms und Däumchendrehen mit sich herumschleppen können. Bakteriengenome sind viel reiner und straffer als unsere.

braucht und die strukturellen Voraussetzungen besitzt, um sich an das DNA-Molekül anzuklammern und die Protein-Maschine anzuwerfen.

Nehmen wir an, Sie sind eine Zelle der Bauchspeicheldrüse, und Sie haben das Pech, in einen irrationalen Organismus verschlagen worden zu sein, der es darauf anlegt, seine neunte Wurzelbehandlung zu bekommen, indem er sich pausenlos aus Omas Bonbondose bedient. In weniger als einer Minute hat er drei Sahnebonbons ausgewickelt und verspeist. Sein Blut ist mit Glukose mehr als gesättigt. Er braucht einen neuen Schuss Insulin – ein Protein, das als Signal zwischen Zellen dient und daher Hormon genannt wird –, um seine Leber- und Muskelzellen dazu anzuregen, einen Teil dieses überschüssigen Blutzuckers zu beseitigen. Die Bauchspeicheldrüse, das Pankreas, ist die offizielle Insulinquelle des Körpers, Sie gehören zum Pankreas-Team und können sich nicht wegen Diabetes krankmelden, also werden Sie wohl Insulin produzieren müssen.

Wie in aller Welt tun Sie es? Zum Glück sind Sie eine Zelle, Nutznießerin von mehr als 3 Milliarden Jahren evolutionärer Erfahrung, daher wissen Sie instinktiv, was uns, den Exemplaren von *Homo sapiens*, noch nicht bewusst ist: Bei jedem Schritt musste ein Signal aus der Außenwelt, der extrazellulären Umgebung, getreulich an die geheimsten Verstecke im Inneren übermittelt und dieses Signal in ein neues Protein verwandelt werden. In groben Zügen geschieht genau das.

Eine Pankreaszelle spürt, dass ihre Dienste vonnöten sind, wenn Zuckermoleküle im Blut beginnen, an die Zellmembran zu trommeln. Das Notsignal wird durch Schwärme von beweglichen, ihre Form verändernden Proteinen durch das Zytoplasma nach innen weitergegeben. Es ist wie in einem rührenden Hollywoodfilm, in dem ein Kind einen Bittbrief an den Präsidenten der Vereinigten Staaten schreibt und wir dann zusehen, wie der Umschlag vom Schalterbeamten, über das Hauptpostamt, die Angestellten im Sekretariat des Weißen Hauses, die Assistenten der Assistenten, die Assistenten zum äußeren Kreis der Präsidentenberater gelangt, wobei von Station zu Station die Spannung steigt, bis schließlich: Sollen wir den Brief wirklich dem Präsidenten zeigen? Aber ja doch, unbedingt, der Präsident muss ihn sofort bekommen! Die Berater platzen in das passenderweise zellförmige Oval Office, wo sie den Präsidenten, wie immer von allen möglichen Leuten umringt, vorfinden – Leibwächtern, Würdenträgern, Bedenkenträgern, dem Leibarzt/Astrologen/persönlichen Trainer/Friseur des Präsidenten und Ed Tatum aus Omaha, Nebraska, der sich auf der Suche nach einer Toilette hierher verirrt hat. Die Menge stört nicht. Die Brief-Träger brauchen nicht die ungeteilte Aufmerksamkeit ihres Chefs; wie alle anderen wollen sie nur ein kleines Stück von ihr – ein Stück, das sie, bevor sie sich seiner bemächtigen, höchst kundig abwickeln.

So, wie die DNA im Kern liegt, ist sie ein dichtes, verfilztes Knäuel aus Nukleinsäuresträngen, in Proteine gehüllt und spiralig gewickelt, Lage um Lage, *supercoiled,* sagt der Wissenschaftler. Erst wenn eine Zelle im Begriff ist, sich zu teilen – wie das recht häufig bei Zellen in Geweben mit hohem Verschleiß geschieht, etwa im Blut und in der Haut, aber nur selten in relativ stabilen Organen wie dem Gehirn –, trennt sich die DNA in jene unterscheidbaren Körper auf, die wir Chromosomen nennen. Sonst sind alle Chromosomenstücke des Genoms miteinander verschmolzen und gebündelt. Abgesehen davon, dass sich die DNA in einer gewöhnlichen Zelle, die sich nicht teilt, wie unsere Nebendarstellerin, die Bauchspeicheldrüsenzelle, in Gestalt eines Supercoil, einer Superschraube, vorliegt, bildet sie natürlich auch eine Doppelhelix. Das ist die Korkenzieher-Konfiguration, in der ein Strang von Basen genau mit einen Strang komplementärer Basen ausgerichtet und daher chemisch sehr stabil ist. Die relative Robustheit des Moleküls erklärt, warum sich ganz selten einmal die Gelegenheit ergibt, DNA-Proben aus sehr alten Quellen zu gewinnen, etwa von Insekten, die in einem Stück Bernstein gefangen sind, und warum die Prämissen des Films *Jurassic Park* – dass Dinosaurier aus den Resten von Dinosauriergenen in Fossilien geklont werden können – gar nicht so schrecklich an den Haaren herbeigezogen ist.

Stabilität und Nützlichkeit sind jedoch zwei verschiedene Paar Schuhe. Wie ein Buch geöffnet werden muss, um gelesen werden zu können, muss die Region der Doppelhelix, um die es geht, aufgetrennt werden, damit ihre Befehle verstanden werden können. In dieser Pankreaszelle gibt es also Proteine, die wissen, wo sich auf dem massiven, verdrillten Körper der ihr innewohnenden DNA das Rezept finden lässt, das Schritt für Schritt die Herstellung von Insulin beschreibt. Wir wissen noch nicht genau, woher die Proteine wissen, wo sie in dem Heuhaufen von 3 Milliarden Basenpaaren zu suchen haben, aber wir wissen, dass sie es wissen, wir wissen, dass es Erkennungsproteine gibt, die auf den Insulincode geeicht sind, weil die Bauchspeicheldrüse praktisch jeden Tag Insulin produziert. Indem sie sich an der richtigen Stelle an die DNA heften, winden die Proteine, die Proteingruppen, diese Region des Genoms vorsichtig auf und trennen die beiden Stränge der Helix, wobei sie zwei Reihen von Basen freilegen, entblößt wie Zahnreihen bei geöffnetem Mund. Jetzt können andere Proteine von dem freigelegten Code die Kenntnisse gewinnen, die sie brauchen, um neue Insulinproteine herzustellen und auf diese Weise den archivierten Zähnen eine Stimme zu verleihen. Natürlich wollen sie in dem kostbaren Originaldokument nicht unnötig herumstöbern, so wenig wie sie einem Fünftklässler die Urschrift der Unabhängigkeitserklärung aushändigen würden, damit er damit Eindruck schinden kann. Wenn zu lange und zu intensiv mit der exponierten, entrollten DNA gearbeitet wird, besteht die Gefahr, dass eine Mutation in das Molekül eingeführt wird, ein struktureller Defekt, der später zu einigen Problemen führen kann, beispielsweise zu Krebs. Punkt eins der Tagesordnung sieht dann vor, dass die Transkriptionsproteine eine chemische Arbeitskopie von dem Insulin-Gen anfertigen, eine RNA-Botschaft des Gens oder, wie die Forscher sagen, eine Boten- oder Messenger-RNA (mRNA). Diese Proteine gleiten an einer Faser der aufklaffenden DNA entlang und lesen sie tastend, wie Blinde die Brailleschrift. Sie holen sich Ersatzbasen aus der Zelle und stückeln die mRNA zusammen, die fast wie das Original-Gen aussieht, allerdings mit einer kleinen Abweichung: Überall, wo der DNA-Code eine Thymin-Base aufweist, baut das Transkriptionsteam einen sehr nahen chemischen Verwandten des Thymins ein, das Uracil. Saubere Arbeit! Ein ausgezeichneter erster Entwurf! Doch bevor die mRNA als Protein veröffentlicht werden kann, muss sie von Korrektor-Proteinen durchgesehen werden, die beherzt alle Füll-Codes in der Abschrift streichen und die brauchbaren Abschnitte zu einer funktionierenden Formel für Insulin verspleißen.

Diese bereinigte mRNA wird nun an eine oder mehrere Ribosomen der Zelle weitergeleitet, die kugelförmigen Bündel aus Protein und RNA, die alle neuen Proteinprodukte synthetisieren. Die Ribosomen gleiten über die mRNA und deuten sie ebenfalls taktil. Dabei tasten sie die Basen als Tripletts ab, das heißt, jeweils drei Buchstaben ergeben eine Aminosäure, obwohl im Jargon der Proteinmacher-Zunft nicht mehr CAT für Histidin codiert, sondern CAU, nicht TGG für Tryptophan, sondern UGG. Die Ribosomen lesen, organisieren die notwendigen Rohstoffe für die Aminosäuren. Ihre Zellen sind Floh- und Bauernmärkte, mit großem Angebot an Bausteinen für Proteine und RNA und mehr Proteine und neue DNA. In unserem Fall, der Herstellung von Insulin, brauchen die Ribosomen keine Aminosäuren. Und wenn die Stücke alle in einer Reihe zusammengefügt sind, treten die Handwerker zurück und lassen das neue Protein frei. Und zack! Aus eigenem Antrieb, geleitet von einem inneren Sinn für Form und Vorhaben, faltet sich die lineare Kette der Aminosäuren, krümmt sich und schlägt mit dem Schwanz und tanzt Rumba, caramba! und erreicht mit ein wenig Hilfe von den Proteinen in ihrer Umgebung ihre dreidimensionale Nerfball/Origami-Gestalt. Diese theatralische Verwandlung, von der flachen Aneinanderreihung von Aminosäuren zum robusten, runden Protein, kann fast spontan erfolgen, tausendfach gestoßen und gezogen von seinen Bestandteilen, was allerdings nicht heißt, dass es ein Kinderspiel wäre unter dem Einfluss von tausend winzigen Stößen. Die Forscher staunen immer wieder über die Nuancen der Proteinfaltung. Sie verstehen sich mittlerweile recht gut darauf, Gene zu isolieren und zu sequenzieren, sie haben auch schon für viele Arten neben der unseren die vollständige Genomsequenz entschlüsselt – für Maus, Fliege, Spulwurm, Ratte, Hund, Pferd, Schimpanse und eine ganze Reihe tödlicher Krankheitserreger. Anhand der DNA-Sequenz eines Gens können sie sofort sagen, wie die Aminosäureketten seines »Produkts« aussehen werden. Doch sie können aus der Gen- oder Aminosäurensequenz noch nicht ablesen, wie das endgültige, vollständige Protein aussehen oder welche Wirkung von seiner Form ausgehen wird. Diese Unwissenheit erinnert an Lewis Thomas' amüsante Meditation darüber, wie »tief deprimiert« er wäre, wenn man ihn aufforderte, die Arbeit seiner Leber zu leisten, und dass er lieber eine Boeing 747 in 12 000 Metern Höhe über Denver hinweglotsen würde. »Nichts würde mich und meine Leber retten, wenn ich das Sagen hätte«, schrieb er, »denn ich bin, um den Tatsachen ins Auge zu blicken, lange nicht so intelligent wie meine Leber.« Glücklicherweise arbeitet die Leber ohne den Rat des guten Doktors, und ein neu entstandenes Insulinprotein braucht weder Verständnis noch Beifall, um seine gepunkteten Linien zu finden, sich dort zu falten und sich zum Dienst in weindunkler See bereit zu machen.

Jeder Körper ist intelligenter als wir. Trotz der einschüchternden Komplexität der Proteinsynthese bewältigen die Zellen sie mühelos, rasch und rückhaltlos. Oft wird eine einzige mRNA von vielen Ribosomen gleichzeitig gelesen, wobei jedes seine eigene Kopie des Proteins entrollt. In einer durchschnittlichen menschlichen Zelle werden in jeder Sekunde rund 2000 neue Proteine erzeugt, was sich pro Zelle auf eine Tagesproduktion von fast 173 Millionen neugeborene Proteine beläuft. Multiplizieren Sie diese Zahl mit den rund 74 Milliarden Zellen im menschlichen Körper, und Sie erhalten eine Ganzkörper-Quote von sage und schreibe $1,28 \times 10^{21}$ täglich hergestellten Proteinen. Warum werden wir angesichts dieser erstaunlichen Zellproduktivität nicht alle immer dicker und dicker? Okay, wir werden es, aber das ist hier nicht der Ort, um die epidemische internationale Fettleibigkeit zu erörtern; im Übrigen stoßen auch die Zellen der Jäger und Sammler Millionen Billionen neue Proteine pro Tag aus, und schauen Sie sich die Leute an, wie dünn sie sind. Der Grund, warum unsere Zellen nicht alle anschwellen und platzen, liegt darin, dass mit der Proteinherstellung eine ebenso rasch erfolgende rücksichtslose Proteinvernichtung einhergeht. Die Zellen produzieren Proteine, die Zellen stampfen sie auch wieder ein. Eine erhebliche Zahl der Proteine einer Zelle sind Enzyme, die die Aufgabe haben, andere Proteine, auch andere Abbauproteine, zu beseitigen. Es gibt Enzyme, die Kollagenfasern zerstören, Enzyme, die Knochenproteine zerstören, Enzyme, die Enzyme zerstören, die Kollagenfasern und Knochenproteine zerstören. Ein durchschnittliches Zellprotein lebt ein oder zwei Tage, und einige absolut zufriedenstellende Exemplare kommen aus dem ribosomalen Kreißsaal heraus und werden augenblicklich vernichtet.

Dieser ganze Proteinumschlag mag schrecklich ineffizient und verschwenderisch erscheinen. Warum verbringen wir so viel Zeit damit, das Fleisch und die Fasern anderer Lebewesen zu essen, nur damit unsere Zellen so viel Zeit damit verbringen können, das eigene Fleisch und die eigenen Fasern zu essen? Ist die Zelle extrem schlampig, extrem perfektionistisch oder ein Vertragsarbeiter des Pentagon? In Wahrheit illustriert der ständige Proteinausstoß einen zentralen Grundsatz der Biologie und führt uns zurück zu der oben gestellten Frage, warum Zellen so klein sind. Mary Kennedy, eine Neurobiologin am Caltech, erläuterte ihn mir als Prinzip des »dynamischen Gleichgewichts«, der Idee, dass in einem hochkomplexen biologischen System wie einer Zelle, die Stücke sowohl genau als auch locker zusammenpassen müssen. Ein Enzym muss zu den Nuten und Federn seines vorgesehenen Ziels passen, nicht aber zu den ähnlichen Nuten und Federn eines anderen in der Nähe befindlichen Moleküls. Wenn beispielsweise das Enzym sich an dem Abschnitt des DNA-Moleküls anlagern soll, wo das Insulin-Gen eingeschrieben ist, möchten Sie doch sicherlich nicht, dass es dort andockt, wo sich die Gensequenz für die Herstellung des Schilddrüsenhormons befindet.

Gleichzeitig kann es auch nicht in Ihrem Interesse liegen, dass das Enzym an der Insulinadresse am DNA-Molekül wie festgenagelt kleben bleibt. Die Bindung sollte fest, aber flexibel sein, sagte Kennedy. Außerdem ist Ihnen an wechselnden Flexibilitätsgraden gelegen. Manchmal lagert sich ein Protein sehr fest an sein Ziel an, manchmal weniger, manchmal nur flüchtig. Und die relative Stärke der Bindung übermittelt wichtige Informationen: Ich setze mich hier richtig fest, ich nehme meine Aufgabe ernst. Ich brauche einen maximalen Insulinausstoß. Oder: Ich schau mich eigentlich hier nur um, Schaufensterbummel – im Augenblick wird kein Insulin verlangt, aber wer weiß, wie es heute Abend aussieht, nach dem Dessert. Wenn es Ihnen gelingt, den Zustand eines dynamischen Gleichgewichts aufrechtzuerhalten, eine Mischung aus Lockerheit und Exaktheit, so Kennedy, »können Sie auf jeder Ebene ein hohes Maß an Kontrolle und Feedback haben«. Eine Möglichkeit, diese spezifische Mittellage zu bewahren, besteht darin, die Bewohner der Zelle zu sammeln und sie gleichzeitig in Bewegung zu halten – über eine große Zahl von Proteinen, mRNAs und großen zusammengeknäulten Chromosomen zu verfügen, die sich Schulter an Schulter drängen, aber ihre Positionen verändern und in ständiger Verbindung stehen. Es ist ein bisschen wie in der U-Bahn während des Berufsverkehrs. Fahrgäste steigen ein, Fahrgäste steigen aus, einige drängen sich in die Mitte des Abteils, andere drängen sich an den Türen, die Leute murmeln: 'Tschuldigung, 'Tschuldigung, während sie sich mit den Ellenbogen einen Weg zur Tür bahnen und aussteigen, bevor das Warnsignal ertönt und die Türen wieder schließen. Ein paar Sitzplätze werden frei, und die Fahrgäste, die in der Nähe stehen, bemerken es und schauen einander an, um herauszufinden, wer die Plätze am dringendsten braucht. Bitte, setzen Sie sich! Nein, nein, nehmen Sie ruhig Platz. Ich steige sowieso zwei Haltestellen weiter aus, und abgesehen davon bin ich jünger und in viel besserer körperlicher Verfassung. Obwohl sich das System stets am Rande der Anarchie zu bewegen scheint, kann ich Ihnen als jemand, der von frühester Jugend mit der New Yorker U-Bahn fährt, versichern, dass es im Grunde ein Wunder an hektischer Effizienz ist, jeden Tag befördert das System über ein Gleisnetz von Hunderten Kilometern Millionen Menschen zur Arbeit und nach Hause und hat selten Pannen. Egal, wie sehr ich in der Menge eingezwängt war, es ist mir immer gelungen, mich zur Tür durchzuwinden und den Ausstieg nicht zu verpassen. Der Vergleich hinkt auf allen Füßen, und ich bin froh, dass die U-Bahn keine Zelle ist, denn für viele »Fahrgäste«, die die Zelle verlassen, führt der Weg nicht nach Hause oder ins Büro, sondern in die Verschrottung. Das ist der Trick, mit der die Zelle für reibungslose, rasche Bewegung sorgt: Ständig produziert sie neue RNA-Transkripte und Proteine, ständig schreddert sie die alten.

Fortwährender Proteinumschlag ist auch eine ausgezeichnete Methode, um das Verhalten von Proteinen zu steuern. Viele Proteine beginnen ihr Leben mit einem vorbehaltlichen Verfallsdatum auf der Stirn: Es ist ihnen vorherbestimmt, rasch wieder von der Bildfläche zu verschwinden, wenn nicht ein chemisches Signal von außen eintrifft und ihnen etwas anderes befiehlt. Damit lassen sich vor allem die einflussreichsten Proteine unter Kontrolle halten, diejenigen, die die Zelle zur Teilung veranlassen. Auf der einen Seite, sagte Susan Lindquist, Zellbiologin und ehemalige Direktorin des Whitehead Institute, brauchen Sie wachstumsfördernde und rasch reagierende Proteine, besonders, wenn Sie eine Immunzelle sind und sich bei der leisesten viralen Provokation replizieren müssen. Gleichzeitig möchten Sie aber nicht, dass Replikationsproteine sich unbegrenzt in der Zelle herumtreiben, damit sie nicht anfangen, aus eigenem Antrieb tätig zu werden und unerwünschte Zellteilungen anstiften. Die Lösung: Synthetisieren Sie die Proteine fortwährend, aber machen Sie sie instabil. Nur wenn die geeigneten Wachstumshormone oder andere molekulare Abgesandte in die Zelle gelangen und sich an die Proteine binden, werden die Proteine stabilisiert und aktiviert.

Und so können Sie wieder sehen, warum die meisten Zellen für uns unsichtbar sind. Die Zelle erzielt ihre Leistung durch Mikromanagement, und hohe Proteindichte und ständiger Proteinfluss lassen sich am besten an Bord eines kleinen, kompakten Schiffs erreichen. Mit ihrer wasserdichten Membran und den bescheidenen Ausmaßen kann eine Zelle ihre Proteine umschlossen, Salze ausgesondert, den pH-Wert optimiert und das Gleichgewicht dynamisch halten. Jede Zelle ist eine stabile Gemeinschaft, die es nach Instabilität gelüstet, eine lebendige Insel wie Manhattan, für sich, aber mit allen Ohren auf die Welt jenseits ihrer Grenzen lauschend.

Die DNA in Ihren Leberzellen ist identisch mit der DNA in den Zellen von Gehirn, Zunge, Bauchspeicheldrüse oder Blase, und die DNA jeder Zelle enthält die Befehle für die Arbeit jeder Zelle. Ein Großteil dieser Arbeit besteht aus unspezifischen Routineaufgaben, die von jeder Zelle erledigt werden, ganz gleich, wo sie sich befindet. Alle Zellen müssen in ihr DNA-Codebuch schauen, um beispielsweise die Proteine für den Krebs-Zyklus herzustellen, die schrittweise Umwandlung von Nahrung in verwertbaren Zellbrennstoff. Außerdem müssen alle Zellen ihre DNA konsultieren, um die Proteine zur Reparatur der DNA herzustellen, falls sie bricht oder mutiert; denn so robust das Molekül auch ist, es muss jeden Tag gewartet werden.

Doch dann gibt es da noch die speziellen Codes, die Proteinformeln, die zwar alle Zellen besitzen, aber nur wenige zu Rate ziehen. Das Genom in einer Blasenzelle verfügt über den Code zur Herstellung von Insulin, und doch schüttet Ihre Blase kein Insulin aus, egal, wie nötig Sie pinkeln müssen. Ihre Bauchspeicheldrüse könnte theoretisch Geschmacksrezeptoren fabrizieren, die Bitteres von Süßem unterscheiden würden, doch die Bauchspeicheldrüse ist eine große hammerförmige Drüse, die sich hinten in Ihrer Bauchhöhle befindet, und dort hat sie Besseres zu tun. Unterschiedliche Zellen des Körpers unterscheiden sich also ein wenig hinsichtlich des Verhaltens ihrer DNA, hinsichtlich der Frage, welche Gene aktiv und welche stumm sind. Proteine sind die Arbeiter, die die komplizierten Schaltungen vornehmen. Sie regen Gene an, bringen Gene zur Ruhe. Die Proteine einer Gehirnzelle lagern sich an das DNA-Molekül an und tasten den Code ab, um Dopamin oder Serotonin herzustellen, Neurotransmitter, die Signale über unseren gefälteten Kortex verbreiten. Warum enthalten Gehirnzellen diese Proteine, Hautzellen jedoch nicht? Warum können Gehirnzellen Proteine produzieren, die sich an die DNA heften und sich den Code für andere chemische Hirnstoffe wie Serotonin und Dopamin beschaffen? Wenn die DNA unserer Kopfzelle der DNA in unseren Zehenzellen gleicht, warum können Sie selbst dann nicht mit Ihren Füßen denken, wenn Sie versuchen, mit ihnen abzustimmen?

Weitgehend bleibt die Antwort auf die Frage, wie Zellen sich differenzieren und ihre gewebespezifische Identität annehmen, in dem bislang unlösbaren Rätsel der Embryonalentwicklung verborgen. Sie haben als einzelne Zelle, als befruchtete Eizelle begonnen, und diese allmächtige Zelle wusste alles, sah bis zu den fernsten Horizonten und hatte die Fähigkeit, alle Organe des Körpers entstehen zu lassen. Doch in dem Maße, wie Ihr Embryo wuchs, fächerte sich seine proliferierende Zellpopulation in abgegrenzte Kolonien, Schichten, Sektoren, Urorgane auf; und je größer die Zahl der Zellen wurde, desto weniger Bewegungsfreiheit und Möglichkeiten blieben einer jeden Zelle, desto mehr konzentrierten sie sich auf ihren Standort und ihre Bestimmung als Elemente einer Extremität, Niere oder Lunge. Im Zuge der Differenzierung wurde das Genom in jeder Zelle einer Reihe von kleinen Veränderungen unterworfen. War eine Zelle dazu bestimmt, ein Teil der Leber zu werden, wurden genetische Codes, die erforderlich für die Herstellung von Galle und Geschlechtshormonen sind, nach und nach in eine aktive Konfiguration gebracht, vielleicht, indem die DNA-Knicks, auf denen sie sich befanden, etwas nach außen gedreht wurden, so dass sie jetzt zugänglich waren für die Transkriptionsproteine, die den Codes zur Expression verhelfen. Gleichzeitig wurden die für Leberzellen unnützen genetischen Sequenzen zum Schweigen gebracht, nach innen gedreht oder mit einigen chemischen »Methylgruppen« zugepappt, die Zellversion eines mit Klebeband verschlossenen Munds. Wir wissen wenig über die Embryonalentwicklung und die genetische Choreographie, die ihr zugrunde liegt, obwohl dieser Aspekt gegenwärtig intensiv erforscht wird, einschließlich der hochgepriesenen und politisch sehr umstrittenen Stammzellen – Ausgangszellen, aus denen spezialisiertere Zelltypen hervorgehen.

Doch selbst nachdem unsere Zellen ihre grundlegende Identität angenommen haben, nachdem sie auf die Kunst programmiert worden sind, zu handeln wie eine glatte Muskelzelle oder eine haarige Follikelzelle, fahren sie damit fort, sich in ihren Fertigkeiten zu vervollkommnen und ihr Gedächtnis aufzufrischen, indem sie auf die Stimmen in ihrer Umgebung lauschen. Eine Leberzelle weiß, dass sie eine Leberzelle ist, dank der Instruierung während der Embryogenese und weil alle Zellen um sie her sie in jedem Augenblick jeden Tages an ihr Leberleben erinnern. Zellen sind Klatschbasen, Zankteufel, Lauscher und Schafe. Sie achten auf ihre Nachbarn, tyrannisieren ihre Nachbarn und passen auf, dass niemand aus der Reihe tanzt.

Rund die Hälfte der Proteine in einer Zelle dienen der Kommunikation – Signale von anderen Zellen zu empfangen, Ratschläge zu erhalten und zu geben. Zellmembranen sind gespickt mit Hunderttausenden von Rezeptorproteinen, die aus der Zelle hervorstehen wie ausgestreckte Arme, geflochtene Körbe oder Schneebesen. Jeder Rezeptortyp ist so geformt, dass ein bestimmtes Molekül, ein Hormon, einen Wachstumsfaktor, ein Lied für die Zelle umfängt; sobald er auf seinen vorherbestimmten Partner trifft, verändert das Rezeptorprotein seine Form auf so spektakuläre Art, dass es das ganze dickflüssige Dorf unter ihm mitbekommt. Die Zellen schicken molekulare Mitteilungen über die winzigen Abstände der extrazellulären Matrix und durch den von Blut und Lymphe getragenen Körper. Die Zellen der Hypophyse an der Hirnbasis sondern ein Geschlechtshormon ab, das Eierstockzellen veranlasst, eine Eizelle reifen zu lassen, oder Hodenzellen, frisches Sperma zu liefern. Wenn die Mastzellen des Immunsystems auf ein eingedrungenes Allergen treffen – eine Mehltauspore, Staub von billigem Lidschatten, Alarmstufe Rot! –, überschwemmen sie das umgebende Gewebe mit dem chemischen Stoff Histamin; und jede Zelle in der Nachbarschaft, die mit Histaminrezeptoren gesegnet ist, reagiert auf das Heftigste; so kommt es zu geschwollenen Augen, tropfenden Nebenhöhlen, Nieskaskaden und asthmatischem Keuchen, Erscheinungen, die die Entzündungsreaktion des Körpers so viel unangenehmer machen kann als das bisschen Gefahr, das die Reaktion auslöste.

Neben der chemischen Diplomatie gibt es auch noch die gute alte rohe Gewalt. Wie gesehen, sind Zellen stark, stärker als Ameisen; sie können an ihren Nachbarzellen ziehen und zerren oder aus ihrer Oberfläche ihre dünnen, langen Fäden, die so genannten Philopodia, auspressen, um einige gezielte Stöße auszuteilen. Diese mechanische Reizung wirkt auf die Empfängerzellen wie ein starkes Hormon, indem es die innere Proteinmöblierung der Zelle umräumt und eine Signalkaskade auslöst, die sich auf direktem Weg bis zum Kern ausbreitet. Durch Signalübertragung per Körperkontakt kann eine Gruppe unkoordinierter, introvertierter Zellen, die sich alle nach eigenem Gutdünken um ihre eigenen Angelegenheiten kümmern, blitzartig zu kollektivem, synchronisiertem Verhalten veranlasst werden. Wenn Sie sich schneiden, werden die umgebenden Zellen durch das Empfinden, gezogen und gestreckt zu werden, veranlasst, sich zu teilen und die Wunde zu heilen. Umgekehrt leitet eine Zelle, die von einem Virus infiziert wird, im Interesse des Allgemeinwohls ihr Selbstmordprogramm ein, dann kann die hektische Membrankräuselung, die ein Kennzeichen des programmierten Zelltods ist, die gesunden Nachbarzellen veranlassen, sich für alle Fälle ebenfalls zu töten.

Immer wieder haben Forscher zelluläres Gruppendenken in Aktion gesehen und dem Propaganda-Apparat der Zellen gelauscht. Wenn Sie einem Mausembryo in einem frühen Stadium Stammzellen entnehmen und sie in den Blutkreislauf einer erwachsenen Maus injizieren, hängt das weitere Schicksal dieser jungfräulichen Zellen davon ab, wo sie landen. Stammzellen, die in die Leber kommen, werden Leberzellen, im Muskel gefangen, leisten sie ihren Beitrag zur Muskelmasse, gelangen sie in die Niere, passen sie sich dort ihrer Umgebung an. Offenbar hatten die injizierten Zellen keine Möglichkeit, die normale Embryonalentwicklung zu absolvieren und die damit verbundenen graduellen genetischen Veränderungen zu erleben, die sie kennzeichnen. Stattdessen musste jede Zelle ihre Aufgabe an ihrem Einsatzort durch Osmose, Nachahmung, Indoktrination lernen. Wenn die älteren Zellen in ihrer Umgebung von nichts anderem als dem Leberlos sprachen – Galle abzusondern, den Blutfluss zu regulieren, Fette und Zucker zu speichern, zu entgiften –, eigneten sich die Stammzellen die Umgebungsinformationen an, nahmen Hormone und andere Moleküle auf, die dazu bestimmt sind, Leberzellen anzuregen, und begannen in der Art von Leberzellen zu reagieren. Im Kern der Stammzelle passte sich das DNA-Molekül den spezifischen Anforderungen des Lebergewebes an. Das Bemühen um Vervollkommnung endet nie, und die Zellspezialisierung verlangt eine lebenslange Weiterbildung.

Besondere Aufmerksamkeit müssen Zellen ihrer Gemeinschaft schenken, wenn es um den überaus wichtigen Prozess der Teilung geht. Viele Körperzellen sind darauf geeicht, sich zu teilen. Wachstum ist ihr Normalzustand, die Tätigkeit, der sie nachgehen, wenn sie keinen anderen Auftrag erhalten, und eine Vielzahl der chemischen Signale, die Zellen einander schicken, sind genau das – Signale zur Unterdrückung des Wachstums. Nur bei Fortfall dieser inhibitorischen Signale, gepaart mit dem Empfang positiver Signale, die Wachstum anregen, unterzieht eine Zelle sich dem verbindlich choreographierten Teilungsprozess, eine Pflichtübung, die von einer riesigen Proteintruppe ausgeführt wird. Das DNA-Molekül wird aufgerissen, wie es auch der Fall wäre, wenn seine Gene gelesen werden sollten, nur dass dieses Mal das ganze, endlos gewundene Meisterwerk abgetastet und eine komplementäre Kopie von allen 3 Milliarden freigelegten Basen angefertigt wird; diese Kopie wird Buchstabe für Buchstabe auf ihre Genauigkeit überprüft, und die meisten Fehler werden repariert, dann kann der dazu passende Strang angefertigt und das neue entstandene Paar gedrillt werden; und die beiden molekularen Schwergewichte, Mutter-DNA und ihr Duplikat, die pflichtbewusste Tochter, werden in entgegengesetzte Ecken des Kerns gezogen, der Kern in der Mitte zu zwei kleinen Blasen eingeschnürt, jede mit ihrem eigenen Exemplar der DNA, und gleich darauf folgt die ganze Zelle dem Beispiel des Kerns. Ja, genau wie die Zellen es lieben, Protein herzustellen, lieben sie es auch, sich aufzuspalten, und sie tun es sehr gut, auf wohlgeregelte Weise. Millionen Ihrer Körperzellen teilen sich jeden Tag. Deshalb schält sich Ihre äußere Hautschicht ab und wird von der Haut darunter ersetzt, deshalb wächst Ihr Kopfhaar im Jahr um fünfzehn Zentimeter und kann Ihr Immunsystem fast mit jedem Krankheitserreger, dem es begegnet, fertig werden, indem es seine entsprechenden Kriegerzellen explosionsartig vermehrt.

Doch wir leben in einer Welt, die zwar die beste aller möglichen sein mag, aber trotzdem nicht vollkommen ist. Jedes Mal, wenn eine Zelle sich teilt und ihre DNA repliziert wird, kommt es zu Fehlern: ein Thymin wird eingefügt, wo ein Guanin hingehört, oder eine C-Base landet an einer Stelle, wo eigentlich ein A vorgesehen war; wie soll es auch anders sein, wenn ein chemischer Text kopiert wird, der 3 Milliarden Nukleinbuchstaben lang ist? Wären es Druckbuchstaben, würden sie rund 5000 Bücher von der Größe des vorliegenden füllen. Die meisten Fehler der DNA-Replikation werden von korrekturlesenden Proteinen erkannt und noch vor Beendigung der Zellteilung berichtigt. Von den wenigen, die durchrutschen, spielen die meisten keine Rolle, weil sie in harmlosen Regionen des Genoms liegen. Hin und wieder jedoch wird eine ernstzunehmende Mutation übersehen und findet Eingang in den endgültigen DNA-Text der Tochterzelle, eine Code-Veränderung, die am Ende irgendein schädliches, nicht richtig funktionierendes Proteinprodukt hervorbringen wird. Bei weitem am schädlichsten sind die Proteine, die eine Zelle von den Zwängen ihrer Gemeinschaft »befreien«, denn das sind die Proteine, die eine Zelle kanzerös machen. Eine Krebszelle ist taub für die chemischen Anleitungen aus ihrer Umgebung und unempfänglich für die Schlingen und Kräuselungen ihrer Nachbarn. Sie braucht keine hormonale Inspiration von außen, um ihren Vorrat an Replikationsproteinen zu stabilisieren, sondern stellt aus eigenem Antrieb einen Satz solcher Proteine her, stabilisiert sie, stellt weitere her und behält auch die. Die Rezeptoren, die aus der Oberfläche von Krebszellen ragen, mögen oben leer sein, doch ihre nach unten ragenden Stiele schütteln und biegen sich im Zytoplasma und schicken Stoßwellen bis zum Kern, der sie als Befehl zu unaufhörlichem Wachstum interpretiert. Die klebrige Schicht auf der äußeren Membran, dank der gesunde Zellen aneinanderhaften, weicht auf, so dass Krebszellen nicht mehr kleben, was ihnen erlaubt, überall dorthin zu wandern, wo es ihnen beliebt; und wenn die rebellische Zelle sich an einem neuen Ort niederlässt, hört sie auch hier nicht auf das Gewebe in ihrer Umgebung, sondern lauscht nur auf das bösartige Zischeln aus ihrem Inneren, das ihr zuflüstert: »Du bist eine Zelle, und du musst überleben, und um zu überleben, musst du dich teilen.« Aber das ist eine falsche Botschaft, denn durch die enthemmte Teilung, in dem Zustand ihres solipsistischen genetischen Determinismus, tötet die Zelle den Körper und mit dem Köper sich selbst.

Die normalen Zellen, mit denen wir leben, die Zellen, die den Gesetzen und Harmonien vielzelliger Existenz treu bleiben, praktizieren das dynamische Gleichgewicht, das zwischen einer Zelle und ihrer Umgebung, oder, bei noch stärkerer Vergrößerung, zwischen der DNA und den Proteinen in ihrer Umgebung herrscht.

Viele Biologen stört es, dass die DNA so gründlich missverstanden wurde, dass sie aus ihrem zellulären Kontext herausgerissen und Antworten für alles liefern musste – Krebs, Herzerkrankungen, Verstimmungen, Partnerwahl. In der Natur-Kultur-Debatte (*nature vs. nurture*) geht es den Leuten um die Frage, wie viel von dem, wer oder was sie sind, sie der »Natur« zuschreiben können – wobei sie Natur meist als Synonym der DNA begreifen, der Besonderheiten ihres genetischen Codes – und wie viel der »Kultur« oder »Umwelt«, worunter sie gewöhnlich die amorphe »Außenwelt« verstehen, die bestimmt wird durch Variablen wie Erziehungsmethoden und Vorurteile der Eltern und die Frage, ob sie eine teure, nur wenigen vorbehaltene Vorschule besucht oder ob sie ihre prägenden Jahre in der liebevollen Obhut des Kinderfernsehens verbracht haben. Die Naturwissenschaftler haben sich große Mühe gegeben, der Öffentlichkeit klarzumachen, dass die Natur-Kultur-Debatte tot ist, dass sie von vornherein unter unwissenschaftlichen Prämissen geführt wurde, aufgebauscht und geschürt von einem Medium, das seit jeher eine Vorliebe für Konflikt und Pferderennen hat. »Es ist ein unglücklicher Zufall«, klagte Stephen Jay Gould einmal, »dass die sprachliche Ähnlichkeit zwischen den Wörtern *nature* und *nurture* dazu beigetragen hat, diese falsch formulierte und fehlgeleitete Debatte am Leben zu erhalten.« Man könne die Natur ebenso wenig von der Kultur trennen, meinen er und andere Forscher, wie man die Länge eines Rechtecks von seiner Breite trennen könne. »Es ist eine vollkommene Einheit der Einflussnahme«, sagte Gould, »die sich weder logisch noch mathematisch noch philosophisch auflösen lässt.«

Das Ergebnis dieser entschiedenen Befürwortung eines interaktionistischen statt dialektischen Ansatzes für eine Analyse, die sich mit den Ursprüngen der menschlichen Natur beschäftigt, ist die sicherlich richtige, aber nicht unbedingt sensationelle Erkenntnis, dass für die Besonderheiten unserer Persönlichkeit womöglich unsere DNA und unsere Erziehung gemeinsam verantwortlich sind – wer hätte das gedacht! In Wahrheit ist das unsichtbare Band zwischen den beiden, zwischen den in Ihren genomischen Details codierten Instruktionen und der Interpretation dieser Instruktionen in Echtzeit, tief eingebettet in die Chemie jeder Zelle Ihres Körpers. Man mag ja die DNA als Master-Molekül bezeichnen, aber sie vermag nichts aus eigener Kraft und ist angewiesen auf die Proteine, die ihr behilflich sind; und diese Proteine achten ständig und aufmerksam aufeinander und auf ihre Umgebung, um die Hinweise aufzufangen, die ihnen sagen, was sie mit ihrem Master, ihrem Herrn und Meister, anfangen sollen. Es ist durchaus möglich, dass die Proteine, indem sie auf die externen Signale lauschen und diese an die DNA rückmelden, gelegentlich den Charakter des Genoms verändern, indem sie zu gegebener Zeit auf andere Gene zugreifen oder sie mit modifizierter Stärke aktivieren. Natur braucht Kultur, und Kultur prägt Natur, eine für beide Seiten notwendige Kommunikation, die nie endet. Sie findet überall in Ihrem Inneren statt. Die Leute haben oft den Eindruck, es sei etwas »in ihre DNA eingeschrieben«, etwas, das unveränderlich und unerreichbar sein müsse. Von der Umwelt dagegen nimmt man an, sie wäre leicht zu verändern. Doch dieser Eindruck trügt. Ihr Genom ist nicht von Ihrer Umgebung abgeschottet. Jede Zelle ist ein weltstädtisch-rastloses Mikrohabitat, und jedes Genom hat daran teil. Genome sind reaktionsbereit, offen für Veränderung und Wandel.

Tatsächlich würde sich die Pharmaindustrie die Flexibilität des Genoms mit Begeisterung zunutze machen und Medikamente entwickeln, die direkt auf den Quellcode in den Zellen des Patienten zugreifen würden. Dann ließe sich ein Gesundheitsproblem dadurch lösen, dass man die Genexpression entsprechend verändert: Die Leber veranlasst, mehr von der dichten oder »guten« Form des Cholesterins und nicht so viel von den »schlechten« oder weniger dichten Lipoproteinen herzustellen, das Knochengewebe dazu bringt, sich selbst neu zu modellieren und eine gebrochene Hüfte zu heilen, oder das Gehirn anweist, mit einem optimierten Cocktail von Neurochemikalien verschiedenen Störungen zu

Leibe zu rücken – Depression, Verzweiflung, einem chronischen Gefühl der Unzulänglichkeit, das einem, ob berechtigt oder unberechtigt, das Leben vergällen kann. Und warum nicht auch die immer wiederkehrenden Albträume loswerden, wie den, in dem Sie als die Vogelscheuche in *Der Zauberer von Oz* auf der Bühne stehen und sich nicht an die Zeile erinnern können, die kommt nach »*I would dance and be merry…*«

Oh, käme doch der Tag, an dem wir eine offene Aussprache mit unseren Neuronen haben und uns Medikamente mixen können, die genau auf unsere Genome zugeschnitten sind. An dem wir die Weisheit der Leber, die Klugheit einer einzelnen Zelle besäßen. Ja, meine Freunde, »*life would be a… ding-a-derry! If we only had the brains*«.

# 8 Geologie

*Sich die Welt in Stücken vorstellen*

Wenn Sie in der US-amerikanischen Hauptstadt wohnen, wo jedes die Freiheit preisende Denkmal von Betonbarrieren umgeben ist und der Status nicht am Einkommen oder der Limousine gemessen wird, sondern daran, ob man Personenschutz durch den Secret Service hat, gewöhnen Sie sich daran, sich alle möglichen Katastrophen vorzustellen. Ein Kinderdrachen erscheint Ihnen als perfektes Gerät zur Verbreitung des Anthrax-Erregers. Der Van, der mit quietschenden Bremsen an einer Kreuzung hält, obwohl die Ampel noch gelb ist, beherbergt sicherlich eine schmutzige Bombe. Ein Mann in einem zerknitterten, schlecht sitzenden Regenmantel sieht verdächtig aus. Ein Mann, der keinen zerknitterten, schlecht sitzenden Regenmantel trägt, sieht verdächtig aus.

Ja, in Washington, D.C., und seinem Umland lernen Sie, das Undenkbare zu denken und sich auf die verschiedensten Notfälle vorzubereiten, in erster Linie, indem Sie Klebeband, Dosensuppen und Katzenstreu horten. Eines, worum Sie sich so gut wie nie Sorgen machen, ist ein Erdbeben. Weshalb ich, als ich an einem Frühlingsnachmittag in meinem Büro arbeitete und spürte, wie das Haus zu wackeln und zu schwanken anfing, an alles Mögliche dachte, aber nicht an ein Erdbeben: einen Terrorangriff, einen vorbeifahrenden Abrams-Panzer, meinen Nachbar mit dem Riesenköter und seinen überdimensionierten Gartengeräten, der mit einem Laubpuster nachts im Regen arbeitet, einfach deshalb, weil er, wie er mir freundlich erklärt hat, es kann.

Doch als das Schwanken anhielt, wurde mir klar, dass es haargenau die gleiche Empfindung war, die ich schon einmal gehabt hatte, als ich in San Francisco lebte – dass es also nur ein Erdbeben sein konnte. Fast eine halbe Minute lang schaukelte das Haus, während ich stocksteif auf meinem Stuhl saß, an einem ganz sicheren Platz: direkt unter einem großen Deckenventilator. Ich versuchte, nicht in Panik zu geraten. Ich versuchte, nicht an Carole King zu denken, wie sie singt: *I Feel the Earth. Move. Under My Feet*, aber es war zu spät. Als ich schließlich sicher war, dass das Wackel-Stadium der Krise überwunden war, rief ich meinen Mann an, dessen Büro in der City von Washington lag, rund zehn Kilometer entfernt.

»Hast du das gemerkt?«, keuchte ich.

»Was gemerkt?«

»Du wirst es nicht glauben«, sagte ich, »aber ich bin mir ziemlich sicher, dass gerade ein Erdbeben war.«

»Na, haben wir das Medikament gewechselt, Schatz?«

Ich murmelte eine Verwünschung, vielleicht war es auch ein Fluch, und hängte auf, um eine Zeit lang die Wärme meines gerechten Zorns zu genießen. Kurz darauf rief mein Mann zurück. »Du hattest Recht«, sagte er. Er hatte gerade einen Bericht gesehen, in dem es hieß, es habe ein Erdbeben der Stärke 4,5 nach der Richterskala gegeben, und zwar von Teilen Virginias bis nach Maryland, wo wir wohnen. Im Flur sah ich, dass alle Bilder an der Wand schief hingen und dass eines von ihnen – die Zeichnung einer Frau, die, stellen Sie sich das vor, große Ähnlichkeit mit Carole King hat – jeden Augenblick herunterfallen konnte.

Washington ist nicht gerade eine seismisch besonders aktive Region. Ihr fehlen das kalifornische Netz von aktiven Bruchlinien, die Lava-Ergüsse auf Hawaii, die explosiven Vulkane an jenem anderen Ort, der Washington heißt. Doch hin und wieder raffen sich auch gesetzte Regionen ohne bekannte geologische Risikofaktoren zu einem kurzen Ruck auf, damit die Geowissenschaftler auch ihnen ein bisschen Aufmerksamkeit schenken.

Die periodisch auftretenden Stöße und Beben sind ein unwiderlegbarer Beweis für ein geologisches Prinzip, das man in diesem Fall auch »unumstößlich« nennen könnte: Auch der Planet, den wir bewohnen, das Fundament, auf das wir unser Leben bauen, ist in einem tieferen Sinn lebendig, durch und durch lebendig. Die Erde wird, wie oben erläutert, häufig als der Goldlöckchen-Planet bezeichnet, auf dem die Bedingungen für das Leben gerade richtig sind, weder zu heiß noch zu kalt, wo die Atome die Möglichkeit haben, Moleküle zu bilden, und Wassertropfen, sich in Ozeanen zu sammeln. Doch Goldlöckchen hat neben ihrem anspruchsvollen Geschmack noch eine andere Eigenschaft, die sie zu einem bemerkenswerten Geschöpf macht, einem würdigen Objekt unserer Aufmerksamkeit. Das Mädchen kann nicht stillsitzen. Es ist ruhelos, impulsiv und überraschend unhöflich. Es geht in den Wald, ohne zu sagen, wohin es will oder wann es wieder zu Hause sein wird. Ungebeten betritt sie fremde Häuser, isst die Mahlzeiten anderer Leute und macht deren Möbel kaputt. Aber machen Sie ihr keine Vorwürfe, sie kann nicht anders. Goldlöckchen ist so ursprünglich und energiegeladen, dass sie einfach Dampf ablassen muss. Wie Goldlöckchen in unserer Geschichte ist auch Goldlöckchen, der Planet, ein geborener Dynamo, und ohne ihr ständiges Zucken, Zappeln und Zischen, ihr unbändiges Leben hätte die Erde keine Meere, keine Himmel, keine Puffer gegen das elektromagnetische Wüten der Sonne; und wir beseelten Geschöpfe, wir DNA-Träger, hätten uns niemals vom Boden erhoben. Die Transaktion war indessen nicht einseitig. Die ruhelosen, rüttelnden Bewegungen des Planeten trugen zur Entstehung des Lebens bei, und das ruhelose Leben seinerseits veränderte die Erde.

»Wie wir heute wissen, ist es keineswegs so, dass sich das Leben einfach an die Vorgaben physikalischer Veränderungen anpasst, sondern dass das Leben an der Evolution der Umwelten teilnimmt«, sagte Andrew Knoll von der Harvard University. »Ein großes Thema der Geschichte unseres Planeten ist die Frage, wie sich die physikalische und biologische Koevolution im Laufe der Zeit vollzogen hat.«

Wenn der ganze Planet unser Thema ist, zahlt sich Vielseitigkeit sicherlich aus, und die Geologen halten sich in Sachen Interdisziplinarität für unübertrefflich. Sie arbeiten im Feld und im Labor und machen Anleihen bei der Chemie, Physik, Ökologie, Mikrobiologie, Botanik, Paläontologie, Komplexitätstheorie, Mechanik und selbstverständlich Computermodellierung; Geologen wetteifern mit Proteinchemikern in der Herstellung farbiger computererzeugter Grafiken, die sich multifaktoriell im dreidimensionalen Raum manipulieren lassen und auch sehr hübsche Bildschirmschoner abgeben. Sie sind gerne unter freiem Himmel, schlagen Gesteinssplitter ab, springen unbekümmert von einer Klippe zur nächsten und bekommen langsam einen Teint wie Teakholz. Häufig zieht es Geologen in Gegenden von großer natürlicher Schönheit und unklarer Gefahrenlage: aktive Vulkane, aktive Bruchlinien, Grenzgebirge zwischen einander sporadisch bekriegenden Völkern. Unnatürliche Schandflecken können auch ihren Reiz haben. Wenn ein neuer Tunnel in eine Hügelflanke gesprengt wird, steigen Geologen in die Baustelle hinab, um die riesigen erdgeschichtlichen Zeitspannen zu untersuchen, die kurzzeitig frei liegen, und schinden notfalls weitere Zeit, indem sie ihre Doktoranden allen anrollenden Betonmischern in den Weg stellen.

Für Geologen ist jeder Stein ein potenzieller Stein von Rosette, ein Schlüssel zu einem aufschlussreichen Augenblick der Erdgeschichte, und ein Parkspaziergang mit einem Geologen heißt, dass jeder Stein umgedreht wird und kein zutage tretendes Felslein unbeachtet bleibt. Als wir an einem ungewöhnlich kalten Sommernachmittag durch das Arnold Arboretum schlenderten, blieb Professor Kip Hodges, damals am MIT, vor einem kniehohen Felsblock stehen, der wie ein großer Klumpen getrockneter Keksteig aussah, und ließ mich an seinen Überlegungen teilhaben. »Das ist die Art Gestein, die wir gewöhnlich als Konglomerat bezeichnen, also ein Gestein, das Blöcke verschiedenen Materials enthält«, sagte Hodges und zeigte auf die eingebetteten Stücke, die wie Nüsse oder grauweiße Schokoladenchips aussahen. »Beachten Sie, dass Sie in diesem Fall Blöcke in vielen verschiedenen Größen haben und dass sie von einer Menge feinkörnigem Material umgeben sind, als wären die Blöcke einfach ausgeschüttet und dann an ihrem Platz eingeschlossen worden.« Er fuhr mit der Hand über die Oberfläche, und ich folgte seinem Beispiel. Es fühlte sich sehr huckelig und kalt an. Wenn Sie ein Gemisch aus feinkörnigem Material und groben Stücken wie hier sehen, erklärte Hodges, können Sie mit einiger Wahrscheinlichkeit davon ausgehen, dass das Gestein eiszeitlichen Ursprungs ist. Er setzte sich auf den Felsbrocken, und ich folgte seinem Beispiel, wenn auch nicht mehr ganz so bereitwillig. Sehr, sehr huckelig und zweifellos eiszeitlichen Ursprungs. Die Blöcke, die jetzt in unserem exemplarischen Felsblock eingebettet sind, mochten in einen kriechenden Gletscher mitgeführt worden sein; das Eis schmolz, und die Felsblöcke sackten in das darunter liegende Sediment ein. »Damit kommen wir zur nächsten Frage«, sagte Hodges. »Wann ist das alles passiert?«

Nun erklärte er mir, wie schwierig es war, das Alter des Felsbrockens zu bestimmen, denn dazu musste man unter anderem jedes eingebettete Steinstückchen auf seine relative Konzentration an radioaktiven Indikatoren wie Uran und Thorium untersuchen. Doch die Mühe lohnte sich. Wie sich zeigte, war der Felsbrocken, auf den wir uns gesetzt hatten, zwischen 570 und 590 Millionen Jahre alt und nur einer von vielen ähnlichen, die man an Orten auf der ganzen Erde entdeckt hatte. Unter Einbeziehung ähnlicher Forschungsergebnisse ließ das Alter und die Verteilung dieser Gesteinsbrocken darauf schließen, dass es vor Urzeiten eine bislang unbekannte Eiszeit von langer Dauer und großem Ausmaß gegeben haben musste, eine Hypothese, die jetzt von vielen Geologen untersucht wird. All das ist ein Beweis für den wichtigsten Grundsatz geologischer Feldarbeit, sagte Hodges und gab dem Brocken einen liebevollen Klaps – dass die wahren Juwelen einer Landschaft oft die am unscheinbarsten aussehenden Steine sind.

Das war eine Lektion, die ich mit der Sitzfläche meiner dünnen Baumwollhose lernte.

»Wir leben auf einem Planeten, der seine eigene Geschichte archiviert hat«, erläuterte Andrew Knoll. »Ich staune immer wieder, wenn ich durch Utah fahre und sehe, wie sich diese wunderbare Geschichte vor meinen Augen entfaltet, und man muss noch nicht mal Wissenschaftler sein, um sie zu erleben. Wenn Sie mit offenen Augen durch den Grand Canyon gehen, sehen Sie die Fossilien. Sie können fast an jedem Straßenanschnitt im Mittleren Westen halten oder auf den Fußboden fast jeder europäischen Kathedrale schauen, und Sie werden Fossilien sehen. Es war schwierig für einen mittelalterlichen Büßer, auf den Knien zu rutschen, ohne auf seinem Weg bei jeder Bewegung auf einem Ammoniten zu landen.«

Doch trotz aller Texte, die in ihre Oberfläche eingekratzt sind, kann die Erde auch ein störrisch-stummes Maultier von einem Forschungsobjekt sein, zugeknöpft bis zum Hals und rein physisch so gut wie undurchdringlich. Das tiefste Loch, das jemals gebohrt wurde, reichte 12 Kilometer tief, gerade einmal zwei Tausendstel der Entfernung bis zum feurigen inneren Kern. Die meisten Erkenntnisse, die Geologen über die innere Erde haben, wurden ihnen indirekt zuteil. Im Labor erhitzen sie Gesteine, setzen sie unter Druck und pressen sie zu einer Steinsuppe; dabei registrieren sie Veränderungen des Verhaltens und der Leitfähigkeit des Gesteins bei jeder neuen Form der Misshandlung. So bewaffnet können die Geologen das Beste aus den schlechten Tagen anderer machen. Wenn ein Erdbeben stattfindet, beobachten sie mit größtmöglicher Genauigkeit, wie die Energiewellen vom Epizentrum des Bebens nach außen laufen – ihre Geschwindigkeit und Richtung, die relative Abnahme der Stärke mit der Entfernung, irgendwelche möglicherweise vorhandenen harmonischen Überlagerungen und Nachhalleffekte. Dann können die Forscher die Merkmale dieser seismischen Wellen mit den Resultaten vergleichen, die sie bei der Untersuchung der Leitfähigkeit verschiedener Gesteinsarten in festem und geschmolzenem Zustand erzielt haben. Mit anderen Worten, Erdbeben sind wie Sonogramme, Ultraschallbilder, die Wellenformen seismischer Energie, die einen Blick auf die darunter liegenden imposanten Organe gestatten.

Manchmal klagen Geologen darüber, dass mehr Zeit und Mühe auf die Erforschung anderer Planeten verwandt wird als auf die unseres eigenen, und sie haben sich in ihrer Verzweiflung extreme Dinge einfallen lassen, um diese Wissenslücke zu schließen. So meinte David Stevenson vom Caltech beispielsweise, man könnte einen schmalen Spalt bis zum Mittelpunkt der Erde treiben und dann Sonden hinunterschicken, um direkt aus dem Kern Proben zu entnehmen, eine Idee, die er in der wissenschaftlichen Zeitschrift *Nature* unter dem Swift'schen Titel *A modest Proposal*, »Ein bescheidener Vorschlag«, veröffentlichte.

»Das war natürlich ironisch gemeint, aber ich wollte den Leuten schon klarmachen, dass die Idee nicht völlig lächerlich ist«, sagte er zu mir. »Zunächst wäre es schwierig, diesen Spalt zu machen, doch wenn der Anfang erst einmal gemacht wäre, würde er sich unter dem Einfluss der Schwerkraft fortpflanzen.«

Ganz gleich, unter welchen technischen Beschränkungen Geologen auch arbeiten müssen, sie haben einen weiten Weg zurückgelegt, seit Jules Verne sich den Mittelpunkt der Erde als einen phantastischen Zufluchtsort für Mastodonten, Icthyosaurier, Plesiosaurier, Riesenaffen und andere Remittenden der Natur ausmalte. Einen Weg, der sie in die Nachbarschaft jener Phantasien führte, die der Pyromane und Klosterbruder Savonarola im 15. Jahrhundert entwickelte.

Wir sind alle vertraut mit der Vorstellung, dass die Erdoberfläche in Stücke, die tektonischen Platten, zerbrochen ist und dass die Bewegungen dieser Platten etwas zu tun haben mit Erdbeben, Vulkanausbrüchen und dem Bimsstein, der jetzt in der Ecke Ihrer Duschkabine Pilzsporen ansetzt. Ein flüchtiger Blick auf einen Globus zeigt, dass die Platten schon eine Zeit lang vernachlässigt wurden: Südamerika und Afrika sehen wie Teile eines Puzzles aus, die einst zusammenpassten, aber nun schon lange auf dem Fußboden herumliegen, wie es passiert, wenn Sie das 1000-Teile-Puzzle von der Unterzeichnung der Unabhängigkeitserklärung nicht wegräumen, und nun sind John Hancocks Federkiel und John Adams' rechter Oberschenkel einfach nicht mehr zu finden. Weniger bekannt ist der Grund für dieses chronische Vagabundieren der Erdteile, dieses ständige Stoßen und Reiben der Platten aneinander. Sehr schade ist es, das möchte ich hier einfügen, dass ehrbare christliche Theologen schon vor langer Zeit die Vorstellung von der Hölle als einem bestimmten, konkreten, sehr heißen und hässlichen Ort tief unter der Erde aufgaben und ihn durch eine schwammige Metapher ersetzten, die in etwa lautet: »Die Hölle ist eine spirituelle Wüste, in der der Mensch haust, wenn er sich von Gott abwendet.« Nun will es aber der Zufall, dass ein tobendes Inferno etwa 2900 Kilometer unter der Erdoberfläche herrscht, eine echte Hölle tief in der Erde, und sie ist nichts anderes als der Kern unseres Planeten. Dieser flammende Schlund, das Wellness-Paradies des Teufels, ist eine Kugel aus kochendem Metall, ungefähr so groß wie der Mars, 90 Prozent Eisen, der Rest überwiegend Nickel, und sie hat eine Temperatur von 5500 Grad Celsius, was ungefähr den Verhältnissen an der Oberfläche der Sonne entspricht. Der Kern, durchsetzt mit Spuren fast reinen Schwefels, siedet, seit die Erde kondensierte, und hat sich in den fast 4 Milliarden Jahren nur um 150 Grad abgekühlt. Zum größten Teil ist diese Wärme Restbestand der infernalischen Verhältnisse des jungen Sonnensystems und Ergebnis der unvermeidlichen Umwandlung potenzieller Energie in Wärmeenergie, wenn die Gravitation eine Menge verstreutes Material zur kompakten Kugel eines Planeten zusammenzieht. Für den Rest ist der reiche Vorrat an instabilen radioaktiven Elementen wie Uran, Thorium und Kalium verantwortlich, die beim Zerfall Energie in ihre Umgebung freisetzen, die terrestrische Suppe, und so dafür sorgen, dass ständig Feuer unter dem Kessel ist. Die Erde ist ungewöhnlich reich gesegnet mit radioaktivem Material, und der hektische Zerfall schwerer Atome erklärt, zusammen mit der Urhitze des Kerns, warum unser Planet ein solcher Wechselbalg ist, warum er mehr geologische Energie und eine größere Verwandlung seiner Außenhaut, seiner Oberflächenanatomie, erkennen lässt als alle anderen Planeten des Sonnensystems zusammengenommen. Der Mars hatte früher ein ähnliches geologisches Profil, einen siedenden Kern, der für umfangreiche Umwälzungen sorgte – aufbrechende Kruste, Vulkane, die Asche und Gas ausspien. Doch da der Mars erheblich kleiner als die Erde ist, hatte er weit weniger Hitze und spaltbares Material in seinem Inneren, so dass sein Schmelzofen schon vor einer Milliarde Jahren erkaltete und er zu einem relativ trägen Planeten wurde und schon früh sein gezeichnetes, pockennarbiges Gesicht zeigte. Die Erde dagegen ist eine Meisterin der Schönheitschirurgie, ständige Patientin und überspannte Ärztin zugleich. Finden Sie, dass Indien hier gut aussieht, in Tuchfühlung mit Madagaskar? Nein? Was halten Sie dann davon, es durch eine hübsche Naht mit China zu verbinden? Und Australien? Wäre viel besser hier unten: Mit der Antarktis vereinigt, oder als Solitärblume im Indischen Ozean? Oder vielleicht wäre es Ihnen lieber, wir ziehen es nach Norden, nach Japan hinein?

Die OPs werden nicht aufhören, weil die Erde eine riesige Wärmekraftmaschine ist und weil heiße Dinge immer bestrebt sind, sich abzukühlen. Das ist die aufschlussreichste Art, sich unseren Planeten vorzustellen, sagte David Bercovici, Professor für Geophysik an der Yale University: als große, heiße Kugel, die versucht, Wärmeenergie ins All abzustrahlen. Schließlich verlangt der Zweite Hauptsatz der Thermodynamik diese Übertragung. Wärme muss von einem relativ heißen Ort an einen relativ kalten fließen. Der Kern der Erde weist, wie gesagt, fast 6000 Grad Celsius auf. Das All, durch das die Erde rast, hat eine Temperatur von −270 Grad. Folglich schüttelt der Kern fortwährend seine Wärme ab: Raus mit dir, sieh zu, dass du in den Weltraum kommst, das kalte Dreckloch, wo du hingehörst. Aber es ist nicht immer leicht, sich an die Regeln zu halten. Nicht nur, dass die unterirdischen

Vorräte an Uran und Thorium ständig neue Wärme in das Gemisch pumpen; zu allem Übel müssen die Wärmeströme, die vom Kern durch das Dickicht des Erdinneren fließen, durch Tausende von Kilometern dicht gepacktes Gestein und Metall, Geröll und Geschiebe, und hinauf durch die dünne, brüchige Isolierschicht, die Erdkruste, und dabei nie wissend, ob das Substrat, das sie zu durchdringen trachtet, nicht reagieren – schrumpfen, zusammenstürzen, aufbrechen oder sich nach außen stülpen – wird. Eine echte Herausforderung. Doch genau darum geht es bei unserem Planeten: In seinem Inneren ist Wärme, und die will raus.

»Es ist das Gleiche wie mit Ihrer Tasse Kaffee«, sagte Bercovici. »Alles versucht, mit dem großen, kalten, leeren Raum ins Gleichgewicht zu kommen. Und beim Abkühlen, beim kalt und ungenießbar Werden, stellt er alle möglichen ›coolen‹ Dinge an.«

Was für coole Dinge könnte die Wärmeübertragung bringen? Schneiden wir den Planeten auf und schauen wir ihn uns von innen an.

Wie ich ausführlicher im nächsten, der Astronomie gewidmeten Kapitel darlegen werde, kondensierte die Erde vor rund 4,5 Milliarden Jahren aus dem Ring von Gestein und Staub, der nach der Entstehung der Sonne übrig blieb, die selbst das Produkt einer riesigen, dem gravitativen Drang zur Verfestigung folgenden Gaswolke war. Die Erde und die anderen Planeten bildeten sich nach himmlischem Zeitmaß ziemlich rasch, erwarben ihre Masse und ihre kugelähnliche Form (die zu erwartende Geometrie, wenn jeder Teil an der Oberfläche eines Objekts von der Schwerkraft zum Mittelpunkt gezogen wird) in kaum mehr als 10 bis 35 Millionen Jahren. Diese frühen Zeiten waren harte Zeiten, gesetzlose Zeiten. Der interplanetarische Himmel war übersät mit Kometen, Asteoriden und anderem extrastellaren Müll, die Planetenbahnen waren noch heftig umstritten. Rund 50 Millionen Jahre nach der Geburt des Sonnensystems stieß die Erde mit einem Planeten von etwa der Hälfte ihrer eigenen Größe zusammen, was eine spektakuläre, doppelte Wirkung zeitigte: Ein Teil des zum Untergang verurteilten Planeten wurde von unserem eigenen vereinnahmt, was ihm 10 Prozent zusätzliches Gewicht brachte. Gleichzeitig wurde bei der Kollision ein Stück der ursprünglichen Erde herausgeschlagen, das unser durch Jungfernzeugung entstandener Sohn, unser einziger Satellit wurde – der Mond.

Die erweiterte Neufassung der Erde begann, ihre gegenwärtige Gestalt anzunehmen. Dichteres Material wie Eisen und Nickel wurden vom Gravitationsfeld der Erde am stärksten angezogen und wanderten allmählich ins Zentrum. Leichtere Elemente, wie Sauerstoff und Silizium, waren dieser Anziehungskraft in geringerem Maße unterworfen und bildeten die Zwischen- und Außenschichten. Und das ist, in groben Zügen, die Erde, wie wir sie heute haben: Eine Kugel mit horrend kompaktem metallischen Kern, der mit vergleichsweise leichten, lockeren Schichten umhüllt und mit einer knusprigen Kruste überzogen ist. Doch ist dies kein fertiger Nachtisch, nicht das Ende der Mahlzeit. Großer Druck und Radioaktivität schüren die Feuer; und wenn der Küchenchef schlechte Laune hat, macht er allen Feuer unterm Hintern.

Für alle, die ebenerdig oder in Bodennähe leben – und dazu gehören alle bekannten Lebensformen, denn selbst die Tiefseebewohner, die an hydrothermalen Tiefseespalten herumplanschen, befinden sich noch am Rand der Erdkruste –, ist der Druck kaum vorstellbar. Menschen halten den atmosphärischen Druck aus; obwohl die Erdatmosphäre dick ist, türmt sie sich doch 50 Kilometer und höher auf, und obwohl wir uns auf Meereshöhe durch ihre niedrigste, dichteste Schicht bewegen, ist sie immer noch eine relativ leichte Masse: nur 1 Kilogramm pro Quadratzentimeter lasten auf uns. Doch im Inneren der Erde werden die Verhältnisse rasch gewichtiger. Jede Schicht ist fest oder so etwas Ähnliches wie fest, und jede nachfolgende Schicht muss all die festen Schichten über sich tragen. Steigen Sie 30 Kilometer hinab, und wir sprechen über einen Druck von 93 000 Kilogramm pro Quadratzentimeter. Wenn Sie den innersten Kern erreicht haben, werden Sie von im wahrsten Sinne des Wortes unerträglichen 3,5 Millionen Kilogramm niedergedrückt, also dem 3,5 Millionenfachen des Luftdrucks.

Der Erdkern ist eine kompakte Kugel aus Eisen, Nickel und anderen derben Elementen, eine echte Kugel in der Kugel, eine innere Zone von der Größe des Monds – rund 2600 Kilometer im Durchmesser –, umgeben von einem äußeren Kern, so breit wie der Mars. Im inneren Kern haben wir die erwähnte urzeitliche Hitze von 5500 Grad Celsius. Das ist mehr als genug, um Eisen unter den meisten Umständen zu schmelzen, so auch auf der ähnlich heißen Sonnenoberfläche. Doch großer Druck lässt die gewöhnlichen physikalischen Veränderungen nicht zu und packt die Eisenatome so dicht, dass sie sich nicht lösen und fließen können. Infolgedessen ist der innere Kern fest, ähnlich einer riesigen Kristallkugel aus Eisen.

Im äußeren Kern sind die Drücke etwas entspannter und damit auch die dort befindlichen Bestandteile. Der äußere Kern besteht wie der innere in erster Linie aus Eisen, aber hier schwappt es als Flüssigkeit umher. Diese Flüssigkeit hat nur einen besonders nützlichen Nebeneffekt, der dazu beiträgt, dass die Erde für Leben bewohnbar ist. Wenn das geschmolzene Metall des äußeren Kerns um das feste Eisen des inneren Kerns gleitet, erzeugen diese Bewegungen die Magnetfelder der Erde, die genauso gut Magnetschilder heißen könnten. Die Tausende von Kilometern ins All reichenden Magnetfelder lenken einen großen Teil der Solarwinde ab, jene knisternden Ströme von energiereichen Teilchen, die ununterbrochen von der Sonnenoberfläche abgestrahlt werden und, träfen sie ungehindert bei uns ein, unsere Atmosphäre so sicher entfernen würde wie Terpentin Farbe. Der Erdmagnetismus arbeitet also mit der unentbehrlichen Atmosphäre zusammen, um den Planeten gegen das gefährlichste Licht der Sonne zu schützen. Gemeinsam fangen Luft und Magnetfelder die meisten solaren Röntgenstrahlen, kosmischen Strahlen und Gammastrahlen ab, bevor sie uns erreichen und unsere Zellen und Gene ruinieren können.

Magnetfelder vermitteln dem Planeten auch einen Ortssinn, eine inhärente Kartographie von Nord und Süd; viele Lebewesen nutzen für ihre Orientierung nach Ansicht der Forscher den Erdmagnetismus: Tauben, Spatzen, Reisstärlinge, Buckelwale, Lachse, Langusten, Unechte Karettschildkröten, Chrysippusfalter, Wassermolche, der zentralaustralische Buschwanderverein. Und dann gibt es die Zeitgenossen, die nicht den geringsten Orientierungssinn haben und mit einem Kompass nichts Besseres anzufangen wissen, als ihn einem Naturschutz-Ranger im Austausch gegen eine Mitfluggelegenheit im Hubschrauber zu überlassen.

Der Kern, der innere wie der äußere, umfasst nur ein Sechstel des Erdvolumens, aber ein Drittel seiner Masse. Sein besonderes Merkmal ist sein Gewicht, die Dichte seiner Bestandteile. Die größten Atome, aus denen die Erde gebildet ist, diejenigen mit der höchsten Anzahl von Protonen und Neutronen, sind von der Gravitation nach innen gezogen worden und haben auf ihrem unaufhaltsamen Vormarsch nach innen leichtere Bestandteile, die ihnen im Wege waren, verdrängt. Die Konzentration von Eisen, Nickel und ähnlichen Atomen im Kern, fast unter gänzlichem Ausschluss von leichteren Elementen, sorgt für eine klare Grenze zwischen Kern und Nichtkern. Wenn Sie sich vom Kern aus nach außen bewegen, in die angrenzende Schicht des Erdinneren, den Mantel, ist der Dichte-Unterschied so extrem wie zwischen dem Boden, auf dem wir stehen, und dem Himmel darüber.

Der größte Teil der Erde wird von dem den Kern umhüllenden Mantel in Anspruch genommen. Und obwohl der Mantel weit weniger dicht als der Kern ist, sollten Sie ihn nicht für ein Leichtgewicht halten. Er ist ein festes – steinhartes –, riesiges und vielfältiges Mosaik aus Metallen und Silikaten, Stoffen, die hauptsächlich aus Ketten von Silizium und Sauerstoff bestehen und weitgehend all das definieren, was wir als Gestein bezeichnen. Eines der gängigen Missverständnisse, die über den Mantel bestehen, besagt, dass er eingeschmolzen ist, ein großer Bottich aus flüssigem Gestein, das unter der Erde umherschwappt, wie die geschmolzene Erde, die aus dem Mund eines Vulkans auf Hawaii blubbert. Tatsächlich verhält es sich so, dass ein Großteil des

Mantels sich zwar nahe dem Schmelzpunkt befindet, besonders in den Regionen, die dem Kern am nächsten sind, aber sehr wenig wirklich flüssig ist. Vielmehr ist der Mantel eher wie Silly Putty, intelligente Knete, eine Spielzeugmasse, die mehr als ein Geologe zu Demonstrationszwecken verwendet, oder um komische Stempel von Zeitungen zu machen, wenn er gelangweilt ist. Wie Silly Putty ist der Mantel fest, aber elastisch, fast matschig, und kann sich bewegen, was er ständig tut. »Denken Sie an Gletscher«, meinte David Bercovici. »Sie bestehen aus festem Eis, aber sie bewegen sich. Sehr langsam zwar, aber sie bewegen sich.« Auch der Mantel schlägt ein sehr behäbiges Tempo an. Er fließt wie ein großes Tuch aus gummiartigem Gestein um den Zentralkern der Erde, mit einer Geschwindigkeit von bis zu 10 Zentimetern pro Jahr, langsamer, als Haar wächst.

Über dem Mantel liegt die äußerste Schicht des Planeten, die eigentliche Hülle der Erde, und der Teil, den wir am besten kennen – die Kruste. Einerseits erscheint »Kruste« als unnötig farbloses und entbehrliches Wort für etwas, was uns so gut beherbergt und genährt hat. Das gesamte Leben der Erde spielt sich auf und in der Kruste ab. Die sieben Kontinente und mehr als 10 000 bewohnte Inseln des Planeten gehören alle zur Kruste. Die Ozeane und der Grund, auf dem sie liegen, sind Teil der Kruste. Die Lagerstätten, aus denen wir Öl, Erdgas und Kohle abbauen, sind Teil der Kruste. Auf die Kruste bauen wir, und so ist es immer gewesen.

Andererseits ist die Kruste *sehr* dünn. Sie ist ein unscheinbares, schmächtiges Stückchen der Erde, das weniger als ein halbes Prozent der Erdmasse und 1 Prozent ihres Volumens ausmacht. Wären Sie im Gefängnis, und es würfe Ihnen jemand eine Brotkruste zu, die zum ursprünglichen Laib im selben Verhältnis stünde wie die Erdkruste zur Erde, wäre sie einen halben Millimeter stark, kaum dicker als zwei Augenwimpern. Die Kruste des Planeten ist im Vergleich zur gesamten Erde so dünn, dass sie, würde man die Erde auf die Größe eines Basketballs schrumpfen, noch feiner wäre als die Hülle des Basketballs, eher wie die Lackschicht einer

Bowlingkugel. All die kühnen Gipfel und tiefen Täler, die wir mit so viel Stolz erobern, würden verschwinden, eingeebnet durch den Vergleich mit der Masse von Mantel und Kern.

Sehr gut können Sie sich die Kruste als eine Eisschicht auf einem See vorstellen. Das Eis schwimmt, weil es leichter und weniger dicht als das Wasser unter ihm ist, und es ist zu einer spröden Schicht kristallisiert, weil es von der Winterluft darüber abgekühlt wurde. Ganz ähnlich ist die Kruste aus relativ leichten Steinen, die von dem kondensierten Brei des Mantels getragen wird. Außerdem ist die Kruste der kühlste Teil der Erde und deshalb spröde und brüchig. Wie das Eis auf einem See an einigen Stellen dicker als an anderen ist, weshalb der Versuch, mit dem VW-Käfer darauf herumzufahren, mehr als töricht ist, egal, was Ihnen Vetter Jeb erzählt, so fällt auch die Stärke der Kruste höchst unterschiedlich aus, von einer ganz dünnen Stelle von 5 Kilometern auf dem Meeresgrund unter Hawaii bis zu den rund 70 Kilometern am Himalaya. Im Allgemeinen ist die Kontinentalkruste sechs- oder siebenmal dicker als die Ozeankruste; und obwohl die Region des Meeresgrunds etwas Geisterhaftes, Urzeitlich-Mystisches an sich hat als der Ort, wo man ein paar überlebende Trilobiten zu finden erwartet, das versunkene Atlantis oder zumindest die Urbesetzung und Besatzung des *Traumschiffs*. Tatsächlich ist der Meeresboden sehr jung, Hunderte Millionen bis einige Milliarden Jahre jünger als das trockene Land, auf dem wir stehen. Was uns zu der wunderbaren Theorie der Plattentektonik bringt, einem grundlegenden Organisationsprinzip der Geologie und einer der großen Entdeckungen des 20. Jahrhunderts. Es führt uns auch zurück zum Bild des sehr heißen Objekts, das nach Abkühlung strebt – einer Tasse Kaffee, einer Schüssel Hafergrütze, einem Planeten mit einem Eisenschmelzer als Kern. Egal: Die Muster, die entstehen, wenn aus der Tiefe Wärme sprudelt, ähneln einander, gleichgültig, durch was für ein Medium sie sich bewegen.

Die Vorstellung, dass Landmassen langsam um den Planeten wandern, ist nicht neu. Als die Karten besser wurden, konnten

Forscher und Laien nicht umhin, sich den Kopf darüber zu zerbrechen, warum die Kontinente wie Puzzleteile aussehen. Nachdem der deutsche Geologe und Meteorologe Alfred Wegener Belege aus Fossilfunden, Gesteinsablagerungen und Gletscherschichten aus aller Welt scharfsinnig miteinander verknüpft hatte, veröffentlichte er 1912 seine visionäre Hypothese von der »Kontinentaldrift«. Darin vertrat er die Ansicht, dass vor 200 Millionen Jahren alle Kontinente eine riesige, zusammenhängende Landmasse bildeten, die er Pangäa nannte – »Allerde« –, dass Pangäa dann irgendwie zerbrochen und die Stücke auseinandergedriftet seien. Kurz darauf war es ein englischer Geologe, der den Namen eines fiktiven Detektivs mit dem seines Schöpfers verband – Arthur Holmes –, der einen denkbaren Mechanismus für Wanderungen der Erdteile vorschlug. Holmes, der Physik und Geologie an der Londoner Universität studierte, die heute Imperial College heißt, ging von der Vermutung aus, dass ständiger radioaktiver Zerfall in der Erde dazu beitragen könne, gewaltige Wärmeströme zu erzeugen, die wie in einer Suppe, die auf dem Herd kocht, durch Konvektion an die Oberfläche gelangen. Erst nach dem Zweiten Weltkrieg fanden Forscher empirische Beweise dafür, dass eine ständige, durch unterirdische Radioaktivität bewirkte Ausbreitung des Meeresbodens die Triebkraft der Kontinentaldrift ist; nicht früher als in den sechziger Jahren gelang es schließlich, alle Elemente zu einer großen vereinheitlichten Theorie zusammenzufügen, die erklärte, wie diese Bewegungen der Erde zustande kommen. Auch die Theorie der Plattentektonik ist eine echte Theorie, ein geräumiger Begriffsrahmen, der eine Reihe disparater Ergebnisse erklärt und durch das ständige Hinzukommen neuer Daten immer solider und robuster wird; daher kann er zur Formulierung und Überprüfung aller Arten neuer und nicht trivialer Hypothesen über das Verhalten der Erde dienen. Die Forscher sind vielleicht nicht in der Lage, Erdbeben oder Vulkanausbrüche auch nur annähernd mit der Genauigkeit vorherzusagen, mit der wir und die Versicherungsbranche es sich wünschen würden, aber sie können statistische Prognosen abgeben, aus denen hervorgeht, wo und in welchem Zeitrahmen größere Beben zu erwarten sind.

Der Begriff »tektonische Verschiebung« hat sich im allgemeinen Sprachgebrauch eingebürgert und konkurriert mit dem »Quantensprung« als Ausdruck für eine wirklich große, im Allgemeinen konstruktive, aber unter Umständen auch riskante Veränderung – lauter berechtigte Bedeutungsnuancen: »tektonisch« kommt von *Tekton*, dem griechischen Wort für »Baumeister«. Plattentektonik ist die Theorie, die erklärt, wie diese sich verschiebenden Platten die grundlegende Gestalt unserer Erde schufen. Nun können Baustellen aber gefährliche Orte sein – was glauben Sie, warum die Arbeiter dort Helme tragen, Frühstücksdosen aus Metall haben und auf zwei Fingern pfeifen können? Nur so zum Spaß schaffen tektonische Platten Nationen, reißen sie auseinander, manipulieren sie, aber sie sind nicht, was sie scheinen. Der Blick auf den Globus sagt Ihnen nicht, wo die Platten sind. Sie sind nicht durch die Gestalt der Kontinente definiert, nicht durch das Aufeinandertreffen von Land und Meer. Tatsächlich ist es eine knifflige, manchmal mühselige Aufgabe, die Grenzen der Kontinentalplatten zu finden. Nach allgemeiner Auffassung gibt es sieben bis zehn »größere« Platten und fünfundzwanzig bis dreißig kleinere. Der genaue Bestand interessiert weit weniger als die Frage, was geschieht, wenn sie zusammenstoßen.

Was sind also die tektonischen Platten? Im Gegensatz zu einem häufigen Missverständnis sind sie nicht einfach zerbrochene Stücke der Erdkruste, obwohl das Krustengestein gewöhnlich entlang der Grenzlinie zwischen zwei Platten gebrochen ist. Doch die Platten reichen tiefer als die Kruste, bis in den oberen Teil des Mantels hinein. Jede ist rund 80 Kilometer dick, wenn sie auch, wie die Kruste selbst, erhebliche Unterschiede in Stärke und Dichte aufweisen. Die Platten, die die Kontinente tragen, sind relativ dick und leicht, während die muschelförmigen Behältnisse der Meeresbecken dünn und dicht sind. Ein charakteristisches Merkmal der Platten sind ihre Bewegungen. Sie sind die Segmente der äußeren Erde, die als relativ zusammenhängende Einheiten umhergleiten. Der obere Teil jeder mobilen Platte, der Krustenanteil, ist spröde, er neigt zum Reißen oder Abbröckeln. Der tiefere Anteil, im Mantel, ist heißer und formbarer, er gibt eher nach, wenn er Druck ausgesetzt ist. Alle Platten gleiten über den viskoseren Mantel unter ihnen, manchmal mit ihm gleichlaufend, wobei sie durchschnittlich ein bis zehn Zentimeter pro Jahr zurücklegen – was ungefähr der Wachstumsrate Ihrer Fingernägel entspricht. Das mag nach menschlichem Maßstab ein Schneckentempo sein, nach geologischem jedoch wahrhaft atemberaubend. In 1 Million Jahren wandert eine Platte rund 50 Kilometer weit. Geben Sie einer Platte 100 Millionen Jahre, und sie wird 5000 Kilometer zurückgelegt haben, fast die Entfernung zwischen New York und London.

Die Triebkraft der Platten ist das unaufhörliche Bestreben der Erde, ihre erstickende Hitze loszuwerden. Der Planet verfügt über einige Kühltechniken. Eine kleine Menge strahlt er durch Wärmeleitung ab, wobei Atome und Moleküle in rascher Bewegung einen Teil ihrer Überschussenergie auf nicht ganz so schnelle Atome und Moleküle übertragen, mit denen sie zusammenstoßen – der gleiche Prozess, der Ihren Metalllöffel heiß werden lässt, wenn Sie ihn in heißen Kaffee tauchen. Einen weiteren geringen Betrag an Wärmeenergie stößt die Erde durch unmittelbare mechanische Entladung aus – Vulkanexplosionen, Geysire und ähnliche Geo-Rülpser. In der Regel bedient sich die Erde jedoch zur Wärmeabfuhr der Förderband-Methode, das heißt, der Konvektion. Konvektion hat den Vorteil, dass zum Kühlen nicht nur heiße Dinge nach außen gestoßen, sondern auch kühlere Objekte nach innen gezogen werden. Die Konvektionsströme, die unseren Planeten durchziehen, sind kompliziert und schwer zu verfolgen, ähnlich wie die Großwetterlagen in der Atmosphäre, in groben Zügen geschieht jedoch Folgendes: Wärme fließt vom Eisenkern in das Gestein des unteren Mantels. In dem Maße, wie sich dieses Grenzgestein erwärmt, dehnt es sich aus und verliert an Dichte, woraufhin das expandierte Gestein – ähnlich wie heiße Luft – durch das kühlere Mantelgestein darüber zu steigen beginnt. Je höher es gelangt, desto weniger Druck lastet auf ihm, und desto weicher kann es werden; je weicher es wird, desto besser der Fluss, was seinen Aufstieg gen Kruste noch mehr erleichtert. Irgendwann kommt jedoch ein weiteres kleines physikalisches Prinzip zum Tragen, die Kehrseite der Gesetzmäßigkeit, die die brodelnde Gesteinsmasse überhaupt erst auf ihre Reise nach oben geschickt hat. Beim Aufstieg gibt das Gestein seine Wärme an die Umgebung ab, und beim Abkühlen kehrt es allmählich in seinem ursprünglichen Dichtezustand zurück. Schließlich hat die Gesteinsblase keine andere Wahl, sie ist im Verhältnis zu den Stoffen in ihrer Umgebung zu schwer und beginnt zu sinken, wie es Steine nach Theorie und Redensart so an sich haben. Tiefer, tiefer, zurück in den heißen Kern, wo die Gesteinsmasse wieder Wärme aufnehmen und ihre sehnsuchtsvolle Reise erneut beginnen kann. Das ist der grundlegende Konvektionskreislauf im Inneren der Erde. Heißes Gestein dehnt sich aus, steigt auf, kühlt ab, zieht sich zusammen und sinkt; atmen wir tief durch, und versuchen wir es noch einmal. Einige dieser Konvektionsströme wirbeln vielleicht nahe der Grenze des Kerns umher, andere legen sich als lange Bahnen über riesige Streifen des Mantels. Und einige wenige schaffen es bis an die Oberfläche und ergießen sich in die Ozeane, dort, wo die Kruste dünn ist und die schlampigen Nähte der Erde platzen.

Unter den vielen Forschungsergebnissen, die zur Theorie der Plattentektonik führten, stammten einige der wichtigsten aus Untersuchungen des Meeresbodens, die in den fünfziger Jahren vorgenommen wurden. Dieses Unterfangen lieferte eine ganze Reihe von Überraschungen. Zum einen gab es lange unterseeische Gebirgskämme, die höchsten verliefen in der Mitte des Atlantiks und Indischen Ozeans und ragten bis zu 3000 Meter oder mehr über den Meeresboden; umgekehrt wurden auch Tiefseerinnen entdeckt, die 2000 Meter oder mehr in diesen Boden hinunterreichten. Zum anderen waren die Gesteine am Meeresboden außerordentlich jung, höchsten 180 Millionen Jahre alt, dagegen gab es an Land Gesteine mit einem Alter von Milliarden Jahren. Die jüngsten dieser kindlichen Tiefseegesteine fanden sich in unmittelbarer Nähe der Mittelozeanischen Rücken, wobei das Alter stetig zunahm, je weiter man sich von den Gebirgen entfernte und den Rändern der Mittelozeanischen Rinnen näherte. Schließlich erwies der Meeresboden sich auch als bemerkenswert aufgeräumt und kaum sedimentiert, bedenkt man, wie lange er einem ständigen Zustrom von Landrückständen ausgesetzt war: abgestorbenen Pflanzen- und Tierteilen, Sand, Kiesel, Schlamm, Knochen, Muscheln, Barhockern und, noch in ungeöffneter Hülle, 3000 Platten von Grand Funk Railroads *We're an American Band*. Es war, als wäre der Meeresboden ständig geschrubbt und gestaubsaugt und die Fundsachen bei eBay versteigert worden.

Dank der Plattentektonik gelang es, das Rätsel der kahlen Tiefen zu lösen. Die Konvektionsschleifen tragen heißes Gestein nach oben zum Krustenpanzer. Ein Teil des jungen, heißen Gesteins dringt bis an die Oberfläche, indem es durch die Gebirgsketten nach oben quillt, wo es als halbfeste Gesteinsart, dem so genannten Magma, zutage tritt. Dieses Magma drängt den Meeresboden auseinander, rüttelt zu beiden Seiten an den ozeanischen Platten und schiebt kühleres, weniger junges Gestein beiseite. Schließlich stößt der kalte vordere Rand des expandierenden Meeresbodens auf andere Risse in der Kruste, die Tiefseerinnen, wo er wieder in den Mantel eingesaugt oder subduziert wird. Im alles zermalmenden Rachen des Mantels wird das Gestein zerschlagen, pulverisiert, rundernauert und pasteurisiert, so dass jeder Teil dieses Gesteins, dem es gelingt, wieder durch einen Krustengebirgszug nach oben zu dringen, um noch einmal den Meeresboden an der Meeresküste zu sehen, dies als vollkommen jungfräuliches Gestein tun wird. Poseidons Förderband rattert ununterbrochen, und in der altehrwürdigen Geschichte der Meeresbecken sind die Tiefpunkte unserer Kruste schon Dutzende von Malen recycelt worden. Anders die Kontinente. Da Kontinentalgestein relativ leicht ist, fließt es über die

Subduktionszone der Rinnen hinweg, wird gestoßen, gezogen und lädiert, ohne in der Regel in den Mantel eingesogen zu werden. Kontinentale Landmassen haben ihre Konturen und Koalitionen, wie gesagt, häufig verändert, aber ein Großteil ihres Gesteins hat sich aus dem geschmolzenen Geschiebe seit 1 Milliarde Jahren oder mehr herausgehalten.

Überall hält das Aufquellen heißen Gesteins die Platten in ständiger Bewegung, und die bewegten Platten gestalten ihrerseits die Bühne ständig neu, auf der das Leben unverdrossen seine Rolle spielt. Der an den Mittelozeanischen Rücken expandierende Meeresboden treibt manche Platten samt ihrer Fracht auseinander: Diese tektonische Divergenz drängt Nordamerika und Eurasien in entgegengesetzte Richtungen und verbreitert den Atlantischen Ozean jedes Jahr um rund 5 Zentimeter. Andere Platten stoßen zusammen, verlegen und gereizt wie zwei Fußgänger auf einem Bürgersteig: Sie gehen da lang, nein, ich geh da lang. Hoppla, jetzt gehen wir beide den gleichen Weg noch mal, das wird nicht klappen. Vielleicht sollte ich einfach unter Ihren Beinen wegtauchen, um diese Farce zu beenden. Wenn sich eine dicke Kontinentalplatte an einer dünnen reibt, beginnt die dünnere tatsächlich unter die mächtigere Platte zu tauchen, woraufhin eine jener Subduktionszonen entsteht, die alten Meeresboden in den Mantel zurückführen und dabei in der über ihnen liegenden Landschaft erhebliche Unordnung anrichten – indem sie etwa eine Kette von Vulkanen aufwerfen und sie mit explosiven Magmakammern ausstatten oder Küsten zu Hochgebirgen auffalten, die sich am ehesten für Lamas, für Könige mit einer großzügig bemessenen Sklavenschar und Touristen mit einer großzügig bemessenen Unfallversicherung eignen. Das Kaskadengebirge im Nordwesten der Vereinigten Staaten – wo sich der Mount Saint Helens befindet – und die Anden in Südamerika führen beide vor Augen, was geschieht, wenn ozeanische und kontinentale Platten zusammenstoßen.

Wenn beide konvergierenden Platten Kontinente tragen, werden die Landmassen in Zeitlupe ineinandergeschoben, woraufhin sich die vorderen Ränder beim Zustandekommen der erzwungenen, ungewollten Allianz aufwerfen. Häufig offenbaren Gebirgsketten in der Mitte eines Kontinents, wo einst getrennte Landmassen durch konvergierende Kontinentalplatten zusammengepresst wurden. Beispielsweise begann sich der Himalaya vor rund 45 Millionen Jahren aufzutürmen, als die Platte, die den indischen Subkontinent trug, mit dem Rest Asiens zusammenstieß. In Europa markieren die Alpen, wo die italienische Halbinsel, auf der afrikanischen Platte reitend, etwa zur selben Zeit in das heutige Deutschland und Frankreich krachte, eine ungeliebte Fusion, mit der sich die Beteiligten auch nach zwei Weltkriegen, einer gemeinsamen Währung und dem gegenseitigen Verzehr ihres Feingebäcks noch nicht recht abgefunden haben.

Tektonische Begegnungen finden nicht immer als Frontalzusammenstöße statt. Manchmal kommt es vor, dass zwei Platten, die in entgegengesetzte Richtungen unterwegs sind, sich nur aneinander reiben oder es zumindest versuchen. Ist diese Berührung sehr eng, bleiben Teile der Platten aneinanderhaften, besonders an ihren brüchigen, zerklüfteten oberen Krusten. Unter Umständen setzen die Platten darunter ihre entgegengesetzten Bewegungen fort, doch die Gesteine entlang der ineinander verkeilten oberen Grenzen bleiben, wo sie sind. Sie sind hohen Belastungen und Spannungen ausgesetzt, denen sie mit allen möglichen Methoden beizukommen suchen – Therapie, Yoga und der Umbenennung in »Gibraltar«.

Doch der Druck erhöht sich unaufhaltsam, schließlich reißen die unter Spannung stehenden Gesteinsoberflächen auseinander und rücken in einem seismischen Krampf voneinander fort. »Seismisch« ist aus dem griechischen Wort für »Erschütterung« gebildet, und es sind diese plötzlichen Reibungen an den Bruchlinien der Erde – Rissen in der Kruste, wo tiefer liegende Plattenbewegungen das Gestein zwingen, sich an anderem Gestein zu reiben –, die die Erde in einer jähen seismischen Erschütterung rütteln und schütteln, wenn die Energie, die sich in der langen Leidenszeit des

Gesteins aufgestaut hat, freigesetzt wird und sich in Wellen nach außen entlädt.

Die berühmteste dieser gefährlichen Plattengrenzen ist die San-Andreas-Verwerfung in Kalifornien, wo die Pazifikplatte relativ zur Nordamerikaplatte nordwärts kriecht, und ihre steinigen Berührungsflächen abwechselnd haken und gleiten, gewöhnlich gleiten, gewöhnlich in kleinen Rucken, gelegentlich aber auch durch entsetzliche Verschiebungen um mehrere Meter auf einmal. Bei dem katastrophalen Erdbeben von San Francisco, 1906, betrug die größte Verschiebung – bei Olema – fast sechs Meter. Das chronische Mahlen und Reiben der Platten führt häufig zu Brüchen, die das Gestein der Plattengrenzen in vielen Richtungen und auf verschiedenen Ebenen durchziehen, im Fall des Erdbebens von 1906 bis zu einer Tiefe von 10 Kilometern. Daher sind große Bruchlinien nicht einfache Spalten in der Kruste, sondern wirre Schollenfelder von geborstenen Gesteinsplatten, die manchmal die eigensinnigen Bewegungen der Platten absorbieren, manchmal aber noch weiter zersplittern. Da sich die relative Elastizität eines Zugs in dem Trümmerfeld nur schwer bestimmen lässt, ist es natürlich auch kaum möglich vorherzusagen, wann das nächste Erdbeben ausbrechen und wie schwer es sein wird.

Das gewaltige Aufwallen des Mantels hat mehr für die Erdkruste getan, als endlos mit magmatischer Wut auf sie einzuhämmern. Die Konvektionskräfte der inneren Erde haben nicht nur die Meeresbecken unseres Planeten angelegt, sondern auch das Wasser geliefert, das sie füllt. Die Erde ist natürlich überschwemmt mit Wasser. Sie beherbergt rund 1400 Millionen Billionen Liter, genug, um drei Viertel der Erdoberfläche mit Ozeanen zu bedecken, die im Durchschnitt vier Kilometer tief sind. Flüssiges Wasser ist für Leben in der uns bekannten Form unentbehrlich, und keiner unserer Geschwisterplaneten kann sich eines vergleichbaren Wasserüberflusses rühmen. Die genaue Folge der Ereignisse, die der Erde das leuchtend blaue Band ans Revers hefteten, ist noch umstritten, doch die meisten Wissenschaftler sind sich einig, dass es wohl eine

Mischung aus himmlischen Einflüssen und irdischen Speicher-
möglichkeiten war. Flüssiges Wasser dürfte im Sonnensystem (und,
soweit wir wissen, im gesamten Universum) eine Seltenheit sein,
nicht aber $H_2O$ in seinen anderen Zuständen. An den Grenzen
unseres Sonnensystems gibt es Kometen in Hülle und Fülle, die
wir guten Gewissens als »schmutzige Schneebälle« bezeichnen
können. Ein Komet ist nichts anderes als ein kreisender Klumpen
aus Eis und Staub mit einem Durchmesser von vielleicht 15 Kilometern; und der dramatische Schweif, der so deutlich »Komet«
ruft, dass wir sein Bild auf dem tausend Jahre alten Teppich von
Bayeux erkennen, ist ein schlichter Dampfstreif, weil die eisige
Oberfläche verkocht, wenn sich das gesprenkelte Geschoss in die
Nähe der Sonne verirrt. Zu einem frühen Zeitpunkt in der Entwicklung des Sonnensystems scheinen wilde Kometenschwärme
aus ihren Einzugsgebieten in die starke Anziehungskraft von Jupiter gelockt worden zu sein, dem Riesen unter dem planetarischen
Abfall. Eine beträchtliche Anzahl dieser Kometen hatte entweder
vergessen, ihr mobiles GPS mitzunehmen, oder festgestellt, dass
es nicht funktionierte, weil es noch nicht erfunden war, jedenfalls
verfehlten sie ihr Ziel um einige hundert Millionen Kilometer
und krachten stattdessen in die Erde. Die Erde war noch jung
und so heiß, dass ein Großteil des Kometenwassers wieder rasch
in den Weltraum verdunstete; doch eine gewisse Menge sickerte
in die Tiefen der jungen Erde, wo es ins Gestein eingeschlossen
wurde und die Wasservorräte, die unser Planet von Anbeginn
hatte, erheblich vergrößerte. Vor ungefähr vier Milliarden Jahren
begannen Vulkanausbrüche das unterirdische Wasser aus seinen
mineralischen Grüften zu befreien und es als Dampf wieder aus-
zuspeien. Auf der Oberfläche des Planeten herrschten inzwischen
so gemäßigte Verhältnisse, dass das Wasser seine Kräfte bün-
deln, die Initiative ergreifen und mit der Initiierung der Ozeane
beginnen konnte. Die Kruste war abgekühlt, und die kreisenden
Eisenströme im Erdinneren hatten die Magnetfelder erzeugt, die
zur Ablenkung des sengenden Solarwinds beitrugen. Derart ge-

schützt, wurden die riesigen Wolken des vulkanisch wieder zutage geförderten Wassers nicht mehr sofort ins All verdunstet, sondern hingen über dem Erdboden, wurden dichter und dräuten wie Gewitterwolken. Sie sammelten sich, bis kein Platz mehr war am Himmel. Er war bis an jene Grenze gesättigt, wo die Zuständigkeit der Schwerkraft beginnt; die Wolken waren so schwarz und dicht, dass dem Wasserdampf gar keine andere Möglichkeit blieb, als zu Regentropfen zu kondensieren und zur Erde zu fallen. Es regnete in Strömen von Noah'schen Ausmaßen, nur stärker und länger, und es waren keine Giraffen und Zebras auf einem hölzernen Schiff so zusammengepfercht, dass sie sich in den Zirkus zurückwünschten. Zehntausende, Hunderttausende von Jahren fiel der vorsintflutliche Regen von sintflutartiger Heftigkeit und füllte die Vertiefungen in der gerade karamellisierten Silikathaut der Erde, füllte sie bis zum Rand. Doch mögen sich diese Regengüsse auch nach einer, selbst für Seattle, übermäßig langen Regenzeit anhören, so dauerte diese Entstehung unserer Schifffahrtswege nach erdgeschichtlichem Zeitmaß gerade mal einen Nieser lang. »Die geologischen Merkmale der Sedimentgesteine, die sich in der Anwesenheit von flüssigem Wasser bildeten«, schrieb der Geologe Robert Kandel, »beweisen, dass es die Ozeane seit 3, vielleicht sogar 4 Milliarden Jahren gibt«, und zwar in einem Umfang, der dem heutigen weitgehend gleicht. Mit anderen Worten, kaum hatte sich die Erdkruste so weit abgekühlt, dass sich erkennbare Vertiefungen abzeichneten, hinterlegte die Erde dort das zulässige Höchstmaß an absetzbarem flüssigen Vermögen, genug Wasser, um eine Kette aneinandergereihter Badewannen zu füllen, die 5 Millionen Mal von hier zur Sonne und zurück reichen würden. Aber denken Sie daran, Ihr eigenes Handtuch, Shampoo und eine atembare Atmosphäre mitzubringen.

O ja, eine atembare Atmosphäre. Wie leicht übersehen wir, was wir am dringendsten brauchen. Sie können drei Tage lang ohne Wasser leben, auch eine Woche oder zehn Tage, wenn Sie anfangs gut hydratisiert waren und wenn Sie an einem kühlen, schattigen

Ort bleiben. Doch wenn Sie zu atmen aufhören, können Sie binnen weniger Minuten sterben. Unsere glücklicherweise inhalierbare Luft mag schlichter und weniger substanziell erscheinen als Wasser, träger, nachlässiger und dazu neigend, abwesend ins Leere zu starren, doch der Schein kann trügen, vor allem der, den man nicht sehen kann. Tatsächlich ist die Erdatmosphäre eine vielfältigere und komplexere Ressource als unser Wasser, und sie hat länger gebraucht, um sich zu dem spezifischen Gemisch zu entwickeln, von dem wir rund 8 Liter pro Minute einatmen, was insgesamt etwa 12 000 Liter pro Tag ergibt – genug, um 100 Badewannen zu füllen, die gerade nicht auf dem Weg zur Sonne sind. Da Gas eine Masse hat, 130 Gramm pro 100 Liter, atmen wir pro Tag rund 15 Kilogramm persönlichen Raum ein und aus.

Die Atmosphäre ist eine Erweiterung der Erde, ein geopolitischer Faktor von gleicher Bedeutung wie Kern, Mantel und Kruste. Wie so vieles andere bei unserem Planeten wurde die Luft im Inneren geboren und dann jäh von innen nach außen gekehrt. Von dem Augenblick an, da es der Erde gelang, sich zu einer einigermaßen erkennbaren Kugel zusammenzuschließen, begann sie die Rudimente einer Atmosphäre auszustoßen, indem sie heiße Dampfschwaden freisetzte, die während des perinatalen Gedränges in ihrem Inneren eingeschlossen worden waren. Die erste Atmosphäre bestand überwiegend aus Wasserstoff und Helium, aber sie blieb diesem Planeten nicht lange erhalten. Die Erde hatte nicht genügend gravitative Masse, um so leichte Gase halten zu können, und ihr junger Kern musste sich erst noch zu dem zweiteiligen Erfinder des magnetischen Puffers gegen Solarwinde entwickeln. Als die Erde eine halbe Milliarde Jahre alt war, war ihre Uratmosphäre fortgetrieben oder abgetragen worden. Während es heute Spuren von Helium an unserem Himmel gibt – ein winziger Bruchteil von einem Prozent der gesamten Atmosphäre –, ist praktisch kein freier Wasserstoff zu finden. Irdischer Wasserstoff ist in Verbindungen mit anderen Elementen – mit Sauerstoff im Wasser, mit Kohlenstoff und Stickstoff – in den Ketten unserer Gene und Proteine enthalten. Wenn Sie möchten, dass reiner Wasserstoff irgendeine Arbeit leistet, sagen wir, als Treibstoff in technisch hochentwickelten Wasserstoff-Autos, muss er aus seiner molekularen Bindung extrahiert werden, was ebenfalls Energie kostet.

Die zweite Atmosphäre der Erde ließ sich nicht so leicht vertreiben wie die erste. Die Kruste kühlte ab, und die spuckenden Vulkane lösten andere flüchtige Stoffe aus dem unterirdischen Gestein – sie spien Wasserdampf, Stickstoff, Kohlendioxid und Ammoniak in furiosem Tempo aus, bis die Atmosphäre hundert Mal mehr Gas enthielt als heute. Aus diesen giftigen, flüchtigen Gasen kondensierte Wasserdampf als Regen, und das war der Beginn der Ozeane, die wir heute sehen, und die frühesten Ansätze der Luft, die wir brauchen. Einmal ausgegossen, begannen die Ozeane einige der anderen Gase aus der Atmosphäre zu absorbieren, mit besonderer Vorliebe das Kohlendioxid, das sie auflösten und in eine Art Selterschaum verwandelten. Meeresströmungen wirbelten eine Unmenge von kleinen Blasen Kohlenstoffdioxid auf, bis gut die Hälfte des atmosphärischen Kohlendioxids ins Meer gesaugt war. Wir wissen nicht, wie das Leben auf diesem Planeten begann. Wir wissen nicht, wo es begann – in Oberflächengewässern, im glitzernden Sonnenschein, oder am schwarzen Meeresgrund an einer zischendheißen Spalte, in einer zur Muschel gewölbten Schlammhöhle. Wir wissen nicht, wann das Leben begann, Schätzungen gehen davon aus, dass es vor 3,2 bis 3,8 Milliarden Jahren war. Wir wissen nicht, wie die frühesten Lebensformen aussahen. Eines aber wissen wir: Sobald das Leben auf diesem ruhelosen, alles aufsaugenden Goldlöckchen-Planeten begann, verhielt es sich, wie Goldlöckchen es getan hätte: Es stellte alles, was es sah, auf den Kopf, bis es nach Zuhause aussah, roch und sich anfühlte.

Die Wirkung des Lebens auf die Erde war gewaltig, selbst eine tektonische Verschiebung, und nichts belegt diese Wirkung besser als das, was das Leben mit der Luft anstellte. Die Atmosphäre, in der das Leben entstand, die spezielle Mischung, die

die zweite große Entgasung unseres so verschwenderisch giftigen Untergrunds ergab, war ungewöhnlich für die Zeit und lieferte der Chemie des Lebens vermutlich eine ideale Umgebung für seine ersten zögernden Versuche. Aber sie war beileibe nicht jene Art von Luft, die die große Mehrheit der heute lebenden Organismen als »frisch« bezeichnen würde. Vor allem enthielt die Atmosphäre keinen freien Sauerstoff. Gewiss, im allgegenwärtigen Wasserdampf trieben sich Sauerstoffatome mit Wasserstoffohren herum, aber der gepaarte reine Sauerstoff, das Gas $O_2$, das wir zum Atmen brauchen, kam in der Luft praktisch überhaupt nicht vor. Heute enthält die Atmosphäre rund 20 Prozent $O_2$. Wer hat die Sauerstoffpaare dorthin gebracht? Unsere aufopferungsvollen Vorfahren, die Cyanobakterien: große, im Wasser treibende Massen von sonnenfressenden Mikroorganismen, Ur-Solarzellen, die Süßes aus Licht machten. Cyanobakterien, auch Blaualgen genannt, gehören zu den frühesten bekannten Lebensformen und erzählen eine tolle Erfolgsgeschichte. Sie haben vermutlich als erste Lebewesen die Kunst der Photosynthese beherrscht, die graduelle Umwandlung von Sonnenenergie, Wasser und Kohlenstoff in Zucker, die Allzweck-Zellnahrung. Sonnenlicht gab es in Hülle und Fülle, und Wasser – nun sie sind aquatische Geschöpfe. Und als Kohlenstoffquelle hatten sie die Blasen, Kohlendioxid, das aus der Luft ins Wasser gelangte, wo es die verfilzten Matten der Cyanobakterien gierig verschlangen. Vom $CO_2$ nahmen sie die C, die sie brauchten, um ihre Kohlenhydrate zu backen, ihr täglich Brot, und schieden die Teile, die sie nicht brauchen konnten aus, die wunderbaren $O_2$. Doch die Luft blieb lange Zeit unbehelligt, da all die Sauerstoff-Ausscheidungen, die aus den blühenden Archaeobakterien-Farmen drangen, buchstäblich zu Rost wurden. Die Ozeane waren reich an Eisen – gelöst im Wasser oder als Adern im überspülten Gestein –, und Eisen hat eine große Affinität zu Sauerstoff. Während der ersten gut einer Milliarde Jahre photosynthetischer Aktivität verbriet das Eisen mühelos den gesamten Sauerstoff, und bis auf den heutigen Tag bleibt das meiste $O_2$, das jemals im Laufe der Erdgeschichte hergestellt wurde, in den uralten Speichern roten, rostigen Gesteins eingeschlossen.

Unaufhaltsam beschleunigte das Leben seine Entwicklung, die verfilzten Bakterienmassen breiteten sich aus, bis vor etwa 2 Milliarden Jahren die freiliegenden Eisenvorkommen in den Ozeanen oxidiert waren, restlos gesättigt mit $O_2$, und der überschüssige Sauerstoff in die Atmosphäre gelangte. Dort reagierte er gelegentlich mit sich selbst und bildete $O_3$, die Ozonschicht, die die Erde gegen die UV-Strahlung der Sonne abschirmt. Das Leben unten schuf immer bessere Voraussetzungen für Entfaltung – nach Zahl, Art und Milieu. Die Ozonschicht erlaubte dem Leben, sich an Land anzusiedeln, ohne befürchten zu müssen, gegrillt zu werden, während die wachsende Zahl der Sauerstoffduos in der Luft die große aerobe Revolution auslöste.

Noch heute gibt es rund 7500 Arten von Cyanobakterien, und viele dieser Stämme sind, wie ihre Vorfahren, anaerob, das heißt, sie erledigen alle ihre täglichen Pflichten, ohne Sauerstoff zu brauchen. Tatsächlich sterben sie, wenn sie Sauerstoff ausgesetzt sind, genau wie andere ausschließlich anaerobe Bakterien – so die symbiotischen Bakterien, die in unserem Darm leben, und andere, weniger freundliche, die Tetanus und Botulismus verursachen. Ein Stoffwechsel auf anaerober Basis hat durchaus seine Vorteile: Er ermöglicht den Mikroorganismen an Orten zu überleben, die für alle anderen Lebewesen tödlich sind, und in unserem Körper gibt er den Muskelzellen die Möglichkeit zu kurzen Ausbrüchen intensiver Aktivität, wenn unser Blut den nötigen Sauerstoff nicht rechtzeitig liefern kann. Doch Sauerstoff ist ein ausgezeichneter Kraftstoff, wenn Sie wissen, wie man ihn nutzt. Aerobe Zellen arbeiten weit länger und effizienter als ihre anaeroben Verwandten. Aerobe Bakterienstämme können sich fünfzig Mal so schnell teilen wie anaerobe. Während Sie, allein vom anaeroben Stoffwechsel versorgt, nur ein oder zwei Minuten sprinten können, sind Sie, wenn Sie Ihr Tempo entsprechend mäßigen und Ihrem Kreislauf die Möglichkeit geben, Sie mit dem nötigen Sauerstoff zu versorgen, durchaus in der Lage, stundenlang zu laufen, den ganzen Tag, wenn Sie für Olympia trainieren oder einem Kredithai in New Jersey eine Menge Geld schulden.

Etwa vor 1,5 bis 2 Milliarden Jahren, als die Sauerstoffkonzentration auf 1 Prozent des atmosphärischen Gasgemischs kletterte, entstanden die ersten aeroben Mikroorganismen, die ersten einzelligen Organismen, die mit frei schwebendem Sauerstoff ihre inneren Prozesse speisen konnten. Mit Hilfe beschleunigter Teilung begannen die oxygenen Mikroorganismen ihren manchmal steinigen Aufstieg zur Vorherrschaft. Sie verdrängten die anaeroben Lebewesen oder nahmen sie mit unter ihre geschäftiger sich regende Decke, wobei sie aber den Sauerstoff erschöpften, den ihre blauen Rivalen erzeugten. Die Aeroben erlitten einen Einbruch, und die Anaeroben lebten wieder auf, woraufhin die Sauerstoffkonzentration wieder anstieg. Irgendwann muss einer dieser urzeitlichen Lebensformen klar geworden sein, welche Vorteile eine doppelte Überlebensstrategie hätte: Sauerstoff zu verbrauchen, wenn möglich, und auf eine sauerstofffreie Alternative umzusteigen, wenn nötig; gesagt, getan, und es war gut. Die ersten eukaryotischen Zellen, die ersten Zellen, die ihr genetisches Material in einem umhüllten Kern verstauten und die auch sonst im Vergleich zu Bakterienzellen gut organisiert und aufgestellt waren, hält man für das Ergebnis einer urzeitlichen Fusion der beiden unterschiedlichen Zelltypen. Vielleicht ist es ein Zufall gewesen, ein wölfischer Fressakt mit einem märchenhaften Ende, wir wissen es nicht. Aber die molekulare und metabolische Ausstattung unserer Zellen, aller eukaryotischen Zellen, lässt darauf schließen, dass schon früh irgendeine große anaerobe Zellart – keine Blaualgen, sondern ein anaerober Mikroorganismus, der andere Zellen fraß, statt seine Nahrung von Grund auf zu synthetisieren – sich mit einer kleineren aeroben Zelle vereinigte, entweder indem er mit ihr verschmolz, sie verschluckte oder von ihr infiziert wurde. Die kleinere Zelle wurde aber nicht verdaut und ausgeschlachtet, sondern überlebte im zytoplasmatischen Asyl der größeren Zelle, womit die erste große symbiotische Partnerschaft unseres Planeten gestiftet war. Die größere Zelle beschützte die kleinere und ernährte sie anaerob, wenn der Sauerstoff knapp wurde, während die kleinere Zelle ihren Wirt durch aerobe Atmung mit Energie versorgte, immer wenn sich Sauerstoff im gallertartigen gemeinsamen Inneren der Mikroorganismen ausbreitete und die Begehrlichkeit des aeroben Partners weckte. Diese frühen zweigleisig operierenden Zellen waren ein bisschen unbeholfen und dürften erst nach einer Reihe von Sackgassen und Holzwegen herausgefunden haben, wie sich eine Zellteilung bewältigen lässt, die durch die Erfordernis erschwert wird, zwei Zellarten statt einer zu replizieren und sinnvoll aufzugliedern. Doch ihre neu erworbene Stoffwechselflexibilität und chemische Geschicklichkeit verschafften so bedeutende evolutionäre Vorteile, dass sie überlebten, obwohl sie zum Teilen länger brauchten als rein aerobe Mikroorganismen.

Heute sehen wir die reinste Manifestation dieser Ur-Allianz in den Hefezellen, die als die »primitivsten« eukaryotischen Zellen gelten, aber trotzdem unsere Bewunderung verdienen. Hefezellen haben deutlich getrennte aerobe und anaerobe Phasen: In der ersten Phase sprudelt Ihr Bier, in der zweiten gärt es. Doch alle eukaryotischen Zellen tragen den lebenden Beweis für die Ur-Allianz in sich. Schauen Sie sich eine Ihrer Körperzellen unter einem starken Mikroskop an, und Sie entdecken die Mitochondrien, die gestreiften, würstchenförmigen Körperchen, in denen Sauerstoff verbraucht und Nährstoffmoleküle in Energiepakete verwandelt werden, die gespeichert oder, falls erforderlich, verbraucht werden können. Diese Mitochondrien sind die Nachkommen einst frei schwimmender Zellen; und obwohl sie längst auf die Mittel verzichtet haben, die sie brauchten, um allein zu überleben, haben die Mitochondrien noch Stückchen ihrer einstigen Freiheit in ihrem kleinen Genvorrat. Die mitochondriale DNA unterscheidet sich von dem viel größeren, im Kern gespeicherten Zellgenom; ihre begrenzte Zahl von Genen codieren für Proteine, die überwiegend für aerobe Prozesse und Energieproduktion zuständig sind. Kein anderer Bestandteil unserer großen, überfüllten Zellen hat auch nur den geringsten Anflug genomischer Autonomie. Die mitochondriale Ausnahme wurde im ursprünglichen eukaryotischen Kompromiss festgeschrieben, der in einem Zeitraum von mehr als 1 Milliarde Jahren nie gebrochen wurde.

Es gab andere Beispiele für zelluläres Talent-Pooling. Die heutigen Pflanzenzellen hält man für das Ergebnis einer urzeitlichen Begegnung zwischen einer Cyanobakterie, mit ihrer unschätzbar wertvollen, das Sonnenlicht verwertenden Chemie, und einer aeroben Zelle, die den Sauerstoffreichtum der Luft verwerten konnte. Entsprechend dieser Paläo-Fusion führen moderne Pflanzen eine Art Jekyll-und-Hyde-Existenz. Tagsüber, wenn die Sonnenenergie ihren Photosyntheseapparat aktiviert, atmen Pflanzen Kohlendioxid ein, stellen ihre Zucker her und atmen Sauerstoffgas aus, ganz so wie die Cyanobakterien. Doch nachts holen sich die Pflanzen kleine Mengen dieses Sauerstoffs zurück, indem sie das Gas durch Diffusion wieder absorbieren, und transportieren damit ihre hausgemachte Nahrung in alle Teile der Pflanze.

Trotz all dieses Hin und Her zwischen aerober und anaerober Lebensweise stieg die atmosphärische Sauerstoffkonzentration allmählich an, bis sie vor rund 400 Millionen Jahren etwa den heutigen Wert erreichte, ein Fünftel des gesamten Äthers – obwohl es seither immer wieder Schwankungen nach oben und unten gegeben hat. Die Forschung macht den steigenden Sauerstoffvorrat für zahlreiche seismische Erschütterungen des Evolutionsprozesses verantwortlich. Eine war das Auftreten mehrzelligen Lebens vor rund 700 Millionen Jahren, als bislang getrennte eukaryotische Zellen sich zu wechselseitigen Sippschaften zusammenschlossen und sich zu spezialisieren begannen – wenn du die Mund-Aufgaben übernimmst, mach ich den Darmkanal. Eine andere war die so genannte kambrische Explosion vor 530 Millionen Jahren, die spektakuläre Vervielfältigung des mehrzelligen Lebens zu einem echten Bestiarium, das Fest faunaler Baupläne, zu denen die Vorfahren aller großen, heute noch lebenden Tiergruppen gehörten.

Einige Forscher führen auch die extrem groß geratenen Gliederfüßer des Karbons, vor etwa 300 Millionen Jahren, als Libellen Flügel wie Falken hatten und Skorpione groß wie Skunks waren, auf
einen jähen, durch exponentielles Wachstum der Sprossenpflanzen
bewirkten Anstieg des atmosphärischen Sauerstoffs zurück. Auch
heute noch sind in Gegenden mit relativ hohen Sauerstoffkonzent-
rationen häufig ungewöhnlich große wirbellose Arten anzutreffen.
Die größten Quallen und Ringelwürmer leben in den kältesten,
sauerstoffreichsten Wassern des Ozeans. Die Korrelation zwischen
Gigantismus und Sauerstoff ist jedoch nicht absolut; soweit ich
es beurteilen kann, scheinen städtische Insekten, die in schlecht
belüfteten Räumen wie Schränken und Kellern leben, durchaus in
der Lage zu sein, aus reiner Bosheit zu Goliaths zu mutieren.

Das unaufhörliche Geben und Nehmen zwischen Bio und
Geo beschränkt sich nicht auf Sauerstoff. Kohlenstoff kreist in
großen, einander überschneidenden Schleifen durch Wasser, Luft,
Schlick, lebende und tote Baupläne, wobei er mal gasförmig als
Kohlendioxid in die Atmosphäre aufsteigt und mal als verfaulen-
der Nacktsamerwald ins Sediment einsinkt. Kalzium schlängelt
sich durch Gestein, Wasser, Seemuscheln, unsere Zellen. Eisen und
andere Spurenmetalle spielen eine entscheidende Rolle sowohl in
der privaten Biochemie des Körpers wie auch in der öffentlichen
Geochemie der Ozeane, und die Menge, die zu einem gegebenen
Zeitpunkt von der einen Partei beansprucht wird, wirkt sich auf
die Rhythmen und Möglichkeiten der anderen aus.

Wir leben auf einem Goldlöckchen-Planeten, der sich auf einer
idealen Bahn durch das Sonnensystem bewegt. Ein Planet näher an
der Sonne, die Venus, und die Temperaturen erreichen im Durchschnitt fast 500 Grad Celsius. Eine Bahn nach außen, zum Mars,
und wir landen bei −60 Grad. Die Erde ist genau richtig für das
Leben, und das Leben klammert sich seit mehr als 3 Milliarden
Jahren an ihre Haut, wenn auch manchmal nicht fest genug: 99
Prozent aller jemals existierenden Arten sind ausgestorben. Wir
Menschen mögen ja außerordentlich selbstgefällig und gottgefällig

in unseren irdischen Werken sein, doch die Erde und ihr Leben sind viel größer als wir; sie werden fortdauern, ob wir es tun oder nicht. Mag sein, dass wir das alles hier verlassen müssen, um den absoluten Abenteuerurlaub an einem anderen Ort des Himmels anzutreten. Es wird Zeit für die populistische Bühne des Raumzeitalters, die erschwinglichen Raumflüge, auf die wir alle warten, seit die NASA ihr Gemini-Programm startete. Jeder verdient die Chance des großen Erwachens, das sich zweifellos mit der Extra-Terra-Torialität einstellt. Astronauten haben ihn ein ums andere Mal bezeugt, den alles verändernden Augenblick, als sich ihnen zum ersten Mal der einzigartige Anblick darbot, die hellblau marmorierte Erde, ihre Heimstatt, und die Erde blickte zurück und sagte: *Ich weiß.*

# 9  Astronomie
*Himmelsgeschöpfe*

Viele unserer Kindheitserinnerungen sind mit astronomischen Phänomenen verknüpft. »Weißt du, wie viel…«, »Sonne, Mond und Sterne«, »Sterntaler«, »Peterchens Mondfahrt«, die Sternschnuppen, bei deren Anblick wir uns etwas wünschen durften…

Obwohl ich in der Bronx aufwuchs, wo funkelnde Lichter am Himmel meist zu einem Polizeihubschrauber gehörten, hatte ich himmlisch geprägte Träume. Einen liebte ich besonders: Mit fünf Jahren träumte ich, wir machten Urlaub auf dem Land und jemand rief mich, damit ich einen Blick auf die Milchstraße warf; als ich nach draußen lief und nach oben schaute, ließ der Himmel mit einem Mal blecherne Musik ertönen, wie ich sie von bestimmten Eiswagen kannte, und tröpfelte Milch auf mich herab. Was war das für ein schöner einfacher Traum, und was war das für ein Glück, dass ich kein Bettnässer war!

Die Sterne faszinieren uns von Kindesbeinen an. Mal verlangt es uns nach dem sternenübersäten Samt des Nachthimmels, um ihn an uns zu ziehen wie eine Mutter, dann wieder fühlen wir uns ganz klein und unbedeutend unter seiner diamantenen Unnahbarkeit. Bald sind wir in der Lage, zumindest einige der leichtesten Sternbilder zu erkennen – ganz bestimmt den Großen Wagen, vielleicht auch den Kleinen und den kastigen Orion mit dem hellen Gürtel und dem Schwert und die aus fünf Sternen bestehende Zickzacklinie der Kassiopeia. Wir lernen, zwischen Sternen und Planeten zu unterscheiden, weil die einen funkeln und die anderen leuchten, wir erfahren, dass Sterne bloße Lichtpunkte am Himmel sind, weil sie so weit entfernt sind, und dass ihr Licht von Turbulenzen in unserer Atmosphäre oft abgelenkt und verschluckt wird, während Planeten so nahe sind, dass ihr Licht unsere Atmosphäre praktisch ohne Ablenkung oder Brechung durchquert und sie deshalb ein stetiges, nicht intermittierendes Licht abgeben. Tatsächlich kann man mit einem einfachen Teleskop bei günstigen Verhältnissen die frechen kugelrunden Gesichter unserer Geschwister im Sonnensystem erkennen – Jupiter und seinen roten Fleck, der in Wirklichkeit ein riesiger Gaswirbelsturm ist, groß genug, um drei Erden zu verschlingen, und der seit mindestens 400 Jahren tobt; Saturn und seine charakteristischen Hula-Hoop-Reifen aus Eis, Staub und Gestein; den orangenroten Mars und die mondweiße Venus. Doch selbst unsere stärksten Teleskope können die Scheibe eines anderen Sterns nicht auflösen, egal, wie massiv er auch sein mag; alle Sterne sind zu weit entfernt, um größenmäßig erfasst und anders denn als Lichtpunkte analysiert werden zu können.

Gebannt starren wir in die Nacht, suchen nach etwas, irgendetwas, das dem dröhnenden Schweigen einen Sinn geben könnte – Voice-over, Pantomime, Anagramm, Gedankenverschmelzung. Sagt doch was! Hört ihr uns nicht? Wir sind hier! Und während wir starren, erblicken wir einen Lichtstreif, eine wilde Platinkatze zerkratzt das stumme schwarze Tuch, und jedes Mal erfüllt uns wieder törichte Hoffnung. Eine Sternschnuppe! Ich habe eine Sternschnuppe gesehen! Wirklich? Schau nur weiter hin. Du wirst auch eine sehen. Natürlich wissen wir, dass es keine Sterne sind, sondern Meteoriten, Weltraumschutt, Brocken interplanetarischen Gesteins, mit denen unser Sonnensystem übersät ist; und obwohl die meisten von ihnen ziemlich klein sind, nicht größer als eine Murmel, fliegen sie mit solchen Geschwindigkeiten durchs All, dass die Reibung das Gestein in Brand setzt, wenn einer von ihnen auf die Erdatmosphäre trifft, und dass die Beobachter am Erdboden Tausende von Kilometern entfernt verfolgen können, wie der brennende Stein uns einen strahlenden Gute-Nacht-Gruß entbietet.

Die tragikomische Live-Darbietung der Meteoriten sorgt dafür, dass wir sie besonders leicht ins Herz schließen und vermenschlichen; doch während die Erde in ihrer gequetschten Kreisbahn um die Sonne pilgert, scheinen die anderen Sterne und Planeten ebenfalls über den Nachthimmel zu marschieren. Und auch der Mond scheint beim Umrunden der Erde anzuschwellen, zu schrumpfen und wieder anzuschwellen, nicht zufällig, nicht wie ein Yo-Yo-Faster, sondern regelmäßig wie ein Uhrwerk. Den Alten entging kein Trick und kein Tack. Wie unsere Kinderreime und Märchenaufführungen, so lassen die frühesten Artefakte menschlicher Kulturen unsere uralte Faszination von den Lichtern dort droben erkennen. Vor etwa 35 000 Jahren ritzte ein Bildhauer und Himmelsbeobachter, der in den heutigen Lebombo-Bergen in Südafrika lebte, in gleichmäßigen Abständen 29 Kerben in einen Pavianknochen, wobei jede Rille wahrscheinlich eine Mondphase darstellte. Andere Handwerker des Pleistozäns hinterließen ähnlich bearbeitete Adlerknochen an Fundstätten, die nicht weit von den berühmten Höhlenbildern von Lascaux in Frankreich entfernt sind. Antike chinesische Gelehrte gravierten Himmelskarten in Knochen und Schildkrötenpanzer, auf denen sie die Bahnen von Sternen und Planeten sowie Hunderte von Sternbildern festhielten. Das strenge megalithische Denkmal von Stonehenge und die Maya-Stadt Palenque hält man für Observatorien, die so erbaut wurden, dass sie sich bei der Sommersonnenwende, einem heiligen Tag in vielen Kulturen, auf spektakuläre Weise das Sonnenlicht zunutze machten. Für unsere Sieben-Tage-Woche können wir uns bei den alten Babyloniern und Griechen bedanken. Sorgfältig beobachteten sie das Verhalten von Sonne, Mond und fünf eigenartigen »Sternen«, von denen wir heute wissen, dass sie Planeten waren – die fünf Planeten, die wir mit bloßem Auge wahrnehmen können und die uns so nahe sind, dass wir sie deutlich über den Himmel gleiten sehen, wobei sie ihre Position gegen den Hintergrund des

Sternenhimmels von einer Nacht zur nächsten merklich verändern. (Das Wort »Planet« ist daher auch von dem griechischen Wort für »Wanderer« abgeleitet.) Die sieben auffälligen Himmelsobjekte wurden nach den regierenden Gottheiten der Zeit benannt, und da jeder Gott seinen Tag haben muss, folgten die Namen der Tage auf dem Fuß. Das Römische Reich und seine germanischen Vorposten veränderten die Namen der griechischen Götter, ließen aber das Pantheon in seinen Grundzügen bestehen; zwar ist in mancher Sprache der Zusammenhang zwischen den Namen der Wochentage und ihren Himmelsprojektionen stellenweise verloren gegangen, doch wenn Sie auch nur die Anfangsgründe einer romanischen Sprache wie Spanisch oder Französisch beherrschen, können Sie das kleine Himmelspuzzle zusammensetzen. Sonntag ist Sonnentag. Montag ist Mondtag. Dienstag im Spanischen *Martes*, also Marstag. Mittwoch, *Miercoles* oder Merkurtag. Donnerstag ist *Jueves*, der Jupitertag. Freitag oder *Viernes* ist Venustag. Sonnabend, englisch *Saturday*, ist Saturntag, mein Lieblingstag, ein Tag für die ungehemmte Ausgelassenheit von Saturnalien oder die Melancholie, die man im Englischen *saturnine* nennt.

Zu allen Zeiten galten die Menschen, die mit den Vorgängen am Himmel vertraut waren, als Hohepriester und Weise; sie wurden um Rat gefragt, wenn es galt, die Saat auszubringen, um jemanden zu werben, eine Reise anzutreten, in ein Land einzufallen. In der vorhersagbaren Prozession der Sterne über den kosmischen Baldachin sahen die Menschen Zeichen göttlicher Absicht, einer Struktur und Gewissheit, die es in ihrem Leben sonst nicht gab. Wer konnte auf der Erde denn sagen, ob das Morgen Freude oder Verzweiflung, Hunger oder Heuschrecken brachte? Oben am Himmel wusste man, was im nächsten Frühjahr sein würde, Virgo, die Jungfrau würde am südöstlichen Himmel erscheinen. Man glaubte das menschliche Schicksal mit den Sternen verbunden, eine Überzeugung, die uns die phantastische Geheimlehre der Astrologie und die globalisierte Wirtschaft brachte. Wenn die frühen Seefahrer und Händler ihren Blick auf den steten Schein des Polarsterns richteten, konnten sie völlig unbekannte Meere durchqueren und ihren Heimweg auch im Dunkeln finden.

Astronomen zählen heute nicht mehr zum kulturellen Klerus, und manchmal klagen sie darüber, dass sie komischen Missverständnissen ausgesetzt sind. »Ich erstelle keine Horoskope, und ich bin auch kein gescheiterter Astronaut«, sagte Alex Filippenko, Astronom an der University of California. Doch im Allgemeinen gehören Astronomen zu den bewundertsten und beliebtesten Wissenschaftlern; das wissen sie, und das gefällt ihnen. »Wir mögen die nicht unbeträchtliche Anerkennung durch die Öffentlichkeit, und wir bekommen unverhältnismäßig viel Presseaufmerksamkeit«, sagte Chuck Steidel, Astronomieprofessor am Caltech. »Wenn ich zu meinem Hausarzt oder Zahnarzt gehe, bin ich immer wieder erstaunt, wie viele Fragen sie an mich haben.«

»Im Vergleich zu einer Disziplin wie der Hochenergiephysik«, fügte er hinzu, »haben wir es wirklich leicht.«

Es ist so unglaublich leicht, sich für Astronomie zu begeistern. Es gibt da unglaubliche, magische Dinge, die zu allem Überfluss auch noch wahr sind: Novae und Supernovae und Pulsare, die rotieren und regelmäßige Signale aussenden und so dick sind wie Atomic Heart, so dick wie Joyces' Muster Mark; und daneben gibt es noch die dickeren, dunkleren kollabierten Sternenleichen, die wir Schwarze Löcher nennen und die so dicht sind, dass ihrem gravitativen Zugriff noch nicht einmal das Licht entkommen kann; und Quasare, Himmelsöfen am Rand des bekannten Universums, die so groß sind wie Sterne, aber so hell wie ganze Galaxien; und plausible Möglichkeiten wie zusätzliche Dimensionen neben den vieren, die wir kennen, oder die Verwerfung der Raumzeit zu »Wurmloch«-Abkürzungen, die, wenn es sie denn gäbe, praktisch Zeitmaschinen wären. In der Astronomie geht es um den Himmel, die göttlichste aller endgültigen Grenzen und die vermeintliche Postadresse von Ra, Wischnu, Zeus, Odin, Tezcatlipoca, Jahwe, Unser Vater, der du bist im…, und einer Heerschar weiterer heiliger Himmelsherrscher. Diese religiösen Konnotationen tragen erheblich zur Attraktion der Disziplin bei, so dass sie vertrauter und tiefsinniger wirkt, als es sonst der Fall wäre. Die Astronomie erscheint auch unschuldiger als andere Wissenschaften, reineren Herzens und freier von Verstrickungen, Mutagenen, Teratogenen, Tierversuchen. Zu Recht oder zu Unrecht wird die Physik mit Kernwaffen und Atommüll, die Chemie mit Pestiziden, die Biologie mit Frankenfood und Designer-Genen assoziiert. Doch Astronomen sind wie verantwortungsbewusste Ökotouristen: Sie betrachten die Landschaft durch optische Hightech-Geräte, machen nur Bilder, die sie allenfalls für die Veröffentlichung am Computer nachbearbeiten, hinterlassen auf dem fernen Marsboden nichts als ein paar Landrover-Reifenabdrücke und, okay, okay, vielleicht auch den Landrover. Astronomen sind reinen Herzens und hinreißend jungenhaft. Sie schauen in den mitternächtlichen Himmel und stellen die großen Fragen – wie wir, als wir auf dem College waren: Wer sind wir? Woher kommen wir? Und warum stehen wir hier draußen am Abend vor dem Abschlussexamen? Wollen wir etwa wie Vater unseren Lebensunterhalt mit der Herstellung von Fahrstuhlteilen verdienen? Astronomen müssen sich keine Sorgen mehr um Abschlussexamina machen, wohl aber, ob sie ihre Forschungsgelder, ihre neuen Teleskope oder zumindest die Mittel zur Instandhaltung ihrer alten Teleskope bekommen. Auf jeden Fall sind sie von Berufs wegen philosophisch gestimmte Beobachter, die die großen Fragen stellen – woher wir kommen, wer wir sind – und zu ihrer Verblüffung bei den Sternen Antworten darauf gefunden haben. Von den vielen außerordentlichen Entdeckungen, die sie in den letzten rund fünfzig Jahren gemacht haben, messen die Astronomen zweien herausragende Bedeutung zu: der Entdeckung und Erklärung des Urknalls, mit dem unser Universum begann, und dem überraschenden Stellenwert, den alte Sterne für die Entstehung des Lebens auf der Erde hatten.

Wir assoziieren Astronomie vielleicht mit Nacht und Dunkelheit, doch einer der wichtigsten Aspekte der Disziplin ist ihre fast vollständige Abhängigkeit von Licht. »Für uns Astronomen ist das Universum unser Labor, und was in diesem Labor geschieht, können wir nur untersuchen, indem wir Licht analysieren«, sagte William Blair, Professor für Astronomie an der Johns Hopkins University. »Von seltenen Ausnahmen wie einem gelegentlichen Asteroiden oder Meteoriten abgesehen, können wir die Dinge, die wir untersuchen, zwar nicht anfassen, dafür aber ungeheuer viel über die Objekte im All erfahren, indem wir die verschiedenen Lichtwellen studieren, die diese Objekte über das ganze elektromagnetische Spektrum aussenden. Das ist eine der kleinen Besonderheiten unseres Felds, die den meisten Leuten vermutlich nicht bewusst ist: dass wir fast alles, was wir über das Universum wissen, aus dem Studium des Lichts gelernt haben.« Erinnern wir uns, dass das optische Licht, die Lichtwellen, die in den so genannten sichtbaren Bereich des elektromagnetischen Spektrums fallen – das Licht, das zurückblinzelt, wenn wir in den Himmel schauen –, nur einen winzigen Ausschnitt der Lichtwellen darstellt, welche die Astronomen untersuchen. Sie haben eine ganze Batterie bionischer Augen entwickelt, die fähig sind, praktisch jedes emittierte Signal zu entdecken, welches das Firmament zu bieten hat – vom ultravioletten Licht über Röntgenstrahlen bis hin zu den spektakulären, extrem energiereichen Gammastrahlen am kurzen Ende der Skala; und von der Infrarotstrahlung über die irreführend so benannten Mikrowellen bis hinab zu den wirklich *la-ha-hangen* Energiebuckeln der Radiowellen. Falls Sie den Film *Contact* aus dem Jahr 1997 gesehen haben, in dem Jodie Foster eine tapfere junge Astronomin spielte, die auf der Suche nach Anzeichen außerirdischer Zivilisationen gegen alle astronomische Wahrscheinlichkeit und eine exemplarisch törichte Bürokratie zu kämpfen hatte, dann haben Sie ein paar Blicke auf das legendäre Aricibo-Radioteleskop werfen können, das direkt in die Bergwelt von Puerto Rico gesetzt wurde. Es ist ein riesiges Teleskop, Durchmesser 305 Meter, und damit gibt die Schüssel das Längenmaß der Radiowellen vor, die es auffangen soll.

Indem die Astronomen den Himmel mit Instrumenten abtasten, die auf jede mögliche Wellenlänge des Lichts eingestellt sind, bekommen sie ein Gefühl für das kosmische Bestiarium, in dem wir leben. Infrarot-Teleskope können die dicken Staubwolken durchdringen, die einer Galaxie als stellare Kinderstube dienen, und darin Signale embryonaler Sterne entdecken. Ultraviolett-Untersuchungen geben Aufschluss über die Beschaffenheit heißer, junger und massereicher Sterne, kalter, alter Zwergsterne, aktiver Galaxien und hyperaktiver Quasare. Mit Röntgen- und Gamma-Scans haben die Forscher Schwarze Löcher, Pulsare und Supernovae sondiert und sind sogar den Gamma Ray Bursters, den Gammablitzen, zu Leibe gerückt, die man für eine Klasse ungewöhnlich heftig explodierender Sterne hält. Radiowellen geben heiser flüsternd Kunde vom Urknall, aus dem alles entstand.

Abgesehen davon, dass jeder Lichtstrahl seinen Ursprung zu erkennen gibt, erzählt er auch von der Reise, die er auf dem Weg zu seinem teleskopischen Rendezvous zurücklegen musste: von der relativen Verlassenheit, Staubigkeit, Gewalttätigkeit oder Gelassenheit der Gegenden, durch die er kam, von den Objekten, die er passierte, der Zeit, die er brauchte, dem mutmaßlichen Schicksal des strahlenden Körpers, der ihn vor so langer Zeit erzeugte. Ein anderer außergewöhnlich gewöhnlicher Aspekt der Astronomie ist der Umstand, dass ein Blick nach außen ins All immer zugleich ein Blick zurück in der Zeit ist. Licht ist außerordentlich schnell unterwegs, nichts im Universum ist schneller; trotzdem ist Licht nicht unendlich schnell, was heißt, dass es eine gewisse Zeit braucht, um von Punkt A nach Punkt B zu kommen. Und da das All so riesig und der Abstand zwischen zwei beliebigen Objekten so groß ist, ist das Licht, das zu uns gelangt, schon ein alter Hut. Selbst das Licht, das von der Oberfläche unseres nächsten Sterns, der Sonne, herüberspringt, braucht acht Minuten, um die rund 150 Millionen vakuumverpackten Kilometer zurückzulegen, bevor es unsere vernünftigerweise sonnenschutzgekremte Haut trifft. Das Bild von Jupiter, das Sie in Ihrem einfachen Teleskop sehen, zeigt den Planeten, wie er vor einer halben Stunde aussah, während das von Saturn rund siebzig Minuten alt ist. Wenn Sie über unser Sonnensystem hinaussehen, beginnen Sie, in den Lux-Archiven zu kramen. Im Sternbild Großer Hund finden Sie beispielsweise Sirius, den Hundsstern, der doppelt so hell erstrahlt wie jeder andere Stern am Himmel; diese Strahlen haben ihre Heimat vor fast neun Jahren verlassen. Oder springen Sie hinüber zum Kleinen Bären oder Kleinen Wagen und schauen Sie auf den hellen Fleck am Ende der Deichsel; das Licht gehört zum Polarstern, dem Nordstern, wie er hieß, als Willi Shakespeare noch kurze Hosen trug.

Gewiss, fast alles, was Sie mit bloßem Auge am Nachthimmel sehen, hat sich höchstwahrscheinlich nicht sehr verändert in dem Zeitraum zwischen der Emission der Energie und ihrem Eintreffen auf der Erde. In einer für die Sternbeobachtung ideal geeigneten Nacht können Sie von einem einzigen Standort aus vielleicht 2500 Sterne erkennen, und alle diese Sterne, fast alle Punkte, die die Alten auf ihren Karten zu den mit Namen versehenen Sternbildern verbanden, befinden sich in unserer Galaxis, die meisten ziemlich nah, nicht weiter als 100 Lichtjahre von der Sonne entfernt. Wenn es dunkel genug und die richtige Jahreszeit ist, können Sie den verschwommenen Lichtstreifen sehen, der umgangssprachlich als Milchstraße bezeichnet wird, – als hätte er nichts mit uns oder dem Großen und dem Kleinen Hund oder dem Doppel-Bären oder irgendeiner der anderen Standby-Leuchten des Nachthimmels zu tun. Natürlich halten Sie einmal mehr Nabelschau, denn Sie blicken direkt auf Ihre Heimgalaxis, in diesem Fall auf die Aufwölbung der zentralen Scheibe, wo sich die meisten der 300 Milliarden Sterne der Milchstraße befinden. Dicke interstellare Gas- und Staubwolken, die zwischen der Sonne und dem Bauch liegen, behindern den Blick, doch selbst wenn Sie direkt in das galaktische Herz blicken könnten, würden Sie nicht besonders weit schauen: Von unserem irdischen Standort, auf etwa zwei Drittel der Länge eines der vier Spiralarme unserer sich wie ein Windrad drehenden Milchstraße, sind es nur 26000 Lichtjahre bis zur Nabe. Es gibt einige andere Galaxien, die wir gerade noch mit bloßem Auge erkennen können, vor allem die Andromeda-Galaxie, die unmittelbar südlich von Kassiopeia liegt. Andromeda ist viel weiter entfernt als irgendeiner der sichtbaren Sterne; trotzdem ist sie der nächste größere Nachbar der Milchstraße, mit einem Abstand von lediglich 2,5 Millionen Lichtjahren. Auf einer kosmischen Skala, wo es einem durchschnittlichen Stern gelingt, mehrere Milliarden Jahre mehr oder weniger gleichbleibend zu strahlen, sind 2,5 Millionen Jahre nur ein Wimpernschlag. Also ja, das Sternenlicht, das Sie heute Nacht sehen, mag Hunderte, Tausende, eine Million Jahre alt sein, aber, von einigen wenigen Ausnahmen abgesehen, sind diese Sterne noch immer hell brennend vorhanden.

Verbringen Sie aber ein bisschen Zeit mit einem richtigen Teleskop, sieht die Sache ganz anders aus. Je stärker das Teleskop, desto ferner die Objekte, die Astronomen sehen. Sie können weit über die Milchstraße, Andromeda und die anderen Mitglieder der so genannten Lokalen Gruppe von Galaxien hinaussehen und Millionen anderer Galaxien erkennen, mehrere zehn Millionen, hundert Millionen, Milliarden Lichtjahre entfernt. Ihr Blick fällt auf Scharen über Scharen von Spiralgalaxien, die ganz ähnlich wie unsere Galaxis geformt sind, Sahnewirbel, die sich im schwarzen Kaffee des Alls drehen; auf elliptische Galaxien, die wie riesige Reislöffel aussehen, mit den Sternen als Reiskörnern; und auf Variationen der Themen Ellipse und Spirale, dazu deviante, deformierte Galaxien, die so genannten irregulären Galaxien in der Gestalt von Wagenrädern, Bierfässern, Schweinekoteletts und Bleistiften oder diesen flachen Plastikaffen, die man in Ketten hakt. Astronomen können auch in diese fernen Galaxien hineinblicken und ihre Teile identifizieren – ihre Sterne, Staub- und Gasnebel, sogar gewisse Anhaltspunkte für Planeten und Kometen. Sie haben Elfen-Galaxien mit 100 000 Sternen und Kolosse mit 3 Billionen Sternen entdeckt. Galaxien, gleich welcher Form und Zahl, lassen einen eindeutigen Zusammenhalt erkennen, ihre Mitglieder werden durch die Gravitation zu abgegrenzten Gemeinwesen zusammengeschlossen, strahlenden Staaten gemeinsamer stellarer Schicksale. Das Wort »Galaxie« bedeutet »Milchstraße«, und das zu Recht, denn jede der 100 Milliarden bekannten Galaxien ist, wie die unsere, ein Ort, den Sterne Heimat nennen – oder nannten. Erinnern Sie sich: Je weiter fort die erblickte Galaxie, desto älter das Bild und desto sinnverwirrender die Konsequenzen. Wenn Sie in ein gutes Naturkundemuseum oder Planetarium gehen, werden Sie einige der wunderbaren Aufnahmen des Hubble-Weltraumteleskops entdecken, die als *Ultradeep Field* bezeichnet werden und die Hunderte von extrem fernen Galaxien erfassten. Von wenigen Ausnahmen abgesehen, sind die in diesen Galaxien abgebildeten Sterne schon längst tot – erlahmt und zu matten braunen Zwergen zusammengestürzt oder in Supernovae vernichtet. In einigen Fällen haben heiße neue Sterne den Platz der alten, von unserem Teleskop eingefangenen Lichter eingenommen. In anderen sind die Galaxien wahrscheinlich kühler, dunkler und weniger aktiv, als sie unseren notwendigerweise hinter der Zeit her hinkenden Augen erscheinen. Man nimmt an, dass einige der Galaxien von den umgebenden Galaxien absorbiert oder von dem riesigen Schwarzen Loch verschlungen wurden, das sich in ihrem Zentrum befindet; es wird nämlich vermutet, dass sich Schwarze Löcher in vielen galaktischen Zentren, auch in dem der Milchstraße, befinden.

In vielerlei Hinsicht können Weltraum-Scans gespenstischer sein als eine spiritistische Sitzung. Beispielsweise überwachen Astronomen den Himmel ständig auf der Suche nach Supernovae und den vielen Daten, die solche Lichtspektakel liefern können. Im Durchschnitt explodiert ein Stern irgendwo in einer Galaxie einmal in 100 Jahren. Um diese seltenen Ereignisse zu entdecken, machen Astronomen immer wieder bei einwöchiger Belichtung eine Aufnahme von stets den gleichen etwa 8000 Galaxien, Dienstag Klappe auf, Marstag Klappe zu. »Wir suchen nach Unterschieden«, sagte Alex Filippenko.

»Gewöhnlich gibt es keine, aber manchmal finden wir einen neuen, explodierenden Stern. Letztes Jahr haben wir 82 entdeckt.«

In der einen Woche ist es die altbekannte Balkenspirale, so aufregend wie Filzpantoffeln. In der nächsten zerreißt eine blendende Bombenexplosion die Stille und stellt das gesamte restliche Photonenaufkommen der Galaxie weit in den Schatten. Kann irgendetwas unvermittelter, mehr im Hier und Jetzt zu Hause sein als eine Mammutsonne, die in die Luft fliegt? Doch auch hier braucht die Zeit ihre Zeit und muss sich den entsetzlich gesetzlichen Grenzen des Lichts beugen. Das kataklysmische Ereignis, das »plötzlich« auf dem astronomischen Scan erschien, geschah vor einer halben Milliarde Jahren, und der »neue« explodierende Stern hat sich inzwischen längst ins All verstreut, und wer weiß, ob er nicht sterbend den Keim zu einer neuen Sonne legte, mit eigenen Saturnen und Jupitern und ins All starrenden Gaias. In kosmischem Maßstab zumindest kommt immer neue Hoffnung von den Toten.

Das Universum, in dem wir leben und zu dem wir unauflöslich gehören, entstand vor fast 14 Milliarden Jahren – 13,7 Milliarden, um ein bisschen genauer zu sein –, und die Forscher gehen davon aus, dass diese Zahl gut zu einer Fülle anderer Befunde passt. Das Universum und alles, was es enthält – alle bekannte und vermutete Materie und Energie, aller Raum und alle Zeit, alle gescheiterten Träume, verlorenen Lieben und umgestülpten Regenschirme – begann in jenem folgenschweren Augenblick, den wir *Big Bang*, Urknall, nennen. Es ist kein Zufall, dass der Name ein bisschen hemdsärmelig und pejorativ klingt. Als der große Sir Fred Hoyle den Begriff vor sechzig Jahren während eines Radiointerviews improvisierte, war er abfällig gemeint. Dem ebenso entschiedenen Atheisten wie bedeutenden Kosmologen missfiel die damals in Mode kommende Vorstellung von einem Universum mit einem bestimmten Ursprung, denn er befürchtete, daraus könnte sich ein naives Geburtsszenario entwickeln, das religiösen Interessenvertretern willkommene Ansatzpunkte liefern könnte. Seine Anhänger und er schlugen stattdessen die »Steady-State-Theorie« vor, das Modell eines statischen Universums, das es schon immer mehr oder weniger in seiner heutigen Gestalt gegeben habe. Hoyles abfällige Bezeichnung erwies sich jedoch als so griffig, dass schon bald Anhänger und Kritiker die hypothetische Geburt des Universums als *Big Bang* bezeichneten. Obwohl inzwischen eine Fülle von Belegen die plausible Vermutung in eine unumstößliche Voraussetzung der zeitgenössischen Astronomie und Astrophysik verwandelt hat, ist es bei dem hemdsärmeligen Namen geblieben. Gewiss, es gab eigentlich gar keinen Knall. Ein Knall ist ein Geräusch, und Schallwellen brauchen Luftmoleküle, um sich auszubreiten, und am Anfang war nicht nur keine Luft da, sondern auch keine Moleküle und Atome, nur reine Energie.

Und »Big«, groß? Am Anfang gab es nur das Kleine, das Allerkleinste, das ganze Universum wies noch nicht einmal ein Milliardstel eines Billionstel der Größe eines Atomkerns auf. Aber im Ernst: Ein Ereignis wie die Geburt des Universums ist eine große Sache, und es war ein Knall, handelte es sich doch um eine Explosion. Eine ungeheure Menge von Stoff – von Energie, von Vorstufen der Materie und, sehr wichtig, von Raum, von Etwas anstelle des nervtötenden absoluten Nichts, das gewesen sein mochte oder nicht gewesen sein mochte – befreite sich aus seiner Einengung, einer unendlich kleinen und genau umschriebenen Grenze, der Singularität, und begann sich mit unvorstellbarer Kraft und relativistischer Geschwindigkeit – das heißt, nahe der Lichtgeschwindigkeit – in alle Richtungen auszudehnen. Also ja, es war ein *Big Bang*, und wir können Hoyle dankbar sein, dass er sich lange genug über die Theorie lustig machte, um auf diese amüsante Formulierung zu kommen.

Wir wissen nicht, warum es einen Urknall gab – was ihm vorausging, was ihn auslöste oder was im Augenblick der Wahrheit vor sich... Moment mal, oh... Rummmms. Mit Hilfe mathematischer Modelle haben die Forscher die Entwicklung des Universums bis zu einem Punkt zurückverfolgt, der extrem nah am Urknall liegt – »bis auf $10^{-35}$ Sekunden nach der Zeit Null«, so Alan Guth, ein Physiker am MIT. Doch dieses letzte Quäntchen zu erklären, diese lästige hundert Milliardstelyoctosekunde – das ist verdammt schwer. Dazu müssen einige schwierige Fragen geklärt werden, etwa, ob die Gesetze der Physik im Urknall entstanden sind und daher bedeutungslos werden, wenn Sie sich der Singularität des Urknalls metaphorisch nähern; oder ob die Gesetze das Datum des Urknalls bestimmten oder ihn gar bewirkten. Was immer die Ursache gewesen sein mag, wir kennen die Folgen. Unser Universum begann mit dem Urknall, seither hat es sich unablässig ausgedehnt und abgekühlt; und alles, was Struktur, Form und Ausstattung des Kosmos ausmacht – seine seidige Homogenität in großem Maßstab, seine Verklumpung zu Sternen und Galaxien, wenn man genauer hinsieht –, geht zurück auf diesen Augenblick unendlich großer und wunderbar segensreich verfälschter Einheit. Simon Singh, ein Physiker und Wissenschaftsjournalist, bezeichnete das Urknall-Modell als »die wichtigste Entdeckung aller Zeiten«, und er könnte damit Recht haben. Nun stellen wichtige Errungenschaften wie beispielsweise Toastbrot und Teflon ihren Wert bei der Zubereitung eines Armen Ritters unter Beweis, aber wie sollen wir entscheiden, ob dem Urknall tatsächlich diese wissenschaftliche Ehre gebührt? Wir können ihn nicht berühren, schmecken, sehen oder mit Butter bestreichen. Warum sollen wir glauben, dass der Urknall wahr ist?

Die Formulierung des Urknall-Modells war eine Übung in umgekehrter Psychologie. Zunächst erkannten die Astronomen, dass das Universum in alle Richtungen nach außen expandierte wie ein Luftballon, der aufgeblasen wird, oder ein Hefebrot, das gebacken wird, oder eine dieser japanischen Papierblumen, die sich im Wasser entfalten; und von dort aus begannen sie rückwärts zu arbeiten. Lassen Sie einen Film dieser Alltagsvergleiche rückwärtslaufen, und was sehen Sie? Ein schwebendes, kugelförmiges Partygeschenk, das zu einer flachen Katzenzunge aus Gummi zusammenfällt, oder eine Hortensien-große Blüte, die zu einer täuschend unscheinbaren Pille schrumpft.

Auf die gleiche Weise müsste, so schien es, ein rückwärtslaufender Film die verstreuten Bestandteile des Universums immer näher zusammenbringen, bis sich alles zu einem winzigen Stück Starterteig verdichtet – wenn vielleicht auch nicht zu einem singulären Punkt, so doch zu einem singulären Standpunkt.

Der Mann, dem allgemein die Entdeckung der Expansion des Universums zugeschrieben wird, war Edwin P. Hubble, ein legendärer, aus Missouri stammender, Pfeife rauchender Astronom, der als ebenso attraktiv wie brillant galt. Er war »ein Olympionike«, wie seine Frau erklärte, »groß, stark und schön, mit den Schultern des Hermes von Praxiteles«. Hubble gelang auch das beeindruckende Kunststück, einerseits seinen beträchtlichen Bekanntheitsgrad zu genießen und auf freundschaftlichem Fuß mit Berühmtheiten wie Douglas Fairbanks, Cole Porter und Igor Strawinsky zu verkehren, andererseits seinen bedeutenden wissenschaftlichen Ruf zu bewahren. Fünfzig Jahre nach seinem Tod hat sein Name noch immer diesen Crossover-Aspekt: Nicht nur, dass die Astronomen nach wie vor das »Hubble-Gesetz« und die »Hubble-Konstante« in ihrer alltäglichen Arbeit anwenden, sondern auch die Entscheidung der NASA, ihr milliardenschweres Weltraumteleskop nach ihm zu benennen, haben dazu beigetragen, dass sein Name auch heute noch einer breiten Öffentlichkeit bekannt ist, zumindest so lange, bis das langsam zerfallende Instrument endgültig Lebewohl gesagt hat.

Zunächst wurde Hubble berühmt, weil er überzeugend bewies, dass unsere Galaxis nicht das ganze Universum ist, sondern dass die vielen rätselhaften Flecken auf den fotografischen Platten der Astronomen, die man wegen ihres wolkenartigen Aussehens Nebel nannte, keine Bestandteile der Milchstraße waren, wie es die Lehrmeinung wollte, sondern unabhängige kosmische Objekte in schwindelerregender Entfernung von uns – Objekte, die schon bald als andere Galaxien erkannt wurden.

Als Hubble diese autonomen, schimmernden Sternenbezirke eingehender untersuchte, fand er Anhaltspunkte dafür, dass sie nicht nur wirklich sehr weit entfernt waren, sondern dass sie sich auch ständig noch weiter entfernten. Welche Galaxien in welchem

Quadranten der kosmischen Landschaft er auch immer untersuchte, sie alle schienen vor unserer armen, kleinen Galaxis zu fliehen, als hätte die Milchstraße die Pest oder um Hilfe beim Abwasch gebeten. Hinzu kam, dass die Galaxien umso rascher Fersengeld gaben, je weiter sie entfernt waren. Das war zu erkennen, weil jede Galaxie beim Weglaufen ein wenig rot im Gesicht wurde, wobei galt: Je weiter sie weg waren, desto röter die Bombe.

Damit sind wir bei einem astronomischen Grundprinzip, einer zentralen These des Forschungsfelds und einem wichtigen empirischen Befund, der für das Urknall-Modell als Theorie der Entstehung und Entwicklung des Universums spricht: Die von den Galaxien eintreffenden Lichtwellen unterliegen einer so genannten Rotverschiebung, bevor sie an unsere Tür klopfen. Wenn Sie die aufschlussreichen atomaren Fingerabdrücke des Lichts, die Spektren, von einer fernen Galaxie mit entsprechenden Spektren bekannter Lichtquellen hier auf der Erde vergleichen, erkennen Sie, dass das Muster der dunklen und hellen Linien in den beiden Spektren Streifen für Streifen identisch ist, was anzeigt, dass die gleiche Mischung von Elementen die Strahlung fern im All und hier bei uns erzeugt haben muss. In dem galaktischen Spektrum sieht es aus, als wäre die ganze Anordnung von Linien im Vergleich zum irdischen Licht verschoben worden: hin zum röteren, langwelligeren Ende des elektromagnetischen Spektrums und fort von der blaueren, kurzwelligeren Seite. Was bedeutet diese Rotverschiebung? Sie bedeutet, dass die pulsierenden Wellen des Sternenlichts, wenn sie die Leere zwischen ihren Geburtsgalaxien und unseren aufmerksamen Instrumenten durchqueren, gestreckt, gezogen und verlängert werden, so dass sich die Abstände zwischen den Kämmen und Tälern jeder Lichtwelle allmählich vergrößern.

Um zu verstehen, wie es zur Rotverschiebung kommt, können Sie das Geräusch eines vorbeifahrenden Zugs zum Vergleich heranziehen. Sie kennen sicherlich den langen durchdringenden Pfiff einer Lokomotive. Und gewiss haben Sie auch bemerkt, wie sich die Tonhöhe veränderte, als sie vorbeiraste. Bei Annäherung war der Pfiff hoch, die schrille Tonlage einer Piccoloflöte. Als die Zug-maschine auf Ihrer Höhe war, fiel der Ton auf das normale mittlere Tuuut einer Zugpfeife. Und als der Zug Sie in seinem rostfleckigen Staub zurückließ, wurde der Pfeifton immer tiefer und tiefer, bis es nur noch ein melancholisches Muhen war – leb denn wohl, gut Nacht, hab Acht auf jeden Laut, wo du auch bist …

Für ein Paar stationäre Ohren verändert sich das Lautprofil der Pfeife von der Progression zur Regression so spektakulär, dass Sie darüber leicht vergessen können, wie sich der Pfeifton anhört, wenn Sie im Zug sind, statt ihn verpasst zu haben: Er bleibt von Anfang bis Ende praktisch gleich. Nur für ein Ziel, das sich relativ zur Schallquelle bewegt, kommt der berühmte Doppler-Effekt zum Tragen. Das Gesetz, das nach dem gleichnamigen österrei-chischen Mathematiker und Physiker benannt ist, der es im 19. Jahrhundert beschrieben hat, besagt, dass die von einem bewegten Objekt hervorgerufenen Wellen verschoben werden, und zwar abhängig davon, ob sich das Objekt nähert oder entfernt. Wenn das Objekt ein Krachmacher ist, werden die Schallwellen bei der Annäherung zu einem höheren Ton zusammengepresst und beim Entfernen zu einem niedrigeren Ton gedehnt. Ist das Objekt ein schwimmendes Blatt, scheinen die Kräuselwellen auf dem Wasser enger zusammenzuliegen, wenn das Blatt auf Sie zutreibt, als wenn es von Ihnen fortdriftet. Die Rotverschiebung des Lichts, die bei der Untersuchung ferner Galaxien entdeckt wurde, ist nur ein weiteres Beispiel für das Wirken des Doppler-Effekts.

Wichtig ist jedoch der Umstand, dass das Licht ferner Galaxien immer nur in eine Richtung verschoben wird. In unserer eigenen lokalen Gruppe von Galaxien gibt es ein gewisses Geben und Neh-men. Die Andromeda-Galaxie ist beispielsweise blauverschoben, ein sicheres Zeichen dafür, dass sie sich auf uns und wir uns auf sie zu bewegen und dass die beiden Galaxien in ungefähr 6 Millionen Jahren infolge ihrer gegenseitigen gravitativen Anziehung mit-einander verschmelzen werden. Doch wenn Sie einen Schritt aus der unmittelbaren Nachbarschaft hinaustun, sehen Sie nur noch

Rot. Wie aus dem unaufhörlichen Wachstum ihrer Lichtwellen hervorgeht, streben die weiter entfernten Galaxien alle von uns fort. Mehr noch, je größer die Entfernung der Galaxie, desto extremer ihre Rotverschiebung und das etwa im gleichen Verhältnis.

Das heißt, wenn die Galaxie Wibbleton zweimal so weit von der Erde entfernt ist wie die Galaxie Wobbleton, wird das Licht von Wibbleton zweimal so stark rotverschoben, zweimal so stark in die Länge gezogen wie das Licht von Wobbleton; ist sie dreimal so weit entfernt, sieht das Licht dreimal so rot aus. Wie lässt sich diese Verknüpfung zwischen galaktischer Entfernung und Rotverschiebungs-Radikalität erklären? Laut Dopplers Gleichungen wirkt sich die Geschwindigkeit jedes wellenerzeugenden Körpers auf die relative Verkürzung oder Verlängerung seiner Wellen aus. Die Pfeife eines rasch fahrenden Zugs hört sich für einen stationären Beobachter bei der Annäherung höher und beim Entfernen niedriger an als bei einem langsamen Zug. Tatsächlich gibt eben diese Korrelation zwischen Geschwindigkeit und Ausmaß bei der Doppler-Verschiebung dem Polizeibeamten die Möglichkeit, Ihre Fahrgeschwindigkeit zu errechnen: An den Radarsignalen, die von Ihrem Wagen reflektiert werden, kann er ablesen, in welchem Maße die Geschwindigkeit Ihres Autos die Wellenlängen der einfallenden Strahlung verzerrt; je größer die beobachtete Doppler-Verschiebung, desto größer das fällige Bußgeld. Mit anderen Worten, diese fernen Galaxien müssen sich mit größerer Geschwindigkeit von uns entfernen als die Galaxien, die uns näher sind.

Vielleicht sind wir auch einfach paranoid. Doch wie sich herausstellt, ist das Gefühl, für fast alle Mitbewohner des Universums ganz besonders abstoßend zu sein, eine Illusion. Befänden wir uns in der Andromeda-, Sombrero- oder M63-Galaxie, würde das Rotverschiebungsprofil des Kosmos genauso aussehen wie hier von der Milchstraße aus: Als würden sich die anderen Galaxien alle mit einer ihrer Entfernung mehr oder weniger entsprechenden Geschwindigkeit von uns fortbewegen. Wie ist es möglich, dass wir alle in die Rolle des Leichenbestatters oder Gerichtsvollziehers gedrängt werden? Um das Phänomen zu verstehen, können Sie das folgende Experiment versuchen, zu dem Sie nicht mehr als einen Ballon, einen Filzschreiber und ein zweites Paar Lippen brauchen. Verzieren Sie einen schlaffen Luftballon zunächst mit einem möglichst gleichmäßigen Pünktchenmuster. Dann bitten Sie Ihre Assistentenlippen, den frisch dekorierten Ballon langsam aufzublasen. Legen Sie den Finger auf irgendeinen Punkt und achten Sie auf die Punkte, die ihn umgeben. Beachten Sie, wie sich die benachbarten Punkte bei Ausdehnung des Ballons alle von Ihrem Finger entfernen. Beachten Sie auch, dass sich Punkte, die Ihrem Finger am nächsten sind, langsamer von ihm fortbewegen als weiter entfernt liegende Punkte. Der Grund ist, dass sich zwischen Ihnen und einem benachbarten Punkt weniger expandierendes Gummi befindet als zwischen Ihnen und einem fernliegenden Punkt, weniger Oberfläche, durch die angrenzende Punkte von Ihnen fortgezogen werden können. Legen Sie Ihren Finger jetzt auf einen dieser weit entfernten Punkte und betrachten Sie erneut die Punkte in Ihrer Umgebung. Das gleiche Spiel. Die Aufblähung der Landschaft treibt alle Punkte hinaus und fort, hinaus und fort, und die entfernteren Punkte entfernen sich rascher von Ihrem Finger als die näher liegenden. Okay, jetzt hast du genug geblasen, Oma, was soll ich dir holen, eine Tasse Tee, Selters, ein Sauerstoffzelt?

Das expandierende Universum unterscheidet sich nicht sonderlich vom expandierenden Luftballon, nur dass das Universum größer, kälter und dunkler ist und nicht platzt, wenn Sie es in einen Käfig mit zwei sich paarenden Frettchen werfen. Trotzdem zeigt der Ballon-Vergleich, wie jeder Blickpunkt auf seinem schwellenden Gelände der Mittelpunkt des Universums zu sein scheint, ohne es wirklich zu sein, und wie ferne Objekte sich von Ihrem Blickpunkt mit größerer Geschwindigkeit entfernen als nahe Punkte, allerdings nicht in irgendeinem »realen« oder absoluten Sinne, sondern nur relativ zur Fluchtgeschwindigkeit näher gelegener Stellen. Die am weitesten von der Erde entfernten Galaxien sind keine olympischen Sprinter, es ist nicht der Wettlauf zwischen Achill und der Schildkröte. Ihre spektakuläre Geschwindigkeit ist spektakulär nur für uns, während ihre Geschwindigkeit für sie untereinander nicht weiter bemerkenswert ist. Wie Albert Einstein in seiner speziellen Relativitätstheorie gezeigt hat, ist es sinnlos, von der absoluten Geschwindigkeit eines Objekts, seiner Bewegung durch den Raum, zu sprechen, weil es keine letzte Instanz, kein unveränderliches Raster gibt, an dem sich die Geschwindigkeit messen ließe. Ihnen bleibt lediglich die Frage: »Schnell im Vergleich wozu?« Aus unserer Perspektive betrachtet, bewegen wir und unsere benachbarten Galaxien uns mit einer Geschwindigkeit von 590 Kilometern pro Sekunde durchs All, womit wir nur unwesentlich schneller sind als ein Sattelschlepper, der um zwei Uhr morgens einen Montana Freeway entlangbrettert. Im Gegensatz dazu scheinen die fernsten Galaxien sich von uns mit Geschwindigkeiten zwischen Tausenden und Zehntausenden von Kilometern pro Sekunde zu entfernen, beunruhigend nahe der Lichtgeschwindigkeit und sogar auf deutschen Autobahnen verboten. Für die örtliche Polizei gondeln diese fernen Galaxien jedoch mit der enttäuschend gesetzestreuen Geschwindigkeit von rund 590 Kilometern pro Sekunde durch die Gegend.

Das Luftballon-Experiment kann das Wesen des expandierenden Universums noch auf eine andere Weise anschaulich machen: Die Punkte ergreifen nicht wirklich die Initiative und bewegen sich voneinander fort, wie es vermutlich der Fall wäre, wenn sich anstelle der Stiftmarkierungen Ameisen auf der Oberfläche befänden. Hier dehnt sich nur die Haut zwischen den Punkten aus. Ganz ähnlich streben die Galaxien unseres Universums nicht tatsächlich voneinander fort. Sie bewegen sich nicht durch den Raum, sie bewegen sich mit dem Raum. Mehr oder weniger bleiben sie an Ort und Stelle, während der Raum zwischen ihnen einfach immer weiter expandiert. Das unterscheidet großräumige galaktische Bewegungen von anderen himmlischen Pilgerfahrten. Unter dem Einfluss der Gravitation umrunden die Erde und ihre

Geschwisterplaneten die Sonne. Unser Sonnensystem seinerseits beschreibt einen gemächlichen Kreis um das dichte und gravitativ tonangebende Zentrum der Milchstraße, wobei es für einen Umlauf 230 Millionen Jahre braucht. Doch ungeachtet einiger regionaler Ausnahmen (wie etwa der gravitativen Anziehung, die Andromeda und uns langsam aufeinander zubewegt), sind die Galaxien ziemlich gleichmäßig im Kosmos verteilt, so dass sie untereinander überwiegend gravitativ neutral sind. Die Galaxien selbst wandern nicht, noch expandieren sie. Es ist der Raum zwischen ihnen, der seinen Gürtel immer wieder weiter schnallen muss.

Ich fürchte, instinktiv ist diese Idee nur schwer zu akzeptieren, ganz gleich, wie viele Packungen Luftballons Ihre treue, unter zunehmender Blauverschiebung leidende Oma noch aufbläst – die Vorstellung, dass die Expansion des Universums nicht wie eine Explosion ist, bei der die Galaxien wie Bombensplitter nach allen Seiten in den Raum spritzen, sondern dass der Raum selbst nach außen explodiert, wobei die Splitter sich in seinem Fell verfangen haben. Zum einen erwarten wir von dem Raum nichts anderes, als dass er untätig darauf wartet, durchquert oder gefüllt zu werden. Zum anderen, *wohin* expandiert er? In noch mehr Raum? Falls ja, warum verschmilzt der ganze Raum nicht gleich miteinander? Wie können wir ein expandierendes Universum haben, wenn Raum in Raum expandiert? Wäre das nicht so, als würde man versuchen, einen Luftballon voller Löcher aufzublasen? Vielleicht tröstet es Sie, dass auch Astronomen keinen intuitiven Zugang zu diesen Fragen haben.

»Die Expansion des Raums ist ein Konzept, das ich mathematisch verstehe, aber auf einer persönlichen Ebene, nein, das kann ich nicht«, sagte Mario Mateo, Astronomieprofessor an der University of Michigan.

Tatsächlich hält Raman Sundrum, Professor für Physik und Astronomie an der Johns Hopkins University, öffentliche Vorträge über die universelle Expansion »und wohin all die Galaxien gehen«, dazu veranlasst er seine Zuhörer zu einer leichten mathematischen Übung. Stellen Sie sich einfache, ganze Zahlen vor, sagt er – eins, zwei, drei, vier, fünf und so weiter. Wie weit sind diese Zahlen voneinander entfernt? Eins, erwidern seine Zuhörer. Die Entfernung zwischen ihnen ist eins. Und wie viele Zahlen gibt es? Die gehen immer weiter, lautet die Antwort des Publikums. Es gibt eine unendliche Anzahl. »Jetzt fordere ich die Leute auf, jede Zahl zu verdoppeln, so dass eins zu zwei wird, zwei zu vier, drei zu sechs und so fort«, sagte Sundrum. »Für jede ursprüngliche Zahl habe ich Ihnen eine neue gegeben, aber der Abstand zwischen ihnen ist größer geworden. Jetzt bitte ich sie, die Zahlen noch einmal zu verdoppeln, auf vier, acht, zwölf, sechzehn, zwanzig. Und dann noch einmal, auf acht, sechzehn, vierundzwanzig, zweiunddreißig. Ich gebe ihnen jeweils eine neue Zahl für die alten, so dass sich an der Anzahl der Zahlen nichts verändert, aber die Entfernung zwischen den Zahlen immer größer und größer wird. In gewissem Sinne entfernen sich die Zahlen immer schneller voneinander, und etwas ganz Ähnliches sehen wir bei den Galaxien. Soweit wir wissen, kann der Kosmos nicht ewig expandieren, genauso wenig wie sich die Zahlen ewig fortsetzen können. Wohin expandiert der Kosmos also? Nun, wohin expandieren unsere Zahlen? Der Raum wird nicht alle, kommt nirgendwo an einen Rand, und doch wird der Abstand zwischen den Galaxien, wie bei unseren ganzen Zahlen, ständig größer.«

Leichter als die erwartungswidrige Expansion des Raums fällt unserem Vorstellungsvermögen ein Trick, den die Kosmologen tatsächlich anwenden: den Prozess wie einen Film rückwärtslaufen zu lassen. Wenn Sie alle diese entweichenden Galaxien umkehren lassen, und zwar mit Geschwindigkeiten, die ihren Fluchtgeschwindigkeiten entsprechen, gelangen Sie schließlich an einen Punkt, an dem sie sich aufeinandertürmen: Rund 100 Milliarden Galaxien mit je Hunderten von Milliarden Sternen, die sich alle an derselben Prä-Lokalität, demselben Vor-Ort, eines proto-realen Raums befinden. Das Licht, das Plasma, das Inferno inklusive.

Nach der Entdeckung der galaktischen Rotverschiebungen und

der Rückverfolgung der Punkte zu einem Ereignis, das, ungeachtet seines kontraintuitiven Erscheinungsbilds, nur das Geburtsdatum des Kosmos sein konnte, begannen die Forscher zu beschreiben, welche Bedingungen im frühen Universum geherrscht haben mussten. Ihre Computerkunststücke erwiesen sich materiell wie ästhetisch als äußerst fruchtbar, denn sie lieferten schließlich, wie wir gleich sehen werden, den zweiten wichtigen Beleg für das Urknall-Modell. Wie könnte also unser zügelloses, dickes Kraftpaket von einem Neugeborenen ausgesehen haben? Zunächst einmal, so mahnen die Kosmologen, sollten wir nicht vergessen, dass die Geburt des Universums nicht an einem bestimmten Ort im Raum stattgefunden hat, weil Raum und Materie unseres Universums gleichzeitig entstanden, im Wesentlichen entsprangen aus ... eben das wissen wir nicht. Der Leere? Einer anderen Blase in einem brodelnden Topf mit kosmischer Suppe? Universen in Universen? Wir wissen es nicht, und wir werden es vielleicht nie wissen, denn was jenseits unseres Universums ist, könnte auf immer unzugänglich für alle Sensoren und Geräte in unserem Universum bleiben; und ohne Empirie bewegen wir uns nicht auf dem Boden der Astrophysik, sondern müßiger Metaphysik, pennälerhafter Philosophisterei, das Ganze unterfüttert mit ein paar Packungen Bounty zu viel.

Dies jedenfalls können wir belegen: Anfangs war das Licht, ein überwältigend leuchtendes, heißes Licht, nicht vergleichbar mit allem, was man zuvor gesehen, empfunden hatte oder hätte sehen und empfinden können, da, so drückte Alan Guth es fröhlich aus, »die Photosensoren in Ihren Augen auf der Stelle verdampft wären«. Das Licht! Das leichte, lichte! Ins Dasein hineingeplatzt, strahlender Kern reiner Energie, winziger als das Proton eines Atoms, doch von beinahe unendlicher Dichte, mit Billionen Grad hoher Temperatur, und sofort quillt es auswärts. Beinahe unmittelbar nach Beginn der Expansion gelang es einem Teil der Energie, sich zu Materie zu verdichten, zu Elementarteilchen wie den Elektronen und den Quarks, den Bauteilchen von Protonen und Neutronen, und zu deren Gegenstücken, den Positronen und

Antiquarks, den entgegengesetzt geladenen und mit Spin in Gegenrichtung versehenen Teilchen der Antimaterie.

Noch immer expandierten Materie und Energie mit aller Macht. Im Bruchteil einer Billionstelsekunde hatte sich das Universum von seiner Ausgangsform, subatomarer Schmächtigkeit, zu einer mit einer Wassermelone vergleichbaren Leibesfülle aufgebläht. Ehe eine Tausendstelsekunde um war, hatte der Kosmos den Durchmesser von etwa einem Kilometer erreicht. Er wuchs und glühte in einem Licht, das nicht nur blendend, netzhautversengend hell erstrahlte, sondern auch von einer Reinheit und Gleichförmigkeit war, wie wir sie von unserem Alltagslicht, unseren Lampen oder Sonnen oder Bomben nicht kennen. Es waren in diesem ersten Frühlicht tatsächlich winzige Riffelungen, kleinste Unregelmäßigkeiten in der strahlenden Paste des Universums, die schließlich zum unwiderlegbaren Beweis werden sollten; doch diese Abstufungen, diese zuckenden Noppen, hatten winzigste Amplituden, und daher erschien das Licht zunächst als untadelig rein und ätherisch.

Denn die erstgeborenen Teilchen, der anschwellende Bauch des Babys, waren reinste Teufelsbraten, und sie wurden zerschmettert und gerüttelt und zu Strahlung verbrannt und daraus wieder zu Teilchen geformt, und so wieder und wieder. Trotzdem, mit der Expansion erfolgte die Besänftigung der Gemüter, eine hinreichende Abkühlung zur Verdichtung der Materie, die eine Fortsetzung über die anfänglichste Phase hinaus ermöglichte. Quarks schlossen sich als Tripletts zu einigermaßen robusten Protonen und Neutronen zusammen, während sich Dreierbünde von Antiquarks in annähernd gleicher Zahl zu Antiprotonen formierten, und außerdem flogen auch Elektronen und Positronen durch das Archaeo-Stew. Doch das materielle Gezänk war noch nicht beendet, denn Materie und Antimaterie können nicht dasselbe Gebiet bevölkern und dabei überdauern. Protonen und Antiprotonen entstanden, um schon beim ersten Zusammentreffen einander zu vernichten; Elektronen und Positronen vereinigten sich und fanden in dieser Vereinigung den Tod. Aus Gründen, die im Dunkel bleiben, gab es im frühen Universum etwas mehr Materie als Antimaterie; für je 1 Milliarde Antiprotonen und Positronen war in dieser Ursuppe immer ein Extra-Proton und Extra-Elektron enthalten. Und was folgte daraus? Als die Partie Materie gegen Antimaterie unter Zischen und Fauchen irgendwann zu Ende gespielt war, waren gerade noch genug Protonen und Elektronen übrig, um mit dem Bau von Atomen zu beginnen, von Sternen, Galaxien, Katzen, Hüten, Klavieren und Klavierstimmern, Physikern und Teilchenbeschleunigern, um die Verhältnisse im frühen Universum zu rekapitulieren.

Auch nach der wirksamen Neutralisierung der Antimaterie brauchte das Universum noch fast eine halbe Milliarde Jahre, um sichtbar zu werden. Zuvor war alles Nebel. Das Universum war noch so heiß und dicht, dass Materie nur in Plasmaform existieren konnte, als Meer von Kernteilchen und unsteten Elektronen, das das Licht in alle Himmelsrichtungen streute, nicht anders, als es die Wassermoleküle des Nebels oder einer Wolke tun. »Ein Plasma ist für elektromagnetische Strahlung sehr undurchlässig«, erläuterte Alan Guth. »In unserem frühen Universum kollidierten die Photonen andauernd mit den freien Elektronen und prallten in die verschiedensten Richtungen zurück, so dass in dieser Periode die Strahlung nirgends ankam.« Und wie es praktisch unmöglich ist, ins tiefe Innere einer dicken Wolke zu spähen, so befürchten Astronomen, dass die Plasmabeschaffenheit des frühen Universums jede Hoffnung zunichtemache, die elektromagnetischen Signale des Urknalls selbst aufzuspüren.

Nach 300 000 Jahren begann der Nebel sich jedoch zu lichten. Das Universum hatte sich auf etwa $^1/_{1500}$ seines gegenwärtigen Durchmessers ausgedehnt und auf bescheidene 3000 Grad Celsius abgekühlt – kalt genug, damit Elektronen und Protonen beginnen konnten, ihre wesenseigene Kompatibilität, ihre elektromagnetische Komplementarität zu manifestieren und elektrisch neutrale Atome zu bilden: einfache Dinge wie Wasserstoff und Helium, aber doch ausgereifte und nichtsdestoweniger absolut moderne

Atome. Die Undurchsichtigkeit des Plasmas wich schließlich der Transparenz eines Gases. Und ganz zum Schluss konnte die Strahlungsenergie des Universums, die nun nicht mehr immer wieder neu in den gnadenlosen plasmatischen Kleister eingerührt wurde, sich geradewegs auf die Reise nach außen machen, auf der sie sich noch heute in freiem Flug befindet.

Anhänger des Urknall-Modells wiesen in den vierziger Jahren darauf hin, dass es möglich sein müsste, die Grenze zwischen dem opaken frühen Universum und dem Universum in seiner heutigen transparenten Form aufzufinden, etwa so, wie Sie durch einen klaren Himmel bis an den Rand einer gigantischen Wolkenmasse schauen können. Diese Grenze nennen sie »Oberfläche der letzten Streuung« bzw. »Lichtwand« – zur Bezeichnung des letzten Augenblicks in der Geschichte des Universums, in dem es der Materie noch gelang, sternenhelles Strahlen zu milchiger Verschwommenheit zu verwischen. Diese Wand müsse uns alle umschließen, sagten sie, denn sie sei das letzte Glühen eines längst vergangenen, viel kleineren Universums. Seither blähte es sich um uns her auf, wie um die Pünktchen auf dem Ballon, die Rosinen im Kuchen und ähnliche Vergleichsobjekte. Oder malen Sie sich aus, wir wären an Bord einer Rosine inmitten einer dicken Rauchwolke, die sich wie ein sphärischer, schimmernder Rauchring von uns fort auswärtsdehnt. Die Schwaden ziehen sich immer weiter und weiter auseinander. Zeit verstreicht, und nun stehen wir hier unter klarem Himmel, zufrieden auf unserer Rosine, und spähen durch ein riesiges Volumen transparenten Raums, schauen auswärts und suchen den verblasenen Rauchring, den Halo, der einmal alles war, was war.

Ja, diesen dunstigen Ring müsse es dort draußen irgendwo geben, behaupteten die Urknall-Theoretiker. Er gehöre zum Universum, wohin sonst solle er sich verkrochen haben? Diese Theoretiker rechneten sich auch aus, dass die von dieser 3000 Grad heißen »Oberfläche der letzten Streuung« auswärtswogende Strahlung extrem energiereich begonnen habe, das heißt, einer extrem kurzwelligen Art angehört haben musste. In den folgenden Jahrmilliarden, so die Theorie, hat das Licht jedoch, wie es auf längeren Reisen zu geschehen pflegt, eine Rotverschiebung erfahren, hin zu langen, kühlen Wellenlängen am langen, rötlichen Ende des mikrowelligen Teils des elektromagnetischen Spektrums – zu Wellen einer Länge, deren Emission nicht mehr von einem 3000 Grad heißen strahlenden Körper, sondern von einem drei Grad kühlen zu erwarten waren. Mitte der sechziger Jahre entdeckten Wissenschaftler von Bell Labs in New Jersey die ambiente Strahlung, das Relikt des frühen plasmatischen Universums, bei der vorhergesagten 3-Grad-Wellenlänge, eine Leistung, für die sie den Nobelpreis erhielten. Dieses rundum wahrnehmbare Phänomen wird offiziell als kosmische Hintergrundstrahlung bezeichnet. Sie können sie selbst in der Bequemlichkeit Ihres Zuhauses aufspüren, zumal dann, wenn Sie keinen vernünftigen Kabelanschluss haben: Der Schnee auf dem Bildschirm, Zeichen einer Störung oder eines nicht verfügbaren Kanals, ist zum Teil der kosmischen Hintergrundstrahlung zu verdanken, dem kalten Restlicht des Universums. Damit haben wir das älteste Fossil, den ältesten Schnappschuss und das, mag es unseren Ohren auch nicht so vorkommen, was der Sphärenmusik am nächsten kommt. Gemeinsam singen die kosmische Hintergrundstrahlung und die Rotverschiebung ferner Galaxien ganz leise, aber doch unüberhörbar vom Urknall und von einer Expansion, die vor 14 Milliarden Jahren ihre Reise begann und noch immer unterwegs ist.

Die kosmische Hintergrundstrahlung ist allgegenwärtig und auf eindrucksvolle Weise konstant. Im australischen Busch ist die Konstellation am Nachthimmel ganz anders als über Halifax in Neuschottland, doch wenn Sie die Signale der kosmischen Hintergrundstrahlung auffangen würden, so wären sie hier wie dort hinsichtlich Stärke und Wellenlänge beinahe gleich. Diese Gleichartigkeit bestätigt, dass die Temperatur des Universums in seiner kleineren und kompakteren Vergangenheit viel einheitlicher war als jetzt, da es in die Jahre gekommen ist und kräftig zugelegt hat.

Das ist nur logisch: Ist es doch viel einfacher, ein kleines Zimmer gleichmäßig zu erwärmen, als ein großes, zugiges viktorianisches Haus entsprechend zu beheizen. Die Gleichförmigkeit des Mikrowellensignals unterstreicht auch die Gleichförmigkeit, mit der das Universum seit dem Urknall expandierte, oder zumindest in den Äonen seit Ende des Plasmazeitalters. Der Rauchring ist gleichmäßig in alle Richtungen ausgestoßen worden, und daher nehmen wir aus allen Richtungen das gleiche kühlstrahlende Signal wahr.

Es zeigt sich jedoch, dass die Mikrowellenstrahlung nicht ganz homogen ist. Als die Astronomen die Himmelslandschaft mit hochempfindlichen Messinstrumenten untersuchten, die von Satelliten und – passenderweise – von Ballons in die obere Atmosphäre getragen wurden, haben sie winzige Unregelmäßigkeiten der kosmischen Hintergrundstrahlung festgestellt; das heißt, sie haben Stellen gefunden, wo das Signal relativ stärker ist oder eine größere Wellenlänge hat. Kosmologen entnehmen solchem Flackern in der Lichtwand den Hinweis, dass die Masse des frühen Universums nicht ideal, nicht gleichmäßig verteilt war. Von dem Augenblick an, wo Materie sich materialisierte, heißt es, wies die Strahlung eine gewisse Klumpigkeit auf, das Ergebnis so genannter Quantenfluktuationen, die mit einer nervösen Unruhe im Wesen subatomarer Teilchen zusammenhängt. Mit anderen Worten, der Hintergrund kam gar nicht umhin, sich zu kräuseln – die Gesetze der Physik, die probabilistischen Eigenschaften der Quantenmechanik verlangen es. Und diese winzige Kräuselung, die wir heute als geringfügiges Erzittern eines ansonsten gleichförmigen Hintergrundleuchtens ausmachen, waren wahrscheinlich die Ursache aller kosmischer Mannigfaltigkeit und Möglichkeiten. »Diese Kräuselungen waren verantwortlich für die Bildung von Galaxien, Sternen, der Struktur des Universums überhaupt«, sagte Guth. »Ohne sie wäre das Universum eine gigantische Wasserstoffwolke, und, in der Tat, ein höchst langweiliger Ort.«

Unser Universum war zweifellos keine konturlose Gaswolke.

Von Anfang an war ihm eine Art zytosklettale Integrität gegeben, Fasern von ziemlicher Dichte, die in dem Maß, wie das Universum wuchs, an Stärke und Kraft zunahmen. In den nächsten mehreren hundert Millionen Jahren begannen sich aus den Regionen relativer Dichte in dem expandierenden wolkigen Gebilde aus Atomen und Energie die ersten Sterne und Galaxien zu verdichten. Und obwohl heute Galaxien die einzig bekannte Heimstatt für Sterne darstellen, die einzige Gegend, in der Sterne geboren werden und vergehen, und obwohl Sie keinen durch die gravitativ verödete Wildnis des intergalaktischen Raums geisternden Einsiedlerstern antreffen werden, heißt das nicht, dass die Galaxien zuerst da waren. Letztlich weiß doch niemand besser als die Bewohner selbst, wie man sich ein warmes Heim errichtet, eine gedeihliche Gemeinschaft gründet, eine stellare Gesellschaft organisiert.

Astronomen müssen über die Evolution der kosmischen Struktur noch viel lernen, doch gegenwärtig gehen sie davon aus, dass die Sterne sich noch vor den Galaxien als erste kosmische Objekte aus der spinnwebhaft luftigen Masse des jungen Universums gebildet haben. Aber keineswegs alle beliebigen Sterne. Nicht solche wie unsere Sonne, so sehr wir sie auch lieben und froh sind, sie so, wie sie ist, zu haben. Die ersten Sterne dürften viel massereicher, mehrere tausend Mal größer als die jetzigen gewesen sein. Allein Riesensterne besitzen die Kraft, von der Isaac Newton träumte, bis ein fallender Apfel ihn so rüde und unverbürgt weckte – die Kraft der Alchimie. Allein Riesensterne können damit beginnen, sich der einfachsten, leichtesten Atome wie Wasserstoff und Helium anzunehmen und sie zu der ganzen periodischen Palette von Elementen, zu all den barocken Schönheiten mit ihren prallen Kernen zu verschmelzen – zu Nickel, Kupfer, Zink und Krypton, zu Silber, Platin und Gold und zu Wolfram und Tantal und, na ja, Quecksilber und Blei. Wir Menschen stehen mit unserer Gier nach allem, was glänzt, nicht allein. Sobald es einmal mit Spuren schwerer Metalle dotiert war, der Gabe jener stellaren Erzmagier, begann das weiträumige, luftige Terrain des frühen Universums

Gestalt anzunehmen, und schon kurz darauf funkelten Millionen, in fernen Milchstraßen beheimatete Sterne.

Und das bringt uns zu einer der großen Entdeckungen der modernen Astronomie. Joni Mitchell hatte nicht Unrecht, wenn sie uns als Sternenstaub ansah. Zwar hängt unser Leben jetzt an einer einzigen, lebendigen Sonne, doch andere Sonnen, älter als die unsere, starben, damit wir lebten.

Das beobachtbare Universum mag mehr sein als eine formlose Wasserstoffwolke, trotzdem ist dieses Element, von allen das anspruchsloseste, bei Weitem das häufigste. Nahezu drei Viertel aller gewöhnlichen Materie bestehen aus Wasserstoff, dem Atom, das sich mit einem Proton und einem Elektron begnügt. Helium, das an Mendelejews Tafel Platz zwei einnimmt und in seinem Kern über zwei Protonen und zwei Neutronen verfügt, steht für 24 Prozent der bekannten Materie. Der heute insgesamt vorhandene Wasserstoff und ein großer Teil des Heliums, dazu eine kleine Menge der im Universum vorhandenen Bestände an Lithium-, Bor- und Berylliumatomen sind das direkte Ergebnis des Urknalls und entstanden im neuen Universum. Wenn das nächste Mal jemand aus Ihrer Familie einen dieser grässlichen Mylar-Ballons mit nach Hause bringt, der stur und flatterhaft so lange in der Luft hängt, bis Sie mit dem Gedanken spielen, das Ding durch den Reißwolf zu jagen, sobald der Besitzer nicht aufpasst, dann bedenken Sie dabei, dass zumindest ein paar von den Heliumatomen, die Sie so unbekümmert in die Atmosphäre zu entlassen gedenken, in ihrer gegenwärtigen Konfiguration schon seit 13,7 Milliarden Jahren existent sein mögen. Und nun los, weg mit dem Ding, bevor der Kleine wiederkommt.

Mochte der Urknall noch so ambitioniert gewesen sein, seine Erfindungsgabe war begrenzt und von kurzer Dauer. Die physikalischen Gesetze, die es entweder schon vor dem großen Knall gegeben hatte oder die mit ihm in die Welt gekommen waren, schreiben vor, dass die elektromagnetische Kraft die positiv geladenen Protonen einzelner Wasserstoffkerne so weit wie möglich voneinander fernhält, solange sie nicht von dritter Seite so eng aneinander gedrängt werden, dass die starke Kernkraft greift. Als die mächtigste der bekannten Kräfte im Universum kann die starke Wechselwirkung den von Haus aus xenophoben Wasserstoffkernen so lange zusetzen, bis sie zur Verschmelzung zu etwas Neuem bereit sind – zu Heliumatomen. Sie kann natürlich auch Helium- und Wasserstoffatome zu einer noch größeren nuklearen Gemeinschaft zusammenzwingen, die sich dann Lithium nennt. Doch jedes Vergrößern eines atomaren Gemeinwesens verlangt weit mehr Wärme und Dichte, weit extremere Verhältnisse, damit die elektromagnetische Abstoßung überwunden und der starken Kernkraft die Aufnahme ihrer diplomatischen Tätigkeit ermöglicht werden kann. Der Urknall brachte es fertig, je fünf Protonen sinnvoll zusammenzuführen – zu einer gewissen Menge von Berylliumatomen –, doch dann verteilte sich seine Masse, und der Druck sank, so dass er alle Vereinigungshoffnungen fahren lassen musste. Nach den ersten Geburtswehen der Nationenbildung musste die große Masse der Atome des Universums wieder mit der alten Wasserstoff-Kleinstaaterei vorliebnehmen.

Doch damit war die Atombildung nicht beendet. Schließlich gab es noch dieses quantenmechanische Zittern, diese Klümpchen in der Wolke und, nicht zu vergessen, die Gravitation, die allumfassende Gravitation mit dem Herzen voller Liebe und dem festen Stand. Die Gravitation ist die schwächste der vier Naturkräfte, hat aber erhebliche Wirkung auf große Massen und obendrein den Vorteil, stets attraktiv und zu keiner Zeit abstoßend zu sein. Nach etwa 1 Million Jahren atemloser Expansion, bewirkt vom phänomenalen Auswärtsdruck des Urknalls, begann die Gravitation, eine mäßigende Gegenwirkung zu entfalten. Das Wachstum verlangsamte sich ein wenig, gab den Nestern dichterer Materie im Universum Gelegenheit, ein bisschen zu trödeln, Wirbel zu bilden, um die Häuser zu ziehen. Und sobald ein hinreichend dichtes Exemplar dieser Wasserstoffbastionen damit begann, sich um die eigene Achse zu drehen, war die Gravitation zur Stelle, zog die gasförmige Region nach innen und verdichtete sie zu einer Kugel. Dabei erwärmte sich das Gas und regte seine Atome an. Schon war es so heiß, dass die Atome von ihren nuklearen Partnern wieder getrennt wurden, so dass das Gas in den plasmatischen Zustand des kleinen, frühen Universums zurückfiel. Im Zentrum dieser gasförmigen Kugel, dort, wo Hitze und Druck am höchsten waren, wurden nicht nur die Elektronen von ihren Protonen fortgerissen, sondern auch die Protonen der einzelnen Wasserstoffatome enger und enger zusammengepresst, bis schließlich ihre wechselseitige elektromagnetische Abstoßung überwunden und das Geschäft der Kernfusion wieder aufgenommen werden konnte – in kühnerem und ehrgeizigerem Maßstab als alles, was die Geburtswehen des Urknalls zustande gebracht hatten.

Da wir uns seit Jahren anhören, wie sehr sich die Energie-Industrie nach einem Verfahren sehnt, diese Technologie zu zähmen, wissen wir alle, dass die Kernfusion ein seltsam Ding ist, ein Rumpelstilzchen auf Stelzchen. Sie verwandelt nicht nur Leichtes und Einfaches in Schweres und Komplexes, sondern setzt auch durch die Verschmelzung von Atomkernen einen gewaltigen elektromagnetischen Strahlenblitz – Energie – frei. Es ist uns bereits gelungen, Wasserstoffatome zu verschmelzen und dabei einen ungeheuren Energieausbruch zu entfesseln – verkörpert in der apokalyptischen Gewalt einer Wasserstoffbombe. Weit schwieriger ist es, eine Methode zu entwickeln, die Atome kontrolliert, ruhig und, natürlich, kostengünstig zu verschmelzen. Das ist zwar eine gewaltige Aufgabe, aber sie wird von der Milliarde Billionen Sterne, die es vermutlich im Universum gibt, täglich bewältigt. Die Quelle, aus der ein Stern seine Energie, seine Glut, seine Wärme, sein orientierendes, Wünsche weckendes Licht schöpft, ist die thermonukleare Fusion, die fortwährende, in seinem dichten Kern stattfindende Verschmelzung einer größeren Zahl von kleineren Atomen zu einer kleineren Zahl von größeren Atomen. Die Energie der Kernfusion ist das charakteristische Kennzeichen eines Sterns, und es ist ein gewisses Maß an Gewicht und Dichte erforderlich, um den

Prozess in Gang zu setzen. Jupiter ist eine sehr große Gaskugel, aber sie ist nicht groß genug. Die Atome in seinem Kern stehen nicht unter genügend hohem Druck, um ihre elementare Identität zu ändern. Erst ab der achtzigfachen Jupiter-Masse hat eine Gaskugel genügend Feuer in ihrem Herzen, um eine thermonukleare Fusion zu leisten, das heißt, um widerstrebende Einzelkerne so zusammenzupressen, dass sie zu strahlenden Hochzeitern werden.

Doch die ersten Sterne, die aus dem Urnebel kondensierten, waren wahrscheinlich viel größer als achtzig Jupiter oder sogar als achthundert Sonnen, denn als sie begannen, in sich zusammenzustürzen, das heißt, sich unter dem Einfluss der Gravitation aus einer dicken Gaswolke zu einer dichter zusammenhängenden Kugel zu verfestigen, zog das sich unaufhaltsam verdichtende Objekt immer mehr Materie aus seiner staubigen Umgebung an und wuchs durch diese Akkretion rasch an. Das frühe Universum war im Vergleich zu heute ein überfüllter, beengter, staubiger und gaserfüllter Ort, weshalb eine derart kondensierende Kugel geradezu zwangsläufig riesige Wolken zusätzlicher Materie anzog, während sie sich festigte – sie vermehrte ihre Masse, obwohl sich ihr Volumen verringerte. Solche Größe hat ihren Preis: Riesensterne sterben jung und gewaltsam. Doch mochte ihr Leben auch kurz sein, ihre Werke sollten sie lange überleben, daher lohnt es sich, einen Blick auf das Dokudrama stellarer Genialität zu werfen.

Lassen Sie uns aus Gründen der Einfachheit annehmen, dass der uns als Modell dienende Gründerstern aus reinem Wasserstoff besteht, also durch keines der anderen im Urknall entstandenen Elemente verfälscht ist. Unser Beispielstern ist ein kolossales Wasserstoffkondensat, mehrere hundert Mal so massereich wie die Sonne, die Elektronen sind von ihren Protonen abgestreift worden, und alles ist eine einzige plasmatische Pampe. Die Gravitation zieht alles nach innen, auf einen imaginären Punkt im Zentrum zu, daher ist die Konzentration der Wasserstoffteilchen umso größer, je tiefer Sie in den Stern eintauchen. Innerhalb des superheißen, unter extremem Druck stehenden Kerns werden die

Wasserstoffkerne umhergewirbelt und zusammengepresst, umhergewirbelt und zusammengepresst, bis eine kritische Schwelle überschritten wird und separate Wasserstoffteilchen zu Heliumkernen verschmelzen. Die durch diese thermonukleare Fusion freigesetzte Energie beginnt nach außen zu strahlen, vom Kern zur Oberfläche; das Aufwallen von Wärme und Licht bietet ein Gegengewicht zum nach innen wirkenden Zug der Gravitation. Die pulsierende Strahlung, die die Fusion so reizvoll macht, sorgt dafür, dass der Stern intakt bleibt, sie verhindert, dass die inneren Schichten unter dem Gewicht der über ihnen liegenden äußeren zusammenstürzen. Doch diese Arbeit ist energieintensiv und kannibalisch.

Wie der Oxford-Chemiker Peter Atkins geschrieben hat, ist der Hunger eines Sterns auf Wasserstoff »wahrhaft gewaltig«. Beispielsweise verschmilzt unsere Sonne pro Sekunde 700 Millionen Tonnen Wasserstoff zu Helium und emittiert jeden Tag ein Stück von sich selbst, wenn sie Wärme und Licht ausgießt über das Sonnensystem, über Mein Vater Erklärt Mir Jeden Sonntag Unsere Neun (oder acht) Planeten*, über ihr Gefolge von Monden, über den Asteroidengürtel, über Hale-Bopp und auch den Kometen Kohoutek. Doch obwohl die Sonne seit 5 Milliarden Jahren brennt und obwohl jeder Augenblick an ihr zehrt, hat sie genügend ausreichend dicht gepackten Wasserstoff, um noch weitere 5 Milliarden Jahre zu leuchten.

Solche Langlebigkeit war unseren ausladenden Sternen-Ahnen nicht vergönnt. Hier heizt das ungeheure Gewicht der Gebirge von akkretierter Materie die Kernschichten mit schwindelerregender Schnelligkeit auf, wodurch sich die Fusionsrate beschleunigt und die Wasserstoffvorräte des Sterns rasch erschöpft sind, unter Umständen schon in ein paar Millionen Jahren nach Entstehung des Sterns. Wenn sein Wasserstoffbrennstoff aufgebraucht ist und der stabilisierende Gegendruck der Fusionsenergie vorübergehend ausfällt, gerät der Stern abermals unter den Einfluss der Gravitation

---

* Merkur, Venus, Erde, Mars, Jupiter, Saturn, Uranus, Neptun, Pluto

und zieht sich heftig zusammen. Diese Größenverringerung erhöht abermals die Temperatur und Dichte des Kerns, bis die nächste thermonukleare Schwelle überschritten wird. Jetzt beginnen die Heliumteilchen, die zuvor in der Fusionsküche zusammengekocht wurden, zu Kohlenstoff zu verschmelzen und überschwemmen den Stern mit einem neuen Ausbruch von Strahlenenergie, der den Gravitationskollaps aufhält. Allerdings nur, bis auch das Helium aufgebraucht ist, woraufhin eine neue Kontraktionsphase beginnt, gefolgt von einem neuen Fusionsdurchgang und der Erzeugung von noch schwereren Elementen im Sternkern, der so genannten Nukleosynthese. So setzt der Stern in seinem Bemühen, den endgültigen Kollaps zu verhindern, seinen Marsch durch das Periodensystem der Elemente fort, presst kleinere Kerne zusammen zu Stickstoff, Sauerstoff, Natrium, Phosphor, Kalium, Kalzium, Silizium, genau all dem Zeug, das Sie auf Lebensmittelpackungen aufgelistet finden; dann geht es weiter zur Nukleosynthese von Eisen, Nickel, den Elementen mit den stabilsten Kernkonfigurationen überhaupt. Damit haben wir erst ein Viertel des Periodensystems hinter uns, es bleiben noch viele andere, schwerere Elemente zu synthetisieren, doch mit Eisen und Nickel sind wir an die Grenze der Fusionsmöglichkeiten gelangt. Wenn Sie einen Eisenkern mit einem anderen Kern verschmelzen, setzen Sie dabei keine Energie frei. Im Gegenteil, diese spröde Vereinigung verlangt Energiezuführung. Nun ist es aber die freigesetzte, nach außen fließende Strahlungsenergie, die einen Stern vor dem Zusammensturz bewahrt. Das letzte Lebewohl ist also nah.

In diesem Stadium ist der Stern wie eine große Kugel aus Baklava, mit einem dichten Zentrum aus Nickel- und Eisenkernen, umgeben von dünnen Schalen immer leichterer Elemente, die im Laufe der Zeit von dem Stern gebrannt wurden, aber dem Kannibalismus entgingen. Da das Gebilde jetzt keine Strahlung mehr als Schutz gegen die Gravitation aufbieten kann, kondensiert es erneut, und die Kerntemperatur schnellt auf 8 Milliarden Grad empor, heiß genug, um Elemente zu synthetisieren, die etwas leichter sind als Eisen und Nickel. Sehr schön, doch dem Stern bringt es nichts: Sein thermonuklearer Stabilitätsmechanismus, die Freisetzung von Strahlungsenergie durch Fusion, ist tot. Der Kern beginnt seine Struktur zu verlieren, die oberen Schichten sinken in die tieferen ein. Energiereiche Photonen schießen kreuz und quer durch den Stern, und spalten alle schweren Kernteilchen, die ihnen in die Quere kommen. Das Innere des Sterns geht in freien Fall über, die durchmischten Plasmaschichten strömen hilflos dem imaginären Punkt im Zentrum der Kugel zu. In weniger als einer Sekunde wird ein Kern von der Größe vieler Sonnen auf die Ausmaße Nordamerikas zusammengepresst. Die katastrophale Kontraktion sendet Schockwellen durch das kosmische Objekt und stößt einen Halo von Sternenmaterie aus, der, so Peter Atkins, »wie ein riesiger kugelförmiger Tsunami« ist. Unser Stern explodiert als Supernova, und in diesem fulminanten Todeskampf werden die echten Schwergewichte des Periodensystems gebrannt – Platin, Thallium, Bismut, Blei, Wolfram, Gold. Die neugeborenen Teilchen werden zusammen mit anderen leichteren Elementen, denen der Stern das Leben geschenkt hatte, bevor er seines verlor, ins Universum geschleudert.

Für diese glitzernden Geschosse können wir unserem guten Stern danken. Indem sie das junge Universum mit schweren Elementen, vor allem Metallen, durchsetzten, lösten die ersten Meganovae einen Boom der Sternenproduktion aus. Das Hintergrundgas war heiß, wie Chuck Steidel erklärte, und Sterne bilden sich nur schwer in überhitztem, extrem angeregtem Gas. Die von den Sternenvorfahren hinterlassenen Metallteilchen kühlten die Gaslandschaft so weit ab, dass eine Vielzahl von Nebelwirbeln zu Sternen kondensierten, zu Sternenhaufen, zu geschäftigen, blühenden Sternenvierteln. »Wir nehmen an, dass sich die Entwicklung von massereichen Sternen zu kleinen Galaxien relativ rasch vollzog, während der ersten Milliarde Jahre des Universums.« Größere Galaxien bildeten sich dann durch Fusionen und Übernahmen – dadurch, dass Galaxien zusammenstießen oder dass eine vergleichsweise dichte Galaxie die Inhalte einer kleineren Galaxie durch Gravitationsanziehung einsaugte. Vor etwa 12 Milliarden Jahren – 1,7 Milliarden Jahre nach dem Urknall – hatte sich die Mehrheit der Galaxien des Universums gebildet, darunter auch unsere Milchstraße, wenn sie auch ihre Reise nach außen und voneinander fort weiterführten, getragen vom seidigen Stoff des Raums; jede Galaxie setzte auch ihre Entwicklung fort, ließ ihre zusammengesammelten Habseligkeiten um den Mittelpunkt ihrer Masse kreisen, ihre Sternenbürger, die ihr Leben mit unterschiedlichen Tempos und Temperaturen lebten, je nach ihrer Masse und der Nähe zu anderen Sternen. In vielen Galaxien, besonders den spiralförmigen, finden wir geschäftige stellare Kinderstuben, relativ dichte Gas- und Staubwolken, aus denen ständig neue Sterne kondensieren, ein Geburtsvorgang, der oft durch den entgegenkommenden und gewaltsamen Tod eines massereichen älteren Sterns in der Nachbarschaft ausgelöst wird.

So verhielt es sich vermutlich auch mit unserem Sonnensystem. Vor rund 5 Milliarden Jahren veranlassten eine Supernova und der begleitende Ausstoß ihrer wohltätigen schweren Elemente in den interstellaren Raum, eine zerfranste Gas- und Staubwolke in einem Arm der Milchstraße zu kondensieren. Im Zuge der Kontraktion begann sie zu rotieren (wie eine Eiskunstläuferin sich dreht, wenn sie die Arme anzieht) und zu einer Scheibe abzuflachen (was unsere Eiskunstläuferin glücklicherweise nicht tut). Im Laufe mehrerer Millionen Jahre des Kreiselns wurde das Gros der Masse von der Gravitation zum Zentrum des Pfannkuchens gezogen, wo sie eine Aufwölbung, einen Bauch bildete, in dem sich ständig anwachsende Wärme und Dichte schließlich in einem fulminanten thermodynamischen Ausbruch Bahn brachen. Trotz dem blieb noch ein wenig Materie der Scheibe in der Umgebung unserer neugeborenen Sonne, ein Petticoat aus Gas und Staub und all den rund hundert Elementen, mit denen Dmitri Mendelejew später einmal sein Periodensystem bestücken sollte. Diese Materie bildete Klumpen: die Proto-Planeten und Proto-Monde. Näher an der Zentralkugel konnten nur Aggregate aus Stein und Metall der Hitze widerstehen, daher sind die vier inneren Planeten – Merkur, Venus, Erde und Mars – Kugeln aus Gestein und Metall und werden als erdähnliche Planeten bezeichnet. Weiter draußen auf der Scheibe war es so kalt, dass Wasser gefror, und sobald sich die Eisteilchen gebildet hatten, stießen sie zusammen und sammelten mittels eines echten Schneeballeffekts Gas und Staub. So entstanden die vier äußeren Planeten, die so genannten Gasriesen – Jupiter, Saturn, Uranus und Neptun. Was Pluto, Sedna und andere Himmelskörper dieser Subkompakt-Klasse angeht – egal, ob Sie sie als Planeten, Planetoiden, Zwergplaneten, Planetesimale, Planetenparodien oder Planters Partymix bezeichnen –, so entstanden sie im Kuiper-Gürtel, einem der kältesten, dünnsten, tiefsten Randgebiete der Sonnenscheibe, wo es nicht genug gab, um viel aus ihnen zu machen. Pluto und Sedna gehören zu den Giganten der eisigen, steinigen Körper in dem Gürtel, und trotzdem lassen sich fast 10 Plutos im winzigen Merkur und womöglich 150 im Inneren der Erde unterbringen.

Unsere Sonne ist ein guter Stern, ein beständiger Stern, sie hat erst die Hälfte ihres Lebens hinter sich. Doch wenn ihr Wasserstoffvorrat zur Neige geht, wird sie nur noch ein paar Möglichkeiten haben, das Feuer ihres Plasmas zu bewahren. In 5 Milliarden Jahren, wenn sie den Wasserstoff in ihrem dichten Kern verbraucht hat, wird die Sonne beginnen, den Wasserstoff in den relativ dünnen Außenschichten zu verbrennen und dabei ihren gegenwärtigen Umfang verdreißigfachen. Diese aufgeschwemmte Sonne wird kühler sein, ihre Strahlen röter als heute. Unsere Sonne ist dann ein Roter Riese, und wehe dem Erdling, der noch anwesend ist, um ihre geschwollene Röte zu sehen, denn der Planet, auf dem er steht, wird bei der Expansion aller Wahrscheinlichkeit nach verdampfen. Unsere fernen Nachkommen sollten die Erde schon lange vorher verlassen und sich, sagen wir, auf einem der größeren Jupiter- oder Saturnmonde ansiedeln. Wenn es zur Expansion der Sonne kommt, werden Orte wie Jupiters Ganymed oder Saturns

Titan sehr viel angenehmere Orte als heute sein – ihr Himmel aufgeklart, ihre Eisschilde zu Ozeanen und Flüssen aufgetaut. Titan hat sogar eine Gasatmosphäre, die, obwohl gegenwärtig nicht zu atmen, theoretisch so umgewandelt werden könnte, dass sie für die menschliche Atmung verträglich und zuträglich wäre, und der spektakuläre Ausblick auf die Ringe des Saturns wäre ein zusätzliches Plus. Im Prinzip können die Raumfahrer, wo immer sie aussteigen, ihre Schiffe Schiffe sein lassen und sich häuslich einrichten. Als Roter Riese wird die Sonne noch weitere 2 Milliarden Jahre scheinen.

Und dann? Dann ist es Zeit, die Zelte abzubrechen und in ein vollkommen neues Sonnensystem aufzubrechen. Unser Zentralgestirn hat nicht genügend Masse, um zu explodieren, es wird einfach in dumpfer Dunkelheit dahindämmern. Wenn die Wasserstoffschale verbraucht ist, zieht sich der Kern jäh zusammen, die oberen Schichten lösen sich allmählich und zerstreuen sich im All. Am Ende wird nur noch eine dichte, schwelende Glut aus Kohlenstoff und Sauerstoff bleiben, kaum größer als die Erde. Der einst so mächtige Ra und spätere Rote Riese auf Zeit ist zum Weißen Zwerg geworden, und obwohl er keine Fusionsenergie mehr erzeugen kann, glüht er noch allein aufgrund seiner Wärme, und das wird er bis ans Ende aller Tage tun.

Die Sonne und andere Sterne mittlerer Größe können aus den Grundstoffen des Urknalls eine Handvoll der Elemente erzeugen, die wir als Bio-Legos brauchen, vor allem Kohlenstoff, Sauerstoff und … Stickstoff. Die Häufigkeit, mit der gewöhnliche Sterne Sauerstoff zusammenbrauen, erklärt zum Teil, warum Sauerstoff nach Wasserstoff und Helium das dritthäufigste Element im Universum ist; und die gemeinsame Häufigkeit von Wasserstoff und Sauerstoff erklärt, warum es Wasser gibt, überall Wasser, wenn auch nur auf der Erde ausreichend in Tropfen, die sich trinken lassen. Doch Sterne mit beschränkten Mitteln und gezügeltem Temperament behalten das meiste, was sie herstellen, für sich und steuern nur geringe Mengen zum universellen Bestand an Post-Helium-

Teilen bei, den gewichtigen Elementen, aus denen belebte Materie besteht. Der weitaus größte Teil unserer sterblichen Hülle – der Kohlenstoff in unseren Zellen, das Kalzium in unseren Knochen, das Eisen in unserem Blut, die Elektrolyte Natrium und Kalium, die unsere Herzen schlagen und unsere Hirnzellen feuern lassen – wurde in den Hochöfen weit größerer Sterne als dem unseren gebrannt und in den kosmischen Kompost geschleudert, als diese Sterne explodierten. »Wir sind Sternenstoff, ein Teil des Kosmos«, sagte Alex Filippenko. »Das meine ich nicht nur allgemein oder metaphorisch. Die spezifischen Atome in jeder Zelle Ihres Körpers, meines Körpers, des Körpers meines Sohns, des Körpers Ihrer Katze wurden im Inneren massiver Sterne gekocht. Für mich ist das eine der erstaunlichsten Erkenntnisse der Wissenschaftsgeschichte, das sollte meiner Meinung nach jeder wissen.«

Der Gasnebel, aus dem sich unser Sonnensystem gebildet hat, wurde sehr wahrscheinlich mehrfach mit Sternenstoff angereichert, mit den kostbaren Resten verschiedener Supernova-Katastrophen, die sich im Laufe der letzten 10 Milliarden Jahre in unserer Nähe ereigneten. Jede dieser Anreicherungen hat die Aussichten verbessert, dass die Wolke irgendwann abkühlen, sich in wirbelnde Bewegung setzen und zu einem umgrenzten Stern kondensieren würde, und der Grenzbereich hatte die notwendigen schweren Elemente, um die gesteinshaltigen, komplexen inneren Planeten zu liefern, auf denen das Leben einen Deal machen konnte. Nicht Ene oder Mene und Muh, das glaube ich nicht. Sondern hinter Vorhang Nummer drei, da ist alles meins.

Wir wissen, dass es Leben auf der Erde gibt und dass zumindest eine Art aus deren phylogenetischem Überfluss zwar nicht immer vernünftig und verlässlich, wohl aber klug im Erfinden von Werkzeugen ist, besonders von Werkzeugen, die uns lebhafte, körperlose Formen der Kommunikation ermöglichen, während wir Auto fahren, als Fußgänger zu Gefahrenquellen werden oder dem Klaviervortrag unserer Tochter lauschen. Wir sind so unermüdliche Telekommunikatoren, dass uns die Welt und ihre 6,5 Milliarden potenziellen Adressaten nicht genug sind, und so können wir nicht umhin, uns zu fragen: Wen können wir noch anrufen? Gibt es andere Wesen auf anderen Planeten, und werden wir jemals in der Lage sein, uns mit ihnen in Verbindung zu setzen, oder sie mit uns? Sind wir allein oder nur einer von Millionen bewohnten Planeten in der Galaxis oder von Milliarden im Universum? Wird dieses schmerzlich-bittere Gefühl, zu fragen, zu fragen und immer wieder zu fragen, jemals weichen? Gibt es irgendwelche Hinweise der einen oder anderen Art auf extraterrestrisches Leben? Wie denken Astronomen darüber und haben ihre Überlegungen zu dieser kosmischsten aller Fragen in irgendeiner Hinsicht mehr Gewicht als der musikalische Milchstraßentraum einer Fünfjährigen?

Die Antworten auf diese Fragen sind eine Mischung aus schlechten Nachrichten, keinen Nachrichten und guten Nachrichten. Die schlechte Nachricht lautet, nein, wir können keinen Kontakt zu irgendwelchen außerirdischen Wesen herstellen, noch nicht einmal mit diesen Wundergeräten für Telefongespräche über größte Entfernungen, mit denen Präsidenten Astronauten anrufen, um mit ihnen über Raumfahrtnahrung zu plaudern, und Bergsteiger, die wegen eines Unwetters auf dem Everest-Gipfel festsitzen, die Lieben daheim informieren, dass sie nun wohl doch nicht rechtzeitig zum Abendessen da sein werden. Wenn wir es könnten, meinen Sie nicht, dass Sie dann schon als Kundenberater unter verdächtig nichtssagenden Namen wie Hank oder Sherry arbeiten würden?

Die meisten Nachrichten von der extraterrestrischen Front sind, leider, keine Nachrichten oder vielmehr Keine-Ahnung-Nachrichten. Wir haben kein wie auch immer geartetes Indiz dafür, dass es Leben auf anderen Planeten gibt. Nicht das geringste. Nach der anfänglichen Aufregung, als man in den neunziger Jahren glaubte, Anzeichen für früheres oder gegenwärtiges mikrobielles Leben auf dem Mars entdeckt zu haben, löste sich die Evidenz in Wohlgefallen auf. Es gibt keine glaubhaften Belege dafür, dass Außerirdische jemals die Erde besucht, Erdbewohner entführt oder sich irdische

Körperhöhlen für ihre unergründlich-ruchlosen Zwecke nutzbar gemacht haben. Bislang warten wir auch vergeblich darauf, dass Außerirdische auf die Aufzeichnungen antworten, die wir den beiden 1977 gestarteten Voyager-Sonden mitgegeben haben – sehnsüchtige Grüße in 55 Sprachen, Musik von Bach, Beethoven, Louis Armstrong, peruanischen Panflötenspielern, aserbaidschanischen Balaban-Spielern; Walgesänge, Schimpansengegrunze und die Pfeife eines vorbeifahrenden Zuges in exemplarischer Doppler-Manier. Gibt es Leben auf anderen Planeten? Wir können weder mit Ja noch mit Nein antworten. Es gibt keine Beweise für die eine oder die andere Möglichkeit. Dazu können die Wissenschaftler also gar nichts sagen. Oder doch?

Nein, können sie nicht. Und doch, sie tun es. Die gute Nachricht – versprechen Sie sich nicht zu viel von ihr – lautet, dass die große Mehrheit der Astronomen, die ich interviewt habe, glaubt, es gäbe Leben auf anderen Planeten. Einige meinen, Leben sei häufig, das Universum sei überschwemmt mit Sternenmaterial, das in selbstreplizierenden, zellulär angelegten Organismen stecke. Andere sagen, das Leben sei vermutlich selten, aber wahrscheinlich trotzdem nicht auf die Erde beschränkt. Ihre Antwort läuft auf bloße Statistik und das Gesetz der großen Zahl hinaus. »Sind wir allein?«, fragte Neta Bahcall von der Princeton University. »Für mich ist die Antwort leicht und offenkundig. Unsere Sonne ist ein Stern unter hundert Milliarden anderer Sterne in unserer Galaxis, und die Milchstraße ist nur eine von Milliarden und Abermilliarden Galaxien. Es ist einfach unmöglich, dass wir das einzige Leben im Universum sind.«

»Ich neige zu der Auffassung, dass das Leben im Universum sehr häufig ist«, sagte David Stevenson vom Caltech. »Ich kann mich natürlich irren, aber das ist meine Arbeitshypothese.«

In einem Interview, das kurz vor seinem Tod geführt wurde, bekräftigte John Bahcall von der Princeton University: »Ich bin absolut sicher, dass es da draußen noch mehr Leben gibt. Das gehört zu den sehr wenigen Dingen, auf die ich eine Menge Geld wetten würde, ohne einen Beweis für sie zu haben. Die Wahrscheinlichkeit spricht so eindeutig zu meinen Gunsten.«

Es gibt nicht nur Milliarden von Sternen, sagen die Astronomen, Milliarden solarer Hochöfen, die photonische Nahrung emittieren – Nahrung, die praktisch darum bettelt, gefressen zu werden, sondern wahrscheinlich auch Milliarden Planeten, die diese Sterne umkreisen, Milliarden möglicher Tische und an diesen Tischen Organismen, die Nährstoffe zu sich nehmen, Abfallstoffe ausscheiden, sich replizieren und gerade das Fondue-Geschirr benutzen, das sie zur Hochzeit bekommen haben. Planetenbildung scheint ein häufiges Nebenprodukt der Sternbildung zu sein, denn die Planetenscheibe entsteht infolge des Drehimpulses eines kollabierenden, rotierenden Sterns; 10 bis 50 Prozent der Sterne dürften solche treuen Trabanten haben. Viele Astronomen suchen jetzt nach Anzeichen für extrasolare Planeten, indem sie nach Schwankungen oder Unregelmäßigkeiten in den Bewegungen des Sterns Ausschau halten, denn das könnte ein Anzeichen dafür sein, dass er dem Gravitationseinfluss solcher Begleiter unterliegt, oder darauf achten, ob sich das Sternenlicht in regelmäßigen Abständen verdunkelt; das würde passieren, wenn ein kreisender Planet sich zwischen den Stern und uns schöbe. Lange Zeit entdeckten die Astronomen nur unbewohnbare Planeten aus der Kategorie der Gasriesen. Doch in jüngerer Zeit sind sie auf Anzeichen für kleinere und möglicherweise erdähnlichere Objekte gestoßen, indem sie Bahnen untersuchten, die sich in einem vernünftigen, gemäßigten Abstand von ihrem Zentralgestirn befanden.

Mut macht den Astronomen auch der Umstand, dass sich das Leben relativ rasch entwickelte, nachdem die Kruste abgekühlt war, und die außerordentliche Hartnäckigkeit, mit der sich das Leben seither behauptet hat. Sie verweisen auf neuere Erkenntnisse aus der Nanotechnologie, die Chemie von Stoffen, die in extrem kleinem Maßstab hergestellt werden; dort hat sich gezeigt, dass Kohlenstoffmoleküle sich spontan zu Ringen, Röhren und Kugeln zusammenschließen, also den Formen, die das Leben für seine Skelettstrukturen verwendet. Kohlenstoff ist ein gemeinsamer Bestandteil von Supernovae-Splittern, so sagen sie, und wenn Kohlenstoff sich so bereitwillig zu den Vorstufen von Biomolekülen zusammensetzt, könnte die Entstehung des Lebens praktisch unvermeidlich sein, falls Kohlenstoff auf bestimmte Bedingungen mit Selbstorganisation reagiert – etwa, wenn ihm ein Planet Wasser bereitstellt. Auch das ist keine besonders anspruchsvolle Forderung. Wasser ist wie Kohlenstoff allgegenwärtig, und obwohl das Wasser im Kosmos überwiegend in gasförmigem oder gefrorenem Zustand vorzuliegen scheint, gibt es in den unabsehbaren Räumen des Universums sicherlich noch andere flüssige Oasen. »Hier auf der Erde finden Sie überall, wo es Wasser gibt, auch Leben«, sagte Andy Ingersoll vom Caltech. »Leben erweist sich als bemerkenswert robust, wenn es sich an extrem kaltes, heißes oder säurehaltiges Wasser anpassen muss. Angesichts der Widerstandsfähigkeit mikrobiellen Lebens ist kaum vorstellbar, dass das Leben, wenn es irgendwo anders Wasser gibt, keine Möglichkeit gefunden haben sollte, es für sich zu nutzen.«

Auf die Frage, wie komplex extraterrestrisches Leben sein könnte und ob es wohl andere technologisch hochentwickelte Zivilisationen gibt, mit denen wir theoretisch kommunizieren könnten, zeigen sich die Forscher sehr viel zugeknöpfter. »Wenn Sie fragen, wie wahrscheinlich es ist, dass Leben, nachdem es entstanden ist, genügend Intelligenz entwickelt, um zu kommunizieren und herumzureisen, muss ich Ihnen sagen, dass ich dazu keine vernünftige Einschätzung abgeben kann«, sagte Dave Stevenson vom Caltech.

Trotzdem haben einige mutige Vertreter ihrer Zunft genau das versucht.

Besonders berühmt ist das Unterfangen von Frank Drake, damals Cornell-Astronom und Begründer der Initiative Search for Extra-Terrestrial Intelligence (SETI, »Suche nach außerirdischer Intelligenz«). In den sechziger Jahren schlug er einen methodischen Ansatz zur Berechnung der Zahl »kommunikationsfähiger Zivilisationen« in der Milchstraße vor, eine Formel, die heute als

Drake-Gleichung bezeichnet wird. Drake geht von sieben Variablen aus, beginnend mit relativ objektiven Faktoren wie der Sternentstehungsrate und der Zahl der Sterne, die mit einer gewissen Wahrscheinlichkeit Planeten haben könnten, und kommt dann zu immer »weicheren«, das heißt subjektiveren Variablen: der Wahrscheinlichkeit, dass sich auf einem Planeten mit einfachen Lebensformen auch intelligentes Leben entwickelt; dass entscheidendes Merkmal der Intelligenz Werkzeugherstellung und Werkzeuggebrauch ist; und schließlich, dass die technologisch hochentwickelte Zivilisation, nachdem ihre Entwicklung den Punkt erreicht hat, wo sie uns Signale schicken kann, auch lange genug existiert, um unsere Antwort zu vernehmen.

Stevenson meint, besonders ungewiss und möglicherweise ernüchternd sei der letzte Parameter der Drake-Gleichung. »Wenn die Lebensspanne einer fortgeschrittenen Zivilisation nur ein paar tausend Jahre beträgt, schrumpft die Möglichkeit, dass eine andere intelligente Zivilisation mit uns koexistiert. Andere Zivilisationen könnten vor uns gekommen und gegangen sein, neue könnten im Begriff sein, sich zu entwickeln, doch wenn sie so weit sind, werden wir uns schon selbst zerstört haben. So oder so könnten wir gegenwärtig die einzige in der Galaxis sein.«

Aber lassen Sie sich nicht entmutigen! Denken Sie daran, dass Ihr bloßes Auge zwar weitgehend auf die Milchstraße beschränkt ist, das für uns beobachtbare Universum jedoch keineswegs. Selbst wenn es pro Galaxie nur eine kommunikationsfähige Gesellschaft gäbe, blieben uns damit immer noch Milliarden hypothetischer Kommunikationspartner. Zugegeben, die ungeheuren Entfernungen zwischen Galaxien könnten durchaus jede Kommunikation außerhalb der Science-Fiction-Welt verhindern. Aber es ist ein wunderbarer Gedanke, dass sie irgendwo dort draußen sind, unsere probabilistischen, aus Sternenstaub geborenen Partner in der Raumzeit. Und wer weiß? Sie sind vielleicht weiter als wir, haben das ideale intergalaktische Wurmloch gefunden und sind längst auf dem Weg zu uns. Bitte, bitte, haltet durch, schaut vorbei, jeder

Zeit, wann immer ihr es schafft. Wir können nichts versprechen, aber wir werden alles versuchen, mit sehnsüchtigem Herzen, allem Hämoglobin, das wir haben, jeder unserer 90 Billionen Körperzellen und selbst unseren bakteriellen Symbionten – wir werden versuchen, zu bleiben, die eigenen Klippen zu umschiffen und noch da zu sein, wenn ihr kommt.

# Dank

Ich weiß, dass ich nicht die einzige Autorin bin, die mitten in einem größeren Buchprojekt mehrere Tage einer einzigen, unaufschiebbaren Aufgabe widmet: der Suche nach der perfekten Entschuldigung, um aufzugeben. Einer überzeugenden, gesichtswahrenden Entschuldigung, die mir erlauben würde, den Vorschuss zurückzugeben, die Spiralblöcke zu entsorgen und die Festplatte zu formatieren, ohne meine Familie verlassen und in irgendein gottverlassenes Kaff in Michigan ziehen zu müssen.

Wie bei früheren Halbzeit-Panikattacken konnte ich auch dieses Mal keinen auch nur halbwegs würdevollen Ausweg finden. Ich hätte die Enttäuschung meiner Tochter nicht ertragen (»Buch? Du hast an einem Buch geschrieben?«), und erst recht nicht konnte ich die Vorstellung ertragen, die Zeit so vieler kluger, großzügiger und überaus beschäftigter Menschen vergeudet zu haben.

Daher möchte ich zuerst und von ganzem Herzen all den Wissenschaftlern danken, die zu diesem Buch beigetragen haben. Ich danke ihnen für ihr unglaubliches Wissen, ihre prägnanten Erklärungen der schwierigsten Begriffe, ihre kühnen, aber immer fundierten Spekulationen, ihre farbigen Vergleiche und ihre kollegialen Scherze. Auch die vielen Forscher, die ich interviewte, hier aber aus Platzgründen nicht namentlich nennen kann, haben zu Buchstaben und Geist des Buchs beigetragen. Dieses Buch wäre sicherlich nicht zustande gekommen ohne die hemmungslosen Anleihen, die ich bei so vielen dieser Männer und Frauen gemacht habe. Ich empfinde ihnen gegenüber grenzenlose Dankbarkeit.

Besonders verpflichtet bin ich den Wissenschaftlern, die Teile des Manuskripts vor seiner Veröffentlichung durchsahen: Jackie Barton, Brian Greene, Alan Guth, Jo Handelsman, Kip Hodges, Jonathan Koehler, Gene Robinson, Donald Sadoway, Meg Urry und David Wake. Sie haben mich überall dort zur Ordnung gerufen, wo ich faktisch, logisch, begrifflich oder ästhetisch vom Wege abgekommen bin; sie haben entscheidende Zusätze und vernünftige Streichungen vorgeschlagen. Kurzum, sie ersparten mir die dauerhaften Konsequenzen vielfältiger selbstverschuldeter Wunden.

Abgesehen von ihren fachmännischen Anmerkungen wurden die Fakten des Buchs noch Zeile für Zeile so gründlich wie möglich überprüft. Trotzdem werden zweifellos Fehler und Flüchtigkeit geblieben sein, für die ich alleine an den Pranger gehöre.

Mein Dank gilt auch den vielen patenten Pressesprechern der von mir besuchten Universitäten, die mir halfen, Interviews zu organisieren und zu terminieren, umzuorganisieren und umzuterminieren, professorale Wutausbrüche zu besänftigen, wenn mich die Überlänge eines Interviews beim nächsten zu spät kommen ließ, und während einer besonders chaotischen Fahrt sogar meine Tochter in einer örtlichen Tagesstätte unterbrachten, so dass ich mich ungestört auf meine Arbeit konzentrieren konnte.

Ich danke meinen Lektorinnen Amanda und Jayne und meiner Agentin Anne, weil sie mir geholfen haben, dem Buch seine endgültige Form zu geben, geduldig waren, über meine Scherze gelacht haben und mir das Gefühl gaben, etwas weniger verloren und allein zu sein. Doch da man zum Schreiben Zurückgezogenheit braucht, einen ruhigen und abgeschiedenen Ort, bin ich Bruce Martin und der Library of Congress für die Bewilligung eines Büros zu großem Dank verpflichtet, in dem ich Konzentration und Muße zum Schreiben fand.

Ich danke Dennis für sein kosmisches Fachwissen und Nancy, weil sie mich nicht auch nur einziges Mal gefragt hat: »Wie kommt das Buch voran?«

Und dann wäre da noch Rick. Der Versuch, hier meine Dankbarkeit auszudrücken, erinnert mich ein wenig an die Bürger von Heorot, die Beowolf, nachdem er ihre Nemesis Grendel erschlagen hat, mit einem Gutschein für einen Kaffee bei Starbucks danken. Rick ist Journalist und Wissenschaftsfan wie ich und hat zu jeder Phase des Projekts ganz außerordentlich beigetragen. Er interviewte Wissenschaftler, half, den Aufbau des Buchs zu entwickeln, seine großen und kleineren Themen zu finden. Er nahm Fäden, Taue, Rettungsleinen auf. Er opferte Nächte, Wochenenden, Urlaubstage für das Projekt, aber niemals die Strenge seines Urteils und die Klarheit seines Denkens. Wieder und wieder schlug er meine Dämonen und Grendels in die Flucht. Nur gut, dass ich zu Hause einen anständigen Kaffee koche.

# Literaturverzeichnis

*1 Wissenschaftlich denken – Eine außerkörperliche Erfahrung*

Altschuler, Daniel R., *Children of the Stars. Our Origin, Evolution and Destiny*, Cambridge und New York, Cambridge University Press, 2002.

Atkins, Peter, *Galileos Finger. Die zehn großen Ideen der Naturwissenschaft*, Stuttgart, Klett-Cotta, 2006.

Ben-Shahar, Y., A. Robichon, M. B. Sokolowski und G. E. Robinson, »Influence of Gene Action Across Different Time Scales on Behavior«, *Science*, 296 (2002), S. 741–744.

Bryson, Bill, *Eine kurze Geschichte von fast allem*, München, Goldmann, 2004.

Donald, Janet, Learning to Think, San Francisco, Jossey-Bass, 2002.

Eisner, Thomas, »Making the Microscope Loom Large in a Child's Life», New York Times, 10. August, 2004. 23 Juni 2006 <www.nytimes.com>.

Emiliani, Cesare, The Scientific Companion, New York, Wiley, 1995.

Hazen, Robert M., und James Trefil, *Achieving Science Literacy*, New York, Doubleday, 1990.

Krauss, Lawrence M., »*Nehmen wir an, die Kuh ist eine Kugel…*«. *Nur keine Angst vor der Physik*, Stuttgart, DVA, 1993.

Lustig, Cindy, Alex Konkel und Larry L. Jacoby. »Which Route to Recovery?«, *Psychological Science*, 15 (2004), S. 729–35.

National Science Foundation, »Science and Engineering Labor Force«, *Science and Engineering Indicators 2006*, 6. September 2006 <http://www.nsf.gov/statistics/seind06/c3/c3s2.htm#c3s212> .

Piel, Gerard, *The Age of Science*, New York, Basic Books, 2001.

Pollack, Henry N. Uncertain Science … Uncertain World. Cambridge: Cambridge University Press, 2003.

Remnick, David (Hg.), *Life Stories: Profiles from om The New Yorker*, New York, Modern Library, 2001.

»Science Dull and Hard, Students Say«, BBC News, 6. September 2006
<http://news.bbc.co.uk/1/hi/ education/4100936.stm>.

Tallack, Peter (Hg.), *Meilensteine der Wissenschaft. Eine Zeitreise*, Heidelberg, Spektrum, 2005.

Trefil, James, *The Nature of Science*, Boston, Houghton Mifflin, 2003.

Trefil, James, und Robert M. Hazen, *The Sciences. An Integrated Approach*, New York: Wiley, 2001.

Weinberg, Steven, »Can Science Explain Everything? Anything?«, The New York Review of Books, 31. Mai 2001. 31. January 2002 <http://www. nybooks.com/articles>.

## 2 Wahrscheinlichkeiten – Wenn Kurven zu Glocken werden

American Academy of Dermatology, »Melanoma Fact Sheet«, AAD Public Resource Center, 6. September 2006 <http.//www.aad.org/public/News/ DermInfo/ MelanomaFAQ.htm>.

Belkin, Lisa, »The Odds of That«, *New York Times*, 11. August 2002.

Cohen, Jack, und Ian Stewart, »That's Amazing, Isn't It?«, *New Scientist*, 17. Januar 1998,

Cohn, Victor, *News and Numbers*, Ames, Iowa State University Press, 1989.

Gonick, Larry, und Woollcott Smith, *The Cartoon Guide to Statistics*, New York, Harper Perennial, 1993.

»HIV Infection and AIDS«, 6. September 2006, <http.//www.niaid.nih.gov/ factsheets/hivinf.htm>.

Huff, Darrell, *How to Lie with Statistics*, New York, Norton, 1954.

Koehler, Jonathan J, »One in Millions, Billions und Trillions«, *Journal of Legal Education*, 47 (1997), S. 214-223.

Kolata, Gina, »1-in-a-Trillion Coincidence, You Say? Not Really, Experts Find«, *New York Times*, 27. Februar 1990.

Lee, Jennifer, »Who Needs Giacomo? Bet on the Fortune Cookie«, *New York Times*, 11. Mai, 2005.

Muller, Richard A., *Physik für alle, die mitreden wollen. Über Atomkraft, schmutzige Bomben, Weltraumforschung, Solarenergie und die globale Erwärmung*, Köln, Fackelträger-Verlag, 2009.

Palo Alto Medical Foundation, »The Darker Side of the Sun, Facts about Skin Cancer«, 6. September, 2006, <http.//www.pamf.org/skincancer/>.

Paulos, John Allen, *Zahlenblind*, München, Heyne, 1990.

————, *A Mathematician Reads the Newspaper*, New York, Anchor, 1996.

Phillips, John L., *Statistisch gesehen. Grundlegende Ideen der Statistik leicht erklärt*, Basel, Birkhäuser, 1997.

Pollack, Henry N, *Uncertain Science … Uncertain World*, Cambridge, Cambridge University Press, 2003.

Salsburg, David, *The Lady Tasting Tea. How Statistics Revolutionized Science in the Twentieth Century*, New York, Freeman, 2001.

Slovic, Paul, »Perception of Risk Posed by Extreme Events«, *Risk Management Strategies in an Uncertain World*, Palisades, N.Y. 12. April 2002.

Taleb, Nassim N., »Learning to Expect the Unexpected«, *Edge*, 23. June 2006 <http//w.edge.org/3rdculture/ talebo4/taleb_indexx.html>.

U.S. Department of Health and Human Services, »Results from the 2004 National Survey on Drug Use and Health, National Findings«, *Office of Applied Studies*, <http.//www.oas.samhsa.gov/NSDUH/2k4NSDUH/2k4 results/2k4results.htm #ch4>.

Weiss, Rick, »Dazzled by 'Tortured Data?« *Washington Post*, 23. November 1993, 23. Juni 2006. <http.//www.nexis.com/research>.

Willett, Martin, »Bell Curves«, *Debate Unlimited*, 23. Juni 2006, <http.// mwillett.org/bell.htm>.

## 3  Kalibrierung – Groß und klein

American Society for Microbiology, »Monsters Among the Microbes«, *Microbes*, 1. September 2005.

Ash, Russell, *The Top Ten of Everything 2004*, London und New York, Dorling Kindersley, 2003.

Calder, Nigel, *Chronik des Kosmos. Unsere Welt im Strom der Zeit*, Frankfurt, Umschau-Verlag, 1984.

Carpi, Anthony, »The Cell«, *The Natural Sciences*, City University of New York, 23. Juni 2006 <http.//web.jjay.cuny.edu/—acarpi/NSC/13-cells. htm>.

»Day«, Wikipedia, 6. September 2006. <http.//en.wikipedia.org/wiki/Day>.

Ford, Kenneth W., *Wie klein ist klein? Eine kurze Geschichte der Quanten*, Berlin, Ullstein, 2008.

Haldane, J.B.S., *On Being the Right Size,* Oxford, Oxford University Press, 1985.

Jaffe, Robert L., *The Time of Your Life  and Other Times*, Manuskript, 2005.

Lieberman, Abraham N., »What You Should Know about the Cell, DNA and Genes«, *National Parkinson Foundation*, 6. Oktober 2005 <http.// www.parkinson.org>.

Morrison, Philip, und Phylis Morrison, *Powers of Ten*, San Francisco, Scientific American Library, 1982.

NASA, »Solar History Timeline«, *Solar-B*, 6. September 2006 <http.//solarb. msfc .nasa.gov/science/ timeline/ index.html>.

»The Nervous System«, *Think Quest*, 6. September 2006 <http.//librarythink quest.org/4371/About%20the%20Brain.htm>,

Pollock, Steven, *Particle Physics for Non-Physicists*, Chantilly, Va., The Teaching Company, 2003.

Rensberger, Boyce, *Instant Biology*, New York, Fawcett Columbine, 1996.

Rigden, John S., *Hydrogen. The Essential Element*, Cambridge, Mass., Harvard University Press, 2002.

Sandow, Stuart A., Chrissie Bamber und J. W. Rioux, *Durations. The Encyclopedia of How Long Things Take*, New York, Times Books, 1977.

»Speed of a Bullet«, Science Education Partnerships, 1. August 2003, Oregon State University, 4. Januar 2005 <http.//www.seps.org/orade/orade.archive/Physical_Science.Physics>.

Sullivan, Jim, »How Big Is a ...?«, *Cells Alive!*, 8. September 2006 <http.//www.cellsalive.com/howbig.htm>.

Tully, Brent, »How Big Is the Universe?« *NOVA Online*, University of Hawaii, 23. Juni 2006, <http.//www.pbs.org/wgbh/nova/universe/howbig.html>.

»What Is the Average Speed of a Bullet Leaving the Muzzle of a Handgun?«, *Answerbag*, 4. Januar 2005, <http.//www.answerbag.com/>.

## 4 Physik – Aus nichts was machen

Altschuler, Daniel R, *Children of the Stars. Our Origin, Evolution and Destiny*, Cambridge and New York, Cambridge University Press, 2002.

Atkins, Peter, *Galileos Finger. Die zehn großen Ideen der Naturwissenschaft*, Stuttgart, Klett-Cotta, 2006.

––––, *Im Reich der Elemente. Ein Reiseführer zu den Bausteinen der Natur*, Heidelberg, Spektrum, 1997.

Beaty, William J., »What Is ›Electricity‹?« *Bill B's Science Hobbyist*, 1996, 23. June 2006, <http.//www.amasci.com/miscon/whatis.html>.

Charap, John, M., *Explaining the Universe*, Princeton, Princeton University Press, 2002.

Emsley, John, *Nature's Building Blocks*, Oxford, Oxford University Press, 2001.

European Space Agency, »Creation of Light Elements«, ESA High School Education, 9. April 2003, 1. Dezember 2005, <http.//www.esa.int/esaED>.

Ferris, Timothy, *The Whole Shebang*, New York, Simon and Schuster, 1997.

Feynman, Richard P., *Es ist so einfach. Vom Vergnügen, Dinge zu entdecken*, München, Piper, 2001.

Ford, Kenneth W., *Wie klein ist klein? Eine kurze Geschichte der Quanten*, Berlin, Ullstein, 2008.

Freudenrich, Craig, »How Light Works«, *How Stuff Works*, 23. Juni, 2006, <http.//www.howstuffworks.com/light.htm>.

Gamow, George, *Mr. Tompkins seltsame Reisen durch Kosmos und Mikrokosmos*, Braunschweig, Vieweg, 1980.

Gleick, James, *Isaac Newton. Die Geburt des modernen Denkens*, Düsseldorf, Artemis & Winkler, 2004.

Gonick, Larry, und Art Huffman, *The Cartoon Guide to Physics*, New York, Harper Perennial, 1990.

Hazen, Robert M., und James Trefil, *Achieving Science Literacy*, New York, Doubleday, 1990.

Krauss, Lawrence M., »*Nehmen wir an, die Kuh ist eine Kugel...*«. *Nur keine Angst vor der Physik*, Stuttgart, DVA, 1993.

Murphy, Pat, und Paul Doherty, *The Color of Nature*, San Francisco, Chronicle, 1996.

NASA, »The Electromagnetic Spectrum«, 4. November 2005, <http,// imagers,gsfc,nasa,gov>.

Nave, Rod, »Quarks«, *Hyperphysics*, George State University, 8. September 2006, <http.//hyperphysics.phy-astr.gsu.edu/hbase/particles/quark. html#c6>.

»Observing Across the Spectrum«, *Cool Cosmos: Multiwavelength Astronomy*, 23. November 2005, <http.//wwwcoolcosmos.ipac.caltech.edu/ cosmic classroom>.

Overbye, Dennis, »The Universe Seems So Simple, Until You Have to Explain It«, *New York Times*, 22. Oktober 2002, <www.nytimes.com>.

Pollock, Steven, *Particle Physics for Non-Physicists*, Chantilly, Va., The Teaching Company, 2003.

Rigden, John S., *Hydrogen. The Essential Element*, Cambridge, Mass., Harvard University Press, 2002.

Schneider, Eric D., und Dorion Sagan, *Into the Cool. Energy Flow, Thermodynamics and Life*, Chicago, University of Chicago Press, 2005.

Senese, Fred, »Why Is Mercury a Liquid at STP?« *General Chemistry Online*, 23. Juni 2006, <http.//antoine.frostburg.edu/chem/senese/101/periodic/ faq/why-ismercury-liquid.shtml>.

Trefil, James, und Robert M. Hazen, *The Sciences. An Integrated Approach*, New York: Wiley, 2001.

Weinberg, Steven, *Der Traum von der Einheit des Universums*, München, C. Bertelsmann, 1993.

Whittle, Mark, »A Brief History of Matter», Professor Mark Whittle's Home Page, University of Virginia Department of Astronomy, 8. September 2006 <http.//www.astro.virginia.edu/class/whittle/astrl24/matter/matter_three. html>.

Angier, Natalie, »Free Radicals, The Price We Pay for Breathing«, *New York Times*, 25. April 1993.

––––, »Nonfinicky Vulture Wears Its Toxic Feast All Over Its Face«, *New York Times*, 30. April 2002, Sektion F, 3.

––––, »Serenade of Color Woos Pollinators to Flowers«, *New York Times*, 26. November 1991, Sektion C, 4.

––––, »Some Blend In, Others Dazzle, The Mysteries of Animal Colors«, *New York Times*, 20. Juli 2004.

Ash, Russell, *The Top Ten of Everything 2004*, New York, Dorling Kindersley, 2003.

Atkins, Peter, *Galileos Finger. Die zehn großen Ideen der Naturwissenschaft*, Stuttgart, Klett-Cotta, 2006.

––––, *Im Reich der Elemente. Ein Reiseführer zu den Bausteinen der Natur*, Heidelberg, Spektrum, 1997.

Ball, Philip, *Life's Matrix*, New York, Farrar, Straus and Giroux, 1999.

*Molecules, A Very Short Introduction*, Oxford, Oxford University Press, 2003.

Brain, Marshall, »How Food Works«, *How Stuff Works*, 23. Juni 2006 <http.// home.howstuffworks.com/food.htm>.

California Academy of Sciences, »Plants That Kill«, *Science Now*, 13. Mai 2001, 30. Mai 30, 2005, <http.//www.calacademy.org/science_now/ archive/wild_lives/ california_carnivores_051301.htm>.

»Chinese Characters«, *China Online*, 6. September 2006, <http,//chinesecul-ture.about,com/library/symbollblcc_chemistry.htm>.

Coenders, A., *The Chemistry of Cooking*, Park Ridge, N.J., Parthenon, 1992.

De Duve, Christian, *Aus Staub geboren. Leben als kosmische Zwangsläufigkeit*, Heidelberg, Spektrum, 1995.

Eisner, Thomas, *For Love of Insects*, Cambridge, Mass., Harvard University Press, 2003.

Emsley, John, Nature's Building Blocks, Oxford, Oxford University Press, 2001.

Garfield, Simon, *Lila. Wie eine Farbe die Welt veränderte*, Berlin, Siedler, 2001.

Hoffmann, Roald, *The Same and Not the Same*, New York, Columbia University Press, 1995.

Hoffmann, Roald und Vivian Torrence, *Chemistry Imagined*, Washington, D.C., Smithsonian Institution,1993.

Horgan, John, The End of Science, Reading, Mass,, Addison-Wesley, 1996.

McGovern, Patrick E., Juzhong Zhang, Jigen Tang, et al., »Fermented Beverages of Pre- and Proto-Historic China«, *PNAS*, 101 (2004), S. 17593–17598.

»Molecular Structures«, *Chemistry Guide*, 6. April 2005, <http.//www.chemguide.co.uk/atoms/>.

Moore, John T., *Chemistry for Dummies*, New York, Wiley, 2003.

»Online Etymology Dictionary«, September 6, 2006 <http,//www.etymonline,com/index,php>.

Sacks, Oliver, *Onkel Wolfram*, Erinnerungen, Rowohlt, 2002.

## 6 Evolutionsbiologie – Die Theorie von allem (was lebt)

Brumfiel, Geoff, »Who Has Designs on Your Students' Minds?«, *Nature*, 434 (2005), S. 1062–1065.

Calder, Nigel, *Chronik des Kosmos. Unsere Welt im Strom der Zeit*, Frankfurt, Umschau-Verlag, 1984.

California Academy of Sciences, »Plants That Kill«, *Science Now*, 13. Mai 2001. 30 Mai 2005 <http.//www.calacademy.org/science_now/archive/wild_lives/california_carnivores_051301.htm> .

Campbell, Neil A., Lawrence G. Mitchell und Jane B. Reece, *Biology, Concepts and Connections*, 3. Aufl., San Francisco, Addison Wesley Longman, 2000.

Canadian Museum of Nature, »Star-Nosed Mole«, *Nature. Ca.*, 29. April 2005 <http.//www.nature.ca>.

»Ceratobatrachus Guentheri; Solomons Leaf Frog«, *Digital Library Project*, Berkeley, University of California, 10. Mai 2005, <http.//ehb.cs.berkeley.edu>.

Cornish, Jim, »Penguins, General Information«, *General Resources*, Classroom Connect, 18. Mai 2006. <http.//www.cdli.ca/CITE/penguins_general.htm>.

Cracid Specialist Group, »What Is a Cracid?«, 18. Mai 2005, <http.//www.cracids.org/what_is_a_cracid.html>.

Dean, Cornelia, »Challenged by Creationists, Museums Answer Back«, *New York Times*, 20. September 2005.

De Duve, Christian, *Aus Staub geboren. Leben als kosmische Zwangsläufigkeit*, Heidelberg, Spektrum, 1995.

Delacour, Jean, *Curassows and Related Birds*, New York, American Museum of Natural History, 1973.

Delong, Edward F., »A Plentitude of Ocean Life«, *Natural History*, Mai 2003.

»The Duck-Billed Platypus«, *The Duck-Billed Platypus*, 20. April 2005 <http.// www.genevaschools.org>.

Ehrlich, Paul R., *Human Natures*, Washington, D.C., Island Press, 2000.

Eisner, Thomas, *For Love of Insects*, Cambridge, Mass., Harvard University Press, 2003.

Fortey, Richard, *Life. A Natural History of the First Four Billion Years of Life on Earth*, New York, Vintage, 1997.

————, *Trilobiten!*, München, C.H. Beck, 2002.

»General Characteristics of Primates«, *The Primates, Overview*, 1. April 2005, 19. Mai 2005, <http.//anthro.palomar.edu/primate/prim_l.htm>.

Gore, Pamela J., »The PreCambrian«, *Georgia Perimeter College*, 24. Juni 2006. <http.//www.gpc.edu/—pgore/geology/geolo2/precamb.htm>.

»Hallucigenia«, *Answers.Com*, 6. September 2006, <http.//www.answers.com/topic/hallucigenia.

Harris, Paul, »Mixing Science with Creationism«, *Salon*, 24. May 2005, <http.//www.salon.com/news/feature>.

Keller, Bill, »God and George W. Bush«, *New York Times*, 17. Mai 2003, Sektion A, 17.

Knoll, Andrew H., *Life on a Young Planet*, Princeton, Princeton University Press, 2003.

Knoll, Andrew H., und Sean B. Carroll, »Early Animal Evolution, Emerging Views from Comparative Biology and Geology«, *Ecology*, 284 (1999), S. 2129–2137. 24. Juni 2006, <http.//cas.bellarmine.edu/tietjen/Ecology/early_animal_evolution.htm>.

Miller, Kenneth R., *Finding Darwin's God*, New York, Cliff Street Books, 1999.

Miller, Kenneth R., und Joseph S. Levine, *Biology. Discovering Life*, 2. Aufl., Lexington, Mass., D. C. Heath, 1994.

Minkoff, Eli C., und Pamela J. Baker, *Biology Today*, 2. Aufl., New York, Garland, 2001.

Patuxent Bird Population Studies, »Painted Bunting Passerina Ciris«, *Painted Bunting Identification Tips*, 29. April 2005, <http.//www.mbr-pwrc.usgs.gov>.

Quammen, David, »Was Darwin Wrong?«, National Geographic, November 2004, S. 4–31.

Raven, Peter, et al., *Biology*, 7. Aufl., Boston, McGraw Hill, 2005.

Saletan, William, »Creationism Evolves«, Slate, 1. September 1999. 25. Mai 2005 <http.//www.slate.com>.

————, »What Matters in Kansas«, *Slate*, 11. Mai 2005. 25 Mai 2005 <http.//www.slate.com>.

Sever, Megan, »Creationism in a National Park«, *Geotimes*, 2004, 5. Mai 2005 <http.//www.geotimes.org/mar04/ NN_grandcanyoncreation.html>.

Smithsonian Institution, »Genus, Hallucigenia Sparsa«, *National Museum of Natural History Department of Paleobiology*, 6. September 2006, <http.// www.mmnh.si.edu/paleo/shale/phallu.htm>.

Southwood, Richard, *The Story of Life*, Oxford, Oxford University Press, 2003.

Sze, Emily Lei Pi, »Theodosius Dobzhansky«, 16. Mai 2005, <http.//www. mnsu.edu/emuseum/information/biography>.

»Tiger Swallow Butterfly», *Enchanted Learning,* September 6, 2006 <http.// www.enchantedlearning.com/subjects/butterfly/species/Tigersw.shtml>.

Tobin, Allan J., und Jennie Dusheck, *Asking About Life*, 2. Aufl., Orlando und Philadelphia, Harcourt, 2001.

University of Manitoba, »Star-Nosed Mole«, *The Mole Tunnel*, 29. April 2005 <http.//home.cc.umanitoba.ca>.

University of Michigan Museum of Zoology, »Family Hominidae«, *Animal Diversity Web*, 6. September 2006 <http.//animaldiversity.ummz.umich. edu/site/accounts/information/Hominidae.html>.

Weinberg, Steven, »Can Science Explain Everything? Anything?«, *New York Review of Books*, 31. Mai 2001. 31. Januar 2002 <http.//www.nybooks. com/articles>.

## 7 *Molekularbiologie – Zellen und Pfeifen*

American Society for Microbiology, »Monsters Among the Microbes«, *Microbes*, 1. September 2005, <http.//www.microbe.org/microbes/biggest. asp>.

Angier, Natalie, »Free Radicals, The Price We Pay for Breathing«, *New York Times*, 25. April 1993.

Atkins, Peter, *Galileos Finger. Die zehn großen Ideen der Naturwissenschaft*, Stuttgart, Klett-Cotta, 2006.

————, *Im Reich der Elemente. Ein Reiseführer zu den Bausteinen der Natur*, Heidelberg, Spektrum, 1997.

»Bacteria in the Human Body«, *Wikipedia*, 24. August 2005 <http.// en.wikipedia.org/wiki/Bacteria_in_the_human_body>.

Ball, Philip, *Life's Matrix*, New York, Farrar, Straus and Giroux, 1999.

Carey, Bjorn, »Wild Things, The Most Extreme Creatures« Live Science Animal World, 7. February 2005. 26. August 2005, <http.//www.livescience. com/animalworld/ 050207_extremophiles.html>.

Carpi, Anthony, »The Cell«, *The Natural Sciences*, City University of New York, 2. Juni 2006, <http.//web.jjay.cuny.edu/—acarpi/NSC/i3-cells.htm>.

»The Cell, Down to Basics«, *Beyond Books, Life Science*, 1. September 2005, <http.//www.b eyondb ooks. com>.

»Cells«, *Biosciences, Science About Life*, 1. September 2005, <http.//www. saasta.ac.za/biosciences/cells.html>.

Conniff, Richard, »Body Beasts«, *National Geographic*, Dezember 1998. 24. August 24, 2005, <http.//www.nationalgeographic.com/ngm/9812/ fngm/>.

»The DNA Codons«, *The Genetic Code*, 21. September 2005, <http.//users. rcn.com/jkimball.ma.ultranet/BiologyPages/C/Codons.html>.

Emsley, John, *Nature's Building Blocks*, Oxford, Oxford University Press, 2001.

Lieberman, Abraham N., »What You Should Know about the Cell, DNA and Genes«, *National Parkinson Foundation*, 6. Oktober 2005, <http.// www.parkinson.org>.

Madanecki, Piotr, »Luminescent Bacteria«, 26. August 2005, <http.//www. biologyplIbakterie_sw>.

»My Favorite Protein, Insulin«, *My Favorite Protein*, Davidson College, 28. September 2005, <http.//www. bio.davidson.edu/Courses/Mobio>.

»Questions and Answers about Biology«, *Ken Miller and Joe Levine*, 7. Oktober 2005, <http.//www.millerandlevine.com/ques/eggs.html>.

Raven, Peter, et al., *Biology*, 7. Aufl., Boston, McGraw Hill, 2005.

Rensberger, Boyce, *Instant Biology*, New York, Fawcett Columbine, 1996.

Rigden, John S., *Hydrogen. The Essential Element*, Cambridge, Mass., Harvard University Press, 2002.

Sullivan, Jim, »How Big Is a ...?«, *Cells Alive!*, 8. September 2006 <http.// www.cellsalive.com/howbig.htm>.

»The Theory of Differential Gene Expression«, *Developmental Genetics*, 6. Oktober 2005, <http.//www.emunix.emich.edu>.

8 *Geologie – Sich die Welt in Stücken vorstellen*

»Aerobic/Anaerobic Systems«, *Book Rags Biology Study Guide*, 10. Februar 2006, <http.//www.BookRags.com>.

Altschuler, Daniel R., *Children of the Stars. Our Origin, Evolution and Destiny*, Cambridge und New York, Cambridge University Press, 2002.

American Society for Microbiology, »Monsters Among the Microbes«, *Microbes*, 1. September 2005 <http.//www.microbe.org/microbes/biggest. asp>.

»Asteroids, Comets and Meteoroids«, BBC-H2g2, 4. November 2005 <www.bbc.co.uk/dna/hzg2>.

Bercovici, David, Yanick Ricard und Mark A. Richards, »The Relation Between Mantle Dynamics and Plate Tectonics, A Primer«, *Geophysical Monograph*, 121 (2000), S. 5–46.

Buffett, Bruce A., »Geophysics, The Thermal State of Earth's Core«, *Science*, 299 (2003), S. 1675–1677.

Calder, Nigel, *Chronik des Kosmos. Unsere Welt im Strom der Zeit*, Frankfurt, Umschau-Verlag, 1984.

»The Changing Earth and Cyanobacteria, The Oxygen Revolution«, *Carleton Museum*, 24. Juni 2006, <www.carleton.ca/Museum/stromatolites/OXYGEN.htm>.

»Clostridium«, *Medic. Uth.*, 10. Februar 2006, <http.//medic.uth.tmc.edu/path>.

Darling, David, »Ocean's Origin«, *The Worlds of David Darling*, 23. Juni 2006, <http.//www.daviddarling.info/encyclopedia/O/oceansorigin.html>.

»The Different Plates; Sea Floor Spreading; Subduction«, *ThinkQuest*, 26. Januar 2006.

»Earth's Structure«, *ThinkQuest Team*, 17. Februar, 2006, <http.//mediathek.thinkquest.nl>.

»Feeding in Green Plants«, *The Open Door Web Site*, 4. Mai 2005. 30. Mai 2005 <http://www.saburchill.com/chapters/chap0027.html>.

Fortey, Richard, *Life. A Natural History of the First Four Billion Years of Life on Earth*, New York, Vintage, 1997.

––––, *Trilobiten!*, München, C.H. Beck, 2002.

Fountain, Henry, »When Giants Had Wings and 6 Legs«, *New York Times*, 3. Februar 2004.

»Geothermal Energy«, *Kansas Energy Education Foundation*, 23. Juni 2006.

Gilman, Larry und K, Lee Lerner, »Ocean-Floor Bathymetry«, *Water Encyclopedia*, 14. September 2006, <http.//www. waterencyclopedia.com/Oc-Po/Ocean-Floor-Bathymetry.html> .

Gore, Pamela J., »The PreCambrian«, *Georgia Perimeter College*, 24. Juni 2006. <http.//www.gpc.edu/—pgore/geology/geolo2/precamb.htm>.

Hinshaw, Dorothy P., *Shaping the Earth*, New York, Clarion, 2000.

Jeffares, Daniel C., und Anthony M. Poole, »Were Bacteria the First Forms of Life on Earth?«, *ActionBioscience*, Dezember 2000, American Institute of Biological Sciences. 10. Oktober 2005, <http.//www. ActionBioscience.org>.

»Journey to the Center of the Earth Synopsis«, *Wikipedia*, February 22, 2006 <http.//en.wikipedia.org/ wiki/Journey_to_the_Center_of the_Earth>.

Kandel, Robert, *Water from Heaven*, New York, Columbia University Press, 2003.

Knoll, Andrew H, *Life on a Young Planet*, Princeton, Princeton University Press, 2003.

Knoll, Andrew H., und Sean B. Carroll, »Early Animal Evolution, Emerging Views from Comparative Biology and Geology«, *Ecology*, 284 (1999), S. 2129–2137. 24. Juni 2006, <http.//cas.bellarmine.edu/tietjen/Ecology/early_animal_evolution.htm>.

Levy, Sharon, »Navigating with a Built-in Compass«, *National Wildlife Magazine*, Oktober–November 1999, National Wildlife Federation, 10. Oktober 2005, <http.//www.orglnationalwildlife>.

Louie, J., »Earth's Interior«, *Seismological Laboratory*, 10. Oktober 1996, University of Nevada, Reno, 19. Januar 2006, <http.//www.seismo.unr.edu>.

Martin, William und Miklos Mueller, »The Hydrogen Hypothesis for the First Eukaryote«, *Nature*, 392 (1998), S, 37–41.

Mathez, Edmond A. (Hg.), *Earth, Inside and Out*, New York, American Museum of Natural History, 2001.

Minarik, William, »The Multi-Anvil Press at Work«, *Studying the Earth's Formation*, 18. September 2006. <http.//www.11nl.gov/str/Minarik.html>.

Monastersky, Richard, »Ancient Animals Got a Rise Out of Oxygen«, *Science News*, 13. Mai 1995.

Moores, Eldridge (Hg.), *Shaping the Earth, Tectonics of Continents and Oceans*, New York, Freeman, 1990.

NASA, »Evidence Supporting Continental Drift«, *NASA: On the Move – Continental Drift and Plate Tectonics*, 10 January 2006 <http.//www.earth.nasa.gov>.

NASA Goddard Spaceflight Center, »The Water Cycle«, 14. September 2006 <http.//neptune.gsfc.nasa.gov/education/pdf/Water_Cycle_Litho.pdf#search=%22totaln%20water%20earth%20nasa%2032%6%20trilbon%22>.

Pendick, Daniel, »Earth, All Stressed Out«, *Savage Earth*, PBS, 5. Januar 2006, <http.//www.pbs.org/wnet/savageearth>.

Robertson, Eugene C, »The Interior of the Earth«, *USGS*, 23. Juni 2006 <http.//pubs.usgs.gov/gip/interior/>.

»Structure of the Earth«, *Fundamentals of Physical Geography*, 17. February 2006 <http.//www.physicalgeography.net/fundamentals>.

Svitil, Kathy, »The Earth at Work«, *Savage Earth*, PBS, 5. Januar 2006, <http.//www.pbs.org/wnet/savageearth>.

UK National HPC Service, University of Manchester, »Turing Probes the Earth's Core«, 14. September 2006, <http.//www.csar.cfs.ac.uk/about/csar-focus/focus4/core.pdf#search=%22pressures%20E arth's%20core%22>.

University College, London, »The Development of Life on Earth«, *UCL Diploma Course*, 26. August 2005 <http.//www.star.ucl.ac.uk>.

»USGS Science for a Changing World«, *USGS Publications*, 14. September 2006 <http.//pubs.usgs.gov/gip/>.

Vaiden, Robert C, »Plate Tectonics, Mysteries Solved!«, *ISGS Geobit*, 10, Illinois State Geological Survey, 26. Januar 2006 <http.//www.isgs.uiuc. edu/servs/pubs/geobits-pub>.

Valley, John W., »A Cool Early Earth?«, Scientificamerican.com, 26. September 2005, 10. Februar 2006 <www.sciam.com>.

Verne, Jules, *Reise zum Mittelpunkt der Erde*, Düsseldorf, Artemis & Winkler, 2003.

Washington State University, »The Big Questions – Photosynthesis«, *Ask Dr. Unverse*, 13. Februar 2006 <http.//www.wsu.edu/DrUniverse/>.

»What Do We Know about the Origins of the Earth's Oceans?« Scientific American, June 23, 2006 <http.//www.sciam.com/askexpert_question.cfm?article ID=00085119-C6Fi-1C7i-gEB78ogEC588F2D7&catID=3&topic ID=22>.

Winchester, Simon, *Ein Riss geht durch die Welt. Amerika und das Erdebeben von San Francisco 1906*, München, Knaus, 2006.

## 9 Astronomie – Himmelsgeschöpfe

Altschuler, Daniel R., *Children of the Stars. Our Origin, Evolution and Destiny*, Cambridge und New York, Cambridge University Press, 2002.

»Asteroids, Comets und Meteoroids«, BBC-H2g2, 4. November 2005 <www.bbc.co.uk/dna/h2gz>.

»Beginnings, Space and Time«, *Science and Nature: Space*, 7. Oktober 2005 <bbc.co.uk>.

»Urknall», *Wikipedia*, 2. September 2005, http://de.wikipedia.org/wiki/ Urknall>.

»Big Bang Theory«, *Creation of a Cosmology*, 23. November 2005 <http.// ssscott.tripod.com/BigBang.html>.

»Biography of a Star: Our Sun's Birth, Life und Death«, *The Universe in a Classroom*, 20. Dezember 2005, <http.//www.astrosociety.org/education/ publications>.

»Birth of Stars and Galaxies», *PBS: Mysteries of Deep Space*, 10. November 2005, <www.pbs.org>.

»Blast from the Past, Farthest Supernova Ever Seen Sheds Light on Dark Universe«, *HubbleSite*, 2. April 2001, 10. November 2005 <http.//hubblesite. org/news center/newsdesk/archive>.

Boughn, Stephen und Robert Crittenden, »A Correlation Between the Cosmic Microwave Background and Large-Scale Structure in the Universe«, *Nature*, 427 (2004), S. 45–48.

Britt, Robert R., »Freeze, Fry or Dry, How Long Has the Earth Got?« *Space*, 25. Februar 2000, 24. November 2005, <http.//www.space.com>.

––––, »Most Distant Galaxy Hints at Dark Ages«, *Space*, 16. Februar 2004, 10. November 2005, <http.//www.space.com/scienceastronomy>.

––––, »Our Tiny Universe, What's Really Visible at Night«, *Space*, 29. Dezember 2003, 20. November 2005, <http.//www.space.com>.

––––, »The Reality of Antimatter«, *Space*, 29. September 2003. 28. November 2005, <http.//www.space.com>.

Chang, Kenneth, »Dying Star Flares Up, Briefly Outshining Rest of Galaxy«, *New York Times*, 20. Februar 2005, Sektion 1, 26.

––––, »Tiny, Plentiful and Really Hard to Catch«, New York Times, 26. April 2005.

Charap, John, M., *Explaining the Universe*, Princeton, Princeton University Press, 2002.

»Colonization of the Outer Solar System«, *Wikipedia*, 23. November 2005, <http.//en.wikipedia.org/wiki/Colonization_of_the_outer_solar_system>.

»Discovery of the Cosmic Background Radiation«, *Footprints of Creation*, 21. November 2005, <http.//archive.ncsa.uiuc.edu>.

European Space Agency, »Creation of Light Elements«, *ESA High School Education*, 9. April 2003, 1. December 2005, <http.//www.esa.int/esaED>.

»Evolution of Stars«. *The Milky Way*, 20. Dezember 2005, <http.//www.milkyway.com/gb/sevol.htm>.

Ferris, Timothy, *Chaos und Notwendigkeit. Report zur Lage des Universums*, München, Droemer, 2000.

»Formation of the Solar System«, *Search for Planets*, European Space Agency, 19. Dezember 2005, <http.//sci2.esa.int/interactive/media/>.

Freudenrich, Craig, »How Light Works«, *How Stuff Works*, 23. Juni 2006, <http.//www.howstuffworks.com/light.htm>.

Grinspoon, David, *Lonely Planets*, New York, Ecco, 2003.

Hakim, Joy, *The Story of Science*, Washington, Smithsonian Books, 2004.

Hamilton, Calvin J., »Star Formation, Life und Death«, *View of the Solar System*, 20. Dezember 2005, <http.//www.solarviews.com/eng/starformation.htm>.

Hawley, John F., »Is There Extraterrestrial Life in the Universe?« *John F: Hawley,* University of Virginia, »§: November 2005, <http.//www.astro.virginia.edu>.

Hazen, Robert M., und Maxine Singer, *Warum schwarze Löcher nicht schwarz sind. Offene Fragen aus dem Grenzbereich der Wissenschaft*, Wien, Deuticke, 1998.

Kong, Patricia, »Speed of the Milky Way in Space«, *The Physics Factbook*, 18. November 2005, <http.//hypertextbook.com/facts>.

LaRocco, Chris, und Blair Rothstein, »The Big Bang«, *Chris LaRocco and Blair Rothstein Present*, University of Michigan, 10. November 2005, <http.//www.umich.edu/>.

428

»Milchstraße«, *Wikipedia,* 12. Dezember 2009, <http://de. wikipedia.org/ wiki/Milchstra%C3%9Fe>.

Monterey Institute for Research in Astronomy, »Why Do Stars Twinkle?« *MIRA,* 16. Februar1999. 10. Mai 2005, <http.//www.mira.org>.

NASA, »Discovery of the Cosmic Microwave Background«, *WMAP Cosmology 101,* 21. November 2005, <http.//map.gsfc.nasa.gov>.

––––, »The Electromagnetic Spectrum«, 4. November 2005, <http.//imagers. gsfc.nasa.gov>.

––––, »How Did the Solar System Form?« *Science@Nasa,* 28. November 2005. 19. Dezember 2005, <http.//science.hg.nasa.gov/solar_system/ science/formation.html>.

––––, »Nucleosynthesis«, *Cosmicopia,* 21. Dezember 2005 <http.//helios. gsfc.nasa.gov>.

––––, »Solar History Timeline«, *Solar-B,* 6. September 2006, <http.//solarb. msfc.nasa.gov/science/timeline/index.html>.

»Observing Across the Spectrum«, *Cool Cosmos, Multiwavelength Astronomy,* 23. November 2005, <http.//www.coolcosmos.ipac.caltech.edu/ cosmic_class room>.

»The Odds Against ET«, *Popular Mechanics,* 1. November 2000, 10. Oktober 2005, <http.//www.popu1armechanics.com/science/space/1282586. html>.

»Odds of Complex Life, Great Debates«, *Astrobiology Magazine,* 19. Oktober 2005, <http.//www.astrobio.net/news>.

»Origins of the Days of the Week«, *Aerospaceweb,* 28. Oktober 2005 <http.// www.aerospaceweb.org/ question/astronomy>.

Overbye, Dennis, »The Universe Seems So Simple, Until You Have to Explain It«, *New York Times,* 22. Oktober 2002, <www.nytimes.com>.

»Physical Environment, Red Giant», 20. Dezember 2005, <http.//www. historyof theuniverse.com/starold.html>.

Pine, Ronald C., »Introduction, Our Cosmological Roots«, *Science and the Human Prospect,* University of Hawaii, 23. Juni 2006 <http.//www.hcc. hawaii.edu/pine/bookigts/chaptengts.htm>.

Preuss, Paul, »A Supernova Named Albinoni Is the Oldest and Farthest Ever Found«, *Lawrence Berkeley National Lab,* 17. Dezember 1998. 10. November 2005, <http.//www.lbl.gov/supernova/albinoni.html>.

»Quasars«, *Raindrop Laboratories,* 4. November 2005 <http.//www.rdrop. com/users/green/school>.

»Rotverschiebung«, *Wikipedia,* 10. November 2005 <http://de.wikipedia. org/wiki/Rotverschiebung>,

»The Seven-Day Week and the Meaning of the Names of the Days«, 28. Oktober 2005, <http.//www.crowl.org/Lawrence/time/days.html>.

»The Shape of the Milky Way«, 4. November 2005, <http.//homepage.mac.
com/rarendt/Galaxy/mw.html>.

Shostak, Seth, »The Holy Grail, Small, Rocky Worlds«, *SETI Institute*, 2. Februar 2006. 10. Februar 2006, <http.//www.seti.org>.

Singh, Simon, *Big Bang*, München, Hanser, 2005.

Sloan Digital Sky Survey/SkyServer, »The Expanding Universe«, *Astronomy*, 20. November 2005, <http.//cas.sdss.org>.

»Stars«, *BBC-H2g2*, 4. November 2005, <www.bbc.co.uk/dna h2g2>.

»Stellar Nucleosynthesis«, *Lives and Deaths of Stars*, 1. Dezember 2005, <http.//www.astronomynotes.com>.

»Sun, the Solar System's Only Star«, *Astronomy Today*, 6. September 2006, <http.//www.astronomytoday.com/astronomy/sun.html>.

»The 305 Meter Radio Telescope«, *National Astronomy and Ionosphere Center Arecibo Observatory*, 16. November 2005, <http.//www.naic.edu/public>.

Tully, Brent, »How Big Is the Universe?«, *NOVA Online*, University of Hawaii, 23. Juni 2006, <http.//www.pbs.org/wgbh/nova/universe/howbig.html>.

University Corporation for Atmospheric Research, »Solar System Formation«, *Windows to the Universe*, 19. December 2005, <http.//www.windows.ucar.edu>.

Webster, Guy, »Howdy, Strangers«, *Jet Propulsion Laboratory*, 19. August 2002. 24. Juni 2006, <http.//www.jpl.nasa.gov/news/features.cfm?feature=555>.

Weinberg, Steven, »Can Science Explain Everything? Anything?«, The New York Review of Books, 31. Mai 2001. 31. January 2002 <http://www.nybooks.com/ articles>.

––––, *Der Traum von der Einheit des Universums*, München, C.Bertelsmann, 1993.

Whittle, Mark, »A Brief History of Matter«, *Professor Mark Whittle's Home Page*, University of Virginia Department of Astronomy, 8. September 2006, <http.//www.astro.virginia.edu/class/whittle/astrl24/matter/matter_three.html>.

Yarns, Lynn, »Discovery of Most Distant Supernovas«, *Discovery of Distant Supernovas*, 16. Januar 1996. Lawrence Berkeley Lab, 10. November, 2005. <http.//www-supernova.lbl.gov>.

# Personen- und Sachregister

# Sachregister

# Mehr Lust am Lernen

288 Seiten
ISBN 978-3-442-15562-0

»Fundiert, anschaulich und verständlich«
*Emotion*

# HARALD LESCH / JÖRN MÜLLER

15382

15343

15154